COURS & ENTRAÎNEMENT

prépabac

Tle GÉNÉRALE

NOUVEAU BAC

Maths

SPÉCIALITÉ

- **Michel Abadie**
  Professeur agrégé de mathématiques
- **Jacques Delfaud**
  Professeur agrégé de mathématiques
- **Pierre Larivière**
  Professeur certifié de mathématiques
- **Annick Meyer**
  Professeure agrégée de mathématiques
- **Jean-Dominique Picchiottino**
  Professeur agrégé de mathématiques
- **Sophie Touzet**
  Professeure agrégée de mathématiques
- **Martine Salmon**
  Professeure agrégée de

Hatier

Le site de vos révisions

L'achat de ce Prépabac vous permet de bénéficier d'un **ACCÈS GRATUIT***
à toutes les **ressources** d'annabac.com (fiches, quiz, sujets corrigés…)
et à ses **parcours de révision** personnalisés.

Pour profiter de cette offre, rendez-vous sur **www.annabac.com**
dans la rubrique « Je profite de mon avantage client ».

* Selon les conditions précisées sur le site.

Maquette de principe : Frédéric Jély
Mise en pages : STDI
Schémas : STDI
Iconographie : Hatier Illustration
Édition : Thomas Blasselle, Jean-Marc Cheminée, Claudie Libersa, Catherine Rollet

ISBN 978-2-401-06468-3

AVANT-PROPOS

VOUS ÊTES EN TERMINALE générale, vous avez choisi la spécialité maths et vous savez que la réussite dans cette matière demande un travail tout au long de l'année ? Alors ce Prépabac est pour vous !

Cet ouvrage va vous permettre en effet de mémoriser les connaissances essentielles sur chacun des thèmes du nouveau programme et d'acquérir progressivement des méthodes clés pour gagner en efficacité !

Cet objectif est rendu possible grâce à un ensemble de ressources très complet : des fiches de cours et de méthode – synthétiques et visuelles –, des cartes mentales récapitulatives, des exercices progressifs, enfin des sujets guidés, pour vous préparer à l'épreuve finale du bac.

Nous vous recommandons de les utiliser régulièrement, en fonction de vos besoins. Ainsi vous pourrez aborder l'épreuve écrite de maths et le Grand Oral en toute sérénité, et acquérir les compétences nécessaires à la poursuite de vos études.

Les auteurs

Michel Abadie

Jacques Delfaud

Pierre Larivière

Annick Meyer

Jean-Dominique Picchiottino

Sophie Touzet

Martine Salmon

SOMMAIRE

Algèbre et géométrie

1 Combinatoire et dénombrement

2 Vecteurs, droites et plans de l'espace

3 Orthogonalité et distances dans l'espace

4 Équations de droites et de plans

Analyse

5 Suites numériques

6 Compléments sur la dérivation

SOMMAIRE

7 Limites et continuité des fonctions d'une variable réelle

8 Fonctions de référence : logarithme, sinus et cosinus

9 Primitives, équations différentielles

10 Calcul intégral

Probabilités

11 Schéma de Bernoulli, loi binomiale

SOMMAIRE

12 Sommes de variables aléatoires

13 Concentration, loi des grands nombres

Annexes

Algèbre et géométrie

1 Combinatoire et dénombrement

La combinatoire et le dénombrement permettent de compter le nombre d'objets possédant une qualité donnée. La gestion des mégadonnées (big data), dont la taille rend le dénombrement difficile, constitue un défi pour les statistiques et l'informatique.

1 Réunion, produit et parties d'ensembles

En bref *Décrire un ensemble d'objets à l'aide de réunions, de produits ou de parties d'ensembles permet de les dénombrer rigoureusement.*

I Réunion de deux ensembles

■ **Définition :** La **réunion** de deux ensembles A et B est l'ensemble des éléments appartenant à A **ou** à B ; elle est notée $A \cup B$.

À NOTER
L'**intersection** de deux ensembles A et B est l'ensemble des éléments appartenant à A et à B ; elle est notée $\mathbf{A \cap B}$.

■ **Principe additif :** Soient A et B deux ensembles disjoints (d'intersection vide). Si m et n sont les nombres d'éléments respectifs de A et de B, alors la réunion de A et B comporte $m + n$ éléments.

À NOTER
Si les deux ensembles ne sont pas disjoints, il faut ôter au résultat le nombre d'éléments r de leur intersection.

II Produit cartésien

■ **Définitions :** Le **produit cartésien** de deux ensembles A et B est l'ensemble des couples (a,b) tels que $a \in A$ et $b \in B$. Il est noté $A \times B$.

On note A^k l'ensemble $\underbrace{A \times A \times \ldots \times A}_{k \text{ termes}}$, ces éléments sont des k-uplets.

■ **Principe multiplicatif :** Si m et n (entiers naturels non nuls) sont les nombres d'éléments respectifs de deux ensembles A et B, alors le produit cartésien $A \times B$ comporte $m \times n$ éléments.

Soit A un ensemble à n éléments et k un entier naturel non nul. L'ensemble A^k des k-uplets (k-listes) d'éléments de A comporte n^k éléments.

III Parties d'un ensemble

■ **Définition :** Un ensemble A est une **partie** d'un ensemble E si et seulement si tous les éléments de A sont des éléments de E. On écrit alors $A \subset E$.

On dit également que A est un **sous-ensemble** de E.

■ **Théorème :** Le nombre de parties d'un ensemble à n éléments est $\mathbf{2^n}$.

À NOTER
C'est également le nombre de n-uplets de l'ensemble $\{0 ; 1\}$.

Méthodes

1 Déterminer le nombre d'éléments d'une réunion d'ensembles

Déterminer le nombre d'entiers naturels inférieurs à 199 dont l'écriture décimale comporte le chiffre 0.

CONSEILS
Regroupez les nombres considérés en plusieurs ensembles facilement dénombrables.

SOLUTION

On considère les ensembles disjoints suivants :
$A = \{0 ; 10 ; \dots ; 90\}$, le sous-ensemble de ces entiers inférieurs à 99 ;
$B = \{100 ; \dots ; 109\}$, le sous-ensemble de ces entiers compris entre 100 et 109 et $C = \{110 ; \dots ; 190\}$ le sous-ensemble de ces entiers supérieurs à 109.

A et B ont chacun 10 éléments et C en a 9. Il y a donc en tout 29 entiers naturels inférieurs à 199 dont l'écriture décimale comporte le chiffre 0.

2 Utiliser le produit cartésien

Les cartes d'un jeu sont numérotées de 1 à 3 et coloriées en rouge, vert, bleu, jaune ou noir. Toutes les cartes de ce jeu sont différentes et ce jeu contient toutes les cartes possibles.

Combien y a-t-il de cartes dans ce jeu ?

CONSEILS
Caractérisez chaque carte par un couple.

SOLUTION

Considérons $N = \{1 ; 2 ; 3\}$ et $C = \{\text{rouge} ; \text{vert} ; \text{bleu} ; \text{jaune} ; \text{noir}\}$. Alors chaque couple de $N \times C$ définit une unique carte du jeu complet.

Il y a donc $3 \times 5 = 15$ cartes dans ce jeu.

3 Dénombrer le nombre de parties d'un ensemble

Un caractère Braille est représenté par deux colonnes de trois points chacune, chaque point étant ou non en relief.

Combien peut-on former de caractères différents, sachant qu'au moins un des points doit être en relief ?

CONSEILS
Considérez un caractère comme une partie d'un ensemble à six éléments.

SOLUTION

Considérons l'ensemble B des six points des deux colonnes, tous ces points étant en relief. Fabriquer un caractère braille, c'est choisir les points qui seront en relief, c'est-à-dire choisir une partie de B différente de la partie vide (un au moins des points est en relief) : il y a donc $2^6 - 1$ choix possibles, soit 63 caractères brailles.

2 Arrangements, factorielle et combinaisons

En bref *Le nombre de listes de k objets deux à deux distincts pris parmi n, ordonnées ou non, se détermine en fonction de k et de n.*

I Arrangements et factorielle

■ **Définition :** Soit $k \in \mathbb{N}^*$. On appelle **arrangement** de k éléments d'un ensemble E comportant n éléments, tout k-uplet d'éléments deux à deux distincts de E.

■ **Théorème :** Le nombre d'arrangements de k éléments d'un ensemble à n éléments est $n(n-1)(n-2)\ldots(n-k+1)$.

■ **Définition :** La **factorielle** d'un entier naturel non nul n est le produit des entiers naturels non nuls inférieurs ou égaux à n ; elle est notée $n!$.
On convient de plus que $0! = 1$.

Remarque : Un arrangement des n éléments d'un ensemble E à n éléments est appelé une **permutation** des éléments de E. Il y a $n!$ permutations de E.

À NOTER
Pour tout entier naturel n :
$(n+1)! = (n+1) \times n!$

II Combinaisons

■ **Définition :** Soit $k \in \mathbb{N}^*$. On appelle **combinaison** de k éléments d'un ensemble E comportant n éléments, toute partie de E possédant k éléments.

■ **Théorème :** Soit $n \in \mathbb{N}$ et k entier, $0 \leqslant k \leqslant n$. Le nombre de combinaisons de k éléments d'un ensemble à n éléments est $\dfrac{n(n-1)(n-2)\ldots(n-k+1)}{k!}$ ou encore $\dfrac{n!}{k!(n-k)!}$.

Ce nombre est noté $\dbinom{n}{k}$ qu'on lit « k parmi n ».

■ **Valeurs particulières et propriétés**

Pour tous entiers naturels n et k, $0 \leqslant k \leqslant n$:

- $\dbinom{n}{0} = 1$; $\dbinom{n}{1} = n$; $\dbinom{n}{2} = \dfrac{n(n-1)}{2}$ et $\dbinom{n}{k} = \dbinom{n}{n-k}$

- **Relation de Pascal**

Si $k+1 \leqslant n$, $\dbinom{n+1}{k+1} = \dbinom{n}{k} + \dbinom{n}{k+1}$.

Cette relation permet de construire le **triangle de Pascal** qui donne la valeur des $\dbinom{n}{k}$ pour des petites valeurs de n :

n \ k	0	1	2	3	4
0	1				
1	1	1			
2	1	2	1		
3	1	3	3	1	
4	1	4	6	4	1

Méthodes

1 Déterminer un nombre de k-uplets

On dispose de 10 couleurs pour fabriquer un drapeau tricolore de trois bandes horizontales. Combien de drapeaux différents pourra-t-on fabriquer ?

CONSEILS

Identifiez la taille des k-uplets, c'est-à-dire k, et l'ensemble des éléments pouvant former ces k-uplets.

SOLUTION

Pour fabriquer un drapeau tricolore il faut choisir trois couleurs différentes parmi les 10 couleurs et colorier les bandes du drapeau, par exemple de haut en bas, à l'aide de ces trois couleurs.

Il y a $10 \times 9 \times 8$ triplets de trois couleurs distinctes, soit 720 drapeaux tricolores possibles.

2 Calculer à l'aide de combinaisons

a. On désire former une équipe de 15 élèves dans une classe qui en comporte 20. Combien d'équipes différentes pourrait-on former ?

b. Calculer $\binom{9}{4}$ et $\binom{9}{6}$. En déduire $\binom{9}{5}$, $\binom{10}{5}$, $\binom{10}{6}$ et $\binom{11}{6}$.

CONSEILS

On rappelle que $\binom{n}{k}$ est le nombre de choix de k objets parmi n.

SOLUTION

a. Il y a $\binom{20}{15}$ manières de choisir 15 élèves cartes parmi 20.

Or, $\binom{20}{15} = \binom{20}{5}$ par symétrie et $\binom{20}{15} = \dfrac{20 \times 19 \times 18 \times 17 \times 16}{5 \times 4 \times 3 \times 2 \times 1} = 15\,504$.

b. On a $\binom{9}{4} = \dfrac{9 \times 8 \times 7 \times 6}{4 \times 3 \times 2 \times 1} = 126$ et, par symétrie, $\binom{9}{6} = \binom{9}{3} = \dfrac{9 \times 8 \times 7}{3 \times 2 \times 1} = 84$.

En utilisant la symétrie puis la relation de Pascal :

$\binom{9}{5} = \binom{9}{4} = 126$;

$\binom{10}{5} = \binom{9}{4} + \binom{9}{5} = 252$;

$\binom{10}{6} = \binom{9}{5} + \binom{9}{6} = 210$;

et $\binom{11}{6} = \binom{10}{5} + \binom{10}{6} = 462$.

3 Démonstration par récurrence

En bref *Une démonstration par récurrence consiste à démontrer qu'une infinité de propositions dépendantes d'un entier naturel n sont vraies.*

I Le principe de récurrence

Soit n_0 un entier naturel et soit $\mathcal{P}_{n_0}$, $\mathcal{P}_{n_0+1}$, $\mathcal{P}_{n_0+2}$, ..., $\mathcal{P}_n$, ... une suite de propositions.

Si la $\mathcal{P}_{n_0}$ est vraie et si, pour n'importe quel entier naturel n tel que $n \geqslant n_0$, la vérité de $\mathcal{P}_n$ entraîne celle de $\mathcal{P}_{n+1}$, alors on peut conclure que pour tout entier naturel n tel que $n \geqslant n_0$, $\mathcal{P}_n$ est vraie.

À NOTER
Dans la grande majorité des cas, n_0 vaut 0 ou 1.

II La démonstration par récurrence

1 Mise en œuvre

Soit n_0 un entier naturel. Pour démontrer par récurrence qu'une proposition $\mathcal{P}_n$ est vraie pour tout entier $n \geqslant n_0$, on procède en deux étapes qui permettrons de conclure :

- l'initialisation pour vérifier que la proposition $\mathcal{P}_{n_0}$ est vraie ;
- l'hérédité montrant que si la proposition $\mathcal{P}_n$ est vraie pour un entier naturel n *quelconque* tel que $n \geqslant n_0$, alors la proposition $\mathcal{P}_{n+1}$ doit être également vraie.

Le principe de récurrence permettra alors de conclure que pour tout entier naturel n tel que $n \geqslant n_0$, la proposition $\mathcal{P}_n$ est vraie.

À NOTER
Lors de la seconde étape, on suppose la proposition $\mathcal{P}_n$ vraie pour un certain rang n : c'est l'**hypothèse de récurrence**, souvent notée HR.

2 Quelques pièges à éviter

■ Oublier l'initialisation : par exemple la proposition « $10^n + (-1)^n$ est un multiple de 11 » est héréditaire, puisque $10^{n+1} + (-1)^{n+1} = 10\left(10^n + (-1)^n\right) - 11(-1)^n$, mais elle est fausse pour tout entier n.

■ Supposer, pour montrer l'hérédité, que la proposition est vraie pour tout entier naturel n, puisque c'est ce que l'on veut justement démontrer !
On supposera donc la proposition vraie pour un entier naturel.

Méthode

Démontrer une égalité

Démontrer par récurrence que pour tout entier n strictement positif :

$$\sum_{k=1}^{n}(k+1)\times 2^{k-1} = n\times 2^{n}.$$

CONSEILS
Lorsque l'on exprime la propriété au rang $n+1$, il faut penser à remplacer « tous les n » par des « $n+1$ ». Pour la notation Σ, se référer au mémo visuel.

SOLUTION

- **Initialisation :** Pour $n = 1$,

$$\sum_{k=1}^{n}(k+1)\times 2^{k-1} = \sum_{k=1}^{1}(k+1)\times 2^{k-1} = 2\times 2^{0} = 2.$$

Et, $n\times 2^{n} = 2$.
La proposition est donc vraie au rang 1.

- **Hérédité :** Supposons que pour un entier naturel non nul n :

$$\sum_{k=1}^{n}(k+1)\times 2^{k-1} = n\times 2^{n}.$$

(C'est l'hypothèse de récurrence : HR.)

On veut en déduire que $\sum_{k=1}^{n+1}(k+1)\times 2^{k-1} = (n+1)\times 2^{n+1}$.

CONSEILS
Lors de cette étape, tout d'abord, établissez un lien entre les propositions aux rangs n et $n+1$, puis utilisez l'hypothèse de récurrence.

On a :

$$\begin{aligned}\sum_{k=1}^{n+1}(k+1)\times 2^{k-1} &= \sum_{k=1}^{n}(k+1)\times 2^{k-1} + (n+2)2^{n}\\ &= n\times 2^{n} + (n+2)2^{n} \text{ (HR)}\\ &= (2n+2)\times 2^{n}\\ &= (n+1)\times 2\times 2^{n}\\ &= (n+1)\times 2^{n+1}.\end{aligned}$$

La propriété est donc héréditaire.

- **Conclusion :** Le principe de récurrence permet de conclure que :

$$\forall n \in \mathbb{N}^*,\ \sum_{k=1}^{n}(k+1)\times 2^{k-1} = n\times 2^{n}.$$

MÉMO VISUEL

DÉNOMBREMENTS

Nombre d'éléments

Comment déterminer le nombre d'éléments à l'aide de plusieurs ensembles ?

- Pour la **réunion** d'ensembles disjoints, on additionne leurs nombres d'éléments.
- Pour un **produit**, on multiplie leurs nombres d'éléments.
- Les **parties** d'un ensemble possédant n éléments, sont au nombre de 2^n.

Nombre d'éléments d'une liste

Comment calculer le nombre d'éléments deux à deux distincts d'une liste ?

Nombre de k-uplets

Le nombre de k-uplets d'éléments **deux à deux distincts** d'un ensemble à n éléments est $n(n-1)\ldots(n-k+1)$

Nombre de permutations

Le nombre de permutations (n-uplets d'éléments **deux à deux distincts**) d'un ensemble à n éléments est $n! = n \times (n-1) \times \ldots \times 2 \times 1$

Nombre de combinaisons

Le nombre de combinaisons de k objets choisis parmi n (nombres de parties à k éléments d'un ensemble à n éléments) est $\binom{n}{k}$.

Propriétés de $\binom{n}{k}$ pour $n \in \mathbb{N}$

- Valeurs particulières :
  $\binom{n}{0} = 1$; $\binom{n}{1} = n$; $\binom{n}{2} = \frac{n(n-1)}{2}$.
- Symétrie :
  si $0 \leqslant k \leqslant n$, $\binom{n}{k} = \binom{n}{n-k}$.
- Relation de Pascal :
  si $1 \leqslant k+1 \leqslant n$,
  $\binom{n+1}{k+1} = \binom{n}{k} + \binom{n}{k+1}$.

- Triangle de Pascal

n \ k	0	1	2	3	4	5	6
0	1						
1	1	1					
2	1	2	1				
3	1	3	3	1			
4	1	4	6	4	1		
5	1	5	10	10	5	1	
6	1	6	15	20	15	6	1

Factorielles

Comment calculer avec les factorielles ?

Premiers termes

On a $0! = 1$, $1! = 1$, $2! = 2$ et $3! = 3 \times 2 = 6$.

Cas général

Si $n \geqslant 3$, $n! = n(n-1) \times \ldots \times 2 \times 1$.

Récurrence

Pour tout $n \in \mathbb{N}$, $(n+1)! = (n+1) \times n!$

Récurrence

Comment mettre en œuvre une démonstration par récurrence ?

Démonstration par récurrence

- **Initialisation :** On démontre la proposition à démontrer au premier rang (en général 0 ou 1) $\mathscr{P}_0$ ou $\mathscr{P}_1$ est vraie
- **Hérédité**
On démontre que si la proposition est vraie pour un rang n alors elle est vraie pour le rang $n+1$. $\mathscr{P}_n$ est vraie entraîne $\mathscr{P}_{n+1}$ est vraie
- **Conclusion** Pour tout n, $n \geqslant 0$ ou $n \geqslant 1$, $\mathscr{P}_n$ est vraie

Symbole Σ

Comment travailler avec le symbole Σ ?

- Pour des entiers n et m tels que $n \geqslant m$:

$$\sum_{k=m}^{n} u_k = u_m + u_{m+1} + \ldots + u_n$$

- Télescopage :

$$\sum_{k=m}^{n} (u_{k+1} - u_k) = u_{n+1} - u_m$$

- Linéarité : $\displaystyle\sum_{k=m}^{n} (u_k + v_k) = \sum_{k=m}^{n} u_k + \sum_{k=m}^{n} v_k$ et $\displaystyle\sum_{k=m}^{n} \lambda u_k = \lambda \sum_{k=m}^{n} u_k$

SE TESTER QUIZ

Vérifiez que vous avez bien compris les points clés des **fiches 1 à 3**.

1 Réunions, produit et parties d'ensembles

→ FICHE 1

1. Un code est composé de 2 lettres de l'alphabet suivies de 3 chiffres. Le nombre de codes différents est :

☐ **a.** supérieur à 8×5^7 ☐ **b.** 676 000 ☐ **c.** 82

2. Le nombre de carrés dont les côtés sont des segments du quadrillage de la figure ci-contre est :

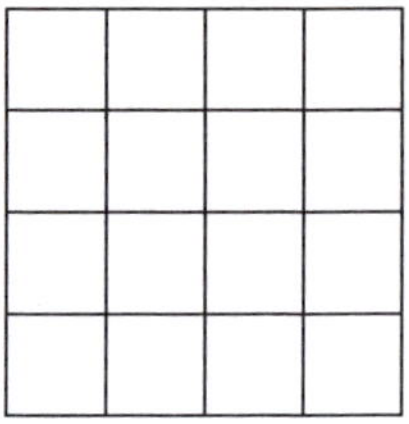

☐ **a.** 1 ☐ **b.** 16 ☐ **c.** 30

3. Quatre personnes se présentent à un casting à l'issue duquel jusqu'à quatre personnes peuvent être retenues.
Le nombre de situations différentes produites est :

☐ **a.** 4 ☐ **b.** 5 ☐ **c.** 16

2 *k*-uplets, factorielle, combinaisons

→ FICHE 2

1. En utilisant chaque lettre du mot MATHS une et une seule fois, le nombre de mots que l'on peut former, sans tenir compte de leur signification, est :

☐ **a.** 24 ☐ **b.** 120 ☐ **c.** 5^5

2. Le code d'un cadenas est composé de 3 chiffres (de 0 à 9) deux à deux distincts. Le nombre de codes possibles est :

☐ **a.** 720 ☐ **b.** 30 ☐ **c.** 1 000

3. Les élèves de première générale d'un lycée doivent choisir trois spécialités parmi les 12 proposées. Le nombre de groupes d'élèves ayant choisi les trois mêmes spécialités vaut au maximum :

☐ **a.** 36 ☐ **b.** 1 320 ☐ **c.** 220

4. Pour tous entiers naturels n, p et k tels que $k > 1$, on a :

☐ **a.** $\binom{n+p}{p} = \binom{n+p}{n}$ ☐ **b.** $\binom{k \times n}{k \times p} = \binom{n}{p}$ ☐ **c.** $\binom{k+n}{k+p} = \binom{n}{p}$

3 Récurrence et sommes

→ FICHE 3

1. La somme $\sum_{k=0}^{10} (-1)^k$ vaut :

☐ **a.** 1 ☐ **b.** –1 ☐ **c.** 0

2. On peut démontrer par récurrence que la somme des mesures des angles intérieurs (en degrés) d'un polygone convexe à n sommets vaut :

☐ **a.** 180 ☐ **b.** $60n$ ☐ **c.** $180(n-2)$

DÉMONSTRATIONS CLÉS

4 Établir la relation $\sum_{k=0}^{n}\binom{n}{k} = 2^n$ par dénombrement

→ FICHE 2

Soit n un entier naturel, et soit un ensemble A composé de n éléments.

En considérant, pour tout entier k compris entre 0 et n, N_k le nombre de parties de A composées exactement de k éléments, démontrer que :

$$\sum_{k=0}^{n}\binom{n}{k} = 2^n.$$

5 Établir la relation de Pascal par le calcul

→ FICHE 2

Soit n et k des entiers naturels tels que $k+1 \leqslant n$. Démontrer que :

$$\binom{n+1}{k+1} = \binom{n}{k} + \binom{n}{k+1}.$$

6 Établir la relation de Pascal par dénombrement

→ FICHE 2

Soit n et k des entiers naturels tels que $k+1 \leqslant n$. En considérant un ensemble A composé de $n+1$ éléments, un élément a de A, les combinaisons d'éléments de A qui contiennent a et celles qui ne le contiennent pas, démontrer que :

$$\binom{n+1}{k+1} = \binom{n}{k} + \binom{n}{k+1}.$$

S'ENTRAÎNER

7 Dénombrer à l'aide d'une équation

→ FICHES 1 et 2

Parmi les adhérent.es d'un club sportif, 120 pratiquent le badminton, un tiers le tennis de table, un douzième les deux sports, et le quart restant ne pratique ni l'un ni l'autre.

Combien y a-t-il d'adhérent.es dans ce club ?

CONSEILS
On pourra noter n le nombre cherché, puis exprimer les données de l'exercice sous forme d'une somme.

8 Vérifier un calcul

→ FICHES 1 et 2

En 1961, Raymond Queneau a publié un ouvrage intitulé *Cent mille milliards de poèmes*.

Il contient 10 sonnets de 14 alexandrins chacun. Chacune des 10 pages du livre est découpée en 14 bandelettes contenant chacune un alexandrin. On peut ainsi composer un sonnet en tournant ou non les 14 bandelettes jusqu'à obtenir l'alexandrin désiré.

Justifier le titre du livre.

9 Dénombrer les pièces d'un jeu de dominos

→ FICHES 1 et 2

Dans un jeu de dominos :

• combien y a-t-il de dominos doubles (les deux moitiés portant le même nombre de points) ?

• combien y a-t-il de dominos au total ?

10 Déterminer le nombre de plaques d'immatriculation

→ FICHES 1 et 2

Les immatriculations des véhicules en France sont de la forme XX-xxx-XX (deux lettres, trois chiffres, deux lettres)

a. Combien y aurait-il de plaques d'immatriculation différentes si toutes les lettres et tous les chiffres étaient autorisés ?

b. En fait, sont exclus les lettres I, O et U, la série de chiffres 000, et le couple de lettres SS.

Combien peut-il y avoir de plaques d'immatriculation différentes ?

11 Compter un nombre de chemins sur un quadrillage

→ FICHE 2

Un quartier piétonnier est composé de 3 allées de direction ouest-est et de 5 allées de direction nord-sud. De combien de manière dispose-t-on pour se rendre à pied de l'extrémité sud-ouest U du quartier à l'extrémité nord-est V par les chemins les plus courts ?

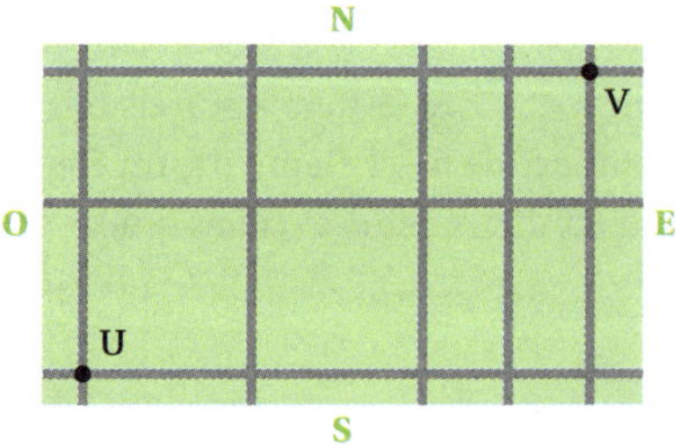

12 Calculer avec des factorielles

→ FICHE 2

a. Déterminer les entiers naturels $n \geqslant 2$, tels que $n! = 30 \times (n-2)!$.

b. Si la somme des coefficients d'une ligne du triangle de Pascal vaut 2 048, de quelle ligne s'agit-il ? (La ligne 1-2-1 étant la ligne n° 2.)

c. Comment calculer $\binom{20\,000}{19\,998}$ sans calculatrice ?

d. Soit n et a des entiers naturels tels que $n!+a=724$ et $a<n$; combien vaut $a!+n$?

e. On place 4 jetons marqués a, b, c, d sur 4 cases marquées A, B, C, D de manière à ce qu'aucun jeton ne soit placé sur une case marquée de la même lettre que lui. Montrer que le nombre de façons de faire cela est :

$$4!\left(\frac{1}{2!}-\frac{1}{3!}+\frac{1}{4!}\right).$$

CONSEILS

a. On pourra être amené à résoudre une équation du second degré.

13 Démontrer par récurrence

a. Démontrer par récurrence que $n! < n^n$ à partir d'un certain rang n.

b. Démontrer que pour tout entier naturel n :

$$\sum_{k=0}^{n} k \times k! = (n+1)! - 1.$$

OBJECTIF BAC

14 Comparer les mains au Poker

50 min

→ FICHES 1 et 2

Ce sujet permet de classer les mains au poker suivant leur fréquence d'apparition et montre pourquoi certaines mains sont plus favorables que d'autres.

LE SUJET

Une main au poker est formée de 5 cartes extraites d'un jeu de 52 cartes. Chaque carte a une couleur – Trèfle, Carreau, Cœur ou Pique – et une valeur – As, Roi, Dame, Valet, dix, neuf, huit, sept, six, cinq, quatre, trois et deux – de la plus haute à la plus basse. L'As est la plus haute carte, il ne vaut pas un. Pour chaque couleur, il y a donc 13 cartes et pour chaque hauteur, 4 cartes.

On prend cinq cartes parmi les 52 cartes composant le jeu. On obtient ce qu'on appelle une *main*.

1. a. Combien de mains différentes existe-t-il ?

2. On appelle *carré* 4 cartes de la même valeur. Combien de mains (de 5 cartes) différentes contenant un carré peut-on obtenir ?

3. Combien peut-on obtenir de mains contenant :

a. *Quinte flush royale* : cinq cartes consécutives de même couleur dont la plus haute est l'As ?

b. *Quinte flush* : 5 cartes consécutives de même couleur qui ne soit pas royale ?

c. Full : 3 cartes de même valeur et 2 autres cartes de même valeur (par exemple, 3 Valets et 2 dix) ?

d. *Brelan* : 3 cartes de même valeur mais ni un carré, ni un full (par exemple, 3 Rois, 1 cinq et 1 trois) ?

e. *Double paire* : 2 cartes de même valeur et 2 autres cartes de même valeur, mais ni carré ni full (par exemple, 2 Valets, 2 dix et 1 sept) ?

f. *Paire* : 2 cartes de même valeur, mais ni carré ni full ni brelan (par exemple, 2 dix, 1 As, 1 Roi, 1 quatre) ?

g. *Quinte* : 5 cartes consécutives mais pas de même couleur.

h. *Couleur* : cinq cartes de même couleur non consécutives.

4. Combien y a-t-il de mains qui n'ont aucune des caractéristiques précédentes ?

5. Classer tous ces types de mains par ordre d'abondance.

LIRE LE SUJET

2. Un carré peut être par exemple un carré d'As, ou un carré de Rois, etc. N'oubliez pas qu'une main contient 5 cartes. Il faut donc choisir une carte supplémentaire !

3. a. à g. Prenez un exemple pour chaque question et tentez de généraliser.

4. On a calculé le nombre total de mains possibles. Il s'agit maintenant de retrancher celles qui ont les caractéristiques précédentes.

5. Il y a 9 types de mains. Il s'agit de les ranger par leur nombre.

LA FEUILLE DE ROUTE

1. Dénombrer une partie d'un ensemble → FICHE 2

On sait qu'une main est constituée de 5 objets (cartes) choisis parmi 52 : c'est donc une combinaison.

2. Dénombrer une réunion d'ensembles → FICHE 1

Chaque main comprend un carré et une des autres 48 cartes. On applique le principe additif à chaque carré possible.

3. a. à h. Dénombrer des parties spécifiques d'un ensemble → FICHES 1 et 2

Pour un brelan de hauteur donnée, par exemple, il faut choisir 3 cartes parmi 4 de même hauteur, trois autres hauteurs et les couleurs de ces 3 cartes. On applique alors le principe multiplicatif.

On procède de même pour les autres questions.

4. et 5. Dénombrer et ordonner les mains possibles → FICHES 1 et 2

Il suffit de faire la différence du résultat de la question 1. avec la somme des résultats des autres questions et enfin de ranger les résultats.

CORRIGÉS

SE TESTER QUIZ

1 Réunions, produit et parties d'ensembles

1. Réponse b. Il y a 26^2 couples de deux lettres et 1 000 triplets de 3 chiffres, soit en tout $26 \times 26 \times 10 \times 10 \times 10 = 676\ 000$ codes différents.

2. Réponse c. Il y a 16 carrés 1×1, 9 carrés de taille 2×2, 4 carrés de taille 3×3 et 1 carré de taille 4×4, soit en tout 30 carrés.

3. Réponse c. L'issue du casting est l'ensemble des personnes choisies (s'il y en a). C'est donc une partie d'un ensemble à quatre éléments : il y en a $2^4 = 16$.

2 *k*-uplets, factorielle, combinaisons

1. Réponse b. Un mot ainsi formé est une permutation des 5 lettres différentes du mot MATHS, il y en a $5! = 120$.

> **À NOTER**
> Il est essentiel que les lettres du mot de départ soient toutes différentes.

2. Réponse a. Il s'agit ici de triplets d'éléments deux à deux distincts (arrangements) pris dans un ensemble à 10 éléments : il y en a $10 \times 9 \times 8 = 720$.

3. Réponse c. Il y a $\binom{12}{3}$ manières de choisir 3 spécialités parmi 12, soit 220. Il y a donc 220 groupes possibles *a priori*.

4. Réponse a. Pour tous entiers naturels n et p, on a par symétrie :

$$\binom{n+p}{p} = \binom{n+p}{n} \text{ puisque } (n+p) - p = n.$$

De plus, $\binom{2 \times 5}{2 \times 4} = 45$ et $\binom{2+5}{2+4} = 7$ mais $\binom{5}{4} = 5$: cela donne des contre-exemples pour les autres égalités.

3 Récurrence et sommes

1. Réponse a.

$$\text{On a } \sum_{k=0}^{10} (-1)^k = (-1)^0 + (-1)^1 + \ldots + (-1)^{10}$$
$$= (1-1) + (1-1) + \ldots + (1-1) + 1$$
$$= 1.$$

> **À NOTER**
> Si k est pair, $(-1)^k = 1$ et si k est impair, $(-1)^k = -1$.

2. Réponse c. On démontre par récurrence que, pour tout entier $n \geqslant 3$, la somme des mesures des angles intérieurs d'un polygone convexe à n sommets vaut, en degré, $180(n-2)$.

- **Initialisation :** Pour $n = 3$, $180(n-2) = 180$ qui est bien la somme des mesures en degrés des angles intérieurs d'un triangle.
- **Hérédité :** Soit un entier $n \geqslant 3$ et supposons que la somme des mesures, en degrés, des angles intérieurs à tout polygone convexe à n sommets soit égale à $180(n-2)$ (hypothèse de récurrence).

Notons A_1, A_2, ... A_n, A_{n+1} les sommets d'un polygone P_{n+1} convexe à $n + 1$ sommets. Considérons alors le triangle $\mathcal{T} = A_1A_nA_{n+1}$ intérieur au polygone P_{n+1} et le **polygone** P_n de sommets A_1, A_2, ... A_n.

> **À NOTER**
> Si le **polygone** P_{n+1} est convexe alors le polygone P_n l'est aussi, donc on peut utiliser l'hypothèse de récurrence.

La somme des mesures des angles intérieurs à P_{n+1} est égale à la somme des mesures de P_n augmentée de celle des mesures du triangle $\mathcal{T}$ soit, d'après l'hypothèse de récurrence, $(n - 2) \times 180 + 180 = (n - 1) \times 180$.

Le principe de récurrence permet de conclure.

DÉMONSTRATIONS CLÉS

4 Établir la relation $\sum_{k=0}^{n} \binom{n}{k} = 2^n$ par dénombrement

Soit n un entier naturel, et soit un ensemble A composé de n éléments.

Pour tout entier k compris entre 0 et n, N_k le nombre de parties de A composées exactement de k éléments est $\binom{n}{k}$ par définition.

On additionne le nombre de parties de A ayant respectivement 0, 1, 2, ..., n éléments et on obtient alors que le nombre de partie de A est :

$$\sum_{k=0}^{n} \binom{n}{k}.$$

On sait d'après le cours que 2^n est le nombre de parties de A donc :

$$\sum_{k=0}^{n} \binom{n}{k} = 2^n.$$

5 Établir la relation de Pascal par le calcul

Soit n et k des entiers naturels tels que $k + 1 \leqslant n$.

On a : $\binom{n+1}{k+1} = \dfrac{(n+1)!}{(k+1)!(n+1-k-1)!} = \dfrac{(n+1)!}{(k+1)!(n-k)!}$

> **À NOTER**
> On a $(n - k)! = (n - k)(n - k - 1)!$ et $(k + 1)! = (k + 1)k!$

et, $\binom{n}{k} + \binom{n}{k+1} = \dfrac{n!}{k!(n-k)!} + \dfrac{n!}{(k+1)!(n-k-1)!}$

donc $\binom{n}{k} + \binom{n}{k+1} = \dfrac{n!(k+1) + n!(n-k)}{(k+1)!(n-k)!} = \dfrac{n!(n+1)}{(k+1)!(n-k)!} = \dfrac{(n+1)!}{(k+1)!(n-k)!}$

Ainsi, $\binom{n+1}{k+1} = \binom{n}{k} + \binom{n}{k+1}$.

6 Établir la relation de Pascal par dénombrement

Soit n et k des entiers naturels tels que $k + 1 \leqslant n$. Soit un ensemble A composé de $n + 1$ éléments, et soit a un élément de A.

Il y a d'une part $\binom{n+1}{k+1}$ combinaisons d'éléments de A.

D'autre part, parmi ces combinaisons, il y a celles qui ne contiennent pas a et celles qui contiennent a.

Celles qui ne contiennent pas a sont des combinaisons de $k+1$ éléments d'un ensemble à n éléments, il y a en donc $\binom{n}{k+1}$.

Celles qui contiennent a sont des combinaisons d'éléments de A qui comportent k éléments autres que a, donc choisis parmi n éléments, il y en a $\binom{n}{k}$.

Finalement, on a bien :

$$\binom{n+1}{k+1} = \binom{n}{k} + \binom{n}{k+1}.$$

S'ENTRAÎNER

7 Dénombrer à l'aide d'une équation

Notons n le nombre d'adhérent.es. Donc $120 - \frac{n}{12}$ pratiquent seulement le badminton, $\frac{n}{3}$ pratiquent le tennis de table et éventuellement le **badminton**.

On a donc $n = 120 + \frac{n}{3} - \frac{n}{12} + \frac{n}{4}$, d'où $n\left(1 - \frac{1}{3} + \frac{1}{12} - \frac{1}{4}\right) = 120$,

soit $\frac{1}{2}n = 120$ puis $n = 240$. C'est le nombre d'adhérent.es.

À NOTER
Attention à ne pas compter deux fois ceux qui font du badminton et du tennis de table.

8 Vérifier un calcul

Pour chacun des 14 vers du poème, il y a 10 possibilités, soit en tout 10^{14} poèmes d'après le principe multiplicatif. Ce qui fait bien cent mille milliards de poèmes différents.

9 Dénombrer les pièces d'un jeu de dominos

Dans un jeu de dominos :

- il y a 7 dominos doubles : double 0, double 1, ..., double 6 ;
- les autres dominos sont composés de deux numéros choisis parmi 7, il y en a $\binom{7}{2} = \frac{7 \times 6}{2 \times 1} = 21$.

Il y a donc en tout 28 dominos.

À NOTER
On a considéré que tous les dominos sont différents et que toutes les possibilités se trouvent dans un jeu complet.

10 Déterminer le nombre de plaques d'immatriculation

Les immatriculations des véhicules en France sont de la forme XX-xxx-XX (deux lettres, trois chiffres, deux lettres).

a. Si toutes les lettres et tous les chiffres étaient autorisés, il y aurait, d'après le principe multiplicatif, $26 \times 26 \times 10 \times 10 \times 10 \times 26 \times 26$, soit :
456 976 000 plaques d'immatriculation différentes.

b. En excluant les lettres I, O et U, le couple SS et la série de chiffres 000, il reste $(23 \times 23 - 1) \times 999 \times (23 \times 23 - 1)$ plaques différentes, soit :
278 505 216 plaques d'immatriculation différentes.

11 Compter un nombre de chemins sur un quadrillage

Pour aller du point **U** (coin sud-ouest) au point **V** (coin nord-est) il faut aller 4 fois vers l'est à chaque intersection et 2 fois vers le nord. Il faut donc choisir les intersections où l'on va vers l'est. Le nombre de chemins possibles est égal au nombre de combinaisons de 4 parmi 6 soit $\binom{6}{4}$ **= 15.**

À NOTER

On aurait pu choisir les intersections où l'on se dirige vers le nord pour trouver $\binom{6}{2}$ chemins possibles ce qui donne évidemment le même résultat par symétrie.

12 Calculer avec des factorielles

a. Pour tout entier naturel $n \geqslant 2$, $n! = n(n-1)(n-2)!$.
Donc $n! = 30 \times (n-2)! \Leftrightarrow n(n-1) = 30$ car $(n-2)! \neq 0$

$$\Leftrightarrow n^2 - n - 30 = 0.$$

Cette dernière équation admet pour discriminant 121 et pour solutions :

$$\frac{1+11}{2} = 6 \text{ et } \frac{1-11}{2} = -5.$$

L'unique solution positive est donc 6, c'est l'unique solution de l'équation $n! = 30 \times (n-2)!$.

b. On a démontré à l'exercice 5 que pour tout $n \in \mathbb{N}$:

$$\sum_{k=0}^{n} \binom{n}{k} = 2^n.$$

Autrement dit, la somme des coefficients de la n-ième ligne du triangle de pascal vaut 2^n. Or, $2^{11} = 2\,048$, donc il s'agit de la **onzième ligne du triangle de Pascal.**

c. On sait que, par symétrie :

$$\binom{20\,000}{19\,998} = \binom{20\,000}{2} = \frac{20\,000 \times 19\,999}{2}$$

$$= 10\,000 \times 19\,999$$

$$\mathbf{= 199\,990\,000.}$$

d. On remarque que $6! = 720$ et $n! + a = 724$ donc $n \leqslant 6$.

Si $n \leqslant 5$, puisque $5! = 120$, on a $a \leqslant 724 - 120 = 604$ ce qui est impossible car $a < n$.
Finalement on obtient $n = 6$ et $a = 4$, donc :

$$\mathbf{a! + n = 4! + 6 = 30.}$$

e. Le tableau ci-dessous permet de visualiser toutes les possibilités :

A	B	C	D
b	a	d	c
b	c	d	a
b	d	a	c
c	a	d	b
c	d	a	b
c	d	b	a
d	a	b	c
d	c	a	b
d	c	b	a

On compte 9 possibilités.

D'autre part : $4!\left(\frac{1}{2!}-\frac{1}{3!}+\frac{1}{4!}\right)=24\left(\frac{1}{2}-\frac{1}{6}+\frac{1}{24}\right)=24\times\frac{9}{24}=9.$

Le nombre de façons est donc bien $4!\left(\frac{1}{2!}-\frac{1}{3!}+\frac{1}{4!}\right)$.

À NOTER

Ce résultat se généralise, le nombre de dérangements de n objets (aucun ne se trouve à sa place) est $n!\left(\frac{1}{2!}-\frac{1}{3!}+\frac{1}{4!}+\ldots+\frac{(-1)^n}{n!}\right)$.

13 Démontrer par récurrence

a. Pour $n = 0$ ou $n = 1$, l'inégalité est fausse. On convient ici que $0^0 = 1$.
Démontrons par récurrence que pour tout entier n, $n \geqslant 2$, on a $n! < n^n$.

- **Initialisation** : On a $2! = 2$ et $2^2 = 4$, l'inégalité est donc vraie pour $n = 2$.
- **Hérédité** : soit un entier naturel n, $n \geqslant 2$, tel que $n! < n^n$.

On a $(n+1)! = (n+1)\times n! < (n+1)\times n^n$ (hypothèse de récurrence).
Donc, $(n+1)! < (n+1)\times(n+1)^n$ car $n^n < (n+1)^n$.
D'où $(n+1)! < (n+1)^{n+1}$.
Le principe de récurrence permet de conclure que pour tout entier naturel n supérieur ou égal à 2 on a $n! < n^n$.

b. Démontrons par récurrence que pour tout entier naturel n :

$$\sum_{k=0}^{n} k\times k! = (n+1)!-1.$$

- **Initialisation** :

$$\sum_{k=0}^{0} k\times k! = 0\times 0! = 0.$$

Et $(0+1)!-1 = 1-1 = 0$. L'égalité est donc vraie pour $n = 0$.

■ **Hérédité** : soit n un entier naturel tel que :

$$\sum_{k=0}^{n} k \times k! = (n+1)! - 1.$$

Alors :

$$\begin{aligned}\sum_{k=0}^{n+1} k \times k! &= \sum_{k=0}^{n} k \times k! + (n+1)(n+1)! \\ &= (n+1)! - 1 + (n+1)(n+1)! \quad \text{(hypothèse de récurrence)} \\ &= (n+1)!(1+n+1) - 1 \\ &= (n+1)!(n+2) - 1 \\ &= (n+2)! - 1.\end{aligned}$$

Le principe de récurrence permet de conclure que pour tout entier naturel n :

$$\sum_{k=0}^{n} k \times k! = (n+1)! - 1.$$

OBJECTIF BAC

14 Comparer les mains au Poker

1. Le nombre de mains de 5 cartes choisies parmi 52 cartes est le nombre de combinaisons de 5 éléments d'un ensemble à 52 éléments.

Il y en a $\binom{52}{5}$, soit **2 598 960 mains différentes de 5 cartes.**

2. Le nombre de mains de 5 cartes comportant un carré d'As est 48, puisque la cinquième carte est à choisir parmi les 48 cartes du jeu qui ne sont pas des As.

Il y a 13 hauteurs différentes, donc 13 carrés différents, puis 13×48, soit **624 mains contenant un carré.**

3. a. Il y a **4 quintes flush royales**, une par couleur.

b. Le nombre de quintes flush non royale à pique est 8 (la plus haute carte peut être une des 8 cartes allant du six au Roi). Il y a donc $4 \times 8 = 32$ **quintes flush différentes** (8 par couleur).

> **À NOTER**
> On ne compte pas ici la quinte As, deux, trois, quatre, cinq.

c. Le nombre de full de 3 as et de 2 rois est $\binom{4}{3} \times \binom{4}{2}$ car il faut choisir 3 as parmi les 4 as et 2 rois parmi les 4 rois.

Un full étant formé d'**un brelan et d'une paire**, soit 13×12 possibilités, finalement il y a $13 \times 12 \times \binom{4}{3} \times \binom{4}{2} = 3\,744$ **mains de 5 cartes contenant un full.**

> **À NOTER**
> La série de 3 cartes et celle de 2 cartes ne peuvent pas être de la même hauteur !

d. Le nombre de mains qui contiennent un brelan d'as sans paire est $\binom{4}{3} \times \binom{12}{2} \times 4 \times 4$ car il faut choisir 3 as parmi 4 puis 2 hauteurs différentes parmi les 12 restantes et enfin les couleurs de chacune des deux dernières cartes. Puisqu'il y a 13 hauteurs de brelan possibles, il y a en tout $13 \times \binom{4}{3} \times \binom{12}{2} \times 4 \times 4$, soit **54 912 mains de 5 cartes contenant seulement un brelan.**

e. Pour deux paires sans brelan, il faut choisir deux hauteurs parmi 13, 2 cartes dans chaque hauteur, et 1 carte parmi les **44 restantes**.

Il y en a donc $\binom{13}{2} \times \binom{4}{2} \times \binom{4}{2} \times 44$, soit **123 552 mains de 5 cartes contenant 2 paires seulement.**

À NOTER
Il reste $52 - 8 = 44$ cartes, car on ne peut prendre aucune des hauteurs choisies pour les paires.

f. Pour une paire sans brelan ni autre paire, il y a 13 hauteurs possibles de la paire et $\binom{4}{2}$ choix de deux cartes dans cette hauteur, 3 hauteurs à choisir parmi les 12 autres hauteurs et 4 couleurs possibles pour chacune de ces hauteurs, d'où $13 \times \binom{4}{2} \times \binom{12}{3} \times 4^3$, soit **1 098 240 mains de 5 cartes comprenant seulement une paire.**

g. Une quinte est définie par sa plus haute carte et par la couleur de chacune de ces cartes, sachant que la dernière carte ne peut pas être un as. Il y en a 9×4^5, desquelles il faut soustraire les 36 quintes flush et quintes flush royales. Il y a donc $9 \times 4^5 - 36$, soit **9 180 quintes qui ne sont pas des quintes flush ni des quintes flush royales.**

h. Enfin, le nombre de mains dont toutes les cartes sont des piques et qui ne sont pas consécutives est $\binom{13}{5} - 9$.

Il y a donc en tout $4\left(\binom{13}{5} - 9\right)$, soit **5 112 mains de 5 cartes de la même couleur non consécutives.**

4. Le nombre de mains de 5 cartes ayant une des caractéristiques précédentes est :
$624 + 4 + 32 + 3\,744 + 54\,912 + 123\,552 + 1\,098\,240 + 9\,180 + 5\,112$
Soit 1 295 400, et **le nombre de mains n'en ayant aucune est :**

$$2\,598\,960 - 1\,295\,400 = 1\,303\,560$$

5. On a alors le classement suivant, en partant des mains les plus rares jusqu'au mains les plus fréquentes :

- **Quinte flush royale** (≈ **0,0001 %**)
- **Quinte flush** (≈ **0,001 %**)
- **Carré** (≈ **0,02 %**)
- **Full** (≈ **0,1 %**)
- **Couleur** (≈ **0,2 %**)
- **Quinte** (≈ **0,4 %**)
- **Brelan** (≈ **2 %**)
- **Double paire** (≈ **5 %**)
- **Paire** (≈ **42 %**)
- **Autres** (≈ **50 %**)

2 Vecteurs, droites et plans de l'espace

Dans l'espace, le déplacement rectiligne d'un point est représenté par un vecteur. En kite-surf, les déplacements de la planche et de la voile sont parallèles, puisque les vecteurs représentant leurs déplacements sont égaux et donc colinéaires.

4 Les vecteurs de l'espace

En bref *On peut étendre à l'espace, qui est muni d'un repère orthonormé $\left(O\,;\vec{i},\vec{j},\vec{k}\right)$, la notion de vecteur vue dans le plan, et les opérations associées.*

I Définitions et opérations

1 Vecteurs de l'espace

■ Soit A et B deux points de l'espace. Le vecteur $\overrightarrow{AB}$ est défini par :
- sa **direction,** celle de la droite (AB) ;
- son **sens,** de A vers B ;
- sa **norme**, notée $\|\overrightarrow{AB}\|$, qui est la distance $AB = \|\overrightarrow{AB}\|$.

■ Comme en géométrie plane, on peut définir la translation de vecteur $\overrightarrow{AB}$ (notée $t_{\overrightarrow{AB}}$) qui transforme le point A en le point B.

■ Pour tous points A, B, C, D :
$\overrightarrow{AB} = \overrightarrow{CD} \Leftrightarrow$ ABDC est un parallélogramme.

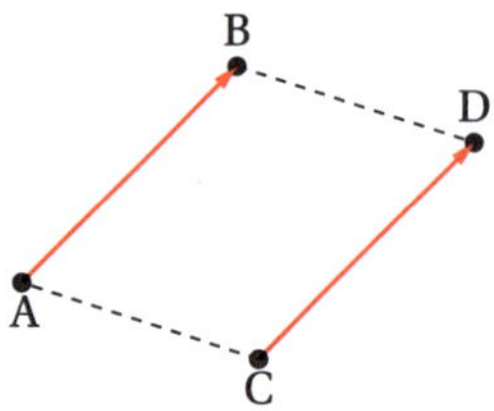

2 Addition de deux vecteurs

■ Soit $\vec{u}$ et $\vec{v}$ deux vecteurs. On définit le vecteur $\vec{u}+\vec{v}$ en construisant un parallélogramme : si $\vec{u} = \overrightarrow{AB}$ et $\vec{v} = \overrightarrow{AC}$, alors $\vec{u}+\vec{v} = \overrightarrow{AD}$ tel que ABDC est un parallélogramme. L'image du point C par la translation de vecteur $\overrightarrow{AB}$ est D.

■ Pour tous les points A, B et C : $\overrightarrow{AB}+\overrightarrow{BC} = \overrightarrow{AC}$ (relation de Chasles).

3 Multiplication d'un vecteur par un réel

■ Soit $\vec{u}$ un vecteur de l'espace, $\boldsymbol{\vec{u} \neq \vec{0}}$, et α un réel, $\alpha \neq 0$.
Le produit du vecteur $\vec{u}$ par le réel α est le vecteur noté $\alpha\vec{u}$ qui a :
- la même direction que $\vec{u}$;
- le même sens que $\vec{u}$ si $\alpha > 0$, le sens contraire si $\alpha < 0$;
- pour norme $\|\alpha\vec{u}\| = |\alpha| \times \|\vec{u}\|$.

■ Si $\vec{u} = \vec{0}$ ou $\alpha = 0$, alors $\alpha\vec{u} = \vec{0}$.

■ Pour tous nombres réels α et β, et tous vecteurs $\vec{u}$ et $\vec{v}$ de l'espace :
$\alpha\left(\vec{u}+\vec{v}\right) = \alpha\vec{u}+\alpha\vec{v}$ et $(\alpha+\beta)\vec{u} = \alpha\vec{u}+\beta\vec{u}$.

> **À NOTER**
> Comme dans le plan, le **vecteur nul**, noté $\vec{0}$, est le vecteur dont la norme est égal à 0.
> L'**opposé** d'un vecteur $\vec{u}$ est le vecteur $-\vec{u}$.

II Vecteurs colinéaires et points alignés, coordonnées

- Soit A, B et C trois points de l'espace.

A, B, C alignés ⇔ $\overrightarrow{AB}$ et $\overrightarrow{AC}$ colinéaires ⇔ Il existe $\alpha \in \mathbb{R}$ tel que $\overrightarrow{AC} = \alpha\overrightarrow{AB}$.

- Pour tous vecteurs $\vec{u}(x\,;y\,;z)$ et $\vec{v}(x'\,;y'\,;z')$ de l'espace, et tout $\alpha \in \mathbb{R}$: $\vec{u}+\vec{v}(x+x'\,;y+y'\,;z+z')$ et $\alpha\vec{u}(\alpha x\,;\alpha y\,;\alpha z)$.

- Soit $A(x_A\,;y_A\,;z_A)$ et $B(x_B\,;y_B\,;z_B)$ deux points de l'espace. On note I le milieu de [AB].

$$\overrightarrow{AB}\,(x_B - x_A\,;y_B \quad y_A\,;z_B - z_A)$$

$$I\left(\frac{x_A + x_B}{2}\,;\frac{y_A + y_B}{2}\,;\frac{z_A + z_B}{2}\right)$$

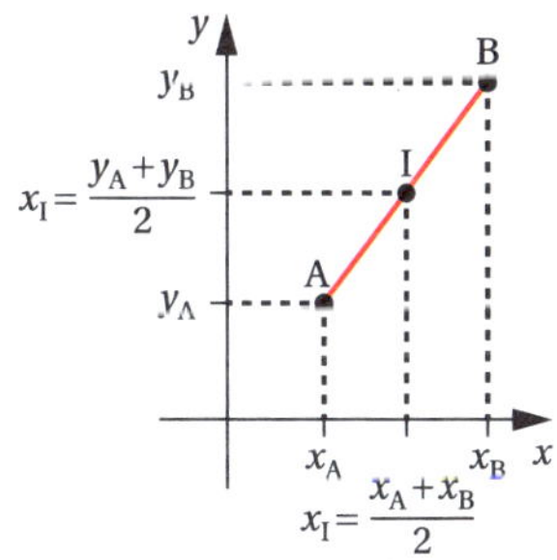

- Pour tous points $A(x_A\,;y_A\,;z_A)$ et $B(x_B\,;y_B\,;z_B)$ de l'espace :

$$\left\|\overrightarrow{AB}\right\| = \sqrt{(x_B - x_A)^2 + (y_B - y_A)^2 + (z_B - z_A)^2} = AB$$

Méthode

Utiliser les propriétés des vecteurs de l'espace

Dans l'espace muni d'un repère orthonormé $\left(O\,;\vec{i},\vec{j},\vec{k}\right)$, on considère les points $A(2\,;-1\,;3)$, $B(-1\,;-2\,;5)$ et $C(8\,;1\,;-1)$.

a. Démontrer que les points A, B et C sont alignés.

b. Calculer les coordonnées du milieu I du segment [AC].

CONSEILS

a. Commencez par calculer les coordonnées des vecteurs $\overrightarrow{AB}$ et $\overrightarrow{AC}$, puis cherchez un nombre réel α tel que $\overrightarrow{AC} = \alpha\overrightarrow{AB}$.

b. Appliquez la formule $I\left(\frac{x_A + x_B}{2}\,;\frac{y_A + y_B}{2}\,;\frac{z_A + z_B}{2}\right)$.

SOLUTION

a. $\overrightarrow{AB}(-1-2\,;-2-(-1)\,;5-3)$, soit $\overrightarrow{AB}(-3\,;-1\,;2)$.

$\overrightarrow{AC}(8-2\,;1-(-1)\,;-1-3)$, soit $\overrightarrow{AC}(6\,;2\,;-4)$.

Ainsi $\overrightarrow{AC} = -2\overrightarrow{AB}$, donc les vecteurs $\overrightarrow{AB}$ et $\overrightarrow{AC}$ sont colinéaires.

Les points A, B et C sont donc alignés.

b. $I\left(\frac{2+8}{2}\,;\frac{-1+1}{2}\,;\frac{3+(-1)}{2}\right)$, soit $I(5\,;0\,;1)$.

5 Positions relatives de deux droites de l'espace

En bref *Dans l'espace, deux droites ne sont pas nécessairement coplanaires. Il en résulte une nouvelle classification des positions relatives de deux droites de l'espace.*

I Étude des positions relatives de deux droites

1 Droites coplanaires

Si deux droites $\mathcal{D}$ et Δ de l'espace sont coplanaires, alors elles sont soit sécantes soit parallèles.

$\mathcal{D}$ et Δ parallèles		$\mathcal{D}$ et Δ sécantes
strictement parallèles	**confondues**	
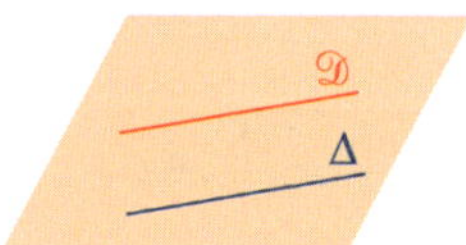	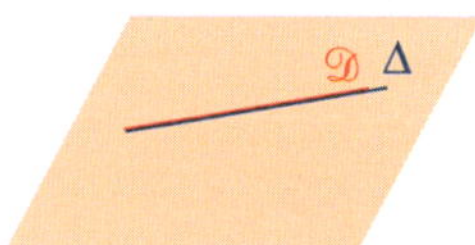	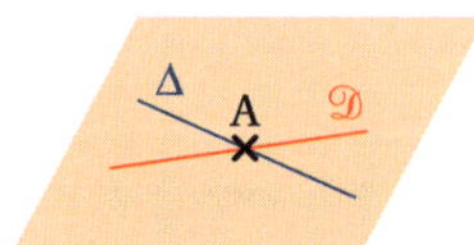
Aucun point commun	$\mathcal{D} = \Delta$	Un unique point commun

2 Droites non coplanaires

- Si deux droites $\mathcal{D}$ et Δ ne sont pas coplanaires, aucun plan ne les contient toutes les deux et elles n'ont aucun point d'intersection.
- Deux droites de l'espace sont **orthogonales** lorsque les parallèles à ces droites passant par un point donné sont **perpendiculaires** (dans le plan qu'elles forment).

> **MOT CLÉ**
> Dans l'espace, deux droites sont **perpendiculaires** si et seulement si elles sont orthogonales et sécantes. Attention à bien faire la différence avec l'orthogonalité.

II Propriétés des droites de l'espace

- Si deux droites sont parallèles, toute droite parallèle à l'une est parallèle à l'autre, et toute droite orthogonale à l'une est orthogonale à l'autre.
- Si deux droites sont orthogonales, alors toute droite parallèle à l'une est orthogonale à l'autre. Mais, toute droite orthogonale à l'une n'est pas forcément parallèle à l'autre.
- Deux droites perpendiculaires à un même plan sont parallèles.

Méthode

Étudier la position relative de deux droites dans un cube

Dans le cube ABCDEFGH représenté ci-contre :
- le point I est le milieu du segment [AB] ;
- le point J est le milieu du segment [GH].

Donner la position relative des droites :

a. (IJ) et (BG)
b. (AD) et (CG)
c. (AD) et (DH)
d. (FG) et (IJ)
e. (IF) et (AB)
f. (AB) et (IJ)
g. (EF) et (IJ)

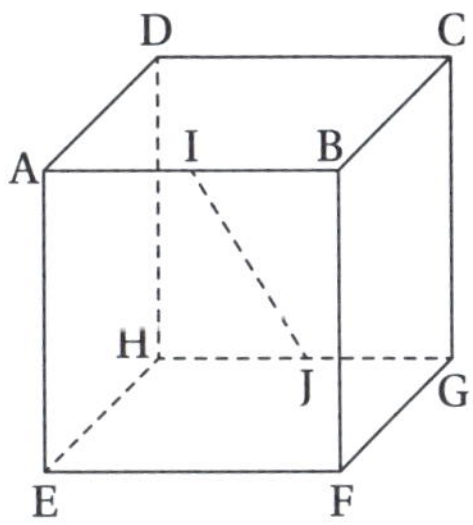

CONSEILS
Utilisez le fait que ABCDEFGH est un cube et les propriétés des faces et des arêtes d'un cube.

SOLUTION

a. Les droites (IJ) et (BG) sont **parallèles** dans le plan (ABG) qui est aussi le plan (ABGH).

b. Les droites (AD) et (CG) sont orthogonales.
En effet : (AD) // (BC) et (BC) et (CG) sont perpendiculaires en C car BCGF est un carré.

> **À NOTER**
> Si deux droites sont **parallèles**, alors toute droite orthogonale (donc en particulier perpendiculaire) à l'une est orthogonale à l'autre.

c. Les droites (AD) et (DH) sont perpendiculaires en D, car la face ADHE du cube est un carré.

d. Les droites (FG) et (IJ) sont non coplanaires car aucun plan ne les contient toutes les deux.

e. Les droites (IF) et (AB) sont sécantes.
En effet, elles sont coplanaires (plan (ABF)) et se coupent en I.

f. Les droites (AB) et (IJ) sont perpendiculaires car elles sont sécantes en I et orthogonales.
En effet : (IJ) // (BG), et (AB) et (BG) sont perpendiculaires car le quadrilatère ABGH est un rectangle.

g. Les droites (EF) et (IJ) sont orthogonales.
En effet : (AB) // (EF), et (AB) et (IJ) sont perpendiculaires (d'après la question f.).

6 Positions relatives d'une droite et d'un plan de l'espace

En bref *Lorsqu'une droite et un plan de l'espace ne sont pas parallèles, ils sont sécants, éventuellement perpendiculaires. Ces différentes positions relatives font l'objet de plusieurs propriétés.*

I Étude des positions relatives d'une droite et d'un plan

- Dans l'espace, une droite et un plan sont **soit parallèles, soit sécants**.

$\mathcal{D}$ parallèle à $\mathcal{P}$		$\mathcal{D}$ et $\mathcal{P}$ sécants
strictement parallèles	$\mathcal{D} \subset \mathcal{P}$	
	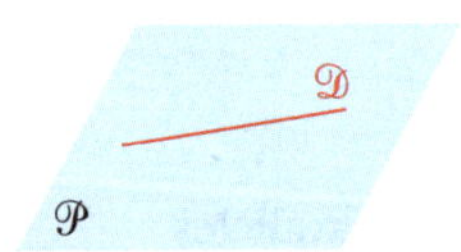	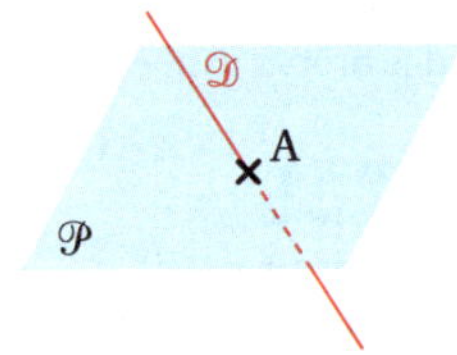
Aucun point commun	Points communs : $\mathcal{D}$	Un unique point commun

II Propriétés des droites et des plans de l'espace

1 Droite parallèle à un plan

- Si deux points distincts appartiennent à un plan, alors la droite qui passe par ces deux points est incluse dans ce plan.
- Si deux droites sont parallèles, alors l'une est parallèle à tout plan contenant l'autre.
- Si une droite est parallèle à une droite d'un plan, alors elle est parallèle à ce plan.

2 Droite perpendiculaire à un plan

- Pour qu'une droite $\mathcal{D}$ et un plan $\mathcal{P}$ soient perpendiculaires, il suffit que $\mathcal{D}$ soit orthogonale à deux droites **sécantes** de $\mathcal{P}$.
- Si une droite $\mathcal{D}$ et un plan $\mathcal{P}$ sont perpendiculaires, alors $\mathcal{D}$ est orthogonale à toutes les droites de $\mathcal{P}$.

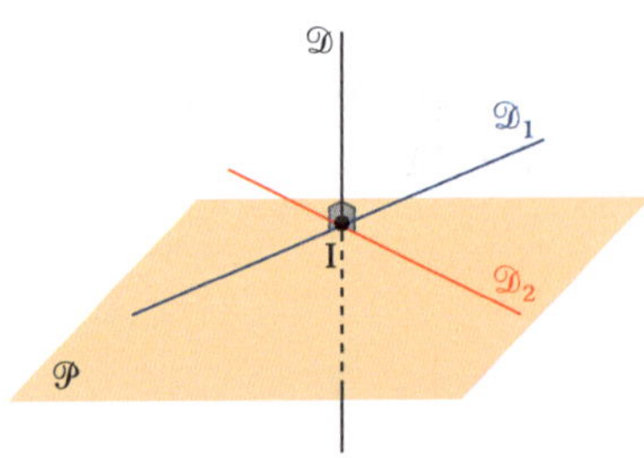

Méthode

Étudier la position relative d'une droite et d'un plan

On considère le cube ABCDEFGH représenté ci-dessous.

Déterminer la position relative :

a. de la droite (CG) et du plan (ABD).
b. de la droite (HF) et du plan (CAD).
c. de la droite (HF) et du plan (DEG).
d. de la droite (EH) et du plan (ADF).
e. de la droite (AB) et du plan (DEG).
f. de la droite (HF) et du plan (ACG).

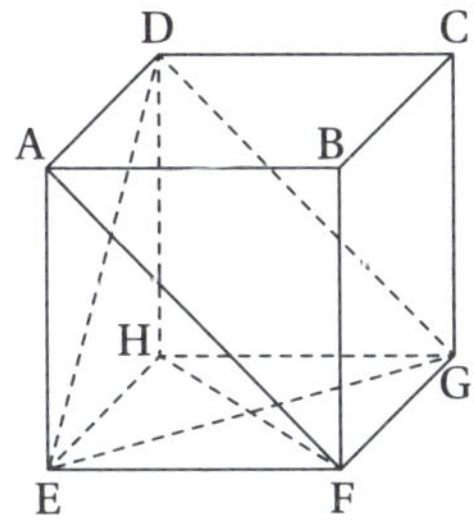

CONSEILS

- Observez la figure et utilisez les positions relatives des arêtes et des faces du cube pour répondre par le terme le plus précis possible.
- Pour chaque question, vous pouvez commencer par expliciter le plan qui est déterminé par trois points, en fonction, par exemple, des faces du cube.

SOLUTION

a. La droite (CG) est **perpendiculaire** au plan (ABD), c'est-à-dire (ABCD).

b. La droite (HF) est strictement parallèle au plan (CAD).
En effet : (HF) // (DB) et (DB) appartient au plan (CAD) ; donc d'après la propriété rappelée dans le cours, (HF) est parallèle au plan (CAD).

MOT CLÉ
Dans l'espace, deux droites sont **perpendiculaires** si et seulement si elles sont orthogonales et sécantes.

c. La droite (HF) et le plan (DEG) sont sécants mais ne sont pas perpendiculaires car (HF) n'est pas orthogonale à (DE).

d. (EH) // (GF) et (GF) appartient au plan (ADF), donc la droite (EH) est parallèle au plan (ADF).

e. (AB) // (EF) et (EF) coupe le plan (DEG) en E, donc la droite (AB) et le plan (DEG) sont sécants.
En effet, raisonnons par l'absurde : si la droite (AB) et le plan (DEG) n'étaient pas sécants, ils seraient strictement parallèles, puis la droite (EF) et plan (DEG) aussi. Ce qui n'est pas le cas.

f. La droite (HF) est perpendiculaire, donc orthogonale, à la droite (EG) car EFGH est un carré. De plus, (HF) est perpendiculaire à la droite (BF), qui est elle-même parallèle à la droite (CG), donc les droites (HF) et (CG) sont orthogonales.
Ainsi, la droite (HF) est orthogonale à deux droites sécantes du plan (ACG), donc elle est perpendiculaire à ce plan.

7 Positions relatives de deux plans de l'espace

En bref *Lorsque deux plans de l'espace ne sont pas parallèles, ils sont sécants, éventuellement perpendiculaires. Ces différentes positions relatives font l'objet de plusieurs propriétés.*

I Étude des positions relatives de deux plans de l'espace

Dans l'espace, deux plans sont soit parallèles, soit sécants.

$\mathcal{P}$ et Q parallèles		$\mathcal{P}$ et Q sécants
strictement parallèles	**confondus**	
		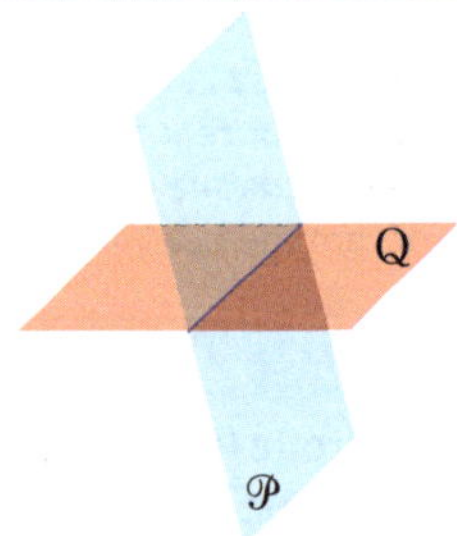
Aucun point commun	$\mathcal{P} = Q$	Une droite d'intersection

II Propriétés des plans de l'espace

1 Plans parallèles

- Si deux plans sont parallèles, alors tout plan parallèle à l'un est parallèle à l'autre.
- Si deux plans $\mathcal{P}_1$ et $\mathcal{P}_2$ sont perpendiculaires à une même droite $\mathcal{D}$, alors les deux plans $\mathcal{P}_1$ et $\mathcal{P}_2$ sont parallèles.
- Soit $\mathcal{D}_1$ et $\mathcal{D}_2$ deux droites parallèles. Si un plan $\mathcal{P}_1$ est perpendiculaire à $\mathcal{D}_1$ et un plan $\mathcal{P}_2$ est perpendiculaire à $\mathcal{D}_2$, alors $\mathcal{P}_1$ et $\mathcal{P}_2$ sont parallèles.

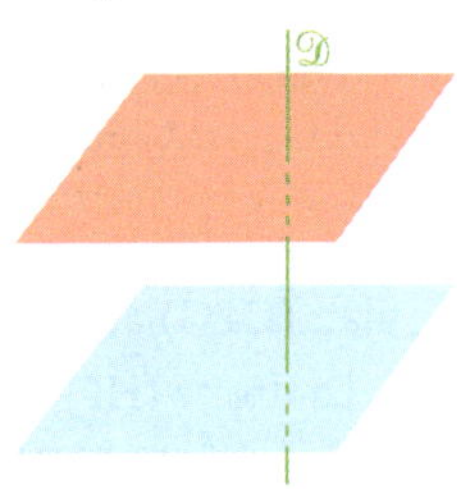

2 Plans perpendiculaires

- Si deux plans sont perpendiculaires :
  - tout plan parallèle à l'un est perpendiculaire à l'autre ;
  - tout plan perpendiculaire à l'un est parallèle à l'autre.
- Soit $\mathcal{D}_1$ et $\mathcal{D}_2$ deux droites orthogonales. Si un plan $\mathcal{P}_1$ est perpendiculaire à $\mathcal{D}_1$ et un plan $\mathcal{P}_2$ est perpendiculaire à $\mathcal{D}_2$, alors les plans $\mathcal{P}_1$ et $\mathcal{P}_2$ sont perpendiculaires.

Méthode

Étudier la position relative de deux plans de l'espace

On considère le cube ABCDEFGH représenté ci-dessous.

Déterminer la position relative des plans donnés. Lorsque deux plans sont sécants, préciser leur intersection.

a. Les plans (DEG) et (GBE).

b. Les plans (DCG) et (HGD).

c. Les plans (DCG) et (AFE).

d. Les plans (EFG) et (GFB).

e. Les plans (DEG) et (DCG).

f. Les plans (AEG) et (DCG).

g. Les plans (EHG) et (BCG).

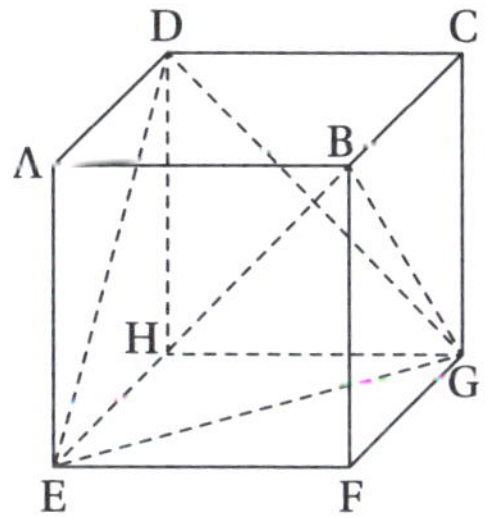

CONSEILS

- Répondez en employant le terme le plus précis possible.
- Pour chaque question, vous pouvez commencer par expliciter le plan qui est déterminé par trois points, en fonction, par exemple, des faces du cube.

SOLUTION

a. Les plans (DEG) et (GBE) sont sécants et leur **intersection** est la droite (EG). En effet, les points E et G appartiennent à chacun des deux plans donc la droite (EG) appartient à ces deux plans.

À NOTER
L'**intersection** deux plans sécants (et non parallèles) est une droite.

b. Les plans (DCG) et (HGD) sont confondus.

c. Les plans (DCG) et (AFE) sont strictement parallèles, car les faces opposées d'un cube sont parallèles.

d. Les plans (EFG) et (GFB) sont perpendiculaires.
En effet, les faces d'un cube qui ont une arête commune sont perpendiculaires car toutes les faces d'un cube sont des carrés.

e. Les plans (DEG) et (DCG) sont sécants et leur intersection est la droite **(DG)**. En effet, les points D et G appartiennent à chacun des deux plans donc la droite (DG) appartient à ces deux plans.

f. Les plans (AEG) et (DCG) sont sécants et leur intersection est la droite **(CG)**. En effet, les points C et G appartiennent à chacun des deux plans donc la droite (CG) appartient à ces deux plans.

g. Les plans (EHG) et (BCG) sont perpendiculaires.

8 Étude vectorielle du parallélisme dans l'espace

En bref *Après l'étude des positions relatives de droites et de plans dans l'espace, cette fiche propose d'étudier vectoriellement le cas particulier du parallélisme entre droites et plans de l'espace.*

I Caractérisation vectorielle d'une droite et d'un plan de l'espace

1 Droites de l'espace

Soit A un point et $\vec{u}$ un vecteur non nul.
La droite passant par A et de vecteur directeur $\vec{u}$ est l'ensemble des points M de l'espace pour lesquels il existe $t \in \mathbb{R}$ tel que $\overrightarrow{AM} = t\vec{u}$.

2 Plan de l'espace

- Un vecteur $\vec{n}$ non nul de l'espace est un vecteur normal à un plan $\mathcal{P}$ lorsqu'il est orthogonal à deux vecteurs non colinéaires du plan $\mathcal{P}$.
- Le plan passant par A et de vecteur normal $\vec{n}$ est l'ensemble des points M de l'espace tels que les vecteurs $\overrightarrow{AM}$ et $\vec{n}$ sont orthogonaux, c'est-à-dire que $\overrightarrow{AM} \cdot \vec{n} = 0$. → FICHE 9

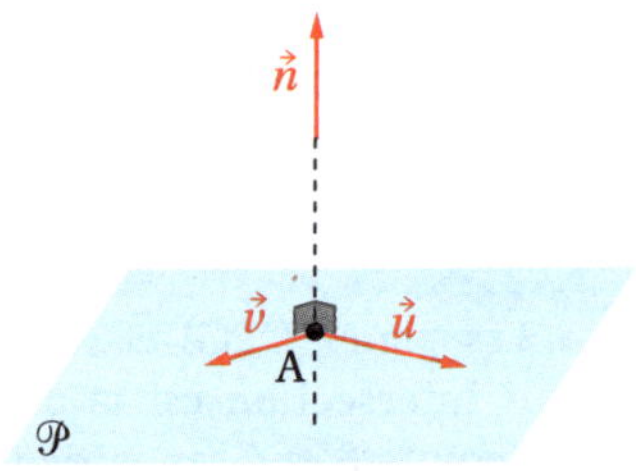

II Étude vectorielle du parallélisme dans l'espace

- **Parallélisme de deux droites de l'espace**

Soit $\mathcal{D}$ et Δ des droites ayant pour vecteurs directeurs $\vec{u} \neq \vec{0}$ et $\vec{v} \neq \vec{0}$.

$$\mathcal{D} \mathbin{//} \Delta \Leftrightarrow \vec{u} \text{ et } \vec{v} \text{ sont colinéaires} \Leftrightarrow \text{Il existe } \alpha \in \mathbb{R} \text{ tel que } \vec{v} = \alpha\vec{u}.$$

- **Parallélisme d'une droite et d'un plan de l'espace**

Soit $\mathcal{D}$ une droite et $\mathcal{P}$ un plan de l'espace, $\vec{u} \neq \vec{0}$ un vecteur directeur de $\mathcal{D}$ et $\vec{n} \neq \vec{0}$ un vecteur normal à $\mathcal{P}$.

$$\mathcal{D} \mathbin{//} \mathcal{P} \Leftrightarrow \vec{u} \text{ et } \vec{n} \text{ sont orthogonaux} \Leftrightarrow \vec{n} \cdot \vec{u} = 0$$ → FICHE 9

- **Parallélisme de deux plans de l'espace**

Soit $\mathcal{P}$ et $\mathcal{P}'$ deux plans de l'espace, $\vec{n} \neq \vec{0}$ un vecteur normal à $\mathcal{P}$ et $\vec{n}' \neq \vec{0}$ un vecteur normal à $\mathcal{P}'$.

$$\mathcal{P} \mathbin{//} \mathcal{P}' \Leftrightarrow \vec{n} \text{ et } \vec{n}' \text{ sont colinéaires} \Leftrightarrow \text{Il existe } \alpha \in \mathbb{R} \text{ tel que } \vec{n}' = \alpha\vec{n}'.$$

Méthodes

1 | Établir le parallélisme de deux droites de l'espace

Dans l'espace muni d'un repère orthonormé $\left(O ; \vec{i}, \vec{j}, \vec{k}\right)$, on considère :

- une droite $\mathscr{D}$ de vecteur directeur $\vec{u}(2;1;-3)$;
- une droite $\mathscr{D}'$ de vecteur directeur $\vec{v}(-4;-2;6)$.

Démontrer que les droites $\mathscr{D}$ et $\mathscr{D}'$ sont parallèles.

CONSEILS

Démontrez que les vecteurs $\vec{u}$ et $\vec{v}$, vecteurs directeurs respectifs de la droite $\mathscr{D}$ et de la droite $\mathscr{D}'$, sont colinéaires.

SOLUTION

$\vec{u}(2;1;-3)$ et $\vec{v}(-4;-2;6)$, donc $\vec{v} = -2\vec{u}$.

En effet : $-4 = (-2) \times 2$; $-2 = (-2) \times 1$; $6 = (-2) \times (-3)$.

Les vecteurs $\vec{u}$ et $\vec{v}$ sont colinéaires, donc **les droites $\mathscr{D}$ et $\mathscr{D}'$** sont **parallèles**.

2 | Établir le parallélisme de deux plans de l'espace

Dans l'espace muni d'un repère orthonormé $\left(O ; \vec{i}, \vec{j}, \vec{k}\right)$, on considère le plan $\mathscr{P}_1$ d'équation cartésienne $-2x + y + z - 6 = 0$ et le plan $\mathscr{P}_2$ d'équation cartésienne $4x - 2y - 2z + 1 = 0$.

Démontrer que les plans $\mathscr{P}_1$ et $\mathscr{P}_2$ sont parallèles.

CONSEILS

Étape 1 Dans tous les cas, déterminez un vecteur normal aux plans considérés à partir de leur équation cartésienne. → FICHE 12

Étape 2 Démontrez ensuite qu'un vecteur normal à $\mathscr{P}_2$ est colinéaire à un vecteur normal à $\mathscr{P}_1$.

SOLUTION

Étape 1 Le plan $\mathscr{P}_1$ a pour équation cartésienne $-2x + y + z - 6 = 0$, donc $\vec{n}_1(-2;1;1)$ est un vecteur normal à ce plan.
Le plan $\mathscr{P}_2$ a pour équation cartésienne $4x - 2y - 2z + 1 = 0$, donc $\vec{n}_2(4;-2;-2)$ est un vecteur normal à ce plan.

Étape 2 $\vec{n}_2 = -2\vec{n}_1$ car $4 = (-2) \times (-2)$; $-2 = (-2) \times 1$; $-2 = (-2) \times 1$.

Les vecteurs $\vec{n}_1$ et $\vec{n}_2$ sont colinéaires, donc **les plans $\mathscr{P}_1$ et $\mathscr{P}_2$ sont parallèles**.

MÉMO VISUEL

VECTEURS, ET PLANS

Quelles sont les principales propriétés des vecteurs ?

Propriétés des vecteurs

Vecteurs colinéaires et points alignés

- $\vec{u}$ et $\vec{v}$ sont colinéaires $\Leftrightarrow$ il existe un réel α tel que $\vec{v} = \alpha\vec{u}$
- A, B, C alignés $\Leftrightarrow$ $\overrightarrow{AB}$ et $\overrightarrow{AC}$ colinéaires

$\Leftrightarrow$ il existe $\alpha \in \mathbb{R}$ tel que $\overrightarrow{AC} = \alpha\overrightarrow{AB}$

Coordonnées et norme d'un vecteur

On munit l'espace d'un repère orthonormé $\left(O\,;\vec{i}\,,\vec{j}\,,\vec{k}\right)$.
Soit $A(x_A\,;y_A\,;z_A)$ et $B(x_B\,;y_B\,;z_B)$ deux points de l'espace, et I le milieu de [AB].

- $\overrightarrow{AB}(x_B - x_A\,;y_B - y_A\,;z_B - z_A)$
- $I\left(\dfrac{x_A + x_B}{2}\,;\dfrac{y_A + y_B}{2}\,;\dfrac{z_A + z_B}{2}\right)$
- $\left\|\overrightarrow{AB}\right\| = AB = \sqrt{(x_B - x_A)^2 + (y_B - y_A)^2 + (z_B - z_A)^2}$

Quelles sont les positions relatives de deux droites ?

Positions de deux droites

Droites coplanaires

Si $\mathscr{D}$ et Δ sont coplanaires, alors elles sont soit sécantes, soit parallèles.

$\mathscr{D}$ et Δ parallèles		$\mathscr{D}$ et Δ sécantes
strictement parallèles	**confondues**	
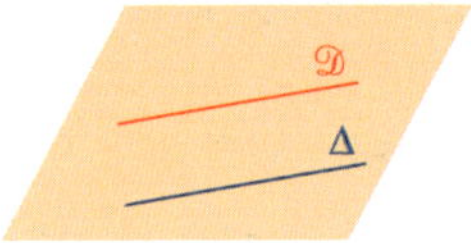	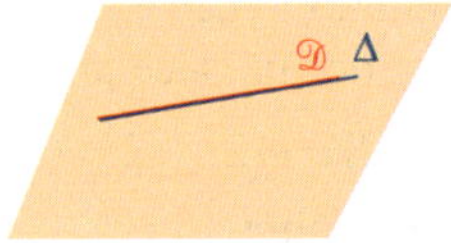	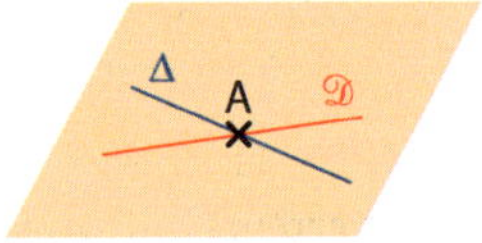
Aucun point commun	$\mathscr{D} = \Delta$	Un unique point commun

Droites non coplanaires

Si $\mathscr{D}$ et Δ ne sont pas coplanaires, aucun plan ne les contient toutes les deux et elles n'ont aucun point d'intersection.

DROITES DE L'ESPACE

Quelles sont les positions relatives d'une droite et d'un plan ?

Positions relatives d'une droite et d'un plan

Une droite et un plan sont soit parallèles, soit sécants.

$\mathcal{D}$ parallèle à $\mathcal{P}$		$\mathcal{D}$ et $\mathcal{P}$ sécants
strictement parallèles	$\mathcal{D} \subset \mathcal{P}$	
	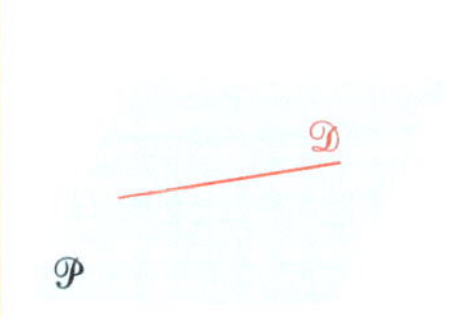	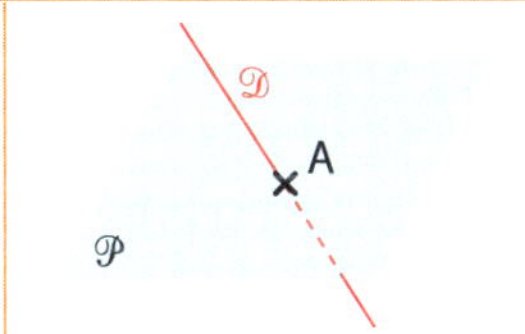
Aucun point commun	Points communs : $\mathcal{D}$	Un unique point commun

Quelles sont les positions relatives de deux plans ?

Positions relatives de deux plans

Dans l'espace, deux plans sont soit parallèles, soit sécants.

$\mathcal{P}$ et Q parallèles		$\mathcal{P}$ et Q sécants
strictement parallèles	**confondus**	
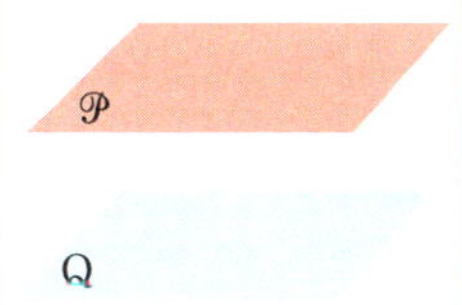		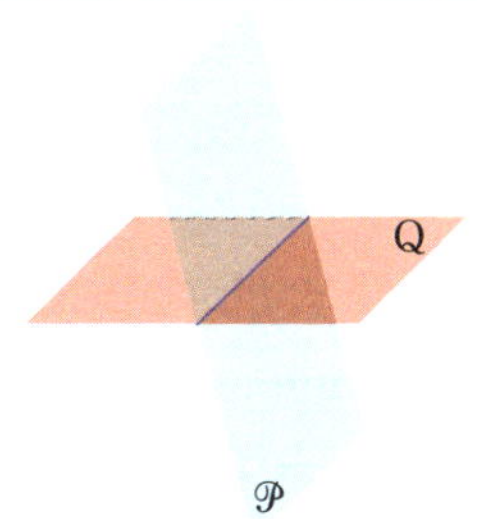
Aucun point commun	$\mathcal{P} = Q$	Une droite d'intersection

SE TESTER QUIZ

Vérifiez que vous avez bien compris les points clés des **fiches 4 à 8**.

On munit l'espace d'un repère orthonormé $(O;\vec{i},\vec{j},\vec{k})$.

1 Les vecteurs de l'espace

→ FICHE 4

On considère les points $A(1;-1;3)$, $B(1;1;3)$ et $C(1;1;-3)$.

Les points A, B et C sont alignés.

☐ **a.** Vrai
☐ **b.** Faux

2 Positions relatives de deux droites de l'espace

→ FICHE 5

Si deux droites sont parallèles, alors :

☐ **a.** toute droite orthogonale à l'une est orthogonale à l'autre.
☐ **b.** toute droite orthogonale à l'une est parallèle à l'autre.
☐ **c.** toute droite parallèle à l'une est orthogonale à l'autre.

3 Positions relatives d'une droite et d'un plan de l'espace

→ FICHE 6

Si une droite est perpendiculaire à un plan, alors elle est orthogonale à toutes les droites incluses dans ce plan.

☐ **a.** Vrai
☐ **b.** Faux

4 Positions relatives de deux plans de l'espace

→ FICHE 7

Parmi les affirmations suivantes, lesquelles sont vraies ?

☐ **a.** Deux plans sécants sont perpendiculaires.
☐ **b.** Si deux plans sont parallèles, alors tout plan sécant à l'un est sécant à l'autre.

5 Étude vectorielle du parallélisme dans l'espace

→ FICHE 8

Parmi les affirmations suivantes, lesquelles sont vraies ?

☐ **a.** $\mathcal{D}$ est une droite de vecteur directeur $\vec{u}(-4;4;0)$ et Δ une droite de vecteur directeur $\vec{v}(1;1;0)$. Les droites $\mathcal{D}$ et Δ sont parallèles.
☐ **b.** $\mathcal{P}$ est un plan de vecteur normal $\vec{n}(2;-2;-4)$ et Q un plan de vecteur normal $\vec{n}'(-1;1;2)$. Les plans $\mathcal{P}$ et Q sont parallèles.

S'ENTRAÎNER

Sauf autre indication, on munit l'espace d'un repère orthonormé $(O ; \vec{i}, \vec{j}, \vec{k})$.

6 Calculer les coordonnées de vecteurs

→ FICHE 4

On considère les points A(1 ; –1 ; 4), B(7 ; –1 ; –2) et C(1 ; 5 ; –2).
Calculer les coordonnées des vecteurs $\overrightarrow{AB}$, $\overrightarrow{AC}$, $\overrightarrow{BC}$ et $\overrightarrow{AB} + \overrightarrow{AC}$.

CONSEILS
Pour tous points $A(x_A ; y_A ; z_A)$ et $B(x_B ; y_B ; z_B)$ de l'espace :
$\overrightarrow{AB}(x_B - x_A ; y_B - y_A ; z_B - z_A)$.

7 Montrer que des points sont alignés

→ FICHE 4

On considère les points A(3 ; –2 ; 1), B(5 ; 2 ; –3) et C(6 ; –2 ; –2).
Montrer que les points A, B et C ne sont pas alignés.

CONSEILS
Soit A, B et C trois points de l'espace.
A, B, C alignés ⇔ $\overrightarrow{AB}$ et $\overrightarrow{AC}$ colinéaires ⇔ Il existe $\alpha \in \mathbb{R}$ tel que $\overrightarrow{AC} = \alpha\overrightarrow{AB}$.

8 Calculer les coordonnées d'un point image par une translation

→ FICHE 4

On considère les points A(1 ; 2 ; 3), B(0 ; 1 ; 4) et C(–1 ; –3 ; 2).
Calculer les coordonnées du point D, image du point C par la translation de vecteur $\overrightarrow{AB}$.

CONSEILS
Si D est image du point C par la translation de vecteur $\overrightarrow{AB}$, alors : $\overrightarrow{AB} = \overrightarrow{CD}$.

9 Coordonnées de points et alignement

→ FICHE 4

On considère un cube ABCDEFGH d'arête de longueur 1.

On note I le centre de la face ADHE, J celui de la face ABCD et K le milieu du segment [IJ].

L'espace est rapporté au repère orthonormé $(A ; \overrightarrow{AB}, \overrightarrow{AD}, \overrightarrow{AE})$.

a. Déterminer les coordonnées des points I, J et K dans ce repère.

b. Démontrer que les points A, K et G ne sont pas alignés.

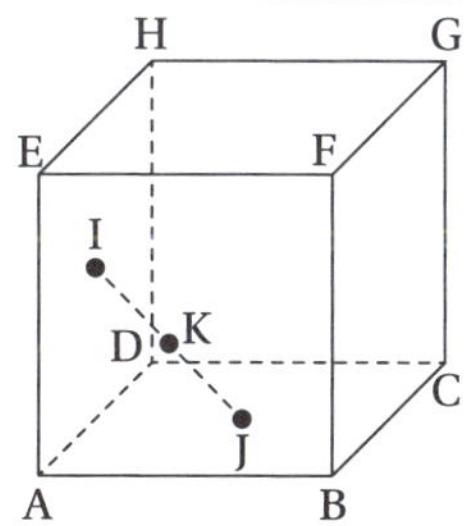

CONSEILS
a. Exprimez les vecteurs $\overrightarrow{AI}$, $\overrightarrow{AK}$ et $\overrightarrow{AJ}$ en fonction des vecteurs $\overrightarrow{AB}$, $\overrightarrow{AD}$ et $\overrightarrow{AE}$.
b. Examinez les vecteurs $\overrightarrow{AK}$ et $\overrightarrow{AG}$.

10 Démontrer en utilisant la décomposition de vecteurs → FICHE 4

ABCDEFGH est le cube représenté ci-contre.
On considère le point I tel que :

$$\overrightarrow{AI} = \frac{1}{3}\overrightarrow{AB} + \frac{1}{3}\overrightarrow{AD} + \frac{1}{3}\overrightarrow{AE}.$$

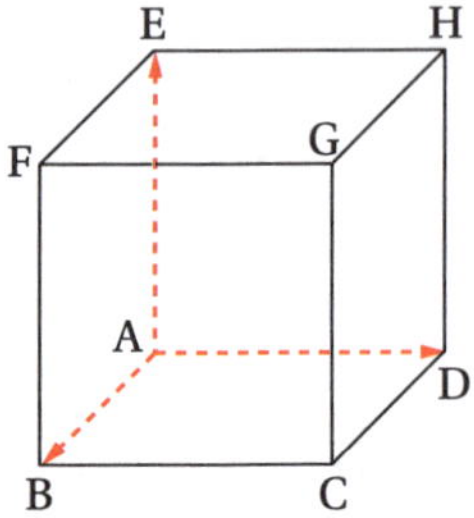

1. Démontrer que les points A, I, G sont alignés.

2. Démontrer que les points A, C, E et I sont coplanaires.

CONSEILS
Pensez à décomposer le vecteur $\overrightarrow{AG}$ selon trois vecteurs (non coplanaires) et à transformer l'écriture du vecteur $\overrightarrow{AI}$.

11 Déterminer la position relative d'une droite et d'un plan → FICHE 6

On considère les points A(2 ; 1 ; –1), B(0 ; –2 ; –5) et le plan $\mathcal{P}$ d'équation cartésienne $x - 2y + z + 1 = 0$.

Quelle est la position relative de la droite (AB) par rapport au plan $\mathcal{P}$?

CONSEILS
- Souvenez-vous des différentes positions relatives entre une droite et un plan de l'espace. → FICHE 6
- Commencez par remarquer que le point A appartient au plan $\mathcal{P}$.

12 Étudier vectoriellement le parallélisme de droites → FICHES 4 et 8

On considère la droite $\mathcal{D}$ dont un vecteur directeur est $\vec{u}(3 ; 2 ; -2)$ et qui passe par le point de coordonnées C(–5 ; 1 ; 0).

1. a. Déterminer un vecteur directeur de la droite Δ définie par les points A(8 ; 0 ; 8) et B(10 ; 3 ; 10).

b. Démontrer que les droites $\mathcal{D}$ et Δ ne sont pas parallèles.

2. a. Déterminer un vecteur directeur de la droite (EF) définie par les points les points E(2 ; 1 ; 5) et F(8 ; 5 ; 1).

b. Démontrer que les droites $\mathcal{D}$ et (EF) sont parallèles.

CONSEILS
Pour étudier le parallélisme de deux droites, pensez à étudier la colinéarité d'un vecteur directeur de chacune des deux droites.

13 Déterminer la position relative de deux droites → FICHES 5, 6 et 11

On considère le tétraèdre OABC page suivante. C'est un tétraèdre *trirectangle* car les triangles OAB, OBC et OCA sont rectangles en O.

On note H le projeté orthogonal du point O sur le plan (ABC).

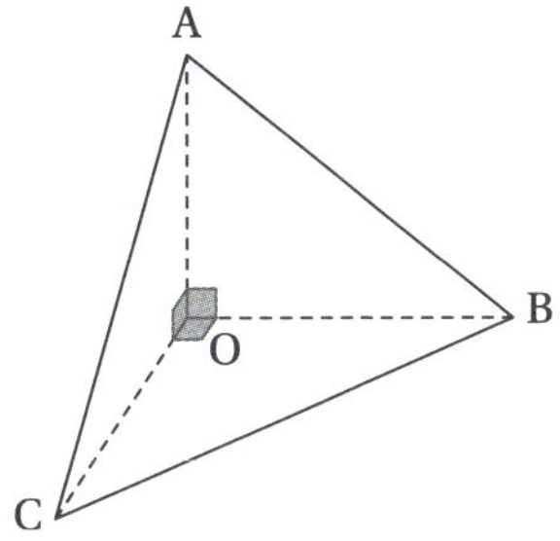

a. Pourquoi la droite (OH) est-elle orthogonale à la droite (BC) ?

b. Pourquoi la droite (OA) est-elle orthogonale à la droite (BC) ?

c. Démontrer que les droites (AH) et (BC) sont orthogonales.
Démontrer de la même façon que les droites (BH) et (AC) sont orthogonales.

d. Que représente le point H pour le triangle ABC ?

CONSEILS

Pensez à utiliser les propriétés suivantes de l'orthogonalité d'une droite et d'un plan.
– Pour qu'une droite $\mathcal{D}$ et un plan $\mathcal{P}$ soient perpendiculaires, il suffit que $\mathcal{D}$ soit orthogonale à deux droites **sécantes** de $\mathcal{P}$.
– Si une droite $\mathcal{D}$ et un plan $\mathcal{P}$ sont perpendiculaires, alors $\mathcal{D}$ est orthogonale à toutes les droites de $\mathcal{P}$.

OBJECTIF BAC

14 Positions relatives de plans de l'espace, et d'une droite et d'un plan de l'espace

50 min

→ FICHES 4, 6, 7, 8 et 12

Voici un sujet qui va vous aider à mieux « voir dans l'espace ». L'étude des positions relatives de plans s'effectue de façon très active car on vous demande notamment de réaliser des tracés sur un graphique.

LE SUJET

L'espace est muni d'un repère orthonormé $\left(O ; \vec{i}, \vec{j}, \vec{k}\right)$.

Sur la figure page suivante, on a placé les points A(0 ; 2 ; 0), B(0 ; 0 ; 6), C(4 ; 0 ; 0), D(0 ; 4 ; 0) et E(0 ; 0 ; 4).

Le plan $\mathscr{P}$ d'équation cartésienne $3y + z = 6$ est représenté par son intersection avec les trois plans de bases.

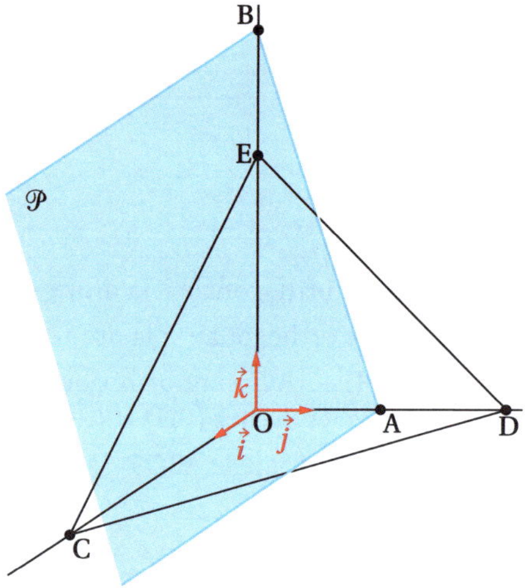

1. a. Démontrer que les points C, D et E déterminent un plan que l'on notera (CDE).

b. Vérifier que le plan (CDE) a pour équation $x + y + z = 4$.

2. a. Expliquer pourquoi les plans $\mathscr{P}$ et (CDE) sont sécants. On note Δ leur intersection.

b. Sans justifier, représenter Δ en couleur (ou à défaut en traits pointillés) sur la figure.

3. On considère les points $F(2\,;0\,;0)$ et $G(0\,;3\,;0)$. On note Q le plan parallèle à l'axe $\left(O\,;\vec{k}\right)$ et contenant les points F et G.

a. Placer sur la figure les points F et G. Sans justifier, représenter le plan Q par ses intersections avec les plans de base, d'une autre couleur (ou à défaut en larges pointillés).

b. Déterminer les réels a et b tels que $ax + by = 6$ est une équation du plan Q.

4. L'intersection des plans (CDE) et Q est une droite Δ'. Sans justifier, représenter la droite Δ', d'une troisième couleur (à défaut en très larges pointillés).

LIRE LE SUJET

1. a. Pour déterminer un plan de l'espace, il faut trois points non alignés.
b. D'après la question **1. a.**, on vous demande de vérifier que le plan d'équation donnée passe bien par les points C, D et E.

2. a. Deux plans sécants de l'espace sont deux plans non parallèles.
b. On vous demande de tracer l'intersection de deux plans, qui existe et qui est une droite de l'espace.

3. a. Comme à la question **2. b.**, on vous demande de tracer les intersections du plan Q avec les plans de base, d'équations cartésiennes respectives $x = 0$, $y = 0$ et $z = 0$.
b. On vous donne l'équation cartésienne du plan Q, mais elle dépend de a et b qu'il faut déterminer.

4. On vous demande de tracer l'intersection de deux plans de l'espace, qui existe et qui est une droite de l'espace.

LA FEUILLE DE ROUTE

1. a. Démontrer que trois points donnés déterminent un plan → FICHE 4
Démontrez, par exemple, que les vecteurs $\overrightarrow{CE}$ et $\overrightarrow{CD}$ ne sont pas colinéaires.

b. Vérifier qu'une équation cartésienne convient pour un plan → FICHE 12
Montrez que les coordonnées des points C, D et E vérifient l'équation donnée.

2. a. Démontrer que deux plans sont sécants → FICHES 8 et 12
Determinez des vecteurs normaux des plans $\mathcal{P}$ et (CDE) et démontrez que ces vecteurs normaux ne sont pas colinéaires.

b. Représenter l'intersection de deux plans → FICHE 7
Trouvez deux points appartenant à la droite Δ et tracez la droite passant par ces deux points.

3. a. Placer des points et représenter un plan → FICHE 6
Utilisez le fait que le plan Q est parallèle à l'axe $\left(O\,;\vec{k}\right)$.

b. Déterminer une équation cartésienne d'un plan → FICHE 12
Traduisez le fait que F et G appartiennent à ce plan puis résolvez les équations obtenues pour trouver a et b.

4. Représenter l'intersection de deux plans → FICHE 7
Trouvez deux points appartenant à la droite Δ' et tracez la droite passant par ces deux points.

CORRIGÉS

SE TESTER QUIZ

1 Les vecteurs de l'espace

Réponse b. Le vecteur $\overrightarrow{AB}$ a pour coordonnées $(1 - 1 ; 1 - (-1) ; 3 - 3)$, soit $\overrightarrow{AB}(0 ; 2 ; 0)$.
Le vecteur $\overrightarrow{AC}$ a pour coordonnées $(1 - 1 ; 1 - (-1) ; -3 - 3)$, soit $\overrightarrow{AC}(0 ; 2 ; -6)$.
Les vecteurs $\overrightarrow{AB}$ et $\overrightarrow{AC}$ ne sont pas colinéaires, donc les points A, B et C ne sont pas alignés.

2 Positions relatives de deux droites de l'espace

Réponse a. La propriété « Si deux droites sont parallèles, alors toute droite orthogonale à l'une est orthogonale à l'autre » est la seule vraie.
On peut la démontrer en utilisant les vecteurs directeurs de ces droites et le produit scalaire.

3 Positions relatives d'une droite et d'un plan de l'espace

Réponse a. La propriété « Si une droite est perpendiculaire à un plan, alors elle est orthogonale à toutes les droites incluses dans ce plan » est la seule vraie.
On peut la démontrer en utilisant les vecteurs directeurs de la droite et du plan et le produit scalaire.

4 Positions relatives de deux plans de l'espace

Réponse b.
La propriété **a.** « Deux plans sécants sont perpendiculaires » est fausse : deux plans sécants ne sont pas nécessairement perpendiculaires.
La propriété **b.** « Si deux plans sont parallèles, alors tout plan sécant avec l'un est sécant avec l'autre » est vraie. On peut la démonter en utilisant un raisonnement par l'absurde.
Soit $\mathscr{P}_1$ et $\mathscr{P}_2$ deux plans parallèles, et $\mathscr{P}_3$ un plan sécant avec le plan $\mathscr{P}_1$.
Supposons que le plan $\mathscr{P}_3$ n'est pas sécant avec le plan $\mathscr{P}_2$: les plans $\mathscr{P}_3$ et $\mathscr{P}_2$ sont donc parallèles.
Les plans $\mathscr{P}_1$ et $\mathscr{P}_2$ étant parallèles, les plans $\mathscr{P}_1$ et $\mathscr{P}_3$ sont parallèles car « Si deux plans sont parallèles, alors tout plan parallèle à l'un est parallèle à l'autre ».
C'est impossible car, par hypothèse, les plans $\mathscr{P}_1$ et $\mathscr{P}_3$ sont sécants.
Le plan $\mathscr{P}_3$ est donc sécant avec le plan $\mathscr{P}_2$ et la propriété est vraie.

5 Étude vectorielle du parallélisme dans l'espace

Réponse b.
Les vecteurs $\vec{u}(-4 ; 4 ; 0)$ et $\vec{v}(1 ; 1 ; 0)$ ne sont pas colinéaires. Les droites $\mathscr{D}$ et Δ dont les vecteurs $\vec{u}$ et $\vec{v}$ sont des vecteurs directeurs ne sont pas parallèles donc la proposition **a.** est fausse.

Les vecteurs $\vec{n}(2;-2;-4)$ et $\vec{n}'(-1;1;2)$ sont colinéaires car $\vec{n}=-2\vec{n}'$. En effet, $2=-2\times(-1)\,;-2=(-2)\times 1\,;-4=-2\times 2$. Les plans $\mathcal{P}$ et Q dont les vecteurs $\vec{n}$ et $\vec{n}'$ sont des vecteurs normaux sont donc parallèles.
La proposition b. est vraie.

S'ENTRAÎNER

6 Calculer les coordonnées de vecteurs

$\overrightarrow{AB}(7-1\,;-1-(-1)\,;-2-4)$, soit $\overrightarrow{AB}(6\,;0\,;-6)$.
$\overrightarrow{AC}(1-1;5-(-1);-2-4)$, soit $\overrightarrow{AC}(0\,;6\,;-6)$.
$\overrightarrow{BC}(1-7;5-(-1);-2-(-2))$, soit $\overrightarrow{AC}(-6\,;6\,;0)$.
$\overrightarrow{AB}+\overrightarrow{AC}(6+0\,;0+6\,;-6+(-6))$, soit $\overrightarrow{AB}+\overrightarrow{AC}(6\,;6\,;-12)$.

7 Montrer que des points sont alignés

$\overrightarrow{AB}(5-3\,;2-(-2)\,;-3-1)$, soit $\overrightarrow{AB}(2\,;4\,;-4)$.
$\overrightarrow{AC}(6-3\,;-2-(-2)\,;-2-1)$, soit $\overrightarrow{AC}(3\,;0\,;-3)$.
Les vecteurs $\overrightarrow{AB}$ et $\overrightarrow{AC}$ ne sont pas colinéaires car il n'existe pas de réel α tel que $\overrightarrow{AC}=\alpha\overrightarrow{AB}$, donc les points A, B et C ne sont pas **alignés**.

À NOTER
Trois points **non alignés** de l'espace, qui forment deux vecteurs non colinéaires, définissent un plan.

8 Calculer les coordonnées d'un point image par une translation

$t_{\overrightarrow{AB}}(C)=D \Leftrightarrow \overrightarrow{AB}=\overrightarrow{CD}$.
En notant $D(x\,;y\,;z)$ les coordonnées du point D, on a :
$\overrightarrow{AB}(0-1\,;1-2\,;4-3)$, soit $\overrightarrow{AB}(-1\,;-1\,;1)$
et $\overrightarrow{CD}(x-(-1)\,;y-(-3)\,;z-2)$, soit $\overrightarrow{CD}(x+1\,;y+3\,;z-2)$.
On a donc $x+1=-1$, $y+3=-1$ et $z-2=1$, puis $x=-2$, $y=-4$ et $z=3$.
Les coordonnées du point D sont donc $D(-2\,;-4\,;3)$.

9 Coordonnées de points et alignement

1. $\overrightarrow{AI}=\frac{1}{2}\overrightarrow{AD}+\frac{1}{2}\overrightarrow{AE}$ donc les coordonnées du point I sont $\left(0\,;\frac{1}{2}\,;\frac{1}{2}\right)$.
$\overrightarrow{AJ}=\frac{1}{2}\overrightarrow{AB}+\frac{1}{2}\overrightarrow{AD}$ donc les coordonnées du point J sont $\left(\frac{1}{2};\frac{1}{2};0\right)$.
K est le milieu du segment [IJ] donc $K\left(\frac{0+\frac{1}{2}}{2};\frac{\frac{1}{2}+\frac{1}{2}}{2};\frac{\frac{1}{2}+0}{2}\right)$, soit $K\left(\frac{1}{4};\frac{1}{2};\frac{1}{4}\right)$.

À NOTER
La composante du vecteur $\overrightarrow{AI}$ selon l'axe (AB) est nulle. Autrement dit, son abscisse est nulle dans le repère choisi.

2. $\overrightarrow{AK}\left(\frac{1}{4}\,;\frac{1}{2}\,;\frac{1}{4}\right)$ car $A(0\,;0\,;0)$ est l'origine du repère.

$\overrightarrow{AG} = \overrightarrow{AB} + \overrightarrow{BC} + \overrightarrow{CG} = \overrightarrow{AB} + \overrightarrow{AD} + \overrightarrow{AE}$ car $\overrightarrow{BC} = \overrightarrow{AD}$ et $\overrightarrow{CG} = \overrightarrow{AE}$, donc les coordonnées du vecteur $\overrightarrow{AG}$ sont $\overrightarrow{AG}(1\,;1\,;1)$.
Les vecteurs $\overrightarrow{AK}$ et $\overrightarrow{AG}$ ne sont pas colinéaires car il n'existe pas de réel α tel que $\overrightarrow{AG} = \alpha\overrightarrow{AK}$, donc les points A, K et G ne sont **pas alignés**.

À NOTER
Soit A, B et C trois points de l'espace.
A, B, C alignés $\Leftrightarrow \overrightarrow{AB}$ et $\overrightarrow{AC}$ colinéaires
$\Leftrightarrow \overrightarrow{AC} = \alpha\overrightarrow{AB}$ avec $\alpha \in \mathbb{R}$.

10 Démontrer en utilisant la décomposition de vecteurs

1. D'après la relation de Chasles : $\overrightarrow{AG} = \overrightarrow{AB} + \overrightarrow{BC} + \overrightarrow{CG}$.
Or, dans le cube ABCDEFGH, $\overrightarrow{BC} = \overrightarrow{AD}$ et $\overrightarrow{CG} = \overrightarrow{AE}$, donc :
$\overrightarrow{AG} = \overrightarrow{AB} + \overrightarrow{AD} + \overrightarrow{AE}$.
Par définition, $\overrightarrow{AI} = \frac{1}{3}\overrightarrow{AB} + \frac{1}{3}\overrightarrow{AD} + \frac{1}{3}\overrightarrow{AE}$, donc on obtient : $\overrightarrow{AG} = 3\overrightarrow{AI}$.
Les vecteurs $\overrightarrow{AI}$ et $\overrightarrow{AG}$ sont colinéaires, donc les points A, I et G sont **alignés**.

2. ABCD est un parallélogramme, donc $\overrightarrow{AC} = \overrightarrow{AB} + \overrightarrow{AD}$.
On a donc $\frac{1}{3}\overrightarrow{AB} + \frac{1}{3}\overrightarrow{AD} = \frac{1}{3}\overrightarrow{AC}$.
Par définition, $\overrightarrow{AI} = \frac{1}{3}\overrightarrow{AB} + \frac{1}{3}\overrightarrow{AD} + \frac{1}{3}\overrightarrow{AE}$, d'où : $\overrightarrow{AI} = \frac{1}{3}\overrightarrow{AC} + \frac{1}{3}\overrightarrow{AE}$. Ce qui signifie que les points A, C, E et I sont **coplanaires**.

À NOTER
Quatre points A, B, C et D de l'espace sont coplanaires si, et seulement si, il existe deux réels α et β tels que $\overrightarrow{AD} = \alpha\overrightarrow{AB} + \beta\overrightarrow{AC}$.

11 Déterminer la position relative d'une droite et d'un plan

Une droite et un plan de l'espace sont soit parallèles (strictement parallèles ou bien la droite incluse dans le plan), soit sécants.
A(2 ; 1 ; –1) et $2 - 2 \times 1 + (-1) + 1 = 0$, donc le point A vérifie l'équation cartésienne du plan $\mathscr{P}$ et $A \in \mathscr{P}$.
B(0 ; –2 ; –5) et $0 - 2 \times (-2) - 5 + 1 = 0$, donc le point B vérifie l'équation cartésienne du plan $\mathscr{P}$ et $B \in \mathscr{P}$.
Si les deux points A et B appartiennent au plan $\mathscr{P}$, alors la droite (AB) est **incluse** dans le plan $\mathscr{P}$.

12 Étudier vectoriellement le parallélisme de droites

1. a. Un vecteur directeur de la droite Δ passant par les points A(8 ; 0 ; 8) et B(10 ; 3 ; 10) est le vecteur $\overrightarrow{AB}$ de coordonnées (10 – 8 ; 3 – 0 ; 10 – 8), soit $\overrightarrow{AB}(2\,;3\,;2)$.
b. Un vecteur directeur de la droite $\mathscr{D}$ est $\vec{u}(3\,;2\,;-2)$.
Or les vecteurs $\overrightarrow{AB}(2\,;3\,;2)$ et $\vec{u}(3\,;2\,;-2)$ ne sont pas colinéaires car il n'existe pas de réel α tel que $\vec{u} = \alpha\overrightarrow{AB}$, donc les droites $\mathscr{D}$ et Δ ne sont **pas parallèles**.

À NOTER
Soit $\mathscr{D}$ une droite ayant pour vecteur directeur $\vec{u} \neq \vec{0}$ et Δ une droite ayant pour vecteur directeur $\vec{v} \neq \vec{0}$.
$\mathscr{D} /\!/ \Delta \Leftrightarrow \vec{u}$ et $\vec{v}$ sont colinéaires
$\Leftrightarrow$ il existe $\alpha \in \mathbb{R}$ tel que $\vec{v} = \alpha\vec{u}$.

2. a. Un vecteur directeur de la droite (EF) définie par les points E(2 ; 1 ; 5) et F(8 ; 5 ; 1) est le vecteur $\overrightarrow{EF}$ de coordonnées (8 – 2 ; 5 – 1 ; 1 – 5), soit $\overrightarrow{EF}(6 ; 4 ; -4)$.
b. Un vecteur directeur de la droite $\mathscr{D}$ est $\vec{u}(3 ; 2 ; -2)$.
Les vecteurs $\overrightarrow{EF}(6 ; 4 ; -4)$ et $\vec{u}(3 ; 2 ; -2)$ sont colinéaires car $\overrightarrow{EF} = 2\vec{u}$, donc les droites $\mathscr{D}$ et (EF) sont parallèles.

13 Déterminer la position relative de deux droites

a. Par définition, le point H, projeté orthogonal du point O sur le plan (ABC), est tel que la droite (OH) est orthogonale au plan (ABC).
Si la droite (OH) est orthogonale au plan (ABC), alors elle est orthogonale à toutes les droites de ce plan, donc à la droite (BC).
La droite (OH) est donc **orthogonale** à la droite (BC).

> **À NOTER**
> Si une droite $\mathscr{D}$ est **orthogonale** à un plan $\mathscr{P}$, alors $\mathscr{D}$ est orthogonale à toutes les droites de $\mathscr{P}$.

b. Par définition du tétraèdre OABC trirectangle, la droite (OA) est **orthogonale** aux droites sécantes (OB) et (OC), donc au plan (OBC).

> **À NOTER**
> Pour qu'une droite $\mathscr{D}$ soit **orthogonale** à un plan $\mathscr{P}$, il suffit que $\mathscr{D}$ soit orthogonale à deux droites sécantes de $\mathscr{P}$.

Si la droite (OA) est orthogonale au plan (OBC), alors elle est orthogonale à toutes les droites de ce plan, donc en particulier à la droite (BC).
En particulier, la droite (OA) est orthogonale à la droite (BC).
c. La droite (BC) est orthogonale aux droites sécantes (OH) et (OA), donc au plan (AOH).
Si la droite (BC) est orthogonale au plan (AOH), alors elle est orthogonale à toutes les droites de ce plan, donc en particulier à la droite (AH).
En conclusion, les droites (AH) et (BC) sont orthogonales.
On démontre de la même manière que les droites (BH) et (AC) sont orthogonales.
d. Dans le plan (ABC), les droites (AH) et (BC) sont orthogonales (donc perpendiculaires car sécantes), donc la droite (AH) est la hauteur issue de A du triangle ABC.
De même, dans le plan (ABC), les droites (BH) et (AC) sont orthogonales (donc perpendiculaires car sécantes), donc la droite (BH) est la hauteur issue de B du triangle ABC.
Les droites (AH) et (BH) ne sont pas parallèles car sinon le point H appartiendrait au segment [AB] et le tétraèdre OABC serait « aplati ».
Le point H étant l'intersection des droites (AH) et (BH) hauteurs du triangle ABC, alors il est l'**orthocentre** du triangle ABC.
Cela permet donc de placer le point H sur la figure.

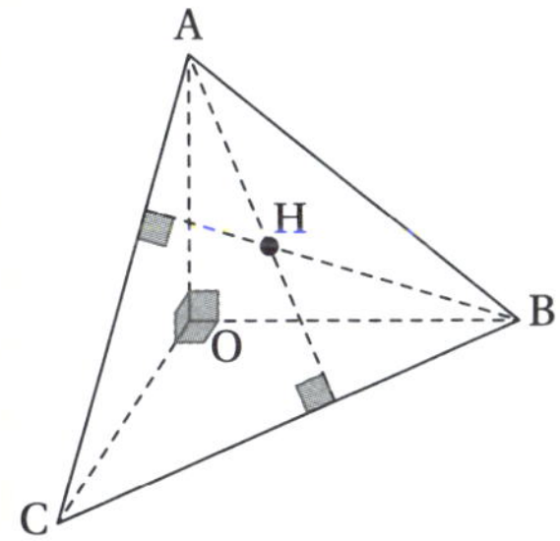

> **MOT CLÉ**
> L'**orthocentre** d'un triangle est le point de concours de ses trois hauteurs.

OBJECTIF BAC

14 Positions relatives de plans de l'espace, et d'une droite et d'un plan de l'espace

1. a. $\overrightarrow{CD}(0-4\,;4-0\,;0-0)$, soit $\overrightarrow{CD}(-4\,;4\,;0) \neq (0\,;0\,;0)$;
$\overrightarrow{CE}(0-4\,;0-0\,;4-0)$, soit $\overrightarrow{CE}(-4\,;0\,;4) \neq (0\,;0\,;0)$.

Les vecteurs $\overrightarrow{CD}$ et $\overrightarrow{CE}$ ne sont pas **colinéaires** car il n'existe pas de réel α tel que $\overrightarrow{CE} = \alpha\overrightarrow{CD}$. Les points C, D et E ne sont donc **pas alignés** et ils déterminent un plan, noté (CDE).

b. Notons $\mathcal{R}$ le plan d'équation $x + y + z = 4$ et vérifions que les points C, D et E appartiennent à $\mathcal{R}$: $C(4\,;0\,;0)$ et $4+0+0=4$; $D(0\,;4\,;0)$ et $0+4+0=4$; $E(0\,;0\,;4)$ et $0+0+4=4$.
Ainsi, les plans $\mathcal{R}$ et (CDE) ont trois points communs non alignés, donc ils sont confondus et $x + y + z = 4$ est une équation de (CDE).

2. a. Un vecteur normal au plan $\mathcal{P}$ d'équation $3y + z = 6$ est $\vec{n}'(0\,;3\,;1)$.
Les vecteurs $\vec{n}(1\,;1\,;1)$ et $\vec{n}'(0\,;3\,;1)$ ne sont pas colinéaires, donc les plans (CDE) et $\mathcal{P}$ ne sont pas parallèles. Ils sont donc **sécants**.

> **À NOTER**
> Soit $\mathcal{P}$ et $\mathcal{P}'$ deux plans de l'espace, $\vec{n} \neq \vec{0}$ un vecteur normal à $\mathcal{P}$ et $\vec{n}' \neq \vec{0}$ un vecteur normal à $\mathcal{P}'$. $\mathcal{P} \,//\, \mathcal{P}' \Leftrightarrow \vec{n}$ et $\vec{n}'$ sont colinéaires $\Leftrightarrow$ Il existe $\alpha \in \mathbb{R}$ tel que $\vec{n}' = \alpha\vec{n}$.

b. Pour dessiner l'intersection de deux plans sécants, qui est une droite, il suffit de déterminer deux points qui appartiennent à ces deux plans, puis de tracer la droite passant par ces deux points. *Voir la figure ci-après.*

3. a. Le plan Q passe par les points F et G, et est parallèle à l'axe $(O\,;\vec{k})$.
Ses traces sur les plans $(O\,;\vec{j},\vec{k})$ et $(O\,;\vec{i},\vec{k})$ sont parallèles à l'axe $(O\,;\vec{k})$.
Voir la figure ci-contre.

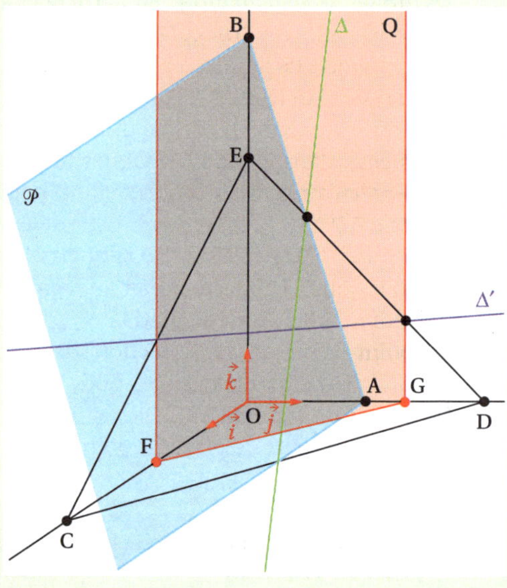

b. D'après l'énoncé, le plan Q a une équation cartésienne de la forme $ax + by = 6$ avec $(a\,;b) \in \mathbb{R}^2$.
Or, $F(2\,;0\,;0) \in Q$ est équivalent à $a \times 2 + b \times 0 = 6$ donc à $a = 3$,
et $G(0\,;3\,;0) \in Q$ est équivalent à $a \times 0 + b \times 3 = 6$ donc à $b = 2$.
Donc une équation cartésienne du plan Q est $3x + 2y = 6$.

4. Pour dessiner l'intersection de deux plans non parallèles, qui est une droite, il suffit de déterminer deux points qui appartiennent à ces deux plans, puis de tracer la droite passant par ces deux points.

3 Orthogonalité et distances dans l'espace

Le calcul de distances intervient dans de nombreuses technologies, comme celle qui permet au système GPS de repérer la position de votre voiture et de vous guider vers votre destination.

9 Produit scalaire de deux vecteurs de l'espace

En bref *La définition du produit scalaire donnée dans le plan peut être étendue à l'espace. On retrouve alors les mêmes propriétés que dans le plan.*

I Définition

Soit $\vec{u}$ et $\vec{v}$ deux vecteurs de l'espace.

- Si $\vec{u} = \vec{0}$ ou $\vec{v} = \vec{0}$, alors $\vec{u} \cdot \vec{v} = 0$.
- Si $\vec{u} \neq \vec{0}$ et $\vec{v} \neq \vec{0}$, alors :

$$\vec{u} \cdot \vec{v} = \|\vec{u}\| \times \|\vec{v}\| \times \cos\left(\vec{u} ; \vec{v}\right)$$

où l'angle $\left(\vec{u} ; \vec{v}\right)$ est défini comme en géométrie plane.

À NOTER
Comme dans le plan, le **produit scalaire** de deux vecteurs de l'espace est un nombre réel.

II Propriétés

Soit $\vec{u}$, $\vec{v}$ et $\vec{w}$ des vecteurs de l'espace, et α un nombre réel.

Commutativité et distributivité

- $\vec{u} \cdot \vec{v} = \vec{v} \cdot \vec{u}$
- $(\alpha\vec{u}) \cdot \vec{v} = \alpha(\vec{u} \cdot \vec{v}) = \vec{u} \cdot (\alpha\vec{v})$
- $\vec{u} \cdot (\vec{v} + \vec{w}) = \vec{u} \cdot \vec{v} + \vec{u} \cdot \vec{w}$
- $(\vec{u} + \vec{v}) \cdot \vec{w} = \vec{u} \cdot \vec{w} + \vec{v} \cdot \vec{w}$

Norme

- $\vec{u} \cdot \vec{u} = \|\vec{u}\|^2$, noté aussi $\vec{u}^2$ (carré scalaire du vecteur $\vec{u}$)
- $\|\vec{u} + \vec{v}\|^2 = \|\vec{u}\|^2 + 2\vec{u} \cdot \vec{v} + \|\vec{v}\|^2$
- $\|\vec{u} - \vec{v}\|^2 = \|\vec{u}\|^2 - 2\vec{u} \cdot \vec{v} + \|\vec{v}\|^2$
- $\vec{u} \cdot \vec{v} = \frac{1}{2}\left(\|\vec{u}\|^2 + \|\vec{v}\|^2 - \|\vec{u} - \vec{v}\|^2\right) = \frac{1}{2}\left(\|\vec{u} + \vec{v}\|^2 - \|\vec{u}\|^2 - \|\vec{v}\|^2\right)$

Orthogonalité

$$\vec{u} \cdot \vec{v} = 0 \Leftrightarrow \vec{u} = \vec{0} \text{ ou } \vec{v} = \vec{0} \text{ ou } \vec{u} \perp \vec{v}$$

III Expression analytique du produit scalaire

L'espace est muni d'un repère orthonormé $\left(O ; \vec{i}, \vec{j}, \vec{k}\right)$.
Soit $\vec{u}(x ; y ; z)$ et $\vec{v}(x' ; y' ; z')$ deux vecteurs de l'espace.

- $\vec{u} \cdot \vec{v} = xx' + yy' + zz'$
- $\|\vec{u}\| = \sqrt{x^2 + y^2 + z^2}$
- $AB = \|\overrightarrow{AB}\| = \sqrt{(x_B - x_A)^2 + (y_B - y_A)^2 + (z_B - z_A)^2}$

(avec $\vec{u} = \overrightarrow{AB}$ et $A(x_A ; y_A ; z_A)$ et $B(x_B ; y_B ; z_B)$).

Méthode

Calculer des distances dans l'espace

Dans l'espace muni d'un repère orthonormé $(O ; \vec{i}, \vec{j}, \vec{k})$, on considère le tétraèdre ABCD de sommets :
$A(0 ; 0 ; 3), B(2\sqrt{2} ; 0 ; -1), C(-\sqrt{2} ; -\sqrt{6} ; -1)$, $D(-\sqrt{2} ; \sqrt{6} ; -1)$.
R, S, T et U sont les milieux respectifs des arêtes [AC], [AD], [BD] et [BC].

1. Démontrer que le tétraèdre ABCD est régulier, c'est-à-dire que toutes ses arêtes sont de même longueur.

2. a. Démontrer que le quadrilatère RSTU est un parallélogramme.

b. Ce parallélogramme a-t-il des propriétés supplémentaires ? Expliquer.

CONSEILS
1. Identifiez les arêtes et montrez qu'elles sont de même longueur.

SOLUTION

1. $AB = \sqrt{(2\sqrt{2})^2 + (-1-3)^2} = \sqrt{8+16} = \sqrt{24}$
On démontre de même que $AC = AD = BC = BD = CD = \sqrt{24}$.
Le tétraèdre ABCD est un tétraèdre régulier.

2. a. Le point R est le milieu de [AC], donc il a pour coordonnées $\left(\frac{0-\sqrt{2}}{2} ; \frac{0-\sqrt{6}}{2} ; \frac{3-1}{2}\right)$, soit $R\left(-\frac{\sqrt{2}}{2} ; -\frac{\sqrt{6}}{2} ; 1\right)$. On obtient de même :
$S\left(-\frac{\sqrt{2}}{2} ; \frac{\sqrt{6}}{2} ; 1\right)$; $T\left(\frac{\sqrt{2}}{2} ; \frac{\sqrt{6}}{2} ; -1\right)$; $U\left(\frac{\sqrt{2}}{2} ; -\frac{\sqrt{6}}{2} ; -1\right)$ → FICHE 4.

On en déduit que :
$\overrightarrow{RS}\left(-\frac{\sqrt{2}}{2} - \left(-\frac{\sqrt{2}}{2}\right) ; \frac{\sqrt{6}}{2} - \left(-\frac{\sqrt{6}}{2}\right) ; 1-1\right)$, soit $\overrightarrow{RS}(0 ; \sqrt{6} ; 0)$.
$\overrightarrow{UT}\left(\frac{\sqrt{2}}{2} - \frac{\sqrt{2}}{2} ; \frac{\sqrt{6}}{2} - \left(-\frac{\sqrt{6}}{2}\right) ; -1-(-1)\right)$, soit $\overrightarrow{UT}(0 ; \sqrt{6} ; 0)$.
Ainsi, $\overrightarrow{RS} = \overrightarrow{UT}$, donc le quadrilatère RSTU est un parallélogramme.

b. On a $\overrightarrow{RS}(0 ; \sqrt{6} ; 0)$.
De même $\overrightarrow{ST}\left(\frac{\sqrt{2}}{2} - \left(-\frac{\sqrt{2}}{2}\right) ; \frac{\sqrt{6}}{2} - \frac{\sqrt{6}}{2} ; -1-1\right)$, soit $\overrightarrow{ST}(\sqrt{2} ; 0 ; -2)$.
$RS = \sqrt{0^2 + (\sqrt{6})^2 + 0^2} = \sqrt{6}$ et $ST = \sqrt{(\sqrt{2})^2 + 0^2 + (-2)^2} = \sqrt{6}$.
De plus, $\overrightarrow{RS} \cdot \overrightarrow{ST} = 0 \times \sqrt{2} + \sqrt{6} \times 0 + 0 \times (-2) = 0$.
Ainsi, les côtés consécutifs [RS] et [ST] sont perpendiculaires et égaux. Un parallélogramme qui a un angle droit est un rectangle et un rectangle dont deux côtés consécutifs sont égaux est un carré, donc RSTU est un carré.

10 Orthogonalité et produit scalaire

En bref *Le produit scalaire permet de traduire analytiquement l'orthogonalité dans le plan, mais aussi dans l'espace.*

I Droites orthogonales

Soit $\mathcal{D}$ une droite de vecteur directeur $\vec{u} \neq \vec{0}$, et Δ une droite de vecteur directeur $\vec{v} \neq \vec{0}$.

$$\mathcal{D} \perp \Delta \Leftrightarrow \vec{u} \text{ et } \vec{v} \text{ sont orthogonaux} \Leftrightarrow \vec{u} \cdot \vec{v} = 0$$

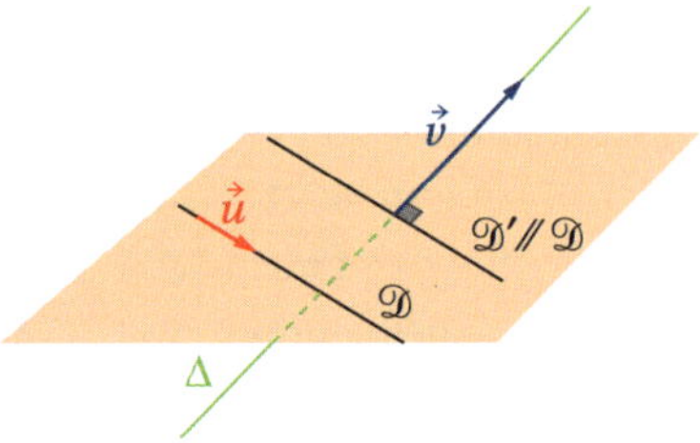

II Droites et plans perpendiculaires

■ Un plan $\mathcal{P}$ de l'espace peut être défini par la donnée d'un point A et de deux vecteurs $\vec{v}$ et $\vec{w}$ non colinéaires et non nuls : ce plan est l'ensemble des points M de l'espace tels que $\overrightarrow{AM} = t_1\vec{v} + t_2\vec{w}$ avec $(t_1 ; t_2) \in \mathbb{R}^2$.

On dit que $\vec{v}$ et $\vec{w}$ sont des **vecteurs directeurs** du plan $\mathcal{P}$.

À NOTER
Le couple $(\vec{v} ; \vec{w})$ détermine la **direction** du plan $\mathcal{P}$.

■ Soit $\mathcal{D}$ une droite de vecteur directeur $\vec{u} \neq \vec{0}$, et $\mathcal{P}$ un plan de vecteurs directeurs non colinéaires $\vec{v} \neq \vec{0}$ et $\vec{w} \neq \vec{0}$.

$$\mathcal{D} \perp \mathcal{P} \Leftrightarrow \vec{u} \cdot \vec{v} = 0 \text{ et } \vec{u} \cdot \vec{w} = 0$$

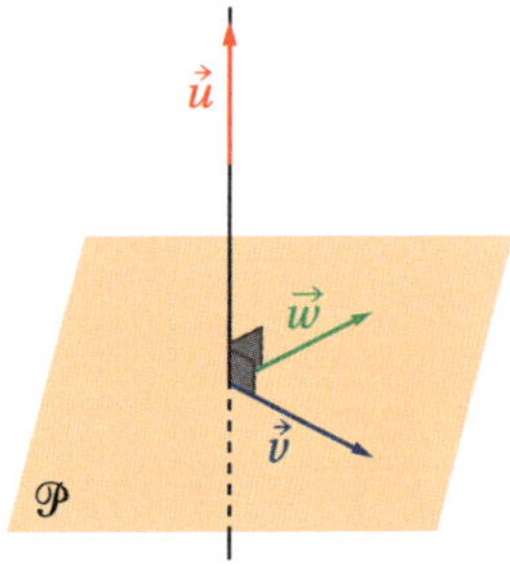

À NOTER
Le vecteur $\vec{u}$ est alors un vecteur normal au plan $\mathcal{P}$.

III Plans perpendiculaires

Soit $\mathcal{P}$ un plan de vecteur normal $\vec{n} \neq \vec{0}$ et $\mathcal{P}'$ un plan de vecteur normal $\vec{n}' \neq \vec{0}$.

$$\mathcal{P} \perp \mathcal{P}' \Leftrightarrow \vec{n} \text{ et } \vec{n}' \text{ orthogonaux} \Leftrightarrow \vec{n} \cdot \vec{n}' = 0$$

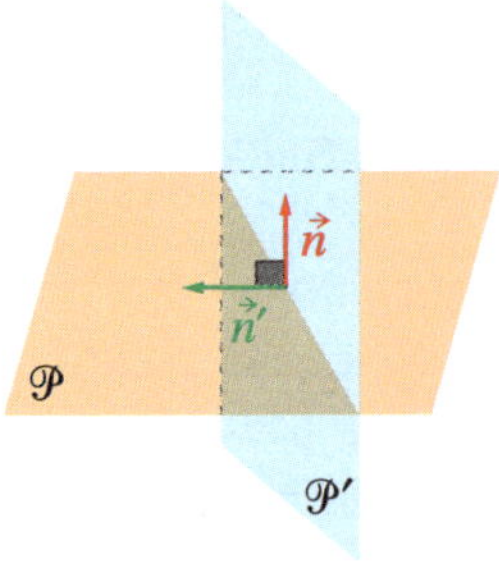

Méthode

Démontrer l'orthogonalité à l'aide du produit scalaire

Dans l'espace muni d'un repère orthonormé $\left(O;\vec{i},\vec{j},\vec{k}\right)$, on considère le plan $\mathcal{P}$ passant par le point $B(1;-2;1)$ et de vecteur normal $\vec{n}(-2;1;5)$, et le plan $\mathcal{R}$ dont $x+2y-7=0$ est une équation cartésienne.

a. Démontrer que les plans $\mathcal{P}$ et $\mathcal{R}$ sont perpendiculaires.

b. Démontrer que l'intersection des plans $\mathcal{P}$ et $\mathcal{R}$ est la droite passant par le point $C(-1;4;-1)$ et de vecteur directeur $\vec{u}(2;-1;1)$.

CONSEILS

a. Commencez par déterminer un vecteur normal au plan $\mathcal{R}$. → FICHE 12

b. Vérifiez que C appartient à $\mathcal{P}$ et à $\mathcal{R}$, puis que $\vec{u}$ est orthogonal à un vecteur normal au plan $\mathcal{P}$ et à un vecteur normal au plan $\mathcal{R}$.

SOLUTION

a. Le plan $\mathcal{R}$ a pour équation cartésienne $x+2y-7=0$, donc $\vec{n}'(1;2;0)$ est un vecteur normal à $\mathcal{R}$. Or $\vec{n}\cdot\vec{n}'=-2\times1+1\times2+5\times0=0$, donc les plans $\mathcal{P}$ et $\mathcal{R}$ sont perpendiculaires.

À NOTER

$\vec{n}(a;b;c)$ est un vecteur normal au plan $\mathcal{P}$ d'équation $ax+by+cz+d=0$.
→ FICHE 12

b. Des plans sécants et non confondus se coupent selon une droite. Notons Δ la droite d'intersection de $\mathcal{P}$ et $\mathcal{R}$.

- $-1+2\times4-7=0$, donc les coordonnées de C vérifient une équation cartésienne du plan $\mathcal{R}$, ce qui prouve que C appartient à $\mathcal{R}$.

- Déterminons une équation cartésienne du plan $\mathcal{P}$. $\vec{n}(-2;1;5)$ est un vecteur normal au plan $\mathcal{P}$, donc $\mathcal{P}$ admet une équation cartésienne de la forme : $-2x+y+5z+d=0$ avec $d\in\mathbb{R}$.

Le point $B(1;-2;1)$ appartient à $\mathcal{P}$ donc : $-2\times1-2+5\times1+d=1+d=0$, soit $d=-1$. Finalement, une équation cartésienne de $\mathcal{P}$ est $-2x+y+5z-1=0$. Or, $-2\times(-1)+4+5\times(-1)-1=0$, donc C appartient à $\mathcal{P}$.

On en déduit que C appartient à $\Delta=\mathcal{P}\cap\mathcal{R}$.

- Le vecteur $\vec{u}(2;-1;1)$ est orthogonal à $\vec{n}$ et à $\vec{n}'$. En effet :
$\vec{n}\cdot\vec{u}=-2\times2+1\times(-1)+5\times1=0$ et $\vec{n}'\cdot\vec{u}=1\times2+2\times(-1)+0\times1=0$.
Donc le vecteur $\vec{u}$ est un vecteur directeur de la droite Δ.

- **Conclusion :** L'intersection des plans $\mathcal{P}$ et $\mathcal{R}$ est la droite Δ passant par le point $C(-1;4;-1)$ et de vecteur directeur $\vec{u}(2;-1;1)$.

11 Projeté orthogonal d'un point sur une droite ou un plan de l'espace

En bref *Pour un point donné, on peut avoir besoin de connaître la distance de ce point à une droite ou à un plan de l'espace. Pour calculer cette distance, on utilise le projeté orthogonal de ce point sur la droite ou le plan.*

I Projeté orthogonal d'un point sur une droite de l'espace

Définition

Pour une droite Δ et un point $A \notin \Delta$, le **projeté orthogonal du point A sur la droite Δ** est le point $H \in \Delta$ tel que le vecteur $\overrightarrow{AH}$ est orthogonal à la droite Δ, c'est-à-dire que $\overrightarrow{AH}$ est un vecteur normal à la droite Δ.

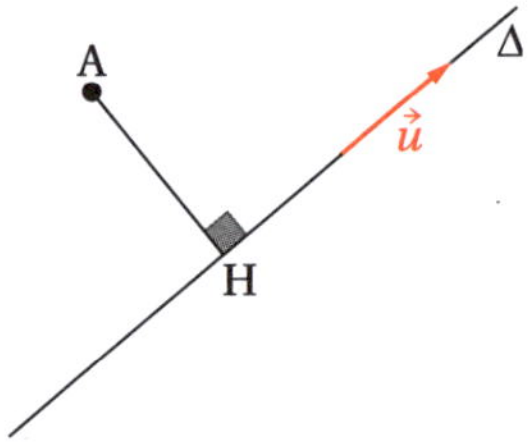

Propriété

Si la droite Δ admet pour vecteur directeur le vecteur $\vec{u}$, alors : $\overrightarrow{AH} \cdot \vec{u} = 0$.

Distance d'un point à une droite

Si le projeté orthogonal du point A sur la droite Δ est le point H, alors la distance du point A à la droite Δ est : $d(A ; \Delta) = AH$.

II Projeté orthogonal d'un point sur un plan de l'espace

Définition

Pour un plan $\mathcal{P}$ et un point $A \notin \mathcal{P}$, le **projeté orthogonal du point A sur le plan $\mathcal{P}$** est le point $H \in \mathcal{P}$ tel que le vecteur $\overrightarrow{AH}$ est orthogonal au plan $\mathcal{P}$, c'est-à-dire que $\overrightarrow{AH}$ est un vecteur normal au plan $\mathcal{P}$.

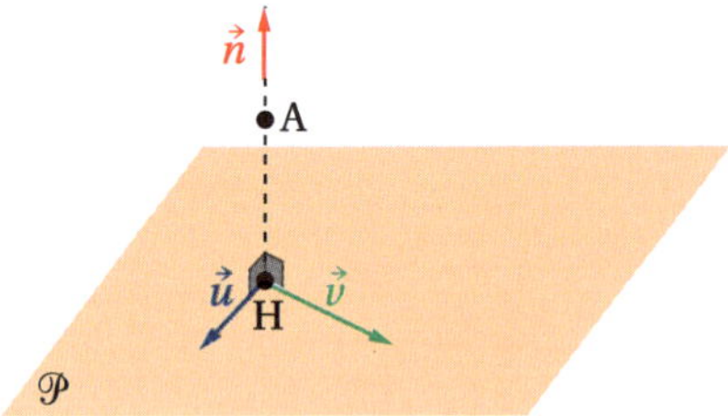

Propriétés

Si le plan $\mathcal{P}$ est défini par la donnée d'un point et de deux vecteurs $\vec{u}$ et $\vec{v}$ non colinéaires, ou bien du vecteur normal $\vec{n}$, alors : $\overrightarrow{AH} \cdot \vec{u} = \overrightarrow{AH} \cdot \vec{v} = 0$ et les vecteurs $\overrightarrow{AH}$ et $\vec{n}$ sont colinéaires.

Distance d'un point à un plan

Si le projeté orthogonal du point A sur le plan $\mathcal{P}$ est le point H, alors la distance du point A au plan $\mathcal{P}$ est : $d(A ; \mathcal{P}) = AH$.

Méthode

Déterminer le projeté orthogonal d'un point sur un plan

ABCDEFGH est le cube représenté ci-contre. L'espace est rapporté au repère orthonormal $\left(A ; \overrightarrow{AB}, \overrightarrow{AD}, \overrightarrow{AE}\right)$.

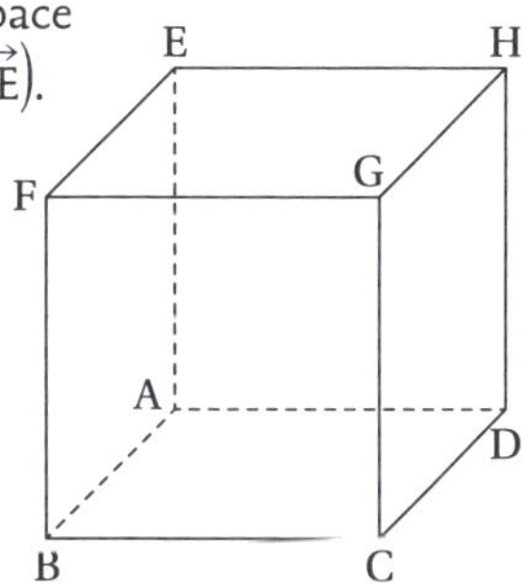

1. Soit I le point défini par :

$$\overrightarrow{IB} + \overrightarrow{ID} + \overrightarrow{IE} = \vec{0}.$$

I est appelé *centre de gravité* du triangle BDE.

a. Démontrer que $\overrightarrow{AI} = \frac{1}{3}\overrightarrow{AG}$.

b. Calculer les coordonnées du point I.

2. Prouver que I est le projeté orthogonal du point A sur le plan (BDE).

CONSEILS

1. a. Utilisez la relation de Chasles en faisant apparaître le vecteur $\overrightarrow{IA}$.

b. Déduisez les coordonnées du point I de celles du point G. → FICHE 12

2. Montrez que $\overrightarrow{AI}$ est un vecteur normal au plan (BDE).

SOLUTION

1. a. En décomposant les trois vecteurs, on a $\overrightarrow{IA} + \overrightarrow{AB} + \overrightarrow{IA} + \overrightarrow{AD} + \overrightarrow{IA} + \overrightarrow{AE} = \vec{0}$, puis $3\overrightarrow{IA} + \overrightarrow{AB} + \overrightarrow{AD} + \overrightarrow{AE} = \vec{0}$, donc $3\overrightarrow{AI} = \overrightarrow{AB} + \overrightarrow{AD} + \overrightarrow{AE}$.

Or, $\overrightarrow{AD} = \overrightarrow{BC}$ et $\overrightarrow{AE} = \overrightarrow{CG}$ car les faces du cube sont des carrés, donc $3\overrightarrow{AI} = \overrightarrow{AB} + \overrightarrow{BC} + \overrightarrow{CG} = \overrightarrow{AG}$ et $\overrightarrow{AI} = \frac{1}{3}\overrightarrow{AG}$.

1. b. On a $\overrightarrow{AG} = \overrightarrow{AB} + \overrightarrow{AD} + \overrightarrow{AE}$, donc les coordonnées du point G dans le repère orthonormal $\left(A ; \overrightarrow{AB}, \overrightarrow{AD}, \overrightarrow{AE}\right)$ sont G(1 ; 1 ; 1).

Par ailleurs $\overrightarrow{AI} = \frac{1}{3}\overrightarrow{AG}$, donc les coordonnées du point I sont $I\left(\frac{1}{3} ; \frac{1}{3} ; \frac{1}{3}\right)$.

2. Puisque le point I appartient au plan (BDE), il suffit de montrer que le vecteur $\overrightarrow{AI}$ est un vecteur normal au plan (BDE).

$\overrightarrow{AI}\left(\frac{1}{3} ; \frac{1}{3} ; \frac{1}{3}\right)$ et $\overrightarrow{BD}(-1 ; 1 ; 0)$ car B(1 ; 0 ; 0) et D(0 ; 1 ; 0), donc :

$\overrightarrow{AI} \cdot \overrightarrow{BD} = \frac{1}{3} \times (-1) + \frac{1}{3} \times 1 + \frac{1}{3} \times 0 = 0$ et $\overrightarrow{AI}$ et $\overrightarrow{BD}$ sont orthogonaux.

$\overrightarrow{AI}\left(\frac{1}{3} ; \frac{1}{3} ; \frac{1}{3}\right)$ et $\overrightarrow{BE}(-1 ; 0 ; 1)$ car E(0 ; 0 ; 1) donc :

$\overrightarrow{AI} \cdot \overrightarrow{BE} = \frac{1}{3} \times (-1) + \frac{1}{3} \times 0 + \frac{1}{3} \times 1 = 0$ et $\overrightarrow{AI}$ et $\overrightarrow{BE}$ sont orthogonaux.

Le vecteur $\overrightarrow{AI}$ est donc un vecteur normal au plan (BDE) puisqu'il est orthogonal à deux vecteurs non colinéaires de ce plan.

Le point I est donc le projeté orthogonal du point A sur le plan (BDE).

MÉMO VISUEL

Définition et propriétés du produit scalaire

Qu'est-ce que le produit scalaire de deux vecteurs de l'espace ?

Définition du produit scalaire

Pour $\vec{u}$ et $\vec{v}$ deux vecteurs de l'espace, le produit scalaire $\vec{u} \cdot \vec{v}$ est le nombre réel défini par :

- si $\vec{u} = \vec{0}$ ou $\vec{v} = \vec{0}$, alors $\vec{u} \cdot \vec{v} = 0$.
- si $\vec{u} \neq \vec{0}$ et $\vec{v} \neq \vec{0}$, alors $\vec{u} \cdot \vec{v} = \|\vec{u}\| \times \|\vec{v}\| \times \cos(\vec{u} ; \vec{v})$.

Propriétés du produit scalaire

Pour tous vecteurs $\vec{u}$, $\vec{v}$ et $\vec{w}$ de l'espace, et tout nombre réel α :

- $\vec{u} \cdot \vec{v} = \vec{v} \cdot \vec{u}$
- $\alpha\vec{u} \cdot (\vec{v} + \vec{w}) = \alpha\vec{u} \cdot \vec{v} + \alpha\vec{u} \cdot \vec{w}$
- $\vec{u} \cdot \vec{u} = \|\vec{u}\|^2$, noté aussi $\vec{u}^2$ (carré scalaire du vecteur $\vec{u}$)
- $\|\vec{u} + \vec{v}\|^2 = \|\vec{u}\|^2 + 2\vec{u} \cdot \vec{v} + \|\vec{v}\|^2$
- $\vec{u} \cdot \vec{v} = \frac{1}{2}\left(\|\vec{u} + \vec{v}\|^2 - \|\vec{u}\|^2 - \|\vec{v}\|^2\right)$

ORTHOGONALITÉ DANS

Comment déterminer l'orthogonalité de deux vecteurs ?

Produit scalaire et orthogonalité

Pour tous vecteurs $\vec{u}$ et $\vec{v}$ de l'espace :

$$\vec{u} \cdot \vec{v} = 0 \Leftrightarrow \vec{u} = \vec{0} \text{ ou } \vec{v} = \vec{0} \text{ ou } \vec{u} \perp \vec{v}$$

Comment exprimer le produit scalaire dans une base orthonormée ?

Expression analytique du produit scalaire

L'espace est muni d'un repère orthonormé $\left(O ; \vec{i}, \vec{j}, \vec{k}\right)$.

Soit $\vec{u}(x ; y ; z)$ et $\vec{v}(x' ; y' ; z')$ deux vecteurs de l'espace.

- $\vec{u} \cdot \vec{v} = xx' + yy' + zz'$
- $\|\vec{u}\| = \sqrt{x^2 + y^2 + z^2}$
- $AB = \|\overrightarrow{AB}\| = \sqrt{(x_B - x_A)^2 + (y_B - y_A)^2 + (z_B - z_A)^2}$

(avec $\vec{u} = \overrightarrow{AB}$ et $A(x_A ; y_A ; z_A)$ et $B(x_B ; y_B ; z_B)$).

ET DISTANCES L'ESPACE

Comment démontrer l'orthogonalité à l'aide du produit scalaire ?

Orthogonalité

Droites orthogonales

Soit $\mathscr{D}$ de vecteur directeur $\vec{u} \neq \vec{0}$, et Δ une droite de vecteur directeur $\vec{v} \neq \vec{0}$.

$$\mathscr{D} \perp \Delta \Leftrightarrow \vec{u} \cdot \vec{v} = 0$$

Droites et plans perpendiculaires

Soit $\mathscr{D}$ de vecteur directeur $\vec{u} \neq \vec{0}$, et $\mathscr{P}$ de vecteurs directeurs non colinéaires $\vec{v} \neq \vec{0}$ et $\vec{w} \neq \vec{0}$.

$$\mathscr{D} \perp \mathscr{P} \Leftrightarrow \vec{u} \cdot \vec{v} = 0 \text{ et } \vec{u} \cdot \vec{w} = 0$$

Plans perpendiculaires

Soit $\mathscr{P}$ un plan de vecteur normal $\vec{n} \neq \vec{0}$ et $\mathscr{P}'$ un plan de vecteur normal $\vec{n}' \neq \vec{0}$.

$$\mathscr{P} \perp \mathscr{P}' \Leftrightarrow \vec{n} \cdot \vec{n}' = 0$$

SE TESTER QUIZ

Vérifiez que vous avez bien compris les points clés des **fiches 9 à 11**.

On munit l'espace d'un repère orthonormé $\left(O;\vec{i},\vec{j},\vec{k}\right)$.

1 Produit scalaire de deux vecteurs de l'espace

→ FICHE 9

On considère les points $A(2;4;1)$, $B(1;4;-3)$ et $C(3;1;-3)$.

1. $\overrightarrow{AB}\cdot\overrightarrow{AC} = \ldots$

☐ **a.** 15 ☐ **b.** –2 ☐ **c.** 7

2. $AC = \left\|\overrightarrow{AC}\right\| = \ldots$

☐ **a.** 26 ☐ **b.** $\sqrt{8}$ ☐ **c.** $\sqrt{26}$

3. Soit $\vec{u}$ et $\vec{v}$ deux vecteurs de l'espace. $\left\|\vec{u}+\vec{v}\right\|^2 = \ldots$

☐ **a.** $\left\|\vec{u}\right\|^2 + \left\|\vec{v}\right\|^2$

☐ **b.** $\left\|\vec{u}\right\|^2 + 2\left\|\vec{u}\right\|\cdot\left\|\vec{v}\right\| + \left\|\vec{v}\right\|^2$

☐ **c.** $\left\|\vec{u}\right\|^2 + 2\vec{u}\cdot\vec{v} + \left\|\vec{v}\right\|^2$

2 Orthogonalité et produit scalaire

→ FICHE 10

Les droites $\mathcal{D}$ et Δ admettent respectivement $\vec{u}(2\,;-1\,;3)$ et $\vec{u}'(2\,;-5\,;-3)$ pour vecteurs directeurs et les plans $\mathcal{P}$ et Q admettent respectivement pour vecteurs normaux $\vec{n}(-2\,;1\,;-3)$ et $\vec{n}'(2\,;-1\,;3)$.

Parmi les affirmations suivantes, lesquelles sont vraies ?

☐ **a.** Les droites $\mathcal{D}$ et Δ sont orthogonales.

☐ **b.** La droite $\mathcal{D}$ et le plan $\mathcal{P}$ sont perpendiculaires.

☐ **c.** Les plans $\mathcal{P}$ et Q sont perpendiculaires.

3 Projeté orthogonal d'un point sur une droite ou un plan de l'espace

→ FICHE 11

Soit $\mathcal{P}$ un plan de l'espace défini par la donnée d'un point et d'un vecteur normal $\vec{n}$.

On donne un point $A \notin \mathcal{P}$ et H son projeté orthogonal sur le plan $\mathcal{P}$.

Que peut-on dire à propos des vecteurs $\overrightarrow{AH}$ et $\vec{n}$?

☐ **a.** $\overrightarrow{AH} = \vec{n}$

☐ **b.** $\overrightarrow{AH}$ et $\vec{n}$ sont colinéaires.

☐ **c.** $\overrightarrow{AH}$ et $\vec{n}$ sont orthogonaux.

DÉMONSTRATION CLÉ

4 Définir la distance d'un point à un plan

→ FICHE 11

Démontrer que le projeté orthogonal d'un point M sur un plan $\mathcal{P}$ est le point de $\mathcal{P}$ le plus proche de M.

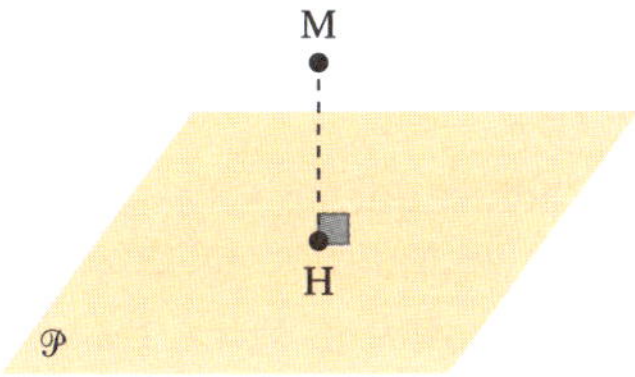

S'ENTRAÎNER

Sauf autre indication, on munit l'espace d'un repère orthonormé $\left(O\,;\vec{i},\vec{j},\vec{k}\right)$.

5 Calculer le cosinus d'un angle géométrique

→ FICHE 9

On considère les points $A(-2\,;0\,;1)$, $B(1\,;2\,;-1)$ et $C(-2\,;2\,;2)$.

a. Calculer le produit scalaire $\overrightarrow{AB}\cdot\overrightarrow{AC}$, puis les longueurs AB et AC.

b. En déduire une valeur approchée, arrondie au degré près, de l'angle $\widehat{BAC}$.

CONSEILS
Pour la première question, utilisez l'expression du produit scalaire dans une base orthonormée et, pour la deuxième question, celle avec le cosinus. → FICHE 9

6 Étudier les propriétés d'un triangle

→ FICHES 9 et 10

On considère les points $A(3\,;-2\,;2)$, $B(6\,;-2\,;-1)$ et $C(6\,;1\,;5)$.

a. Démontrer que le triangle ABC est rectangle en A.

b. En déduire l'aire du triangle ABC.

CONSEILS
Pour montrer l'orthogonalité de deux droites (dans le plan ou dans l'espace), vous pouvez utiliser le produit scalaire.

7 Calculer le produit scalaire de deux vecteurs

→ FICHE 9

On considère les points $A(1\,;0\,;2)$, $B(1\,;1\,;4)$ et $C(-1\,;1\,;1)$.

1. Démontrer que les points A, B et C ne sont pas alignés et en déduire que (ABC) est un plan.

2. a. Vérifier que $\vec{n}(3\,;4\,;-2)$ est orthogonal aux vecteurs $\overrightarrow{AB}$ et $\overrightarrow{AC}$.

b. Que représente le vecteur $\vec{n}$ pour le plan (ABC) ?

CONSEILS
1. Démontrez que les vecteurs $\overrightarrow{AB}$ et $\overrightarrow{AC}$ ne sont pas colinéaires.
2. a. Calculez $\vec{n}\cdot\overrightarrow{AB}$ et $\vec{n}\cdot\overrightarrow{AC}$. → FICHE 9

8 Orthogonalité de deux droites et projeté orthogonal sur un plan

→ FICHES 10 et 11

On considère les points A(2 ; 4 ; 1), B(0 ; 4 ; –3), C(3 ; 1 ; –3), D(1 ; 0 ; –2) et E(3 ; 2 ; –1).

On admet que $2x + 2y - z - 11 = 0$ est une équation cartésienne du plan (ABC) et qu'un vecteur normal de ce plan est le vecteur $\vec{n}(2 ; 2 ; -1)$.

Les propositions suivantes sont-elles vraies ou fausses ?

a. Les droites (AB) et (CD) sont orthogonales.

b. Le point E est le projeté orthogonal du point D sur le plan (ABC).

CONSEILS

Rappelez-vous que le projeté orthogonal du point A sur le plan $\mathscr{P}$ est le point $H \in \mathscr{P}$ tel que le vecteur $\overrightarrow{AH}$ est orthogonal au plan $\mathscr{P}$, c est-à-dire que le vecteur $\overrightarrow{AH}$ est un vecteur normal au plan $\mathscr{P}$.

9 Démontrer en calculant des longueurs

→ FICHE 9

On considère les points A(1 ; 0 ; 2), B(2 ; 1 ; 0) et C(0 ; 1 ; 2).

a. Montrer que les points A, B et C ne sont pas alignés.

b. Montrer que le triangle ABC est rectangle.

CONSEILS

Pour montrer que le triangle ABC est rectangle, vous pouvez utiliser la réciproque du théorème de Pythagore.

10 Étudier les propriétés de triangles

→ FICHE 9

On considère les points A(3 ; 4 ; 0), B(0 ; 5 ; 0) et C(0 ; 0 ; 5).

a. Démontrer que les triangles OAC et OBC sont rectangles isocèles.

b. Quelle est la nature du triangle ABC ?

CONSEILS

a. Les points en lesquels les triangles OAC et OBC sont rectangles n'étant pas donnés et les triangles étant aussi isocèles, le plus simple est de calculer toutes les longueurs des côtés.

b. Pour le triangle ABC, on peut faire de même et observer si on peut utiliser la réciproque ou la contraposée du théorème de Pythagore.

11 Démontrer l'orthogonalité de deux droites dans l'espace et calculer une distance

→ FICHES 9 et 10

On considère le cube ABCDEFGH de côté 1.

Dans l'exercice, l'espace est rapporté au repère $\left(D ; \overrightarrow{DA}, \overrightarrow{DC}, \overrightarrow{DH}\right)$.

On note K le point défini par $\overrightarrow{KD} + 2\overrightarrow{KF} = \vec{0}$.

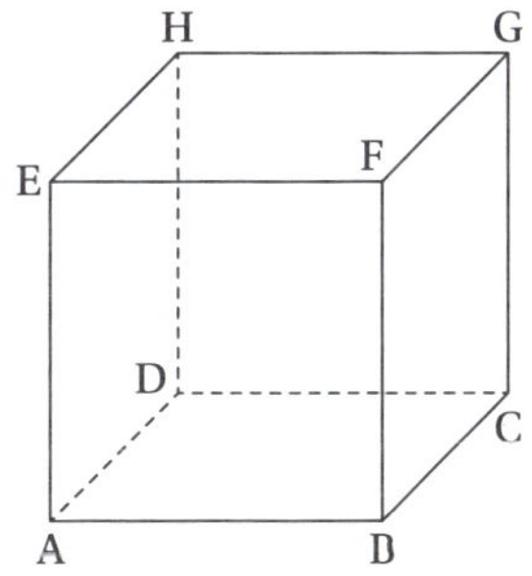

a. Montrer que le point K a pour coordonnées $\left(\frac{2}{3};\frac{2}{3};\frac{2}{3}\right)$.

b. Montrer que les droites (EK) et (DF) sont orthogonales.

c. Calculer la distance EK.

CONSEILS

a. Exprimez le vecteur $\overrightarrow{DK}$ en fonction des trois vecteurs de la base.

12 Établir l'orthogonalité et la perpendicularité de deux droites

→ FICHE 10

Dans l'espace, on considère :
- une droite $\mathscr{D}$ de vecteur directeur $\vec{u}(2;1;-3)$;
- une droite $\mathscr{D}'$ de vecteur directeur $\vec{v}(-4;-2;6)$;
- la droite Δ passant par un point A appartenant à $\mathscr{D}'$ et dont un vecteur directeur est $\vec{w}(1;1;1)$.

a. Démontrer que les droites $\mathscr{D}$ et $\mathscr{D}'$ sont parallèles.

b. Démontrer que les droites $\mathscr{D}$ et Δ sont orthogonales.

c. Démontrer que les droites $\mathscr{D}'$ et Δ sont perpendiculaires.

CONSEILS

Pour montrer le parallélisme de deux droites de l'espace, utilisez la colinéarité des vecteurs directeurs et, pour montrer l'orthogonalité de deux droites de l'espace, utilisez le produit scalaire.
Souvenez-vous de la différence entre perpendicularité et orthogonalité !

13 Établir l'orthogonalité d'une droite et d'un plan

→ FICHE 10

On considère les points A(1 ; –1 ; 4), B(7 ; –1 ; –2) et C(1 ; 5 ; –2).

a. Démontrer que les vecteurs $\overrightarrow{AB}$ et $\overrightarrow{AC}$ ne sont pas colinéaires, donc que les points A, B et C forment un plan.

b. Démontrer que le vecteur $\vec{n}(1;1;1)$ est un vecteur normal au plan (ABC).

c. Soit $\mathscr{D}$ une droite de vecteur directeur $\vec{u}(-2;-2;-2)$.
Démontrer que la droite $\mathscr{D}$ et le plan (ABC) sont perpendiculaires.

CONSEILS

Pour montrer qu'un vecteur est normal à un plan, il faut montrer qu'il est orthogonal à deux vecteurs qui dirigent ce plan, donc non colinéaires. → FICHE 10

14 Établir l'orthogonalité de deux plans

→ FICHES 10 et 12

On considère le plan $\mathcal{P}_1$ d'équation cartésienne $-2x + y + z - 6 = 0$ et le plan $\mathcal{P}_2$ d'équation cartésienne $x - 2y + 4z - 9 = 0$.

a. Démontrer que les plans $\mathcal{P}_1$ et $\mathcal{P}_2$ sont perpendiculaires.

b. Démontrer que le plan $\mathcal{P}_3$ d'équation cartésienne $2x + 2y + 2z + 5 = 0$ est perpendiculaire au plan $\mathcal{P}_1$.

CONSEILS

Soit $\vec{n}(a\,;b\,;c)$ un vecteur non nul et $\mathcal{P}$ un plan de l'espace.
$\vec{n}(a\,;b\,;c)$ vecteur normal du plan $\mathcal{P}$ $\Leftrightarrow$ Le plan $\mathcal{P}$ admet une équation cartésienne de la forme $ax + by + cz + d = 0$ avec $d \in \mathbb{R}$. → FICHE 12

OBJECTIF BAC

15 Démontrer la formule de la distance d'un point à un plan de l'espace

50 min

→ FICHES 4, 9 à 13

Dans ce sujet,on démontre tout d'abord la formule de la distance d'un point à un plan de l'espace d'équation cartésienne donnée. Ensuite, on applique cette formule sur un exemple et on la démontre avec une autre méthode.

LE SUJET

L'espace est muni d'un repère orthonormé $\left(O\,;\vec{i}, \vec{j}, \vec{k}\right)$.

Partie A

On désigne par $\mathcal{P}$ le plan d'équation cartésienne $ax + by + cz + d = 0$ et par M_0 le point de coordonnées $(x_0\,;y_0\,;z_0)$.

On appelle H le projeté orthogonal du point M_0 sur le plan $\mathcal{P}$.

On rappelle la propriété suivante :
le vecteur $\vec{n} = a\vec{i} + b\vec{j} + c\vec{k}$ est un vecteur normal au plan $\mathcal{P}$.

Le but de cette partie est de démontrer que la distance $d(M_0\,;\mathcal{P})$ du point M_0 au plan $\mathcal{P}$, c'est-à-dire la distance M_0H, est telle que :

$$d(M_0\,;\mathcal{P}) = \frac{|ax_0 + by_0 + cz_0 + d|}{\sqrt{a^2 + b^2 + c^2}}.$$

a. Justifier que $\left|\vec{n} \cdot \overrightarrow{M_0H}\right| = M_0H \times \sqrt{a^2 + b^2 + c^2}$.

b. Démontrer que $\vec{n} \cdot \overrightarrow{M_0H} = -ax_0 - by_0 - cz_0 - d$.

c. Conclure.

Partie B

On considère les points A(4 ; 1 ; 5), B(−3 ; 2 ; 0), C(1 ; 3 ; 6) et F(−7 ; 0 ; 4).

1. a. Démontrer que les points A, B et C définissent un plan $\mathcal{P}$ et que ce plan a pour équation cartésienne $x + 2y - z - 1 = 0$.

b. À l'aide de la **partie A**, déterminer la distance $d(\mathrm{F} ; \mathcal{P})$ du point F au plan $\mathcal{P}$.

2. Le but de cette question est de calculer la distance $d(\mathrm{F} ; \mathcal{P})$ par une autre méthode. On appelle Δ la droite qui passe par le point F et qui est perpendiculaire au plan $\mathcal{P}$.

a. Déterminer une représentation paramétrique de la droite Δ.

b. Déterminer les coordonnées du point H, projeté orthogonal du point F sur le plan $\mathcal{P}$.

c. Retrouver le résultat de la question **1. b.**

LIRE LE SUJET

Partie A

a. La valeur absolue permet d'éviter les questions de signe du résultat.

b. On vous demande de donner une deuxième expression du produit scalaire.

c. Il s'agit de donner une expression de la distance $\mathrm{M_0H}$.

Partie B

1. a. Il s'agit de vérifier que le plan (ABC) a pour équation cartésienne $x + 2y - z - 1 = 0$.
b. Vous devez calculer une distance en appliquant une formule.

2. a. Il s'agit de donner une représentation de Δ dépendant d'un paramètre t.
b. La question revient à déterminer les coordonnées du point F, intersection de la droite Δ et du plan $\mathcal{P}$.
c. Il s'agit de calculer $d(\mathrm{F} ; \mathcal{P})$ avec les coordonnées de F connues.

LA FEUILLE DE ROUTE

Partie A

a. Exprimer un produit scalaire à l'aide d'une formule → FICHE 9

Utilisez l'expression du produit scalaire utilisant le cosinus et remarquez que la valeur absolue de ce cosinus a une valeur particulière.

b. Exprimer un produit scalaire à l'aide d'une formule → FICHE 9

Utilisez l'expression du produit scalaire dans une base orthonormée.

c. Établir une formule à partir de deux expressions → FICHE 11

Utilisez les deux formules démontrées au **1.** et **2.** pour établir la formule demandée de la distance d'un point à un plan de l'espace.

Partie B

1. a. Montrer qu'une équation cartésienne est celle d'un plan donné → FICHES 4 et 12

Démontrez que les vecteurs $\overrightarrow{AB}$ et $\overrightarrow{AC}$ ne sont pas colinéaires, puis que les coordonnées des points A, B et C vérifient l'équation cartésienne du plan donné.

b. Appliquer une formule

Calculez la distance demandée en appliquant la formule obtenue à la **partie A** avec les valeurs numériques de la **partie B**.

2. a. Donner une représentation paramétrique d'une droite → FICHE 13

Pour donner une représentation paramétrique de la droite Δ dont on connaît un point, il faut en déterminer un vecteur directeur.

b. Déterminer les coordonnées d'un point → FICHES 12 et 13

Remarquez que le point F appartient à la droite Δ et au plan $\mathscr{P}$, donc qu'il vérifie à la fois la représentation paramétrique de la droite Δ pour une certaine valeur réelle du paramètre t et l'équation cartésienne du plan $\mathscr{P}$.

c. Calculez une distance

Calculez la distance FH avec les coordonnées de F et H connues.

CORRIGÉS

SE TESTER QUIZ

1 Produit scalaire de deux vecteurs de l'espace

1. Réponse a.

Le vecteur $\overrightarrow{AB}$ a pour coordonnées $(1-2\,;4-4\,;-3-1)$, soit $\overrightarrow{AB}(-1\,;0\,;-4)$.
Le vecteur $\overrightarrow{AC}$ a pour coordonnées $(3-2\,;1-4\,;-3-1)$, soit $\overrightarrow{AC}(1\,;-3\,;-4)$.
$\overrightarrow{AB}\cdot\overrightarrow{AC}=(-1)\times 1+0\times(-3)+(-4)\times(-4)=-1+16=15.$

2. Réponse c. Le vecteur $\overrightarrow{AC}$ a pour coordonnées $\overrightarrow{AC}(1\,;-3\,;-4)$ donc :

$AC=\left\|\overrightarrow{AC}\right\|=\sqrt{1^2+(-3)^2+(-4)^2}=\sqrt{1+9+16}=\sqrt{26}.$

3. Réponse c. Pour tous vecteurs de l'espace $\vec{u}$ et $\vec{v}$:

$\left\|\vec{u}+\vec{v}\right\|^2=\left(\vec{u}+\vec{v}\right)\cdot\left(\vec{u}+\vec{v}\right)=\vec{u}\cdot\vec{u}+\vec{u}\cdot\vec{v}+\vec{v}\cdot\vec{u}+\vec{v}\cdot\vec{v}$

donc $\left\|\vec{u}+\vec{v}\right\|^2=\left\|\vec{u}\right\|^2+2\vec{u}\cdot\vec{v}+\left\|\vec{v}\right\|$ car $\vec{u}\cdot\vec{u}=\left\|\vec{u}\right\|^2$, $\vec{v}\cdot\vec{u}=\vec{u}\cdot\vec{v}$ et $\vec{v}\cdot\vec{v}=\left\|\vec{v}\right\|^2$.

2 Orthogonalité et produit scalaire

Réponses a et b.

- La réponse a. est correcte. Les droites $\mathscr{D}$ et Δ admettent respectivement $\vec{u}(2\,;-1\,;3)$ et $\vec{u}'(2\,;-5\,;-3)$ pour vecteur directeur.
$\vec{u}\cdot\vec{u}'=2\times 2+(-1)\times(-5)+3\times(-3)=4+5-9=0$, donc $\mathscr{D}\perp\Delta$.
- La réponse b. est correcte. La droite $\mathscr{D}$ admet le vecteur $\vec{u}(2\,;-1\,;3)$ pour vecteur directeur et le plan $\mathscr{P}$ admet pour vecteur normal le vecteur $\vec{n}(-2\,;1\,;-3)$.
Or $\vec{n}=-\vec{u}$, donc les vecteurs $\vec{n}$ et $\vec{u}$ sont colinéaires et par conséquent la droite $\mathscr{D}$ et le plan $\mathscr{P}$ sont perpendiculaires.
- L'affirmation c. est fausse. Les plans $\mathscr{P}$ et Q admettent respectivement pour vecteur normal $\vec{n}(-2\,;1\,;-3)$ et $\vec{n}'(2\,;-1\,;3)$.
$\vec{n}\cdot\vec{n}'=(-2)\times 2+1\times(-1)+(-3)\times 3=-4-1-9=-14\neq 0$, donc les vecteurs $\vec{n}$ et $\vec{n}'$ ne sont pas orthogonaux.
Les plans $\mathscr{P}$ et Q ne sont donc pas perpendiculaires.

3 Projeté orthogonal d'un point sur une droite ou un plan de l'espace

Réponse b.

D'après le cours, la droite (AH) est perpendiculaire au plan $\mathscr{P}$, donc les vecteurs $\overrightarrow{AH}$ et $\vec{n}$ sont colinéaires.

DÉMONSTRATION CLÉ

4 Déterminer la distance minimale d'un point à un plan

On considère un plan $\mathscr{P}$ de l'espace et un point $M\notin\mathscr{P}$.
On note H le projeté orthogonal du point M sur le plan $\mathscr{P}$.
Montrons que le point H est le point du plan $\mathscr{P}$ le plus proche du point M.

Soit H′ un autre point quelconque du plan $\mathcal{P}$.
Les points M, H et H′ ne sont pas alignés car sinon le point M appartiendrait au plan $\mathcal{P}$, ce qui n'est pas le cas.
Les points M, H et H′ forment donc un plan et le triangle MHH′ est rectangle en H, par définition du projeté orthogonal.

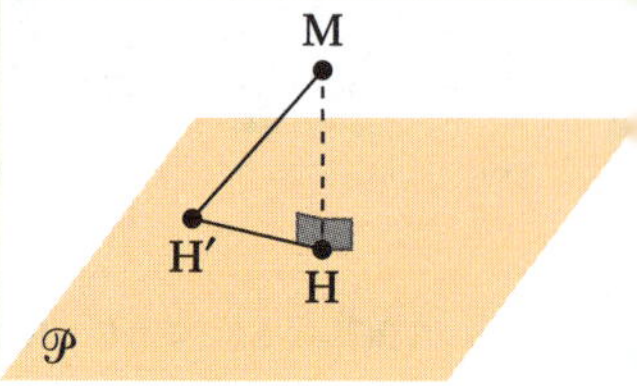

Dans le plan (MHH′), d'après le théorème de Pythagore appliqué au triangle MHH′ rectangle en H, on a : $MH'^2 = MH^2 + HH'^2$.
Or, $HH'^2 \geqslant 0$ donc $MH'^2 \geqslant MH^2$ pour tout point H′ de $\mathcal{P}$.
Le projeté orthogonal d'un point M sur un plan $\mathcal{P}$ est le point de $\mathcal{P}$ le plus proche de M.
La distance du point M au plan $\mathcal{P}$ est cette **distance minimale MH**, distance du point M à son projeté orthogonal H sur le plan $\mathcal{P}$.

S'ENTRAÎNER

5 Calculer le cosinus d'un angle géométrique

a. $\overrightarrow{AB}$ a pour coordonnées $(1-(-2)\,;2-0\,;-1-1)$, soit $\overrightarrow{AB}(3\,;2\,;-2)$.
$\overrightarrow{AC}$ a pour coordonnées $(-2-(-2)\,;2-0\,;2-1)$, soit $\overrightarrow{AC}(0\,;2\,;1)$.
On a donc : $\overrightarrow{AB}\cdot\overrightarrow{AC} = 3\times 0 + 2\times 2 + (-2)\times 1 = 2$.

$AB = \sqrt{(x_B - x_A)^2 + (y_B - y_A)^2 + (z_B - z_A)^2} = \sqrt{3^2 + 2^2 + (-2)^2}$

$AB = \sqrt{9+4+4} = \sqrt{17}$.

$AC = \sqrt{(x_C - x_A)^2 + (y_C - y_A)^2 + (z_C - z_A)^2} = \sqrt{0^2 + 2^2 + 1^2} = \sqrt{5}$.

> **À NOTER**
> Pour deux vecteurs $\vec{u}(x\,;y\,;z)$ et $\vec{v}(x'\,;y'\,;z')$: $\vec{u}\cdot\vec{v} = xx' + yy' + zz'$.

> **À NOTER**
> Par exemple : $AB = \left\|\overrightarrow{AB}\right\| = \sqrt{(x_B - x_A)^2 + (y_B - y_A)^2 + (z_B - z_A)^2}$. → FICHE 9

b. Les trois points A, B et C sont différents, donc on a aussi :
$\overrightarrow{AB}\cdot\overrightarrow{AC} = \left\|\overrightarrow{AB}\right\|\times\left\|\overrightarrow{AC}\right\|\times\cos\left(\overrightarrow{AB}\,;\overrightarrow{AC}\right) = \left\|\overrightarrow{AB}\right\|\times\left\|\overrightarrow{AC}\right\|\times\cos\widehat{BAC}$,
soit $2 = \sqrt{17}\times\sqrt{5}\times\cos\widehat{BAC}$ en remplaçant par les valeurs numériques du **a**.
On a donc $\cos\widehat{BAC} = \dfrac{2}{\sqrt{17}\times\sqrt{5}} = \dfrac{2}{\sqrt{85}}$, puis en utilisant la calculatrice en mode degré :
$\widehat{BAC} \approx 77°$ au degré près.

> **À NOTER**
> $\overrightarrow{AB}\cdot\overrightarrow{AC} = \left\|\overrightarrow{AB}\right\|\times\left\|\overrightarrow{AC}\right\|\times\cos\left(\overrightarrow{AB}\,;\overrightarrow{AC}\right)$ si $\overrightarrow{AB}\neq\vec{0}$ et $\overrightarrow{AC}\neq\vec{0}$.

6 Étudier les propriétés d'un triangle

a. Pour montrer que le triangle ABC est rectangle en A (dans le plan (ABC)), il suffit de montrer que les droites de l'espace (AB) et (AC) sont orthogonales, donc que le produit scalaire $\overrightarrow{AB}\cdot\overrightarrow{AC}$ est nul.

$\overrightarrow{AB}$ a pour coordonnées $(6-3\,;-2-(-2)\,;-1-2)$, soit $\overrightarrow{AB}(3\,;0\,;-3)$.
$\overrightarrow{AC}$ a pour coordonnées $(6-3\,;1-(-2)\,;5-2)$, soit $\overrightarrow{AC}(3\,;3\,;3)$.
$\overrightarrow{AB}\cdot\overrightarrow{AC} = 3\times3+0\times3+(-3)\times3 = 9-9 = 0$, donc le triangle **ABC est rectangle en A.**

À NOTER
Pour $\vec{u}\neq\vec{0}$ ou $\vec{v}\neq\vec{0}$ deux vecteurs de l'espace : $\vec{u}\cdot\vec{v}=0 \Leftrightarrow \vec{u}\perp\vec{v}$.

b. Le triangle ABC étant rectangle en A, on a : $A_{ABC} = \dfrac{AB\times AC}{2}$.

$AB = \|\overrightarrow{AB}\| = \sqrt{(x_B-x_A)^2+(y_B-y_A)^2+(z_B-z_A)^2} = \sqrt{3^2+0^2+(-3)^2}$
$AB = \sqrt{9+9} = \sqrt{9\times2} = 3\sqrt{2}$.
$AC = \|\overrightarrow{AC}\| = \sqrt{(x_C-x_A)^2+(y_C-y_A)^2+(z_C-z_A)^2}$
$AC = \sqrt{3^2+3^2+3^2} = \sqrt{9+9+9} = \sqrt{9\times3} = 3\sqrt{3}$.
On a donc $A_{ABC} = \dfrac{AB\times AC}{2} = \dfrac{3\sqrt{2}\times3\sqrt{3}}{2} = \dfrac{9\sqrt{6}}{2}$.

À NOTER
Pour un triangle de base *B* et de hauteur *h*, $A = \dfrac{B\times h}{2}$.

7 Calculer le produit scalaire de deux vecteurs

1. $\overrightarrow{AB}$ a pour coordonnées $(1-1\,;1-0\,;4-2)$, soit $\overrightarrow{AB}(0\,;1\,;2)$.
$\overrightarrow{AC}$ a pour coordonnées $(-1-1\,;1-0\,;1-2)$, soit $\overrightarrow{AC}(-2\,;1\,;-1)$.
Les vecteurs $\overrightarrow{AB}$ et $\overrightarrow{AC}$ ne sont pas colinéaires, donc les points **A, B et C ne sont pas alignés**. Ils définissent donc un **plan**, noté (ABC).

À NOTER
Soit A, B et C trois points de l'espace.
A, B, C alignés $\Leftrightarrow$ $\overrightarrow{AB}$ et $\overrightarrow{AC}$ colinéaires $\Leftrightarrow$ $\overrightarrow{AC}=\alpha\overrightarrow{AB}$ avec $\alpha\in\mathbb{R}$
$\Leftrightarrow$ les coordonnées de $\overrightarrow{AB}$ et celles de $\overrightarrow{AC}$ sont proportionnelles.

2. a. $\vec{n}\cdot\overrightarrow{AB} = 3\times0+4\times1-2\times2 = 4-4 = 0$, donc $\vec{n}\perp\overrightarrow{AB}$.
$\vec{n}\cdot\overrightarrow{AC} = 3\times(-2)+4\times1-2\times(-1) = -6+4+2 = 0$, donc $\vec{n}\perp\overrightarrow{AC}$.
$\vec{n}$ est donc orthogonal aux vecteurs $\overrightarrow{AB}$ et $\overrightarrow{AC}$.
b. Le vecteur $\vec{n}(3\,;4\,;-2)$ est orthogonal à deux vecteurs (non colinéaires) qui dirigent le plan (ABC), donc c'est un **vecteur normal au plan (ABC)**.

8 Orthogonalité de deux droites et projeté orthogonal sur un plan

a. La proposition est vraie. En effet :
- $\overrightarrow{AB}$ a pour coordonnées $(0-2\,;4-4\,;-3-1)$, soit $\overrightarrow{AB}(-2\,;0\,;-4)$.
- $\overrightarrow{CD}$ a pour coordonnées $(1-3\,;0-1\,;-2-(-3))$, soit $\overrightarrow{CD}(-2\,;-1\,;1)$.

$\overrightarrow{AB}\cdot\overrightarrow{CD} = (-2)\times(-2)+0\times(-1)-4\times1 = 4-4 = 0$
donc $\overrightarrow{AB}\perp\overrightarrow{CD}$ et les droites (AB) et (CD) sont orthogonales.

À NOTER
Pour $\mathcal{D}$ et Δ deux droites de vecteurs directeurs respectifs $\vec{u}\neq\vec{0}$ et $\vec{v}\neq\vec{0}$:
$\mathcal{D}\perp\Delta \Leftrightarrow \vec{u}\cdot\vec{v}=0$

b. La proposition est fausse. Pour que le point E soit le projeté orthogonal du point D sur le plan (ABC), il faut que le point E appartienne au plan (ABC) et que le vecteur $\overrightarrow{DE}$ soit un vecteur normal au plan (ABC).

$2x + 2y - z - 11 = 0$ est une équation cartésienne du plan (ABC) et $2 \times 3 + 2 \times 2 - (-1) - 11 = 0$, donc le point E(3 ; 2 ; –1) appartient au plan (ABC).

$\overrightarrow{DE}$ a pour coordonnées $(3-1\,;2-0\,;-1-(-2))$, soit $\overrightarrow{DE}(2\,;2\,;1)$.

Ce n'est pas un vecteur colinéaire au vecteur $\vec{n}(2\,;2\,;-1)$, donc le vecteur $\overrightarrow{DE}(2\,;2\,;1)$ n'est pas un vecteur normal au plan (ABC).

Finalement, le point E n'est pas le projeté orthogonal du point D sur le plan (ABC).

À NOTER

Si les vecteurs $\vec{n} \neq \vec{0}$ et $\vec{n}' \neq \vec{0}$ sont deux vecteurs normaux à un plan $\mathscr{P}$, alors $\vec{n}$ et $\vec{n}'$ sont colinéaires.

Et on a la contraposée de cette propriété : si deux vecteurs ne sont pas colinéaires, ils ne peuvent pas être tous les deux des vecteurs normaux à un plan $\mathscr{P}$.

9 Démontrer en calculant des longueurs

a. $\overrightarrow{AB}$ a pour coordonnées $(2-1\,;1-0\,;0-2)$, soit $\overrightarrow{AB}(1\,;1\,;-2)$.

$\overrightarrow{AC}$ a pour coordonnées $(0-1\,;1-0\,;2-2)$, soit $\overrightarrow{AC}(-1\,;1\,;0)$.

Les coordonnées de $\overrightarrow{AB}$ et $\overrightarrow{AC}$ ne sont pas proportionnelles, donc les vecteurs $\overrightarrow{AB}$ et $\overrightarrow{AC}$ ne sont pas colinéaires, et les points **A, B et C ne sont pas alignés**.

Ils déterminent donc un **plan**.

b. Calculons les distances AB, AC et BC :

$$AB = \sqrt{(2-1)^2 + (1-0)^2 + (0-2)^2} = \sqrt{1^2 + 1^2 + (-2)^2} = \sqrt{6}$$

$$AC = \sqrt{(0-1)^2 + (1-0)^2 + (2-2)^2} = \sqrt{(-1)^2 + 1^2 + 0^2} = \sqrt{2}$$

$$BC = \sqrt{(0-2)^2 + (1-1)^2 + (2-0)^2} = \sqrt{(-2)^2 + 0^2 + 2^2} = \sqrt{8}$$

D'où : $BC^2 = 8$ et $AB^2 + AC^2 = 6 + 2 = 8$.

Ainsi, $BC^2 = AB^2 + AC^2$.

Donc, d'après la réciproque du théorème de Pythagore (dans le plan (ABC)), **le triangle ABC est rectangle en A**, d'hypoténuse [BC].

10 Étudier les propriétés de triangles

a. ■ Calculons les distances OA, OC et AC :

$$OA = \sqrt{(3-0)^2 + (4-0)^2 + (0-0)^2} = \sqrt{3^2 + 4^2} = \sqrt{25} = 5$$

$$OC = \sqrt{(0-0)^2 + (0-0)^2 + (5-0)^2} = \sqrt{5^2} = \sqrt{25} = 5$$

$$AC = \sqrt{(0-3)^2 + (0-4)^2 + (5-0)^2} = \sqrt{(-3)^2 + (-4)^2 + 5^2}$$

$$= \sqrt{9 + 16 + 25} = \sqrt{50} = \sqrt{25 \times 2} = 5\sqrt{2}$$

OA = OC donc le triangle est isocèle en O.

D'après les calculs précédents : $AC^2 = 50$ et $OA^2 + OC^2 = 25 + 25 = 50$.

Ainsi, $AC^2 = OA^2 + OC^2$.

Donc, d'après la réciproque du théorème de Pythagore, le triangle **OAC est rectangle isocèle en O**.

■ Calculons les distances OB et BC :

$OB = \sqrt{(0-0)^2+(5-0)^2+(0-0)^2} = \sqrt{5^2} = \sqrt{25} = 5$; $OC = 5$

$BC = \sqrt{(0-0)^2+(0-5)^2+(5-0)^2} = \sqrt{(-5)^2+5^2} = \sqrt{25+25}$

$= \sqrt{50} = \sqrt{25\times 2} = 5\sqrt{2}$

$OB = OC$ donc le triangle est isocèle en O.

D'après les calculs précédents : $BC^2 = 50$ et $OB^2 + OC^2 = 25 + 25 = 50$.

Ainsi, $BC^2 = OB^2 + OC^2$.

Donc, d'après la réciproque du théorème de Pythagore, le triangle OBC est rectangle isocèle en O.

b. On sait que $AC = BC = \sqrt{50} = 5\sqrt{2}$, donc le triangle ABC est isocèle en C.

Calculons la distance AB :

$AB = \sqrt{(0-3)^2+(5-4)^2+(0-0)^2} = \sqrt{(-3)^2+1^2} = \sqrt{10}$

La longueur AB, est différente de AC et BC donc le triangle ABC n'est pas équilatéral. De plus, il n'existe pas de lien d'égalité entre les valeurs AB^2, AC^2 et BC^2 donc le triangle ne peut pas être rectangle en un des trois points.

Finalement, le triangle ABC est isocèle en C.

11 Démontrer l'orthogonalité de deux droites dans l'espace et calculer une distance

a. Par définition, $\overrightarrow{KD} + 2\overrightarrow{KF} = \vec{0}$ donc $\overrightarrow{KD} + 2(\overrightarrow{KD} + \overrightarrow{DF}) = \vec{0}$ d'après la relation de Chasles, puis $3\overrightarrow{KD} + 2\overrightarrow{DF} = \vec{0}$ et $\overrightarrow{DK} = \frac{2}{3}\overrightarrow{DF}$.

> **À NOTER**
> La relation de Chasles reste valable pour les vecteurs de l'espace.

Mais, d'après la relation de Chasles encore une fois, $\overrightarrow{DF} = \overrightarrow{DA} + \overrightarrow{AB} + \overrightarrow{BF}$.

Or ABCD est un carré donc $\overrightarrow{AB} = \overrightarrow{DC}$ et BDHF est un rectangle donc $\overrightarrow{BF} = \overrightarrow{DH}$.

Finalement : $\overrightarrow{DF} = \overrightarrow{DA} + \overrightarrow{DC} + \overrightarrow{DH}$.

Les coordonnées du vecteur $\overrightarrow{DF}$ sont donc (1 ; 1 ; 1) et celle du vecteur $\overrightarrow{DK} = \frac{2}{3}\overrightarrow{DF}$ sont $\left(\frac{2}{3};\frac{2}{3};\frac{2}{3}\right)$.

D étant l'origine du repère, le point K a pour coordonnées $\left(\frac{2}{3};\frac{2}{3};\frac{2}{3}\right)$.

b. Les points E et K ont pour coordonnées E(1 ; 0 ; 1) et $K\left(\frac{2}{3};\frac{2}{3};\frac{2}{3}\right)$, donc le vecteur $\overrightarrow{EK}$ a pour coordonnées $\left(\frac{2}{3}-1;\frac{2}{3}-0;\frac{2}{3}-1\right)$, soit $\overrightarrow{EK}\left(-\frac{1}{3};\frac{2}{3};-\frac{1}{3}\right)$.

De plus, $\overrightarrow{DF}(1\,;1\,;1)$ donc : $\overrightarrow{EK}\cdot\overrightarrow{DF} = -\frac{1}{3}\times 1 + \frac{2}{3}\times 1 - \frac{1}{3}\times 1 = 0$.

$\overrightarrow{EK}$ et $\overrightarrow{DF}$ sont orthogonaux, donc les droites (EK) et (DF) sont orthogonales.

> **À NOTER**
> Pour $\mathcal{D}$ et Δ deux droites de vecteurs directeurs respectifs $\vec{u} \neq \vec{0}$ et $\vec{v} \neq \vec{0}$:
> $$\mathcal{D} \perp \Delta \Leftrightarrow \vec{u}\cdot\vec{v} = 0$$

c. Le vecteur $\overrightarrow{EK}$ a pour coordonnées $\overrightarrow{EK}\left(-\frac{1}{3};\frac{2}{3};-\frac{1}{3}\right)$ donc :

$$EK = \left\|\overrightarrow{EK}\right\| = \sqrt{(x_K - x_E)^2 + (y_K - y_E)^2 + (z_K - z_E)^2}$$

$$EK = \sqrt{\left(-\frac{1}{3}\right)^2 + \left(\frac{2}{3}\right)^2 + \left(-\frac{1}{3}\right)^2} = \sqrt{\frac{1}{9}+\frac{4}{9}+\frac{1}{9}} = \sqrt{\frac{6}{9}} = \frac{\sqrt{6}}{3}.$$

À NOTER

$$EK = \left\|\overrightarrow{EK}\right\| = \sqrt{(x_K - x_E)^2 + (y_K - y_E)^2 + (z_K - z_E)^2}$$ → FICHE 9

12 Établir l'orthogonalité et la perpendicularité de deux droites

a. $\vec{u}(2;1;-3)$ et $\vec{v}(-4;-2;6)$, donc $\vec{v} = -2\vec{u}$.
En effet : $-4 = -2\times 2$; $-2 = -2\times 1$; $6 = -2\times(-3)$.
Les vecteurs $\vec{u}$ et $\vec{v}$ sont colinéaires, donc les droites $\mathcal{D}$ et $\mathcal{D}'$ sont parallèles.

À NOTER

Pour $\mathcal{D}$ et Δ deux droites de vecteurs directeurs respectifs $\vec{u} \neq \vec{0}$ et $\vec{v} \neq \vec{0}$:
$\mathcal{D} \parallel \Delta \Leftrightarrow \vec{u}$ et $\vec{v}$ sont colinéaires $\Leftrightarrow$ Il existe $\alpha \in \mathbb{R}$ tel que $\vec{v} = \alpha\vec{u}$.

b. $\vec{u}\cdot\vec{w} = 2\times 1 + 1\times 1 - 3\times 1 = 2+1-3 = 0$
$\vec{u}$ et $\vec{w}$ sont orthogonaux, donc les droites $\mathcal{D}$ et Δ sont orthogonales.

À NOTER

Pour $\mathcal{D}$ et Δ deux droites de vecteurs directeurs respectifs $\vec{u} \neq \vec{0}$ et $\vec{v} \neq \vec{0}$:

$$\mathcal{D} \perp \Delta \Leftrightarrow \vec{u}\cdot\vec{v} = 0$$

c. De même, $\vec{v}\cdot\vec{w} = -4\times 1 - 2\times 1 + 6\times 1 = -4-2+6 = 0$.
Les vecteurs $\vec{v}$ et $\vec{w}$ sont orthogonaux, donc les droites $\mathcal{D}'$ et Δ sont orthogonales.
De plus, par définition, $\mathcal{D}'$ et Δ sont sécantes en A donc $\mathcal{D}'$ et Δ sont perpendiculaires.

À NOTER

Deux droites orthogonales et sécantes sont perpendiculaires.

13 Établir l'orthogonalité d'une droite et d'un plan

a. $\overrightarrow{AB}$ a pour coordonnées $(7-1;-1-(-1);-2-4)$, soit $(6;0;-6)$.
$\overrightarrow{AC}$ a pour coordonnées $(1-1;5-(-1);-2-4)$, soit $(0;6;-6)$.
Les vecteurs $\overrightarrow{AB}$ et $\overrightarrow{AC}$ ne sont pas colinéaires car leurs coordonnées ne sont pas proportionnelles. Les points A, B et C forment donc un plan (ABC).

b. $\vec{n}\cdot\overrightarrow{AB} = 1\times 6 + 1\times 0 + 1\times(-6) = 6-6 = 0$
et $\vec{n}\cdot\overrightarrow{AC} = 1\times 0 + 1\times 6 + 1\times(-6) = 6-6 = 0$.
Le vecteur $\vec{n}(1;1;1)$ est orthogonal aux vecteurs $\overrightarrow{AB}$ et $\overrightarrow{AC}$ qui sont des vecteurs directeurs du plan (ABC), donc $\vec{n}(1;1;1)$ est un vecteur normal au plan (ABC).

À NOTER

Soit $\vec{n} \neq \vec{0}$ un vecteur et $\mathcal{P}$ un plan de vecteurs directeurs non colinéaires $\vec{v} \neq \vec{0}$ et $\vec{w} \neq \vec{0}$.
$\vec{n}$ normal à $\mathcal{P} \Leftrightarrow \vec{n}\cdot\vec{v} = 0$ et $\vec{n}\cdot\vec{w} = 0$.

c. $\vec{u}(-2\,;-2\,;-2)$ et $\vec{n}(1\,;1\,;1)$, donc $\vec{n}=-2\vec{u}$.
Les vecteurs $\vec{n}$ et $\vec{u}$ sont colinéaires et $\vec{n}$ est un vecteur normal au plan (ABC), donc $\vec{u}$ est aussi un vecteur normal au plan (ABC).
La droite $\mathcal{D}$ de vecteur directeur $\vec{u}$ et le plan (ABC) sont donc **perpendiculaires**.

14 Établir l'orthogonalité de deux plans

a. Le plan $\mathcal{P}_1$ a pour équation cartésienne $-2x+y+z-6=0$, donc $\vec{n}_1(-2\,;1\,;1)$ est un vecteur normal à ce plan.
De même, le plan $\mathcal{P}_2$ a pour équation cartésienne $x-2y+4z-9=0$, donc $\vec{n}_2(1\,;-2\,;4)$ est un vecteur normal à ce plan.
$\vec{n}_1\cdot\vec{n}_2=-2\times1+1\times(-2)+1\times4=-2-2+4=0$,
donc le plan **$\mathcal{P}_1$ est perpendiculaire au plan $\mathcal{P}_2$**.

> **À NOTER**
> Pour $\mathcal{P}$ et $\mathcal{P}'$ deux plans de vecteurs normaux respectifs $\vec{n}\neq\vec{0}$ et $\vec{n}'\neq\vec{0}$:
> $\mathcal{P}\perp\mathcal{P}'\Leftrightarrow\vec{n}\cdot\vec{n}'=0$ → FICHE 10

b. Le plan $\mathcal{P}_3$ a pour équation cartésienne $2x+2y+2z+5=0$, donc $\vec{n}_3(2\,;2\,;2)$ est un vecteur normal à ce plan.
D'après le a., $\vec{n}_1(-2\,;1\,;1)$ est un vecteur normal au plan $\mathcal{P}_1$.
$\vec{n}_1\cdot\vec{n}_3=-2\times2+1\times2+1\times2=-4+2+2=0$. Les vecteurs $\vec{n}_1$ et $\vec{n}_3$ sont orthogonaux donc le plan **$\mathcal{P}_1$ est perpendiculaire au plan $\mathcal{P}_3$**.

OBJECTIF BAC

15 Démontrer la formule de la distance d'un point à un plan de l'espace

Partie A

a. Par définition du projeté orthogonal d'un point sur un plan de l'espace, le vecteur $\overrightarrow{M_0H}$ est un vecteur normal au plan $\mathcal{P}$.
De plus le vecteur $\vec{n}=a\vec{i}+b\vec{j}+c\vec{k}$ est un vecteur normal au plan $\mathcal{P}$, donc les vecteurs $\vec{n}$ et $\overrightarrow{M_0H}$ sont colinéaires.
On a donc :

$$\left|\vec{n}\cdot\overrightarrow{M_0H}\right|=\left|\|\vec{n}\|\times\|\overrightarrow{M_0H}\|\times\cos\left(\vec{n}\,;\overrightarrow{M_0H}\right)\right|$$
$$=\|\vec{n}\|\times\|\overrightarrow{M_0H}\|\times\left|\cos\left(\vec{n}\,;\overrightarrow{M_0H}\right)\right|$$ car $\|\vec{n}\|$ et $\|\overrightarrow{M_0H}\|$ sont des nombres positifs.

> **À NOTER**
> Pour deux vecteurs $\vec{u}\neq\vec{0}$ et $\vec{v}\neq\vec{0}$:
> $\vec{u}\cdot\vec{v}=\|\vec{u}\|\times\|\vec{v}\|\times\cos(\vec{u}\,;\vec{v})$.

De plus, les vecteurs $\vec{n}$ et $\overrightarrow{M_0H}$ sont colinéaires donc $\cos\left(\vec{n}\,;\overrightarrow{M_0H}\right)=\pm1$ et donc $\left|\cos\left(\vec{n}\,;\overrightarrow{M_0H}\right)\right|=1$.

Finalement : $\left|\vec{n}\cdot\overrightarrow{M_0H}\right|=\|\vec{n}\|\times\|\overrightarrow{M_0H}\|$
$=M_0H\times\sqrt{a^2+b^2+c^2}$
car $\vec{n}$ a pour coordonnées $(a\,;b\,;c)$.

> **À NOTER**
> Pour $\vec{u}(x\,;y\,;z)$ un vecteur de l'espace, $\|\vec{u}\|=\sqrt{x^2+y^2+z^2}$.

b. Notons $H(x_H ; y_H ; z_H)$ les coordonnées du point H.
Le point M_0 a pour coordonnées $M_0(x_0 ; y_0 ; z_0)$ donc :
$\overrightarrow{M_0H}(x_H - x_0 ; y_H - y_0 ; z_H - z_0)$.
De plus, le vecteur $\vec{n}$ a pour coordonnées $\vec{n}(a ; b ; c)$ donc :

$$\begin{aligned}\vec{n} \cdot \overrightarrow{M_0H} &= a(x_H - x_0) + b(y_H - y_0) + c(z_H - z_0)\\ &= ax_H - ax_0 + by_H - by_0 + cz_H - cz_0\\ &= -ax_0 - by_0 - cz_0 + ax_H + by_H + cz_H.\end{aligned}$$

Or $H \in \mathcal{P}$, donc ses coordonnées vérifient l'équation du plan, c'est-à-dire $ax_H + by_H + cz_H + d = 0$, puis $ax_H + by_H + cz_H = -d$.

On obtient donc : $\vec{n} \cdot \overrightarrow{M_0H} = -ax_0 - by_0 - cz_0 - d$.

> **À NOTER**
> Pour $\vec{u}(x ; y ; z)$ et $\vec{v}(x' ; y' ; z')$ deux vecteurs, $\vec{u} \cdot \vec{v} = xx' + yy' + zz'$.

c. D'après les questions **a.** et **b.** :
$|\vec{n} \cdot \overrightarrow{M_0H}| = M_0H \times \sqrt{a^2 + b^2 + c^2}$
et $|\vec{n} \cdot \overrightarrow{M_0H}| = |-ax_0 - by_0 - cz_0 - d| = |ax_0 + by_0 + cz_0 + d|$.

On a donc $M_0H \times \sqrt{a^2 + b^2 + c^2} = |ax_0 + by_0 + cz_0 + d|$, puis :

$$M_0H = d(M_0 ; \mathcal{P}) = \frac{|ax_0 + by_0 + cz_0 + d|}{\sqrt{a^2 + b^2 + c^2}}.$$

Partie B

1. a. ■ $\overrightarrow{AB}$ a pour coordonnées $(-3 - 4 ; 2 - 1 ; 0 - 5)$, soit $\overrightarrow{AB}(-7 ; 1 ; -5)$.
$\overrightarrow{AC}$ a pour coordonnées $(1 - 4 ; 3 - 1 ; 6 - 5)$, soit $\overrightarrow{AC}(-3 ; 2 ; 1)$.
Les vecteurs $\overrightarrow{AB}$ et $\overrightarrow{AC}$ ne sont pas colinéaires, donc les points A, B et C ne sont pas alignés. **Ils définissent donc un plan**, noté $\mathcal{P}$.

> **À NOTER**
> Soit A, B et C trois points de l'espace.
> A, B, C alignés $\Leftrightarrow$ $\overrightarrow{AB}$ et $\overrightarrow{AC}$ colinéaires $\Leftrightarrow$ $\overrightarrow{AC} = \alpha\overrightarrow{AB}$ avec $\alpha \in \mathbb{R}$.

■ Montrons que les trois points $A(4 ; 1 ; 5)$, $B(-3 ; 2 ; 0)$ et $C(1 ; 3 ; 6)$ vérifient l'équation cartésienne $x + 2y - z - 1 = 0$ d'un plan. Cela montrera qu'il s'agit d'une équation cartésienne du plan (ABC), noté $\mathcal{P}$.
$4 + 2 \times 1 - 5 - 1 = 0$ donc $A \in \mathcal{P}$.
$-3 + 2 \times 2 - 0 - 1 = 0$ donc $B \in \mathcal{P}$.
$1 + 2 \times 3 - 6 - 1 = 0$ donc $C \in \mathcal{P}$.
Finalement, le plan d'équation cartésienne $x + 2y - z - 1 = 0$ est le plan (ABC), noté $\mathcal{P}$.

b. D'après la **partie A**, on a $d(F ; \mathcal{P}) = \dfrac{|ax_0 + by_0 + cz_0 + d|}{\sqrt{a^2 + b^2 + c^2}}$ avec $F(-7 ; 0 ; 4)$, donc $x_0 = -7$, $y_0 = 0$ et $z_0 = 4$; l'équation cartésienne du plan $\mathcal{P}$ est $x + 2y - z - 1 = 0$ donc $a = 1$, $b = 2$, $c = -1$ et $d = -1$.

On a : $d(F ; \mathcal{P}) = \dfrac{|1 \times (-7) + 2 \times 0 + (-1) \times 4 - 1|}{\sqrt{1^2 + 2^2 + (-1)^2}} = \dfrac{|-7 - 4 - 1|}{\sqrt{1 + 4 + 1}} = \dfrac{12}{\sqrt{6}} = \dfrac{12\sqrt{6}}{6} = 2\sqrt{6}$.

2. a. La droite Δ passe par le point F(–7 ; 0 ; 4) et a pour vecteur directeur un vecteur normal au plan $\mathcal{P}$, car la droite Δ est perpendiculaire au plan $\mathcal{P}$.
Une équation cartésienne du plan $\mathcal{P}$ est $x + 2y - z - 1 = 0$, donc le vecteur $\vec{n}(1\,;2\,;-1)$ est un vecteur normal au plan $\mathcal{P}$, donc un vecteur directeur de la droite Δ.
Une représentation paramétrique de la droite Δ est donc :

$$\begin{cases} x = t - 7 \\ y = 2t \\ z = -t + 4 \end{cases} \quad \text{avec } t \in \mathbb{R}.$$

À NOTER

Soit $\mathcal{D}$ la droite passant par le point $A(x_A\,;y_A\,;z_A)$ et de vecteur directeur $\vec{u}(a\,;b\,;c) \neq \vec{0}$. $M(x\,;y\,;z) \in \mathcal{D} \Leftrightarrow$ il existe un réel t tel que $\begin{cases} x = ta + x_A \\ y = tb + y_A \\ z = tc + z_A \end{cases}$

→ FICHE 14

b. ■ La droite Δ et le plan $\mathcal{P}$ étant, par définition, perpendiculaires, ils sont sécants en un seul point H.
■ Déterminer les coordonnées $(x_H\,;y_H\,;z_H)$ de H revient à déterminer le réel t tel que : $\begin{cases} x_H = t - 7 \\ y_H = 2t \\ z_H = -t + 4 \\ x_H + 2y_H - z_H - 1 = 0 \end{cases}$

c'est-à-dire tel que : $\begin{cases} x_H = t - 7 \\ y_H = 2t \\ z_H = -t + 4 \\ (t-7) + 2 \times 2t - (-t+4) - 1 = 0 \end{cases}$.

La dernière équation donne $t - 7 + 4t + t - 4 - 1 = 0$, soit $6t - 12 = 0$.
D'où $t = \dfrac{12}{6} = 2$.

En remplaçant t par 2 dans les 3 premières équations, on a : $\begin{cases} x_H = 2 - 7 = -5 \\ y_H = 2 \times 2 = 4 \\ z_H = -2 + 4 = 2 \end{cases}$.

Donc le point **H a pour coordonnées (–5 ; 4 ; 2)**.

c. F(–7 ; 0 ; 4) et H(–5 ; 4 ; 2), donc le vecteur $\overrightarrow{FH}$ a pour coordonnées $(-5-(-7)\,;4-0\,;2-4)$, soit $\overrightarrow{FH}(2\,;4\,;-2)$.
On a donc :

$$\begin{aligned} d(F\,;\mathcal{P}) = FH &= \sqrt{2^2 + 4^2 + (-2)^2} \\ &= \sqrt{4 + 16 + 4} \\ &= \sqrt{24} \\ &= \sqrt{4 \times 6}. \end{aligned}$$

Soit : $\mathbf{d(F\,;\mathcal{P}) = 2\sqrt{6}}$.

4 Équations de droites et de plans

On peut décrire des droites avec des équations paramétriques. Si on complique les équations, on peut obtenir des formes sophistiquées par des logiciels spécialisés, notamment en architecture.

12 Forme générale de l'équation d'un plan de l'espace

En bref *On se place dans un repère orthonormé* $(O\,;\vec{i},\vec{j},\vec{k})$ *de l'espace et on caractérise un plan à l'aide d'une équation à trois inconnues :* x, y, z.

I Équation cartésienne d'un plan

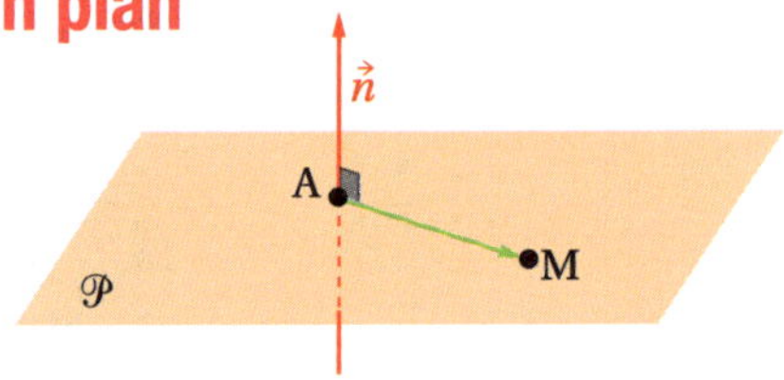

- **Théorème** Tout plan dont un vecteur normal a pour coordonnées $(a\,;b\,;c)$ a une équation cartésienne de la forme :

$$ax + by + cz + d = 0$$

- Réciproquement : si a, b, c et d sont quatre nombres tels que $(a, b, c) \neq (0, 0, 0)$, toute équation de la forme $ax + by + cz + d = 0$ est celle d'un plan dont $\vec{n}(a\,;b\,;c)$ est un vecteur normal.
- Un plan a une **infinité d'équations** cartésiennes. Si $ax + by + cz + d = 0$ est l'une d'elle, alors $k(ax + by + cz + d) = 0$ en est une autre pour tout réel $k \neq 0$.
- Deux plans d'équations respectives $ax + by + cz + d = 0$ et $a'x + b'y + c'z + d' = 0$ sont **perpendiculaires** si et seulement si leurs vecteurs normaux le sont, c'est-à-dire si et seulement si $aa' + bb' + cc' = 0$. → FICHE 9

II Intersections de deux plans

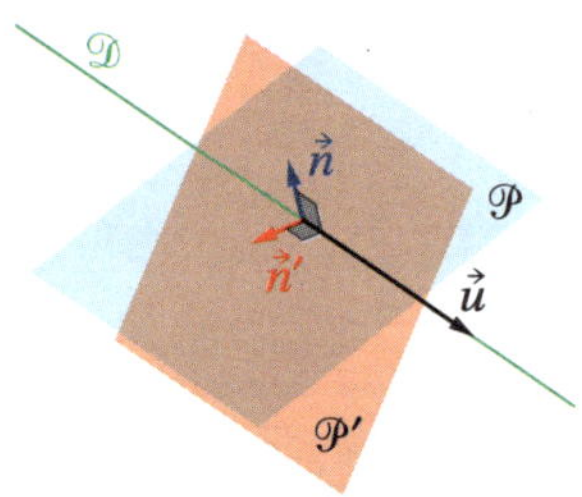

- **Théorème** Tout système de la forme
$$\begin{cases} ax + by + c + d = 0 \\ a'x + b'y + c'z + d' = 0 \end{cases}$$
où les deux équations sont celles de deux plans *distincts* $\mathcal{P}$ et $\mathcal{P}'$, admet une infinité de solutions si et seulement si $\mathcal{P}$ et $\mathcal{P}'$ ont des vecteurs normaux $\vec{n}$ et $\vec{n}'$ **non** colinéaires.
- Les **solutions** de ce système sont les coordonnées des points de la droite d'intersection $\mathcal{D}$ des deux plans. → FICHE 9

À NOTER
Un vecteur directeur $\vec{u}$ de $\mathcal{D}$ est orthogonal à chaque vecteur normal de $\mathcal{P}$ et $\mathcal{P}'$.

Remarque : Le système a des solutions si et seulement si $\vec{n}$ et $\vec{n}'$ ne sont pas colinéaires, c'est-à-dire si les triplets (a, b, c) et (a', b', c') ne sont pas proportionnels. En effet, dans le cas contraire, $\mathcal{P}$ et $\mathcal{P}'$ sont parallèles.

Méthodes

1 | Écrire une équation cartésienne d'un plan

a. On donne les points A(−1 ; 2 ; 0), B(2 ; 3 ; −1) et C(0 ; −4 ; 2).
Écrire une équation cartésienne du plan $\mathscr{P}$ passant par A et orthogonal à la droite (BC).

b. Écrire une équation cartésienne des plans (xOy), (yOz) et (zOx).

CONSEILS

a. Calculez les coordonnées de $\overrightarrow{BC}$ normal au plan $\mathscr{P}$, puis traduisez analytiquement le fait qu'un point M appartient à $\mathscr{P}$ si et seulement si $\overrightarrow{AM}\cdot\overrightarrow{BC}=0$.
b. Déterminez un vecteur normal aux plans, sachant qu'ils contiennent l'origine O.

SOLUTION

a. ■ Un vecteur normal au plan $\mathscr{P}$ est $\overrightarrow{BC}$. Celui-ci a pour coordonnées $(0-2\,;-4-3\,;2-(-1))$, soit $\overrightarrow{BC}(-2\,;-7\,;3)$.

■ Un point M appartient à $\mathscr{P}$ si et seulement si $\overrightarrow{AM}\cdot\overrightarrow{BC}=0$, donc si et seulement si $(x+1)\times(-2)+(y-2)\times(-7)+(z-0)\times 3=0 \Leftrightarrow -2x-7y+3z+12=0$.

b. $\vec{k}(0\,;0\,;1)$ est un vecteur normal au plan (xOy), qui a donc pour équation $0x+0y+1z+d=0$ soit $z=0$ car le plan contient O.
De même pour le plan (yOz) : $x=0$ et pour le plan (zOx) : $y=0$.

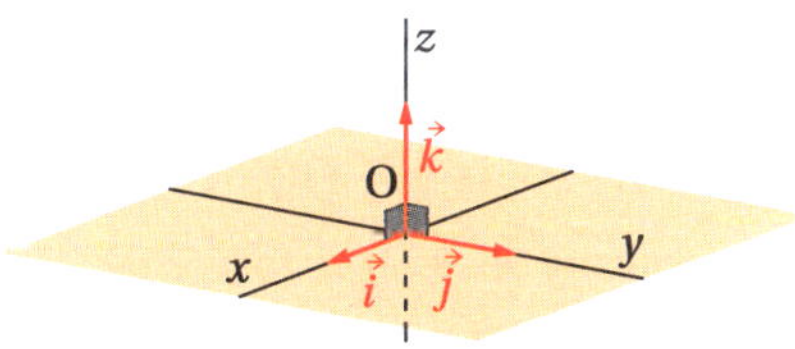

2 | Étudier l'intersection de deux plans

On considère les plans $\mathscr{P}$ et Q d'équations cartésiennes respectives $-2x-7y+3z+12=0$ et $2x+7y-3z-11=0$.
Examiner la nature de l'intersection de $\mathscr{P}$ et Q.

CONSEILS

Étudier l'intersection de $\mathscr{P}$ et Q revient à résoudre un système d'équations.

SOLUTION

■ $2x+7y-3z-11=0 \Leftrightarrow -2x-7y+3z+11=0$.
Un point $M(x\,;y\,;z)$ appartient à l'intersection des deux plans si et seulement si le système $\begin{cases}-2x-7y+3z=-12\\-2x-7y+3z=-11\end{cases}$ a des solutions.

■ Ce n'est pas le cas car $-12\neq-11$. L'intersection des deux plans est donc vide. C'est pourquoi ces plans sont parallèles. → FICHE 7

13 Représentation paramétrique d'une droite de l'espace

En bref *On se place dans un repère orthonormé $\left(O ; \vec{i}, \vec{j}, \vec{k}\right)$ de l'espace et on caractérise une droite par un système d'équations.*

I Définition d'une représentation paramétrique

■ **Définition** On considère une droite $\mathscr{D}$ passant par $A(x_A ; y_A ; z_A)$ et dont un vecteur directeur est $\vec{u}(\alpha ; \beta ; \gamma)$.

$M(x ; y ; z) \in \mathscr{D} \Leftrightarrow \overrightarrow{AM}$ et $\vec{u}$ sont colinéaires $\Leftrightarrow$ Il existe $t \in \mathbb{R}$ tel que $\overrightarrow{AM} = t\vec{u}$

$$\Leftrightarrow \begin{cases} x - x_A = t\alpha \\ y - y_A = t\beta \\ z - z_A = t\gamma \end{cases} \text{avec } t \in \mathbb{R} \Leftrightarrow \begin{cases} x = x_A + t\alpha \\ y = y_A + t\beta \\ z = z_A + t\gamma \end{cases}$$

Ce système est une représentation paramétrique de la droite $\mathscr{D}$ caractérisée par la donnée du point A et du vecteur $\vec{u}$.

À NOTER
On peut choisir pour $\mathscr{D}$ un autre repère.

On écrit en abrégé $\mathscr{D}\left(A ; \vec{u}\right)$. On dit aussi que $\left(A ; \vec{u}\right)$ est un repère de $\mathscr{D}$.

■ Lorsqu'aucune coordonnée de $\vec{u}$ n'est nulle, une représentation paramétrique de $\mathscr{D}$ est équivalente aux équations : $\dfrac{x - x_A}{\alpha} = \dfrac{y - y_A}{\beta} = \dfrac{z - z_A}{\gamma}$.

II Droite définie par l'intersection de deux plans

■ En résolvant le système formé par les équations cartésiennes de deux plans sécants, on obtient une représentation paramétrique de la droite d'intersection.

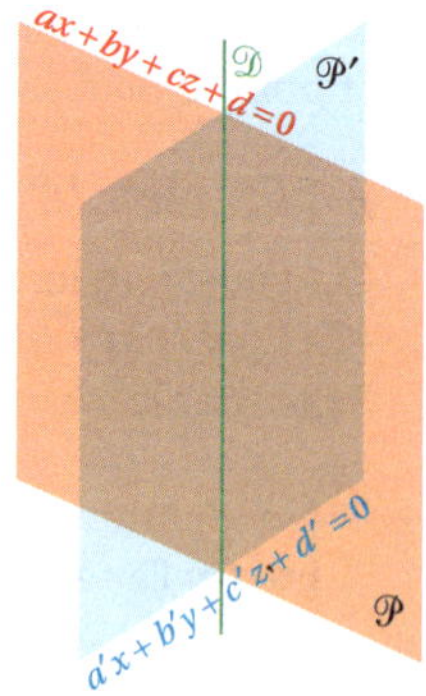

■ En effet, le système $\begin{cases} ax + by + cz + d = 0 \\ a'x + b'y + c'z + d' = 0 \end{cases}$ caractérise la droite d'intersection.

Si on choisit l'une des trois inconnues comme paramètre, par exemple en posant $z = t$ si cela est possible, on obtient le système suivant :

$$\begin{cases} ax + by = -d - ct \\ a'x + b'y = -d' - c't. \\ z = t \end{cases}$$

En résolvant les deux premières équations, on exprime **x et y** en fonction de t et on obtient une représentation paramétrique de $\mathscr{D}$.

À NOTER
Bien entendu, on peut choisir x ou y comme paramètre.

Méthodes

1 Écrire des équations paramétriques d'une droite

Déterminer deux représentations paramétriques différentes de la droite (AB) passant par les points A(1 ; –2 ; 1) et B(–1 ; 1 ; 3).

CONSEILS
Donnez un vecteur directeur de la droite (AB), puis traduisez l'appartenance d'un point M à la droite (AB) en termes de colinéarité de vecteurs.
On obtient une autre représentation de $\mathscr{D}$, en choisissant le point B au lieu du point A.

SOLUTION

■ On représente $\mathscr{D}$ avec A et $\overrightarrow{AB}$. Un vecteur directeur de la droite (AB) est $\overrightarrow{AB}$. Ses coordonnées sont (–2 ; 3 ; 2).
$M(x\,;y\,;z) \in \mathscr{D} \Leftrightarrow$ il existe $t \in \mathbb{R}$ tel que $\overrightarrow{AM} = t\overrightarrow{AB}$.

On obtient ainsi : $\begin{cases} x-1=-2t \\ y+2=3t \\ z-1=2t \end{cases}$ avec $t \in \mathbb{R} \Leftrightarrow \begin{cases} x=1-2t \\ y=-2+3t \\ z=1+2t \end{cases}$ avec $t \in \mathbb{R}$.

■ On représente maintenant $\mathscr{D}$ avec B et $\overrightarrow{AB}$.
$M(x\,;y\,;z) \in \mathscr{D} \Leftrightarrow$ il existe $t' \in \mathbb{R}$ tel que $\overrightarrow{BM} = t'\overrightarrow{AB}$.

On obtient ainsi : $\begin{cases} x+1=-2t' \\ y-1=3t' \\ z-3=2t' \end{cases}$ avec $t' \in \mathbb{R} \Leftrightarrow \begin{cases} x=-1-2t' \\ y=1+3t' \\ z=3+2t' \end{cases}$ avec $t' \in \mathbb{R}$.

2 Déterminer si un point appartient à une droite

Parmi les points suivants, indiquer ceux qui appartiennent à la droite (AB) de la méthode 1 ci-dessus : X(5 ; –8 ; –3), $Y\left(0,-\frac{1}{2}, 1\right)$.

CONSEILS
Choisissez d'abord une représentation paramétrique de la droite (AB).

SOLUTION

■ Choisissons la représentation $\mathscr{D}\left(A, \overrightarrow{AB}\right)$. Pour le point X, on cherche t de telle sorte que $\begin{cases} 5=1-2t \\ -8=-2+3t \\ -3=1+2t \end{cases}$. La valeur $t=-2$ convient, donc $X \in \mathscr{D}$.

■ Pour le point Y, le système $\begin{cases} 0=1-2t \\ -\frac{1}{2}=-2+3t \\ 1=1+2t \end{cases}$ n'a pas de solution car la troisième équation fournit $t=0$ alors que 0 n'est pas solution de la première équation. Donc $Y \notin \mathscr{D}$.

14 Coordonnées de points d'intersection de droites et de plans

En bref *Une représentation paramétrique d'une droite fournit un outil pour obtenir les coordonnées de points d'intersection, en particulier du projeté orthogonal d'un point sur une droite ou sur un plan.*

I Projeté orthogonal d'un point sur une droite

- Étant donné un point M et une droite $\mathscr{D}(A, \vec{u})$, où $\vec{u}$ a pour coordonnées $(a\,;b\,;c)$, on veut déterminer les coordonnées du **projeté orthogonal H** de M sur $\mathscr{D}$. On sait que H est l'intersection de $\mathscr{D}$ avec le plan $\mathscr{P}$ perpendiculaire à $\mathscr{D}$ passant par M(→ FICHE 11).

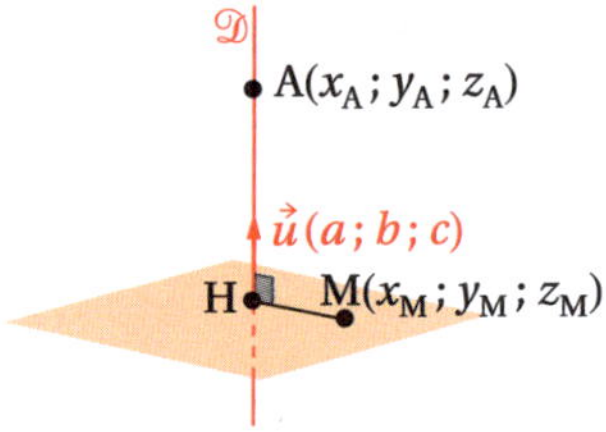

- Pour trouver les **coordonnées de H**, on procède par étapes.

Étape 1 Le vecteur $\overrightarrow{AH}$ est colinéaire à $\vec{u}$, donc il existe t tel que $\overrightarrow{AH} = t\vec{u}$.

On en déduit le système : $\begin{cases} x_H - x_A = ta \\ y_H - y_A = tb \\ z_H - z_A = tc \end{cases}$ avec $t \in \mathbb{R} \Leftrightarrow \begin{cases} x_H = x_A + ta \\ y_H = y_A + tb \\ z_H = z_A + tc \end{cases}$ avec $t \in \mathbb{R}$.

Étape 2 Déterminer l'équation du plan $\mathscr{P}$, sachant que $M \in \mathscr{P}$ et que $\vec{u}$ est un vecteur normal à $\mathscr{P}$.

Étape 3 Traduire l'appartenance de $H(x_H\,;y_H\,;z_H)$ à $\mathscr{P}$ pour déterminer t, donc les coordonnées du point H.

II Projeté orthogonal d'un point sur un plan

Soit M un point et $\mathscr{P}$ un plan dont une équation est $ax + by + cz + d = 0$.

Pour déterminer les coordonnées du projeté orthogonal $H(x_H\,;y_H\,;z_H)$ de M sur $\mathscr{P}$ (→ FICHE 11), on procède par étapes.

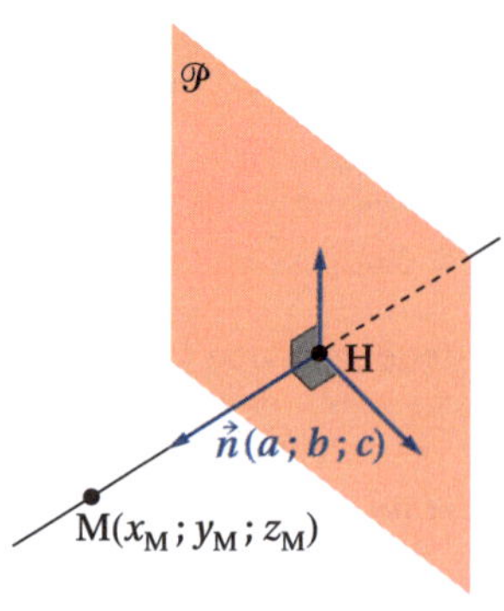

Étape 1 Le vecteur $\overrightarrow{MH}$ est colinéaire à $\vec{n}$.

Il existe donc $t \in \mathbb{R}$ tel que $\overrightarrow{MH} = t\vec{n}$, c'est-à-dire :

$\begin{cases} x_H - x_M = ta \\ y_H - y_M = tb \\ z_H - z_M = tc \end{cases}$ avec $t \in \mathbb{R} \Leftrightarrow \begin{cases} x_H = x_M + ta \\ y_H = y_M + tb \\ z_H = z_M + tc \end{cases}$ avec $t \in \mathbb{R}$

Étape 2 $H \in \mathscr{P}$, donc t est solution de l'équation $a(x_M + ta) + b(y_M + tb) + c(z_M + tc) + d = 0$.

Étape 3 On trouve t, donc les coordonnées du point H.

Méthode

Trouver les coordonnées du point d'intersection d'un plan et d'une droite

On considère le plan $\mathcal{P}$ dont une équation cartésienne est $x + 2y + z - 1 = 0$ et la droite $\mathcal{D}$ dont une représentation paramétrique est :

$$\begin{cases} x = 2 + \lambda \\ y = 1 + \lambda \text{ avec } \lambda \in \mathbb{R}. \\ z = 5 + \lambda \end{cases}$$

a. Déterminer un vecteur directeur et un point de $\mathcal{D}$.

b. Déterminer les coordonnées du point d'intersection de $\mathcal{D}$ et $\mathcal{P}$.

CONSEILS

a. Identifiez un point A et un vecteur directeur $\vec{u}$ de $\mathcal{D}$ en utilisant le fait que M appartient à $\mathcal{D}$ si et seulement s'il existe un réel λ tel que $\overrightarrow{AM} = \lambda\vec{u}$.
b. Les coordonnées du point d'intersection de $\mathcal{D}$ et $\mathcal{P}$ vérifient à la fois l'équation de $\mathcal{P}$ et les équations paramétriques de $\mathcal{D}$.

SOLUTION

a. On peut écrire les équations paramétriques ainsi :

$$\begin{cases} x = 2 + \lambda \times 1 \\ y = 1 + \lambda \times 1 \text{ avec } \lambda \in \mathbb{R}. \\ z = 5 + \lambda \times 1 \end{cases}$$

C'est pourquoi un vecteur directeur de $\mathcal{D}$ a pour coordonnées $\vec{u}(1\,;1\,;1)$.

De plus, le point $A(2\,;1\,;5)$ appartient à $\mathcal{D}$.

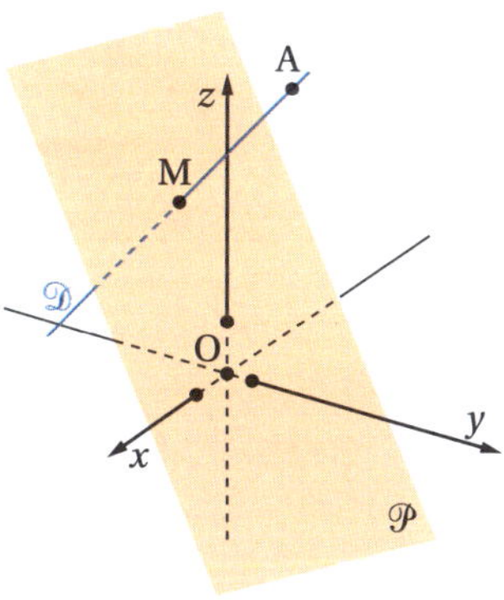

b. $M \in \mathcal{P} \cap \mathcal{D}$ si, et seulement si, ses coordonnées vérifient simultanément les équations paramétriques de $\mathcal{D}$ et l'équation cartésienne de $\mathcal{P}$, c'est-à-dire si il existe un réel λ tel que :

$$(2 + \lambda) + 2(1 + \lambda) + (5 + \lambda) - 1 = 0.$$

Ce qui équivaut à $4\lambda + 8 = 0$, soit à $\lambda = -2$.
En remplaçant λ par -2 dans les équations paramétriques de $\mathcal{D}$, on obtient :

$$\begin{cases} x = 0 \\ y = -1. \\ z = 3 \end{cases}$$

Ainsi $\mathcal{D}$ perce $\mathcal{P}$ en $M(0\,;-1\,;3)$.

ÉQUATIONS ET DE

Qu'est-ce qu'une équation cartésienne de plan ?

Équation cartésienne d'un plan $\mathscr{P}$

- Une équation cartésienne du plan $\mathscr{P}$ passant par $A(x_A\,;y_A\,;z_A)$ et qui a pour vecteur normal $\vec{n}\,(a\,;b\,;c)$ s'écrit sous la forme :

$$ax+by+cz+d=0$$

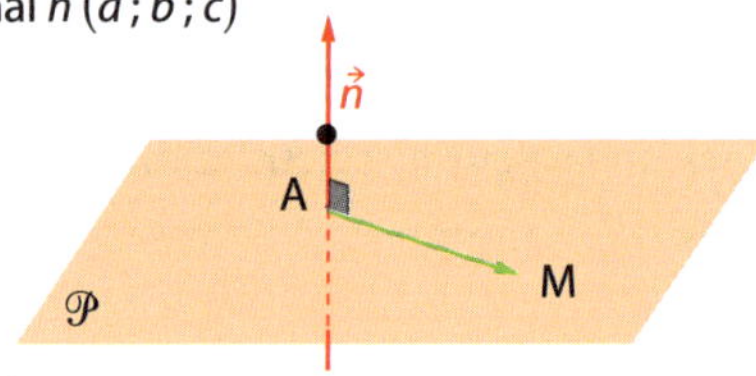

- Pour la déterminer on écrit :
$M \in \mathscr{P} \Leftrightarrow \overrightarrow{AM}\cdot\vec{n}=0 \Leftrightarrow ax+by+cz+d=0.$

Comment trouver des équations paramétriques de droites ?

Équations paramétriques de droites

- $\mathscr{D}$ passe par $A(x_A\,;y_A\,;z_A)$ et a pour vecteur directeur $\vec{u}(a\,;b\,;c)$.
$M(x\,;y\,;z)\in\mathscr{D}(A,\vec{u}) \Leftrightarrow$ il existe $t\in\mathbb{R}$ tel que $\overrightarrow{AM}=t\vec{u}$

$$\Leftrightarrow \text{il existe } t\in\mathbb{R} \text{ tel que } \begin{cases} x=x_A+ta \\ y=y_A+tb \\ z=z_A+tc \end{cases}$$

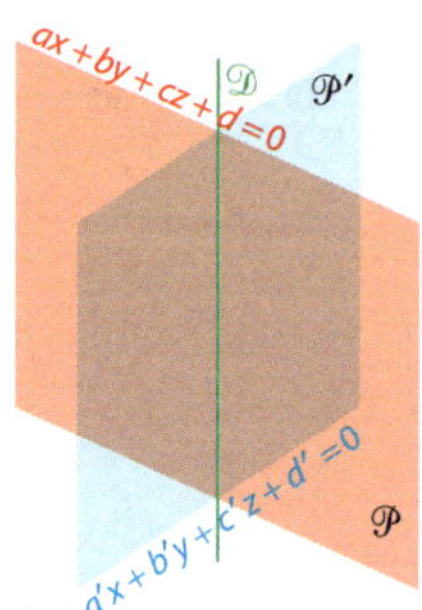

- $\mathscr{D}$ est l'intersection de deux plans : $\begin{cases} ax+by+cz+d=0 \\ a'x+b'y+c'z+d'=0. \end{cases}$
En prenant l'une des variables comme paramètre, on obtient une représentation paramétrique de la droite.

DE DROITES
PLANS

Comment trouver le projeté orthogonal d'un point sur une droite ?

Projeté orthogonal d'un point sur une droite

On cherche le projeté orthogonal H d'un point M sur une droite $\mathcal{D}(\mathrm{A}, \vec{u})$.

- On trouve t tel que $\mathrm{H} \in \mathcal{D}$ donc tel que :

$$\begin{cases} x_\mathrm{H} = x_\mathrm{A} + ta \\ y_\mathrm{H} = y_\mathrm{A} + tb. \\ z_\mathrm{H} = z_\mathrm{A} + tc \end{cases}$$

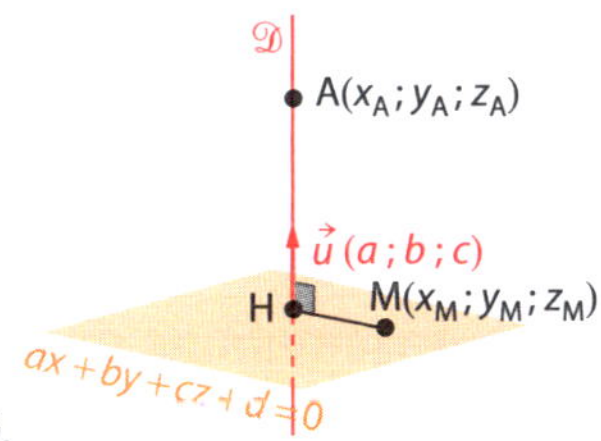

- On trouve H tel que $\mathrm{H} \in \mathcal{P}$ donc tel que :
  $a(x_\mathrm{A} + ta) + b(y_\mathrm{A} + tb) + c(z_\mathrm{A} + tc) + d = 0.$

Comme trouver le projeté orthogonal d'un point sur un plan ?

Projeté orthogonal d'un point sur un plan

On cherche les coordonnées $(x_\mathrm{H} ; y_\mathrm{H} ; z_\mathrm{H})$ du projeté orthogonal H d'un point M sur un plan $\mathcal{P}$ d'équation $ax + by + cz + d = 0$.

- $\overrightarrow{\mathrm{MH}}$ est normal à $\mathcal{P}$ donc il existe $t \in \mathbb{R}$ tel que

$$\begin{cases} x_\mathrm{H} = x_\mathrm{M} + ta \\ y_\mathrm{H} = y_\mathrm{M} + tb. \\ z_\mathrm{H} = z_\mathrm{M} + tc \end{cases}$$

- On trouve t car $\mathrm{H} \in \mathcal{P}$ donc :
  $a(x_\mathrm{A} + ta) + b(y_\mathrm{A} + tb) + c(z_\mathrm{A} + tc) + d = 0.$
- On en déduit les coordonnées de H.

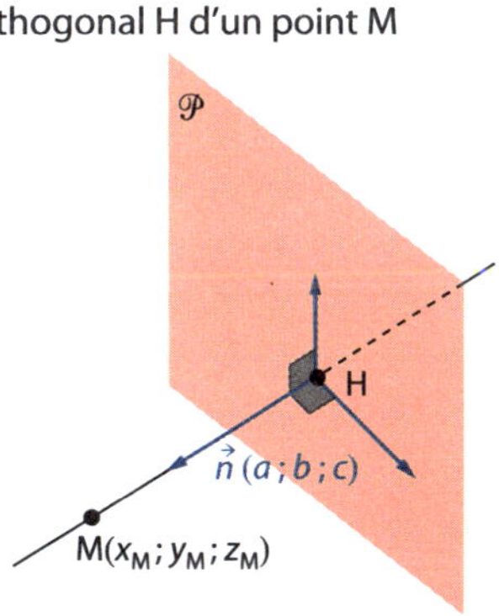

SE TESTER QUIZ

Vérifiez que vous avez bien compris les points clés des **fiches 12 et 14**.

1 Équation cartésienne d'un plan de l'espace

→ FICHE 12

Parmi les affirmations suivantes, lesquelles sont vraies ?

☐ **a.** L'équation $3x-2y-1=0$ est l'équation d'une droite de l'espace passant par les points $(1;1;0)$ et $(-1;-2;1)$.

☐ **b.** Un vecteur normal au plan d'équation $x+y+z=0$ a pour coordonnées $(1;1;1)$.

☐ **c.** L'ensemble des points de l'espace dont les coordonnées x, y, z vérifient le système $\begin{cases} x-y-z=2 \\ 2x+y-z=1 \end{cases}$ est une droite.

2 Représentations d'une droite de l'espace

→ FICHE 13

Soit le cube unité ci-contre, où I est le milieu de $[OB]$ et J celui de $[CG]$.

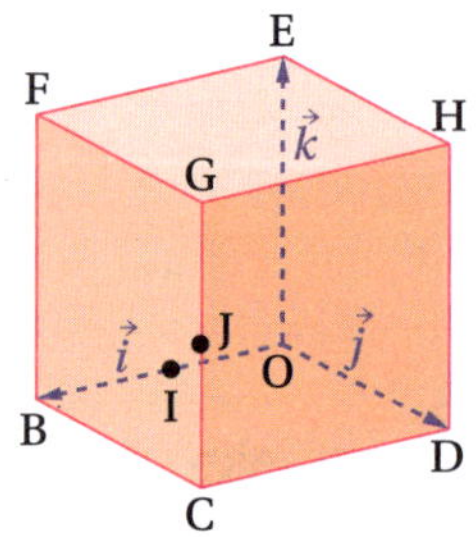

Parmi les affirmations suivantes, lesquelles sont vraies ?

☐ **a.** Une représentation paramétrique de la droite (IJ) est $\begin{cases} x=\frac{1}{2}t+1 \\ y=t+1 \\ z=\frac{1}{2}t+\frac{1}{2} \end{cases}$ avec $t\in\mathbb{R}$.

☐ **b.** Une équation cartésienne de la droite (IJ) est $2x-y-1=0$ car les coordonnées de I et J vérifient cette équation.

☐ **c.** Le système $\begin{cases} x=t+1 \\ y=-2 \\ z=-4t+3 \end{cases}$ $(t\in\mathbb{R})$ est une représentation paramétrique d'une droite $\mathscr{D}$ de l'espace.

☐ **d.** L'ensemble des points $M(x;y;z)$ tels que $\frac{4x-3}{5}=\frac{6y+5}{3}=\frac{z}{10}$ est une droite de l'espace.

3 Intersection de droites et plans de l'espace

→ FICHE 14

Parmi les affirmations suivantes, laquelle est vraie ?

☐ **a.** L'intersection du plan d'équation $x+y+z=0$ avec chacun des axes de coordonnées est le point O.

☐ **b.** La droite $\mathscr{D}$ dont une représentation paramétrique est $\begin{cases} x=2t \\ y=1+t \\ z=2-t \end{cases}$ $(t\in\mathbb{R})$ perce le plan $\mathscr{P}$ d'équation $x-y+z-3=0$.

DÉMONSTRATION CLÉ

4 Établir la forme de l'équation cartésienne d'un plan

→ FICHE 12

On dispose d'un repère orthonormé $\left(O\,;\vec{i},\vec{j},\vec{k}\right)$.

a. On considère le plan $\mathcal{P}$ contenant le point $A(x_A\,;y_A\,;z_A)$ et dont un vecteur normal non nul $\vec{n}$ a pour coordonnées $(a\,;b\,;c)$. Démontrer que si un point $M(x\,;y\,;z)$ appartient à $\mathcal{P}$ alors il existe un nombre d tel que $ax+by+cz+d=0$.

b. Réciproquement : soit a, b, c, d quatre nombres tels que $(a\,;b\,;c)\neq(0\,;0\,;0)$. Démontrer que l'ensemble des points $M(x\,;y\,;z)$ tels que $ax+by+cz+d=0$ est un plan dont un vecteur normal a pour coordonnées $(a\,;b\,;c)$.

S'ENTRAÎNER

5 Exploiter des équations cartésiennes de plans

→ FICHE 12

Soit a, b, c trois nombres. Répondre par vrai ou faux en justifiant la réponse.

a. $ax+by+cz+d=0$ est toujours une équation cartésienne d'un plan.

b. L'équation $x+y=0$ est une équation cartésienne d'un plan.

c. Le plan dont une équation cartésienne est $2x-y=3-z$ a pour vecteur normal $\vec{n}(2\,;-1\,;-1)$ dans un repère orthonormé.

d. Les plans d'équations respectives $2x-5y+3z-8=0$ et $3x-2z+10=0$ sont perpendiculaires.

6 Écrire des équations de plans et de droites

→ FICHES 12 et 13

a. Écrire une équation cartésienne du plan $\mathcal{P}$ passant par le point $A(1\,;-1\,;1)$ et dont un vecteur normal $\vec{n}$ a pour coordonnées $(3\,;1\,;2)$.

b. Écrire des équations paramétriques de la droite $\mathcal{D}$ passant par le point $A(-2\,;1\,;3)$ et dont un vecteur directeur est $\vec{u}(-1\,;1\,;2)$.

7 Raisonner avec des plans définis par un point et un plan parallèle

→ FICHE 12

Déterminer une équation du plan $\mathcal{P}$ passant par le point A et parallèle au plan d'équation $\mathcal{P}'$ dans les cas suivants.

a. $A(0\,;0\,;0)$ et $\mathcal{P}' : 3x-7y+2z+1=0$

b. $A(1\,;1\,;1)$ et $\mathcal{P}' : -2x+5y-4z+2=0$

c. $A(m\,;2\,;-5)$ et $\mathcal{P}' : x+my+mz=0$,

m étant un nombre donné.

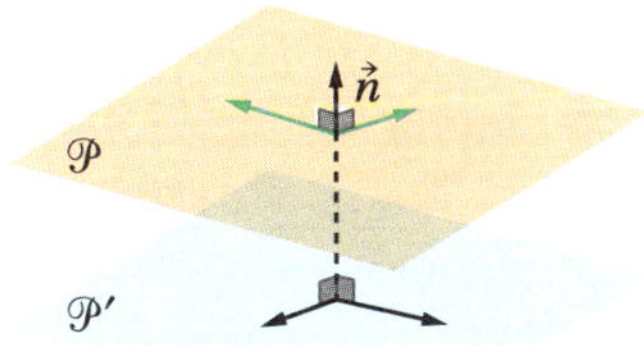

À NOTER

Deux plans parallèles ont des vecteurs normaux colinéaires.

8 Raisonner avec des plans définis par deux points et un plan perpendiculaire

→ FICHE 12

Déterminer une équation, à coefficients *entiers* (c'est-à-dire a, b, c, d entiers) du plan $\mathcal{P}$ passant par les points O et A et perpendiculaire au plan d'équation $\mathcal{P}'$ dans les cas suivants.

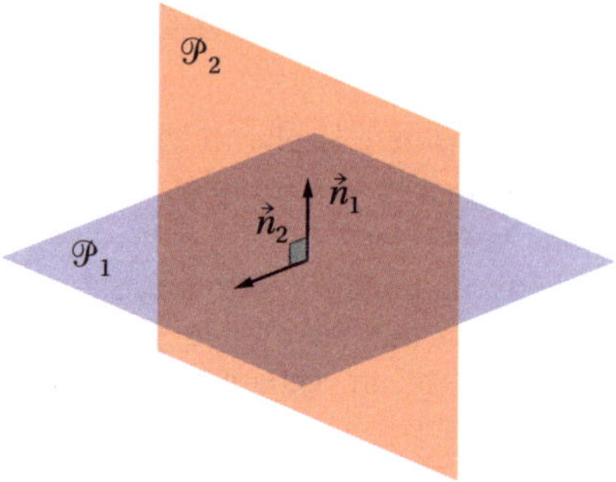

a. $A(0\,;-1\,;2)$ et $\mathcal{P}' : -x+4y-1=0$.

b. $A(1\,;-2\,;0)$ et $\mathcal{P}' : 2y-z+4=0$.

c. $A(m\,;0\,;0)$ et $\mathcal{P}' : x+y+z-5=0$.

Discuter suivant les valeurs de m.

À NOTER
Les vecteurs normaux à deux plans perpendiculaires sont orthogonaux.

9 Faire le lien entre intersection de plans et systèmes d'équations

→ FICHES 12 et 13

1. En examinant les vecteurs normaux de chacun des trois plans dont les équations sont données, démontrer qu'ils sont parallèles.
Qu'en déduit-on sur le nombre de solutions du système suivant ?

$$\begin{cases} 2x-5y+4z=0 \\ -2x+5y-4z=1 \\ 4x-10y+8z=-7 \end{cases}$$

2. On considère le système d'équations $\begin{cases} x-y=1 \\ -y+2z=4 \\ 2x+3y-z=0 \end{cases}$ liées à trois plans.

a. Démontrer que les deux premiers plans sont sécants selon une droite $\mathcal{D}$ dont on donnera des équations paramétriques.

b. En déduire que les trois plans ont un seul point en commun.

CONSEIL
Examinez un vecteur directeur de $\mathcal{D}$ et un vecteur normal du troisième plan.

10 Étudier les positions relatives de droites et de plans

→ FICHES 12 à 14

1. a. Déterminer une équation cartésienne du plan $\mathcal{P}$ passant par le point $A(1\,;0\,;1)$ et de vecteur normal $\vec{n}(-1\,;1\,;1)$.

b. Soit $\mathcal{P}'$ le plan d'équation $x+2y-z+1=0$.
Démontrer que les plans $\mathcal{P}$ et $\mathcal{P}'$ sont perpendiculaires.

c. Donner les équations paramétriques de la droite $\mathcal{D}$ intersection des plans $\mathcal{P}$ et $\mathcal{P}'$.

d. Déterminer les coordonnées $(x\,;y\,;z)$ du projeté orthogonal H de $M(0\,;1\,;1)$ sur la droite $\mathscr{D}$.

2. La droite d'équations paramétriques $\begin{cases} x = -4t \\ y = 1 + 3t \\ z = 2 + 2t \end{cases}$ avec $t \in \mathbb{R}$ et le plan d'équation $x - 2y + 5z - 1 = 0$ sont-ils orthogonaux ? parallèles ? ni l'un ni l'autre ?

11 Exploiter des représentations paramétriques de droites

→ FICHES 13

1. Quelle est la droite qui *ne contient pas* le point A(1 ; 0 ; –2) ?

a. $\begin{cases} x = t \\ y = 0 \quad (t \in \mathbb{R}) \\ z = -2t \end{cases}$ **b.** $\begin{cases} x = -1 + t \\ y = -t \quad (t \in \mathbb{R}) \\ z = 2 - 2t \end{cases}$ **c.** $\begin{cases} x = -1 + t \\ y = 2 - t \quad (t \in \mathbb{R}) \\ z = 8 - 5t \end{cases}$

2. Quelle est la droite qui contient le point A(0 ; 1 ; 2) ?

a. $\begin{cases} x = t \\ y = 1 + 2t \; (t \in \mathbb{R}) \\ z = 1 - 2t \end{cases}$ **b.** $\begin{cases} x = 3 + 3t \\ y = -t \quad (t \in \mathbb{R}) \\ z = -2t \end{cases}$ **c.** $\begin{cases} x = 0 \\ y = 1 + 4t \; (t \in \mathbb{R}) \\ z = 3 + 4t \end{cases}$

3. Soit $\mathscr{D}$ la droite dont des équations paramétriques sont $\begin{cases} x = 2 - t \\ y = 3 - t \; (t \in \mathbb{R}) \\ z = -3 \end{cases}$ et les points $A(1\,;3\,{-3})\,;B(2\,;0\,;-3), C(0\,;6\,;0)$. Quelle égalité a-t-on ?

a. $\mathscr{D} = (AB)$ **b.** $\mathscr{D} = (BC)$ **c.** $\mathscr{D} = (AC)$

12 Étudier les positions relatives de deux droites

→ FICHE 13

Dire si les droites décrites ci-dessous sont parallèles, sécantes ou non coplanaires. Si elles sont sécantes, donner les coordonnées de leur point d'intersection.

a. $\mathscr{D} : \begin{cases} x = 2 + t \\ y = 1 - t \\ z = 1 + t \end{cases}$ et $\mathscr{D}' : \begin{cases} x = -t' \\ y = -2 - \dfrac{3}{2}t' \\ z = 3 + t' \end{cases}$ (avec t et t' réels)

b. $\mathscr{D} : \begin{cases} x = 1 \\ y = 1 + 2t \\ z = 1 + t \end{cases}$ et $\mathscr{D}' : \begin{cases} x = 3 - 2t' \\ y = 7 - 4t' \\ z = 2 - t' \end{cases}$ (avec t et t' réels)

CONSEIL
Les coordonnées (x, y, z) d'un point commun à deux droites vérifient les équations des deux droites.

13 Exploiter des représentations de droites

→ FICHE 13

1. Parmi les droites représentées par les systèmes ci-dessous, trouver celle $(\mathscr{D})$ qui a pour vecteur directeur $\vec{u}(-1\,;1\,;0)$.

a. $\begin{cases} x - y = 0 \\ y + 5z = 3 \end{cases}$ **b.** $\begin{cases} 3x + z = -1 \\ z = 4 \end{cases}$ **c.** $\begin{cases} 4x + 4y = 1 \\ z = -1 \end{cases}$

CONSEIL
Un vecteur directeur de $\mathscr{D}$ est orthogonal à chacun des plans décrits par le système.

2. Parmi les droites représentées par les systèmes suivants, trouver celle qui *n'a pas* pour vecteur directeur $\vec{u}(2\,;1\,;3)$.

a. $\begin{cases} x = 2t \\ y = 2 + t \ (t \in \mathbb{R}) \\ z = 3t \end{cases}$ **b.** $\begin{cases} -3x + 2z = 1 \\ 2x - y - z = 0 \end{cases} (t \in \mathbb{R})$ **c.** $\begin{cases} x = 2 + t \\ y = 1 + t \ (t \in \mathbb{R}) \\ z = 3 + t \end{cases}$

3. Parmi les droites représentées par les systèmes suivants, trouver celle qui n'est parallèle à aucune des deux autres.

a. $\begin{cases} x = -1 + t \\ y = -3t \quad (t \in \mathbb{R}) \\ z = 5 + 2t \end{cases}$ **b.** $\begin{cases} x = 4 - t \\ y = 3t \quad (t \in \mathbb{R}) \\ z = 1 + 2t \end{cases}$ **c.** $\begin{cases} 2y + 3z = 9 \\ -2x + z = 7 \end{cases} (t \in \mathbb{R})$

OBJECTIF BAC

14 Écrire une équation cartésienne d'un plan connaissant trois de ses points non alignés

55 min

→ FICHES 4 et 12

Ce sujet vous offre une méthode différente de celle du cours pour déterminer une équation cartésienne d'un plan. Lorsqu'on ne connaît pas de vecteur normal à un plan, il suffit de connaître trois points non alignés de ce plan.

LE SUJET

On donne trois points : $A(-1\,;2\,;3)$, $B(0\,;4\,;1)$, $C(2\,;1\,;3)$. L'objectif est d'écrire une équation cartésienne du plan (ABC).

1. a. Déterminer les coordonnées des vecteurs $\overrightarrow{AB}$ et $\overrightarrow{AC}$.

b. Justifier le fait que les trois points A, B et C ne sont pas alignés.

2. Soit $\vec{n}(2\,;b\,;c)$ un vecteur normal au plan (ABC). Déterminer b et c.

3. a. Montrer qu'une équation cartésienne du plan (ABC) est de la forme $2x + 6y + 7z + d = 0$.

b. Trouver d.

c. Conclure.

4. Utiliser la méthode précédente pour écrire une équation du plan passant par les points $A(1\,;1\,;0)$, $B(0\,;2\,;2)$ et $C(3\,;0\,;3)$.

LIRE LE SUJET

1. a. On vous demande de calculer les coordonnées de vecteurs connaissant leurs origines et leurs extrémités.
b. Dire que les trois points A, B et C ne sont pas alignés revient à dire que les vecteurs $\overrightarrow{AB}$ et $\overrightarrow{AC}$ ne sont pas colinéaires.

2. Il s'agit de trouver les coordonnées d'un vecteur orthogonal à deux vecteurs du plan (ABC). Ici, pour simplifier les calculs, on fixe l'abscisse de ce vecteur.

3. a. On vous demande de donner la forme de l'équation cartésienne d'un plan dont un vecteur normal est connu.
b. Parmi tous les plans de la question précédente, on vous demande de déterminer celui qui passe par les points donnés.
c. Une fois que la valeur de d est trouvée, on a une équation cartésienne du plan, ce qui est l'objectif de l'exercice.

4. On adapte les calculs précédents aux nouvelles coordonnées des points.

LA FEUILLE DE ROUTE

1. a. Calculer les coordonnées de vecteurs → FICHE 4

Appliquez les formules usuelles pour calculer les coordonnées de vecteurs : $\overrightarrow{AB}\begin{pmatrix} x_B - x_A \\ y_B - y_A \\ z_B - z_A \end{pmatrix}$, etc.

b. Montrer que deux vecteurs ne sont pas colinéaires

Montrez que les coordonnées des deux vecteurs $\overrightarrow{AB}$ et $\overrightarrow{AC}$ ne sont pas proportionnelles.

2. Déterminer un vecteur normal à un plan → FICHE 12

Déterminez b et c en écrivant que $\vec{n}$ est normal au plan (ABC) si et seulement si $\vec{n} \cdot \overrightarrow{AB} = \vec{n} \cdot \overrightarrow{AC} = 0$.

3. Déterminer une équation cartésienne d'un plan → FICHE 12

a. La forme de l'équation cartésienne d'un plan dont un vecteur normal a pour coordonnées $(a\,;b\,;c)$ est $ax + by + cz + d = 0$.

b. Utilisez le fait que l'un des points donnés appartient au plan (ABC).

c. Remplacez la valeur de d trouvée dans l'équation $2x + 6y + 7z + d = 0$.

4. Il suffit de reproduire pas à pas les trois questions précédentes.

15 Déterminer les coordonnées d'une projection orthogonale

30 min

→ FICHES 12 à 14

Voici un exercice classique qui brasse l'ensemble des connaissances de ce chapitre, un classique du genre à ne pas manquer : représentations paramétriques et équations cartésiennes de droites et de plans dans l'espace, tout y est !

LE SUJET

a. Déterminer une équation du plan $\mathcal{P}$ passant par A$(1;0;1)$ et dont un vecteur normal est $\vec{n}(1;1;1)$.

b. Soit $\mathcal{P}'$ le plan d'équation $x+2y-z+1=0$. Démontrer que $\mathcal{P}$ et $\mathcal{P}'$ sont perpendiculaires.

c. Donner une représentation paramétrique de la droite $\mathcal{D}$, intersection des plans $\mathcal{P}$ et $\mathcal{P}'$.

d. Soit B le point de $\mathcal{D}$ de cote 0. Déterminer les coordonnées de B.

LIRE LE SUJET

a. Le plan $\mathcal{P}$ passe par un point donné et un vecteur directeur est donné, ce qui suffit à déterminer son équation.

b. Deux plans sont perpendiculaires si et seulement si leurs vecteurs normaux le sont.

c. Il s'agit de déterminer des équations paramétriques d'une droite, intersection de deux plans, connaissant des équations cartésiennes de ces plans.

d. La cote d'un point de coordonnées $(x;y;z)$ est le nombre z.

LA FEUILLE DE ROUTE

a. Déterminer une équation cartésienne d'un plan → FICHE 12

Utilisez le produit scalaire. Un point M appartient au plan si et seulement si $\overrightarrow{AM}\cdot\vec{n}=0$.

b. Démontrer que deux plans sont perpendiculaires → FICHES 10 et 12

Examinez l'orthogonalité des vecteurs normaux des deux plans, à l'aide du produit scalaire.

c. Déterminer une représentation paramétrique d'une droite → FICHE 13

Choisissez l'une des trois inconnues comme paramètre, puis exprimez les deux autres inconnues en fonction de ce paramètre, à l'aide des équations cartésiennes de $\mathcal{P}$ et $\mathcal{P}'$.

d. Déterminer un point appartenant à une droite → FICHE 13

À l'aide des équations paramétriques de $\mathcal{D}$, déterminez la valeur du paramètre t pour laquelle on a $z=0$.

CORRIGÉS

SE TESTER QUIZ

1 Équation cartésienne d'un plan de l'espace

Réponses b et c.

■ L'affirmation a. est fausse. L'équation $3x - 2y - 1 = 0$ est l'équation du plan passant par les deux points donnés et dont un vecteur normal a pour coordonnées $(3;-2;0)$.

■ L'affirmation b. est vraie. $x + y + z = 0 \Leftrightarrow 1x + 1y + 1z = 0$.

■ L'affirmation c. est vraie. En effet les deux équations représentent deux plans dont des vecteurs normaux ont pour coordonnées respectives $(1;-1;-1)$ et $(2;1;-1)$. Ces deux vecteurs n'étant pas colinéaires car leurs coordonnées ne sont pas proportionnelles, les deux plans sont sécants selon une droite caractérisée par le système.

2 Représentations d'une droite de l'espace

Réponses a, c et d.

■ L'affirmation a. est vraie. Les points I et J ont pour coordonnées respectives $\left(\frac{1}{2};0;0\right)$ et $\left(1;1;\frac{1}{2}\right)$, donc $\vec{IJ}$ a pour coordonnées $\left(\frac{1}{2};1;\frac{1}{2}\right)$. On a choisi de représenter la droite (IJ) avec le repère $\left(J;\vec{IJ}\right)$.

À NOTER
Avec $t = -1$, on obtient les coordonnées de I et avec $t = 0$, celles de J.

■ L'affirmation b. est fausse. Il s'agit de l'équation cartésienne d'un plan passant par I et J.

■ L'affirmation c. est vraie. En effet, pour t réel : $\begin{cases} x = t+1 \\ y = -2 \\ z = -4t+3 \end{cases} \Leftrightarrow \begin{cases} x = 1 \times t + 1 \\ y = 0 \times t - 2 \\ z = -4 \times t + 3 \end{cases}$.

Un vecteur directeur de $\mathcal{D}$ a pour coordonnées $(1;0;-4)$ et elle passe par $A(1;-2;3)$.

■ L'affirmation d. est vraie.

Posons $\frac{4x-3}{5} = t$. On obtient alors : $\begin{cases} 4x - 3 = 5t \\ 6y + 5 = 3t \\ \frac{z}{10} = t \end{cases} \Leftrightarrow \begin{cases} x = \frac{3}{4} + \frac{5}{4}t \\ y = -\frac{5}{6} + \frac{1}{2}t \\ z = 10t \end{cases}$.

Ce sont les équations paramétriques d'une droite passant par le point de coordonnées $\left(\frac{3}{4};-\frac{5}{6};0\right)$ et dont un vecteur directeur a pour coordonnées $\left(\frac{5}{4};\frac{1}{2};10\right)$.

3 Intersection de droites et plans de l'espace

Réponse a.

■ L'affirmation a. est vraie. L'axe des abscisses est caractérisé par le système $\begin{cases} y = 0 \\ z = 0 \end{cases}$, donc le point d'intersection du plan avec cet axe est O. On procède de même avec les deux autres axes.

■ L'affirmation b est fausse. En effet, un vecteur directeur $\vec{u}$ de $\mathcal{D}$ a pour coordonnées $(2\,;1\,;-1)$ et un vecteur normal $\vec{n}$ à $\mathcal{P}$ a pour coordonnées $(1\,;-1\,;1)$. Comme $\vec{u}\cdot\vec{n} = 2\times1+1\times(-1)+(-1)\times1 = 0$, ces deux vecteurs sont orthogonaux, donc $\mathcal{D}$ et $\mathcal{P}$ sont parallèles.

DÉMONSTRATION CLÉ

4 Établir la forme de l'équation cartésienne d'un plan

a. $M(x\,;y\,;z)\in\mathcal{P} \Leftrightarrow \overrightarrow{AM}\cdot\vec{n} = 0$

$\Leftrightarrow (x-x_A)a+(y-y_A)b+(z-z_A)c = 0.$

RAPPEL

Soit $\vec{u}(x\,;y\,;z)$ et $\vec{u}'(x'\,;y'\,;z')$ deux vecteurs. Alors $\vec{u}\cdot\vec{u}' = xx'+yy'+zz'$. → FICHE 9

Après développement : $M\in\mathcal{P} \Leftrightarrow ax+by+cz-(ax_A+by_A+cz_A) = 0$.
Donc si $M\in\mathcal{P}$, alors $d = -(ax_A+by_A+cz_A)$, ce qu'il fallait démontrer.

b. Réciproquement : soit $\mathscr{E}$ l'ensemble des points $M(x\,;y\,;z)$ tels que $ax+by+cz+d=0$. L'un au moins des trois nombres a, b, c étant non nul (par exemple a), on a $a\left(x+\frac{d}{a}\right)+by+cz = 0$. Soit $\vec{n}$ le vecteur de coordonnées $(a\,;b\,;c)$ et A le point de coordonnées $\left(-\frac{d}{a}\,;0\,;0\right)$.

$M\in\mathscr{E} \Leftrightarrow a\left(x+\frac{d}{a}\right)+by+cz = 0 \Leftrightarrow \overrightarrow{AM}\cdot\vec{n} = 0$. Donc $\mathscr{E}$ est le plan passant par A et dont un vecteur normal est $\vec{n}$, ce qu'il fallait démontrer.

S'ENTRAÎNER

5 Exploiter des équations cartésiennes de plans

Réponses b. et d.

■ L'affirmation a est fausse. Pour que l'équation $ax+by+cz+d=0$ soit celle d'un plan, il faut et il suffit que a, b et c ne soient pas simultanément nuls.

■ L'affirmation b est vraie. $x+y=0 \Leftrightarrow 1x+1y+0z+0=0$; un vecteur normal a donc pour coordonnées $(1\,;1\,;0)$ et l'origine O du repère appartient au plan.

■ L'affirmation c est fausse. $2x-y=3-z \Leftrightarrow 2x-y+z-3=0$. Un vecteur normal au plan est donc $\vec{n}(2\,;-1\,;1)$.

■ L'affirmation d est vraie. Des vecteurs normaux $\vec{n}_1$ et $\vec{n}_2$ aux plans ont respectivement pour coordonnées $(2\,;-5\,;3)$ et $(3\,;0\,;-2)$.
De plus, $\vec{n}_1\cdot\vec{n}_2 = 2\times3+(-5)\times0+3\times(-2) = 0$, donc les deux vecteurs sont orthogonaux, et par conséquent les deux plans aussi.

RAPPEL

$\vec{u}(x\,;y\,;z)\perp\vec{u}'(x'\,;y'\,;z') \Leftrightarrow \vec{u}\cdot\vec{u}' = 0 \Leftrightarrow xx'+yy'+zz' = 0$. → FICHE 10

6 Écrire des équations cartésiennes de plans

a. $M(x\,;y\,;z) \in \mathcal{P} \Leftrightarrow \overrightarrow{AM} \cdot \vec{n} = 0$
$\Leftrightarrow 3(x-1)+1(y+1)+2(z-1)=0.$

On trouve donc $3x+y+2z-4=0$.

b. $M(x\,;y\,;z) \in \mathcal{D} \Leftrightarrow$ Il existe $t \in \mathbb{R}$ tel que $\overrightarrow{AM} = t\vec{u} \Leftrightarrow \begin{cases} x+2=-t \\ y-1=t \\ z-3=2t \end{cases}$ avec t réel.

On trouve donc $\begin{cases} x=-2-t \\ y=1+t \\ z=3+2t \end{cases}$ avec t réel.

7 Raisonner avec des plans définis par un point et un plan parallèle

a. Équation de $\mathcal{P}$: $3x-7y+2z+d=0$.
$A \in \mathcal{P} \Leftrightarrow 3\times 0-7\times 0+2\times 0+d=0 \Rightarrow d=0$.

b. Équation de $\mathcal{P}$: $-2x+5y-4z+d=0$.
$A \in \mathcal{P} \Leftrightarrow -2+5-4+d=0 \Rightarrow d=1$.

c. Équation de $\mathcal{P}$: $x+my+mz+d=0$.
$A \in \mathcal{P} \Leftrightarrow m+2m-5m+d=0 \Rightarrow d=2m$.

À NOTER
L'équation de $\mathcal{P}'$ fournit un vecteur normal à $\mathcal{P}'$, et donc à $\mathcal{P}$. Pour trouver une équation cartésienne de $\mathcal{P}$, il suffit donc de déterminer le paramètre d.

8 Raisonner avec des plans définis par deux points et un plan perpendiculaire

À NOTER
Dans les trois cas, le plan $\mathcal{P}$ a une équation de la forme $ax+by+cz=0$ puisqu'il contient l'origine $O(0\,;0\,;0)$.

Dans la suite, on note $\vec{n}(a\,;b\,;c)$ un vecteur normal à $\mathcal{P}$ et $\vec{n}'$ un vecteur normal à $\mathcal{P}'$.

a. $\vec{n}'$ a pour coordonnées $(-1\,;4\,;0)$, donc $\vec{n}\cdot\vec{n}'=0 \Rightarrow -a+4b=0$.
D'autre part, $A \in \mathcal{P} \Rightarrow -b+2c=0$.
On est donc conduit à résoudre le système :

$$\begin{cases} -a+4b=0 \\ -b+2c=0 \end{cases}.$$

On trouve $a=4b$ et $c=\frac{1}{2}b$.

Une équation de $\mathcal{P}$ est donc $4bx+by+\frac{1}{2}bz=0$.

En choisissant $b=2$, on obtient $8x+2y+z=0$.

b. On a $\vec{n}'(0\,;2\,;-1)$, donc $\vec{n}\cdot\vec{n}'=0 \Rightarrow 2b-c=0$.
Par ailleurs, $A \in \mathcal{P} \Rightarrow a-2b=0$.
On est donc conduit à résoudre le système $\begin{cases} 2b-c=0 \\ a-2b=0 \end{cases}$.
On trouve $c=a=2b$.

Une équation de $\mathcal{P}$ est donc $2bx+by+2bz=0$.

En choisissant $b=1$, on obtient $2x+y+2z=0$.

c. On a $\vec{n}'(1;1;1)$, donc $\vec{n}\cdot\vec{n}' = 0 \Rightarrow a+b+c=0$. $A \in \mathcal{P} \Rightarrow am = 0$.

On est donc conduit à résoudre le système $\begin{cases} a+b+c=0 \\ am=0 \end{cases}$.

• Si $m \neq 0$ alors $a = 0$ et $c = -b$. Une équation de $\mathcal{P}$ est donc $by - bz = 0$.
En choisissant $b = 1$ on obtient $y - z = 0$.

• Si $m = 0$ alors $A = O$. Dans ce cas, on peut choisir a comme on veut car on a $am = 0$ quelle que soit la valeur de a.
De plus, $c = -b - a$. Une équation de $\mathcal{P}$ est donc de la forme $ax + by + (-b-a)z = 0$.
En choisissant $a = b = 1$, on trouve $x + y - 2z = 0$. Tout autre choix pour a et b convient, pourvu que a et b soient des entiers non tous les deux nuls.

9 Faire le lien entre intersection de plans et système d'équations

1. En lisant chacune des trois équations, on trouve les vecteurs normaux dont les coordonnées sont respectivement : $(2;-5;4)$, $(-2;5;-4) = (-1)\times(2;-5;4)$ et $(4;-10;8) = 2\times(2;-5;4)$. Comme ces trois vecteurs sont colinéaires, les **plans associés sont parallèles**. De plus, les coefficients de leurs équations ne sont pas proportionnels, donc ces plans sont distincts. C'est pourquoi ils n'ont aucun point en commun, ce qui prouve que **le système n'a pas de solution**.

2. a. À partir des deux premières équations et en posant $y = t$, on obtient le système $\begin{cases} x = 1+t \\ y = t \\ z = 2+\frac{1}{2}t \end{cases}$ avec t réel. Ce sont des équations paramétriques d'une droite dont un vecteur directeur $\vec{u}$ a pour coordonnées $\left(1;1;\frac{1}{2}\right)$ et passant par le point $(1;0;2)$.

> **À NOTER**
> Cette droite est l'intersection des deux premiers plans.

b. La troisième équation est celle d'un plan $\mathcal{P}$ dont un vecteur normal $\vec{n}$ a pour coordonnées $(2;3;-1)$. Le produit scalaire $\vec{u}\cdot\vec{n}$ n'étant pas nul (il vaut $1\times2+1\times3+\frac{1}{2}\times(-1)=\frac{9}{2}$), $\vec{u}$ et $\vec{n}$ ne sont pas orthogonaux. $\mathcal{D}$ et $\mathcal{P}$ sont donc sécants en un point A.
C'est pourquoi **le système proposé n'a qu'une seule solution** $(x;y;z)$: ce sont les coordonnées de A.

> **À NOTER**
> Trois plans distincts sont soit parallèles, soit deux d'entre eux sont parallèles et le troisième les coupe selon deux droites parallèles, soit ils ont un seul point en commun.

10 Étudier les positions relatives de droites et de plans

1. a. $M(x;y;z) \in \mathcal{P} \Leftrightarrow \overrightarrow{AM}\cdot\vec{n} = 0$
$\Leftrightarrow (x-1)(-1) + (y-0)\times1 + (z-1)\times1 = 0.$

Une équation cartésienne de $\mathcal{P}$ est donc $-x + y + z = 0$.

b. Un vecteur $\vec{n}'$ normal à $\mathcal{P}'$ a pour coordonnées $(1;2;-1)$; le calcul du produit scalaire $\vec{n}\cdot\vec{n}'$ fournit : $(-1)\times1+1\times2+1\times(-1)=0$.
Ayant leurs vecteurs normaux orthogonaux, **$\mathcal{P}$ et $\mathcal{P}'$ sont perpendiculaires.**

c. Choisissons z comme paramètre et posons $z = \lambda$. Alors, puisque la droite $\mathcal{D}$ est l'intersection des plans $\mathcal{P}$ et $\mathcal{P}'$, on a : $\begin{cases} -x+y+z=0 \\ x+2y-z=-1 \\ z=\lambda \end{cases} \Leftrightarrow \begin{cases} -x+y=-\lambda \\ x+2y=-1+\lambda \\ z=\lambda \end{cases}$.

Par addition des deux premières équations, on trouve $3y = -1$, donc $y = -\frac{1}{3}$ et par suite $x = \lambda - \frac{1}{3}$, en prenant la première équation.

Les équations paramétriques de $\mathcal{D}$ sont donc $\begin{cases} x = -\frac{1}{3} + \lambda \\ y = -\frac{1}{3} \\ z = \lambda \end{cases}$ avec t réel, dont un vecteur directeur est $\vec{u}(1\,;0\,;1)$.

d. Puisque $H \in \mathcal{D}$, ses coordonnées sont de la forme $\left(-\frac{1}{3} + \lambda\,;-\frac{1}{3}\,;\lambda\right)$. Les coordonnées de $\overrightarrow{MH}$ sont donc $\left(-\frac{1}{3} + \lambda - 0\,;-\frac{1}{3} - 1\,;\lambda - 1\right)$. On cherche λ pour que $\overrightarrow{MH} \cdot \vec{u} = 0$, c'est-à-dire $\left(-\frac{1}{3} + \lambda\right) \times 1 + \left(-\frac{4}{3}\right) \times 0 + (\lambda - 1) \times 1 = 0 \Leftrightarrow 2\lambda - \frac{4}{3} = 0$.

On trouve $\lambda = \frac{2}{3}$ et donc les coordonnées de H sont $\left(\frac{1}{3}\,;-\frac{1}{3}\,;\frac{2}{3}\right)$.

2. Un vecteur directeur $\vec{u}$ de la droite a pour coordonnées $(-4\,;3\,;2)$. Un vecteur normal au plan $\vec{n}$ a pour coordonnées $(1\,;-2\,;5)$. On a : $\vec{u} \cdot \vec{n} = -4 - 6 + 10 = 0$, donc $\vec{u}$ *et* $\vec{n}$ sont orthogonaux. C'est pourquoi la droite et le plan sont parallèles.

11 Exploiter des représentations paramétriques de droites

1. La droite b. ne contient pas A. En effet, en choisissant $t = 1$ dans a. et $t = 2$ dans c., on constate que A appartient aux deux droites. Pour b., il est nécessaire d'avoir $y = 0$, c'est-à-dire $t = 0$ qui fournit -1 en abscisse.

2. La droite b. seule contient A (choisir $t = -1$). Pour a., $x = t \Rightarrow t = 0$ ce qui conduit à $z - 1$.

3. a. En prenant $t = 0$, on constate que $B \in \mathcal{D}$. En prenant $t = 1$, on constate que $A \in \mathcal{D}$. Donc $\mathcal{D} = (AB)$.

b. Comme $C \notin \mathcal{D}$ (car $z_C = 0$), on a : $\mathcal{D} \neq (BC)$.

c. Pour la même raison qu'en b. : $\mathcal{D} \neq (AC)$.

12 Étudier les positions relatives de deux droites

a. Le point d'intersection éventuel des deux droites vérifie le système :

$$\begin{cases} 2 + t = -t' \\ 1 - t = -2 - \frac{3}{2}t' \\ 1 + t = 3 + t' \end{cases} \Leftrightarrow \begin{cases} t + t' = -2 \\ 2t - 3t' = 6 \\ t - t' = 2 \end{cases} \Rightarrow \begin{cases} t + t' = -2 \\ t - t' = 2 \end{cases}.$$

Par addition on trouve $t = 0$, donc $t' = -2$. Comme $2 \times 0 - 3 \times (-2) = 6$, la seconde équation est satisfaite. C'est pourquoi les deux droites sont sécantes en un point de coordonnées $(2\,;1\,;1)$, obtenu en choisissant $t = 0$.

b. Le point d'intersection éventuel des deux droites vérifie le système :

$$\begin{cases} 1 = 3 - 2t' \\ 1 + 2t = 7 - 4t' \\ 1 + t = 2 - t' \end{cases} \Leftrightarrow \begin{cases} t' = 1 \\ 1 + 2t = 3. \\ 1 + t = 1 \end{cases}$$

Les deux dernières équations sont incompatibles (on devrait avoir à la fois $t = 1$ et $t = 0$), donc les deux droites ne sont pas sécantes. Comme leurs vecteurs directeurs de coordonnées respectives $(0\,;2\,;1)$ et $(-2\,;-4\,;-1)$ ne sont visiblement pas colinéaires (car leurs coordonnées ne sont pas proportionnelles), on en conclut qu'**elles sont non coplanaires**.

13 Exploiter des représentations de droites

1. Un vecteur directeur de $\mathcal{D}$ est orthogonal aux deux vecteurs normaux des plans qui la définissent. Les vecteurs normaux des plans ont pour coordonnées :

a. $(1\,;-1\,;0)$ et $(0\,;1\,;5)$ **b.** $(3\,;0\,;1)$ et $(0\,;0\,;1)$ **c.** $(4\,;4\,;0)$ et $(0\,;0\,;1)$.

Seul le cas c. convient car, dans le cas **a.**, $\vec{u}\cdot\vec{n}_1 = 0$ et $\vec{u}\cdot\vec{n}_2 = 1$; dans le cas **b.** $\vec{u}\cdot\vec{n}_1 = -3$ et $\vec{u}\cdot\vec{n}_2 = 0$; et dans le cas **c.**, $\vec{u}\cdot\vec{n}_1 = \vec{u}\cdot\vec{n}_2 = 0$.

> **À NOTER**
> Utiliser la formule $\vec{v}\cdot\vec{v}' = xx' + yy' + zz'$ pour calculer $\vec{u}\cdot\vec{n}_1$ et $\vec{u}\cdot\vec{n}_2$.

2. Il s'agit de la droite c. En effet, un de ses vecteurs directeurs a pour coordonnées $(1\,;1\,;1)$.

Pour **a.**, un vecteur directeur $(2\,;1\,;3)$ est directement donné par la représentation paramétrique.

Pour **b.**, $\vec{u}$ est orthogonal aux deux vecteurs normaux des plans définissant la droite : $(-3\,;0\,;-2)$ et $(2\,;-1\,;-1)$ (voir « À noter » ci-dessus).

3. Il s'agit de la droite b. dont un vecteur directeur a pour coordonnées $(-1\,;3\,;2)$.

Un vecteur directeur de la droite **a.** a pour coordonnées $(1\,;-3\,;2)$. Il est orthogonal au vecteur de coordonnées $(0\,;2\,;3)$, normal du plan d'équation $2y + 3z = 9$, et au vecteur de coordonnées $(-2\,;0\,;1)$ normal au plan d'équation $-2x + z = 7$.

C'est donc aussi un vecteur directeur de la droite **c.**

14 Écrire une équation cartésienne d'un plan connaissant trois de ses points non alignés

1. a. On trouve $\overrightarrow{AB}(1\,;2\,;-2)$ et $\overrightarrow{AC}(3\,;-1\,;0)$.

b. Les deux vecteurs ne sont pas colinéaires car leurs coordonnées ne sont pas proportionnelles. C'est pourquoi **les trois points ne sont pas alignés.**

2. $\vec{n}$ est normal au plan (ABC) si et seulement si $\vec{n}\cdot\overrightarrow{AB} = \vec{n}\cdot\overrightarrow{AC} = 0$, c'est-à-dire :

$$\begin{cases} 2\times 1 + 2b - 2c = 0 \\ 2\times 3 - b + 0 = 0 \end{cases} \Leftrightarrow \begin{cases} b - c = -1 \\ b = 6 \end{cases} \Leftrightarrow \begin{cases} c = 7 \\ b = 6 \end{cases}.$$

3. a. On sait alors qu'une équation cartésienne d'un plan dont un vecteur normal a pour coordonnées $(2\,;6\,;7)$ est de la forme $\mathbf{2x + 6y + 7z + d = 0}$.

b. Le plan (ABC) contient B, donc $2\times 0 + 6\times 4 + 7\times 1 + d = 0 \Rightarrow \mathbf{d = -31}$.

> **À NOTER**
> Ne pas oublier que le plan contient les trois points A, B et C ! Ici, on a choisi d'utiliser le point B car c'est celui dont les coordonnées sont les plus simples.

c. Une équation cartésienne du plan (ABC) est donc $\mathbf{2x + 6y + 7z - 31 = 0}$.

4. On trouve $\overrightarrow{AB}(-1\,;1\,;2)$ et $\overrightarrow{AC}(2\,;-1\,;3)$. Les deux vecteurs ne sont pas colinéaires car leurs coordonnées ne sont pas proportionnelles. C'est pourquoi **les trois points ne sont pas alignés**.

• $\vec{n}(2\,;b\,;c)$ est normal au plan (ABC) si et seulement si $\vec{n}\cdot\overrightarrow{AB}=\vec{n}\cdot\overrightarrow{AC}=0$, c'est-à-dire :

$$\begin{cases}2\times(-1)+b+2c=0\\2\times 2-b+3c=0\end{cases}\Leftrightarrow\begin{cases}b+2c=2\\b-3c=4\end{cases}\Rightarrow 5c=-2\text{ (par soustraction)}\Rightarrow c=-\frac{2}{5}.$$

On trouve alors $b=2-2c=\frac{14}{5}$.

Une équation cartésienne du plan (ABC) est donc de la forme :

$$2x+\frac{14}{5}y-\frac{2}{5}z+d=0\Leftrightarrow 10x+14y-2z+5d=0.$$

• Le plan (ABC) contient A, donc $10+14+5d=0\Rightarrow d=-\frac{24}{5}$.

• Une équation cartésienne du plan (ABC) est donc $\mathbf{10x+14y-2z-24=0}$.

15 Déterminer les coordonnées d'une projection orthogonale

1. $M\begin{pmatrix}x\\y\\z\end{pmatrix}\in\mathscr{P}\Leftrightarrow\overrightarrow{AM}\cdot\vec{n}=0\Leftrightarrow(x-1)+y+(z-1)=0\Leftrightarrow \mathbf{x+y+z-2=0}$.

2. Un vecteur normal à $\mathscr{P}'$ est $\vec{n}'(1\,;2\,;-1)$. Comme $\vec{n}\cdot\vec{n}'=1\times1+1\times2+1\times(-1)=0$, les deux vecteurs sont orthogonaux.
C'est pourquoi **les deux plans sont perpendiculaires**.

3. La droite $\mathscr{D}$, intersection de $\mathscr{P}$ et $\mathscr{P}'$, est représentée par le système $\begin{cases}x+y+z-2=0\\x+2y-z+1=0\end{cases}$.

En posant $z=t$ on obtient : $\begin{cases}x+y=2-t\\x+2y=-1+t.\\z-t\end{cases}$

Par soustraction, les deux premières équations fournissent $y=-3+2t$, donc $x=2-t-y=5-3t$.

Des équations paramétriques de $\mathscr{D}$ sont donc : $\begin{cases}x=5-3t\\y=-3+2t\\z=t\end{cases}$ avec t réel.

4. On doit avoir $z_B=0$, donc $t=0$. Alors : $\mathbf{x_B=5}$ **et** $\mathbf{y_B=-3}$.

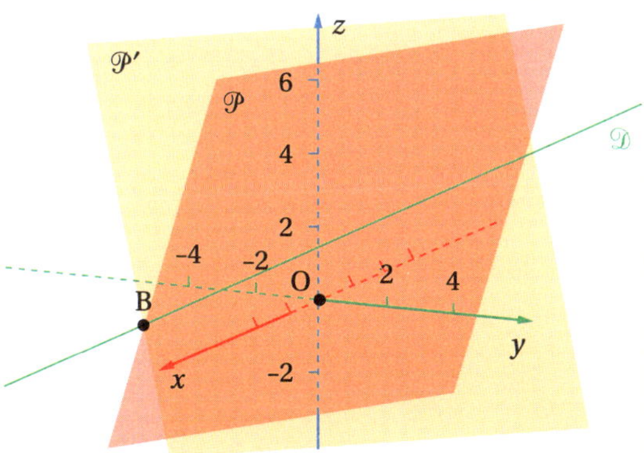

Analyse

5 Suites numériques

Les suites constituent un outil particulièrement bien adapté à l'étude de la dynamique des populations, telle que l'évolution des tortues au cours des prochaines décennies, ainsi qu'à bien d'autres phénomènes d'évolution.

15 Définitions, comparaison et encadrement

En bref *Étudier la limite d'une suite permet d'avoir une idée de son comportement en l'infini. Pour trouver la limite (si elle existe) d'une suite, une méthode consiste à la comparer aux comportements de suites que l'on connait.*

I Suites de limites finie et infinie

1 Limite infinie

Soient A et B des réels.

- On dit qu'une suite u admet pour limite $+\infty$ si tout intervalle de la forme $[A\,;+\infty[$ contient tous les termes de la suite à partir d'un certain rang.

On note $\lim\limits_{n\to+\infty} u_n = +\infty$ et on dit que la suite diverge vers $+\infty$.

- On dit qu'une suite u admet pour limite $-\infty$ si tout intervalle de la forme $]-\infty\,; B]$ contient tous les termes de la suite à partir d'un certain rang.

On note $\lim\limits_{n\to+\infty} u_n = -\infty$ et on dit que la suite diverge vers $-\infty$.

À NOTER
La suite de terme général u_n admet pour limite $-\infty$ si et seulement si la suite de terme général $-u_n$ admet pour limite $+\infty$.

2 Limite finie

Soit ℓ un réel.

On dit qu'une suite u admet pour limite ℓ si tout intervalle ouvert contenant ℓ contient tous les termes de la suite à partir d'un certain rang.

On note $\lim\limits_{n\to+\infty} u_n = \ell$ et on dit que la suite converge vers ℓ.

II Comparaison et encadrement

- **Théorème de comparaison**

Soit N un entier naturel et soient (u_n) et (r_n) des suites réelles.

Si pour tout entier $n \geqslant N$, $u_n \geqslant r_n$ et $\lim\limits_{n\to+\infty} r_n = +\infty$, alors $\lim\limits_{n\to+\infty} u_n = +\infty$.

Si pour tout entier $n \geqslant N$, $u_n \leqslant r_n$ et $\lim\limits_{n\to+\infty} r_n = -\infty$, alors $\lim\limits_{n\to+\infty} u_n = -\infty$.

- **Théorème d'encadrement (dit « théorème des gendarmes »)**

Soient ℓ un réel, N un entier naturel, et (u_n), (r_n) et (s_n) des suites réelles.

Si pour tout entier $n \geqslant N$, $s_n \leqslant u_n \leqslant r_n$ et si $\lim\limits_{n\to+\infty} s_n = \ell$ et $\lim\limits_{n\to+\infty} r_n = \ell$, alors $\lim\limits_{n\to+\infty} u_n = \ell$.

À NOTER
Pour démontrer qu'une suite diverge vers $+\infty$ ou $-\infty$, il est inutile d'encadrer les termes de la suite car un théorème de comparaison suffit.

Méthodes

1 | Déterminer la limite d'une suite par comparaison

Déterminer la limite de la suite de terme général $u_n = n + (-1)^n$.

CONSEILS

Pensez à encadrer $(-1)^n$ pour déterminer la limite de (u_n).

SOLUTION

Pour tout entier naturel n, $-1 \leqslant (-1)^n \leqslant 1$. Donc $n - 1 \leqslant u_n$.

Or $\lim\limits_{n \to +\infty} (n-1) = +\infty$ donc $\lim\limits_{n \to +\infty} u_n = +\infty$.

2 | Déterminer la limite d'une suite par encadrement

Déterminer la limite des suites de termes généraux u_n et s_n, avec $u_n = \dfrac{(-1)^n - n}{n}$ et $s_n = \dfrac{1}{n^2} + \dfrac{1}{n^2+1} + \ldots + \dfrac{1}{n^2+n}$.

CONSEILS

Encadrez le numérateur de u_n. Pour s_n, remarquez que chacun des $n+1$ termes de la somme est compris entre $\dfrac{1}{n^2+n}$ et $\dfrac{1}{n^2}$.

SOLUTION

- Pour tout entier naturel n, on a $-1 \leqslant (-1)^n \leqslant 1$.

Donc $-1 - n \leqslant (-1)^n - n \leqslant 1 - n$, puis $\dfrac{-1-n}{n} \leqslant u_n \leqslant \dfrac{1-n}{n}$.

On a $\dfrac{-1-n}{n} = -\dfrac{1}{n} - 1$ et $\dfrac{1-n}{n} = \dfrac{1}{n} - 1$.

Or $\lim\limits_{n \to +\infty} \dfrac{-1-n}{n} = -1$ et $\lim\limits_{n \to +\infty} \dfrac{1-n}{n} = -1$.

Donc $\lim\limits_{n \to +\infty} u_n = -1$.

- Pour tout entier naturel n non nul,

$$\frac{1}{n^2+n} + \frac{1}{n^2+n} + \ldots + \frac{1}{n^2+n} \leqslant \frac{1}{n^2} + \frac{1}{n^2+1} + \ldots + \frac{1}{n^2+n} \leqslant \frac{1}{n^2} + \frac{1}{n^2} + \ldots + \frac{1}{n^2},$$

donc $\dfrac{n+1}{n^2+n} \leqslant s_n \leqslant \dfrac{n+1}{n^2}$ d'où $\dfrac{1}{n+1} \leqslant s_n \leqslant \dfrac{1}{n} + \dfrac{1}{n^2}$.

Or $\lim\limits_{n \to +\infty} \dfrac{1}{n+1} = 0$ et $\lim\limits_{n \to +\infty} \left(\dfrac{1}{n} + \dfrac{1}{n^2}\right) = 0$.

Donc $\lim\limits_{n \to +\infty} s_n = 0$.

16 Limites : opérations et suites monotones

En bref *Pour déterminer la limite d'une suite, il peut être utile de la décomposer en somme, différence ou encore en quotient de deux suites dont on sait calculer les limites.*

I Limites et opérations

■ Dans les tableaux ci-dessous, ℓ et ℓ' sont des réels, et « F. I. » désigne une **forme indéterminée**, c'est-à-dire les cas où l'on ne peut pas déterminer d'emblée la limite de la suite.

Limite de u	ℓ	ℓ	ℓ	$+\infty$	$-\infty$	$+\infty$
Limite de v	ℓ'	$+\infty$	$-\infty$	$+\infty$	$-\infty$	$-\infty$
Limite de $u+v$	$\ell+\ell'$	$+\infty$	$-\infty$	$+\infty$	$-\infty$	F. I.

Limite de u	ℓ	$\ell>0$	$\ell<0$	0	0	$+\infty$	$-\infty$
Limite de v	ℓ'	$+\infty$	$+\infty$	$+\infty$	0	$+\infty$	$+\infty$
Limite de uv	$\ell\times\ell'$	$+\infty$	$-\infty$	F. I.	0	$+\infty$	$-\infty$
Limite de $\frac{1}{u}$	Si $\ell\neq 0$: $1/\ell$	$1/\ell$	$1/\ell$	Si $u>0$: $+\infty$	Si $u<0$: $-\infty$	0	0
Limite de $\frac{u}{v}$	Si $\ell'\neq 0$: ℓ/ℓ'	0	0	0	F. I.	F. I.	F. I.

■ Sans plus de renseignement sur les suites, on ne peut pas déterminer la limite :
- de la **différence** de deux suites de même limite infinie (« $\infty-\infty$ ») ;
- du **quotient** de deux suites de limites infinies (« ∞/∞ ») ;
- du **quotient** de deux suites de limites nulles (« 0/0 ») ;
- du **produit** de deux suites de limites respectivement *nulle* et *infinie* (« $0\times\infty$ »).

Pour lever l'indétermination, dans les deux premiers cas, on peut factoriser chaque terme du quotient ou de la différence par des termes prépondérants.

À NOTER
Certaines suites n'admettent pas de limites, par exemple les suites de termes généraux $(-1)^n$ et $(-10)^n$.

II Suites monotones

■ **Théorèmes :** Toute suite croissante non majorée diverge vers $+\infty$.

Toute suite décroissante non minorée diverge vers $-\infty$.

■ **Théorèmes :** Soient M et m des réels.

Toute suite croissante majorée par M converge vers un réel ℓ tel que $\ell\leqslant M$.

Toute suite décroissante minorée par m converge vers un réel ℓ tel que $\ell\geqslant m$.

Méthodes

1 | Déterminer des limites de somme, produit, inverse, quotient

Déterminer la limite des suites de termes généraux $\frac{1}{(1-n)(n^2-7)}$ et $\frac{1+\frac{1}{n}}{n+5}$.

CONSEILS

Décomposez chacune des suites en somme, produit, inverse ou quotient de suites dont les limites sont connues.

SOLUTION

■ On a $\lim\limits_{n\to+\infty} n = +\infty$ donc $\lim\limits_{n\to+\infty} n^2 = +\infty$ et $\lim\limits_{n\to+\infty} (n^2-7) = +\infty$;
$\lim\limits_{n\to+\infty} (1-n) = -\infty$, ainsi $\lim\limits_{n\to+\infty} (1-n)(n^2-7) = -\infty$ (limite d'un produit).
Par limite de l'inverse, on a $\lim\limits_{n\to+\infty} \frac{1}{(1-n)(n^2-7)} = 0$.

■ On a $\lim\limits_{n\to+\infty} \frac{1}{n} = 0$ donc $\lim\limits_{n\to+\infty} \left(1+\frac{1}{n}\right) = 1$. De plus, $\lim\limits_{n\to+\infty} (n+5) = +\infty$, donc par limite d'un quotient $\lim\limits_{n\to+\infty} \frac{1+\frac{1}{n}}{n+5} = 0$.

2 | Déterminer les limites de suites monotones

Soit la suite v définie par $v_0 = 5$ et $v_{n+1} = \sqrt{v_n + 12}$ pour tout $n \in \mathbb{N}$.

a. Montrer que, pour tout $n \in \mathbb{N}$, $v_n \geqslant 4$.

b. On admet que la suite v est décroissante. En déduire que la suite v converge.

CONSEILS

On suivra un raisonnement par récurrence, qui se fait en trois étapes.
Étape 1 Initialisation : elle consiste à montrer que la propriété à démontrer ($v_n \geqslant 4$) est vraie au rang 0.
Étape 2 Hérédité : on suppose la propriété vraie à un rang quelconque n ($v_n \geqslant 4$), puis on en déduit qu'elle est vraie au rang suivant ($v_{n+1} \geqslant 4$).
Étape 3 Conclusion

SOLUTION

a. **Étape 1** On a $v_0 \geqslant 4$.

Étape 2 Si $n \in \mathbb{N}$ tel que $v_n \geqslant 4$, alors $v_n + 12 \geqslant 16$. Ainsi $v_{n+1} \geqslant 4$.

Étape 3 Le principe de récurrence permet de conclure que, pour tout $n \in \mathbb{N}$, $v_n \geqslant 4$.

b. La suite v est décroissante et minorée par 4. Donc elle converge vers un réel ℓ tel que $\ell \geqslant 4$.

17 Suites géométriques et fonction exponentielle

En bref *La limite d'une suite géométrique dépend de sa raison. La fonction exponentielle et les suites géométriques se comportent de manière analogue en l'infini.*

I Limites des suites géométriques

■ **Définitions :**

- Une suite **divergente** est une suite qui admet une limite infinie ou qui n'admet pas de limite.
- Une suite **convergente** est une suite qui admet une limite finie.

■ **Théorème :** Soient q un réel différent de 1 et u la suite de terme général q^n.

- Si $q > 1$, alors $\lim\limits_{n \to +\infty} q^n = +\infty$ (u diverge vers $+\infty$) ;
- si $-1 < q < 1$, alors $\lim\limits_{n \to +\infty} q^n = 0$ (u converge vers 0) ;
- si $q \leqslant -1$, alors la suite de terme général q^n n'admet pas de limite (u diverge).

À NOTER

- **Si $q = 1$**, alors la suite de terme général q^n est constante de limite 1.
- **Si $q = -1$**, alors la suite de terme général q^n est bornée et vaut alternativement -1 et 1.
- **Si $q < -1$**, alors la suite de terme général q^n n'est pas bornée est prend alternativement des valeurs positives et négatives de valeurs absolues de plus en plus grandes.

II Limite de la fonction exponentielle

■ **Limite en $+\infty$**

On a : $\lim\limits_{x \to +\infty} e^x = +\infty$

On rappelle que $e \approx 2{,}718$ donc $e > 1$. Ainsi la suite géométrique (e^n), $n \in \mathbb{N}$, a pour limite $+\infty$: $\lim\limits_{n \to +\infty} e^n = +\infty$.

■ **Limite en $-\infty$**

On a : $\lim\limits_{x \to -\infty} e^x = 0$

On a, pour tout $n \in \mathbb{N}$, $e^{-n} = \left(\frac{1}{e}\right)^n$. Puisque $-1 < \frac{1}{e} < 1$, alors la suite géométrique (e^{-n}) a pour limite 0. En effet, $\lim\limits_{n \to +\infty} \left(\frac{1}{e}\right)^n = 0$, soit $\lim\limits_{n \to +\infty} e^{-n} = 0$.

Méthodes

1 Étudier la limite de suites géométriques

a. Étudier la limite des suites de termes généraux :

$u_n = (\sqrt{5} - 5)^n$; $v_n = \left(\frac{\pi}{4}\right)^n$ et $w_n = -3^n$.

b. Étudier la limite de la suite de terme général $x_n = \frac{1 - 3^n}{2^n}$.

CONSEILS

a. Comparez la raison de chaque suite géométrique aux réels –1 et 1 et appliquez le théorème.

SOLUTION

a. ■ L'arrondi au dixième de $\sqrt{5} - 5$ est $-2{,}8$, donc $\sqrt{5} - 5 < -1$. La suite u diverge sans admettre de limite.

■ On a $0 < \frac{\pi}{4} < 1$, donc $\lim\limits_{n \to +\infty} v_n = 0$.

■ On a $3 > 1$, donc $\lim\limits_{n \to +\infty} 3^n = +\infty$ d'où $\lim\limits_{n \to +\infty} w_n = -\infty$.

b. Pour tout $n \in \mathbb{N}$, $x_n = \left(\frac{1}{2}\right)^n - \left(\frac{3}{2}\right)^n$.

Or $0 < \frac{1}{2} < 1$, donc $\lim\limits_{n \to +\infty} \left(\frac{1}{2}\right)^n = 0$ et $\frac{3}{2} > 1$ donc $\lim\limits_{n \to +\infty} \left(\frac{3}{2}\right)^n = +\infty$.

Par différence, on obtient $\lim\limits_{n \to +\infty} x_n = -\infty$.

2 Utiliser les limites de la fonction exponentielle

Déterminer la limite en $+\infty$ et en $-\infty$ des fonctions définies sur $\mathbb{R}$ par $f(x) = e^x + e^{-x}$ et $g(x) = x + e^{2x}$.

CONSEILS

Les théorèmes d'opérations sur les limites sont analogues à ceux relatifs aux limites de suites (voir le chapitre 7).

SOLUTION

On étudie dans chaque cas la limite d'une somme.

■ On a $\lim\limits_{x \to +\infty} e^x = +\infty$ et $\lim\limits_{x \to +\infty} e^{-x} = 0$. D'où $\lim\limits_{x \to +\infty} f(x) = +\infty$.

On a $\lim\limits_{x \to -\infty} e^x = 0$ et $\lim\limits_{x \to -\infty} e^{-x} = +\infty$. D'où $\lim\limits_{x \to -\infty} f(x) = +\infty$.

■ On a $\lim\limits_{x \to +\infty} e^x = +\infty$ donc $\lim\limits_{x \to +\infty} e^{2x} = +\infty$. D'où $\lim\limits_{x \to +\infty} g(x) = +\infty$.

On a $\lim\limits_{x \to -\infty} e^x = 0$ donc $\lim\limits_{x \to -\infty} e^{2x} = 0$. D'où $\lim\limits_{x \to -\infty} g(x) = -\infty$.

MÉMO VISUEL

SUITES

Comment démontrer qu'une suite admet une limite ?

Trouver la limite d'une suite

Par comparaison

- Si, à partir d'un certain rang, une suite devient supérieure à une suite de limite $+\infty$, alors elle admet également pour limite $+\infty$.
- Si une suite devient, à partir d'un certain rang, inférieure à une suite de limite $-\infty$, alors elle admet également pour limite $-\infty$.

Par encadrement

Toute suite comprise entre deux suites convergentes vers le même réel ℓ converge vers ce réel ℓ.

Comment déterminer la limite d'une suite géométrique ?

Suite géométrique

Terme général q^n

On compare la raison q aux réels – 1 et 1.

q	Limite de la suite de terme général q^n
$q > 1$	$+\infty$
$q = 1$	1
$-1 < q < 1$	0
$q \leq -1$	Pas de limite

Comment lever une forme indéterminée ?

Formes indéterminées

Principales formes indéterminées

- **Avec des limites infinies**

Les quotients et certaines différences de suites de limites infinies, c'est-à-dire les limites de la forme :

« ∞/∞ », « $+\infty-(+\infty)$ » et « $-\infty-(-\infty)$ »

- **Avec des limites nulles**

Les quotients de suites de limites nulles, c'est-à-dire les limites de la forme : « 0/0 »

- **Avec des limites nulles et infinies**

Les produits d'une suite de limite nulle par une suite de limite infinie, c'est-à-dire les limites de la forme :

« $0\times+\infty$ » et « $0\times-\infty$ »

Lever une indétermination

- **Différence de suites**

Pour une différence de suites de limites $+\infty$ (ou $-\infty$), on factorise par le terme prépondérant.

- **Quotient de suites**

Pour un quotient de suites de limites infinies, on factorise par chacun des termes prépondérants du numérateur et du dénominateur, puis on simplifie.

NUMÉRIQUES

Comment déterminer la limite de la fonction exponentielle ?

Limites de la fonction exponentielle

Limite en $+\infty$ — Pour $k>0$

$\lim\limits_{x\to+\infty} e^{x}=+\infty$ et $\lim\limits_{x\to+\infty} e^{-x}=0$

$\lim\limits_{x\to+\infty} e^{kx}=+\infty$ et $\lim\limits_{x\to+\infty} e^{-kx}=0$

Limite en $-\infty$ — Pour $k>0$

$\lim\limits_{x\to-\infty} e^{x}=0$ et $\lim\limits_{x\to-\infty} e^{-x}=+\infty$

$\lim\limits_{x\to-\infty} e^{kx}=0$ et $\lim\limits_{x\to-\infty} e^{-kx}=+\infty$

SE TESTER QUIZ

Vérifiez que vous avez bien compris les points clés des **fiches 15 à 17**.

1 Comparaison et encadrement

→ FICHE 15

1. La suite de terme général $n + \sin n$:

☐ **a.** n'admet pas de limite ☐ **b.** diverge vers $+\infty$ ☐ **c.** converge

2. La suite de terme général $\frac{(-1)^n}{n}$:

☐ **a.** n'admet pas de limite ☐ **b.** diverge vers $+\infty$ ☐ **c.** converge vers 0

2 Limites de suites et opérations

→ FICHES 16 et 17

1. La suite de terme général $u_n = n + n^2 - 300\,000$:

☐ **a.** diverge vers $-\infty$ ☐ **b.** diverge vers $+\infty$ ☐ **c.** converge

2. La suite de terme général $u_n = n - n^2$:

☐ **a.** diverge vers $-\infty$ ☐ **b.** diverge vers $+\infty$ ☐ **c.** n'a pas de limite

3. Si u est une suite strictement positive de limite nulle, alors :

☐ **a.** $\lim\limits_{n\to+\infty} \frac{1}{u_n} = 0$ ☐ **b.** $\lim\limits_{n\to+\infty} \frac{1}{u_n} = +\infty$ ☐ **c.** $\lim\limits_{n\to+\infty} \frac{1}{u_n} = 1$

4. Si u est une suite positive de limite nulle, alors :

☐ **a.** $\lim\limits_{n\to+\infty} \frac{n}{u_n} = 0$ ☐ **b.** $\lim\limits_{n\to+\infty} \frac{n}{u_n - 1} = +\infty$ ☐ **c.** $\lim\limits_{n\to+\infty} \frac{u_n}{n} = 0$

3 Avec des suites géométriques

→ FICHES 16 et 17

1. La suite de terme général $u_n = 1 - \sqrt{2}^n$ admet pour limite :

☐ **a.** 1 ☐ **b.** $-\infty$ ☐ **c.** $+\infty$

2. La suite de terme général $u_n = \left(1 - \sqrt{2}\right)^n$:

☐ **a.** n'admet pas de limite ☐ **b.** diverge vers $-\infty$ ☐ **c.** converge vers 0

3. La suite de terme général $u_n = 200{,}1^n - 200^n$:

☐ **a.** converge vers 0 ☐ **b.** diverge vers $+\infty$ ☐ **c.** n'a pas de limite

4 Avec la fonction exponentielle

→ FICHES 16 et 17

La suite de terme général $u_n = n + e^{-n}$:

☐ **a.** diverge vers $+\infty$ ☐ **b.** n'a pas de limite ☐ **c.** converge vers 0

DÉMONSTRATIONS CLÉS

5 Établir qu'une suite croissante non majorée diverge vers $+\infty$

→ FICHE 16

Soit u une suite croissante non majorée. Soit A un réel positif.

a. Montrer qu'il existe un entier naturel N tel que $u_N \geqslant A$.

b. En déduire que, pour tout entier $n \geqslant N$, on a $u_n \geqslant A$.

c. Conclure.

6 Établir la limite de q^n pour $q > 1$

→ FICHE 17

a. Soit x un réel positif. Démontrer par récurrence que, pour tout entier naturel n, $(1+x)^n \geqslant 1 + nx$.

b. En déduire la limite de la suite de terme général q^n pour $q > 1$.

À NOTER
Cette inégalité s'appelle l'inégalité de Bernoulli.

7 Établir la limite de q^n pour $-1 < q < 1$

→ FICHE 17

a. Soit q un réel tel que $0 < q < 1$. Déterminer la limite de la suite de terme général $\left(\frac{1}{q}\right)^n$; puis en déduire la limite de la suite de terme général q^n.

b. Soit q un réel tel que $-1 < q < 0$. Démontrer que, pour tout entier naturel n, on a $-(-q)^n \leqslant q^n \leqslant (-q)^n$; puis en déduire la limite de la suite de terme général q^n.

c. Conclure.

8 Établir un théorème de comparaison

→ FICHE 15

Soit r une suite de limite $+\infty$ et soit u une suite telle que, pour tout $n \in \mathbb{N}$, $u_n \geqslant r_n$.

a. Soit A un réel positif. Montrer qu'il existe un entier N tel que, pour tout entier n tel que $n \geqslant N$, on a $r_n \geqslant A$.

b. Conclure.

9 Établir la limite en $+\infty$ et en $-\infty$ de la fonction exponentielle

→ FICHE 17

Soit f la fonction définie sur $[0\,;+\infty[$ par $f(x) = \mathrm{e}^x - x$.

a. Étudier les variations de la fonction f sur $[0\,;+\infty[$.

b. En déduire que, pour tout réel x positif, $\mathrm{e}^x \geqslant x$.

c. Conclure quant à la limite de la fonction exponentielle en $+\infty$.

d. Déterminer alors la limite de la fonction exponentielle en $-\infty$.

S'ENTRAÎNER

10 Déterminer des limites de suites par comparaison

→ FICHES 15 et 16

Déterminer la limite de chacune des suites de termes généraux :

a. $v_n = -n^2 - \cos(n)$

b. $w_n = n! - n$

CONSEILS
Pensez à encadrer $-\cos(n)$ pour déterminer la limite de v_n.
Commencez par factoriser w_n par n.

11 Déterminer les limites de suites monotones

→ FICHES 15 et 16

Soit la suite u définie par $u_0 = 0$ et $u_{n+1} = u_n^2 + u_n + 1$ pour tout $n \in \mathbb{N}$.

a. Montrer que la suite u est croissante.

b. On admet que, pour tout $n \in \mathbb{N}$, $u_{2n} \geqslant n$. En déduire la limite de u.

12 Étudier la convergence d'une suite récurrente

→ FICHES 15 et 16

On considère la suite (u_n) définie par : $\begin{cases} u_0 = 0 \\ u_{n+1} = \sqrt{2u_n + 1} \text{ pour tout } n \in \mathbb{N}. \end{cases}$

a. Montrer par récurrence que, pour tout $n \in \mathbb{N}$, $0 \leqslant u_n \leqslant u_{n+1} \leqslant 3$.

b. Montrer que la suite (u_n) est convergente de limite L telle que $L \leqslant 3$.

c. Déterminer cette limite en admettant qu'elle vérifie $L = \sqrt{2L+1}$.

CONSEILS
Dans la question c., vous serez amené à résoudre une équation du second degré.

13 Utiliser des suites auxiliaires arithmétiques ou géométriques

→ FICHES 16 et 17

La suite (u_n) est définie par $u_1 = -\dfrac{1}{2}$ et, pour tout $n \in \mathbb{N}^*$, $u_{n+1} = \dfrac{1}{2}u_n + n - 1$.

On définit la suite (v_n) pour tout entier $n > 0$ par $v_n = 4u_n - 8n + 24$.

a. Démontrer que (v_n) est une suite géométrique.

b. Soit n un entier naturel non nul. Exprimer v_n en fonction de n.

Montrer que $u_n = 2n - 6 + 7 \times \left(\dfrac{1}{2}\right)^n$.

c. Déterminer la limite de la suite (u_n).

d. Soit $n \in \mathbb{N}^*$. Déterminer en fonction de n, $s_n = u_1 + u_2 + \ldots + u_n$.

CONSEILS
a. Conjecturez la raison de la suite géométrique v.
b. Attention, le premier terme de la suite v est v_1.

14 Algorithme et suite auxiliaire

→ FICHES 16 et 17

Partie A

On considère l'algorithme ci-contre où N est un entier naturel non nul.

Que contient la variable U à la fin de l'exécution de cet algorithme si $N = 3$?

```
U ← 0
Pour k allant de 0 à N – 1 :
   U ← 3U – 2k + 3
Fin Pour
```

Partie B

On considère la suite (u_n) définie par $u_0 = 0$ et, pour tout $n \in \mathbb{N}$, par $u_{n+1} = 3u_n - 2n + 3$.

1. Soit la suite (v_n) définie, pour tout entier naturel n, par $v_n = u_n - n + 1$.

a. Démontrer que la suite (v_n) est une suite géométrique.
En déduire que, pour tout entier naturel n, $u_n = 3^n + n - 1$.

b. Déterminer la limite de la suite (u_n).

2. Soit p un entier naturel non nul.
Pourquoi peut-on affirmer qu'il existe au moins un entier n_0 tel que, pour tout $n \geqslant n_0$, $u_n \geqslant 10^p$?

3. On s'intéresse maintenant au plus petit entier n_0 tel que, pour tout $n \geqslant n_0$, $u_n \geqslant 10^p$.

a. Montrer que $u_{3p} \geqslant 27^p$. En déduire que $n_0 \leqslant 3p$.

b. Déterminer à l'aide de la calculatrice l'entier n_0 pour la valeur $p = 3$.

c. Proposer un algorithme qui, pour une valeur de p donnée, permet de calculer la valeur du plus petit entier n_0 tel que, pour tout entier $n \geqslant n_0$, on ait $u_n \geqslant 10^p$.

15 Limite d'une suite récurrente

→ FICHES 16 et 17

Soit (u_n) la suite définie pour tout entier naturel n non nul par :

$$\begin{cases} u_1 = \dfrac{1}{2} \\ u_{n+1} = \dfrac{n+1}{2n} u_n. \end{cases}$$

1. Calculer u_2, u_3 et u_4.

2. On admet que pour tout entier naturel n non nul, u_n est strictement positif.

a. Démontrer que la suite (u_n) est décroissante.

b. Que peut-on en déduire pour la suite (u_n) concernant sa limite ?

3. Pour tout entier naturel n non nul, on pose $v_n = \dfrac{u_n}{n}$.

a. Démontrer que la suite (v_n) est géométrique. On précisera sa raison et son premier terme v_1.

b. En déduire que, pour tout entier naturel n non nul, $u_n = \dfrac{n}{2^n}$.

4. On rappelle l'inégalité de Bernoulli : pour tout réel positif x et pour tout entier naturel n, on a $(1+x)^n \geqslant 1+nx$.

a. Démontrer que, pour tout entier naturel n, $\sqrt{2}^n \geqslant 0{,}4 \times n$.

b. En déduire que, pour tout entier naturel n, $2^n \geqslant 0{,}16n^2$.

c. Déterminer alors la limite de la suite (u_n).

16 Algorithme et approximation de e

→ FICHES 16 et 17

On admet que, pour tout réel x, $e^x \geqslant x+1$.

Soit n un entier supérieur à 2.

a. Démontrer que $1+\frac{1}{n} \leqslant e^{\frac{1}{n}}$ et que $1-\frac{1}{n} \leqslant e^{-\frac{1}{n}}$.

On rappelle que, pour tous réels a et b strictement positifs, si $a \leqslant b$, alors $a^n \leqslant b^n$.

b. Montrer que $\left(1+\frac{1}{n}\right)^n \leqslant e \leqslant \left(1-\frac{1}{n}\right)^{-n}$.

c. Quel encadrement de e par des rationnels obtient-on lorsque $n = 4$?

d. Quel encadrement de e obtient-on pour $n = 10$? $n = 20$? $n = 100$?

e. Donner un algorithme qui permet de trouver un encadrement de e d'amplitude 10^{-3}. Traduire ensuite cet algorithme en langage Python.

OBJECTIF BAC

17 Modéliser l'évolution d'une population

50 min

→ FICHES 16 et 43

Ce sujet vous propose d'étudier le modèle d'évolution d'une population de coccinelles selon différents modèles qui dépendent d'un paramètre traduisant l'influence de l'environnement.

LE SUJET

On se propose d'étudier l'évolution d'une population de coccinelles à l'aide d'un modèle utilisant la fonction logistique f définie par $f(x) = kx(1-x)$, k étant un paramètre qui dépend de l'environnement ($k \in \mathbb{R}$).

Dans le modèle choisi, on admet que le nombre des coccinelles reste inférieur à un million. L'effectif des coccinelles, exprimé en million d'individus, est donné pour l'année n par un nombre réel u_n.

On admet que l'évolution obéit à la relation $u_{n+1} = f(u_n)$.

On admet la proposition suivante : si la suite (u_n) converge, alors sa limite ℓ vérifie la relation $f(\ell) = \ell$.

1. On suppose que $u_0 = 0{,}4$ et $k = 1$.

a. Étudier le sens de variation de la suite (u_n).

b. Montrer par récurrence que, pour tout entier naturel n, $0 \leqslant u_n \leqslant 1$.

c. La suite (u_n) est-elle convergente ? Si oui, quelle est sa limite ?

d. Que peut-on dire de l'évolution à long terme de la population de coccinelles avec ces hypothèses ?

2. On suppose maintenant que $u_0 = 0{,}3$ et $k = 1{,}8$.

a. Étudier les variations de la fonction f sur $[0 ; 1]$ et montrer qu'elle est bornée par 0 et $\frac{1}{2}$.

b. Démontrer par récurrence que, pour tout entier naturel n, on a :

$$0 \leqslant u_n \leqslant u_{n+1} \leqslant \frac{1}{2}.$$

c. La suite (u_n) est-elle convergente ? Si oui, quelle est sa limite ?

d. Que peut-on dire de l'évolution à long terme de la population de coccinelles avec ces hypothèses ?

3. On a représenté la fonction f dans le cas où $k = 3{,}2$ avec $u_0 = 0{,}6$.
En utilisant ce graphique, formuler une conjecture sur l'évolution de la population dans ce cas.

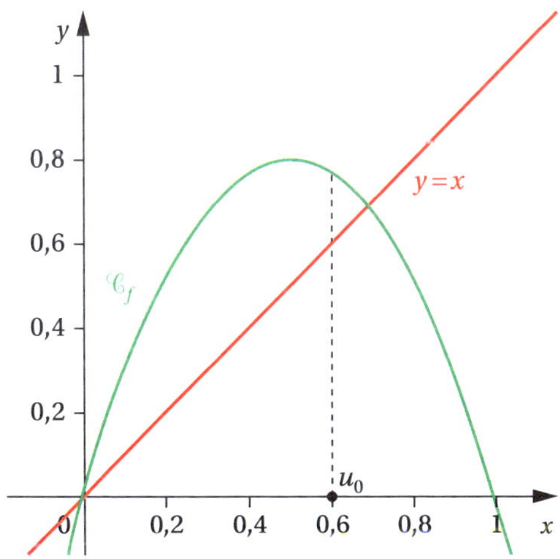

LIRE LE SUJET

1. a. Il s'agit de comparer deux termes consécutifs de la suite u_n définie par la relation de récurrence $u_{n+1} = u_n(1 - u_n)$ et par son premier terme $u_0 = 0{,}4$.
1. b. Une démonstration par récurrence se fait en trois étapes : initialisation, hérédité et conclusion.
1. c. La convergence se déduit d'un théorème sur les suites monotones ; pour la limite, on utilise la propriété admise dans l'énoncé.
1. d. Il s'agit d'interpréter la limite en nombre d'individus au bout d'un grand nombre d'années.

2. a. On peut par exemple étudier le signe de la fonction dérivée de f, puis utiliser les variations de f pour trouver l'encadrement.
2. b. c. et d. On procède comme aux questions **1. b. c. et d.**

3. On peut représenter les premiers termes de la suite sur l'axe des abscisses en utilisant la courbe représentative de f et la droite d'équation $y = x$.

LA FEUILLE DE ROUTE

1. a. Étudier les variations d'une suite

On étudie le signe de $u_{n+1} - u_n$.

b. Encadrer une suite en raisonnant par récurrence → FICHE 43

L'initialisation est immédiate, l'hérédité s'obtient en encadrant $1 - u_n$, puis $u_n(1 - u_n)$.

c. Démontrer qu'une suite converge → FICHE 16

Toute suite monotone et bornée converge. Pour déterminer la limite ℓ, on utilise l'égalité admise : $f(\ell) = \ell$.

d. Interpréter une limite

La limite obtenue est le nombre de coccinelles restantes au bout d'un grand nombre d'années.

2. a. Étudier les variations d'une fonction pour pouvoir l'encadrer

On calcule par exemple la fonction dérivée de f, dont on détermine le signe.
La monotonie de la fonction permet d'encadrer $f(x)$ pour $x \in [0\,;1]$.
2. b. c. et d. On procède comme aux questions **1. b. c. et d.**

3. Conjecturer une limite

$u_1 = f(u_0)$ donc u_1 est l'ordonnée du point de $\mathscr{C}_f$ d'abscisse u_0, la droite d'équation $y = x$ permet de reporter u_1 sur l'axe des abscisses puis de déterminer graphiquement u_2 et ainsi de suite...
On conjecture alors la limite de la suite u.

CORRIGÉS

SE TESTER QUIZ

1 Comparaison et encadrement

1. Réponse b. On a, pour tout $n \in \mathbb{N}$, $\sin n \geqslant -1$ donc $n + \sin n \geqslant n - 1$. Or $\lim\limits_{n \to +\infty} (n-1) = +\infty$, donc d'après un théorème de comparaison : $\lim\limits_{n \to +\infty} (n + \sin n) = +\infty$.

2. Réponse c. Pour tout $n \in \mathbb{N}^*$, $-1 \leqslant (-1)^n \leqslant 1$ donc $-\frac{1}{n} \leqslant \frac{(-1)^n}{n} \leqslant \frac{1}{n}$.

Or $\lim\limits_{n \to +\infty} \frac{1}{n} = 0$. D'après le théorème des gendarmes, on a $\lim\limits_{n \to +\infty} \frac{(-1)^n}{n} = 0$.

2 Limites de suites et opérations

1. Réponse b. On a $\lim\limits_{n \to +\infty} n = +\infty$ donc $\lim\limits_{n \to +\infty} n^2 = +\infty$ et $\lim\limits_{n \to +\infty} u_n = +\infty$.

> **À NOTER**
> On aurait pu factoriser par n^2.

2. Réponse a. Pour tout $n \in \mathbb{N}$, $u_n = n(1-n)$; $\lim\limits_{n \to +\infty} (1-n) = -\infty$ donc $\lim\limits_{n \to +\infty} u_n = -\infty$.

3. Réponse b. $\lim\limits_{n \to +\infty} u_n = 0$ et $u_n > 0$, alors d'après la limite de l'inverse d'une suite, on a $\lim\limits_{n \to +\infty} \frac{1}{u_n} = +\infty$.

4. Réponse c. $\lim\limits_{n \to +\infty} u_n = 0$ et $\lim\limits_{n \to +\infty} \frac{1}{n} = 0$, alors $\lim\limits_{n \to +\infty} u_n \times \frac{1}{n} = 0$, soit $\lim\limits_{n \to +\infty} \frac{u_n}{n} = 0$.

3 Avec des suites géométriques

1. Réponse b. On a $\sqrt{2} > 1$, donc $\lim\limits_{n \to +\infty} \sqrt{2}^n = +\infty$. Par conséquent $\lim\limits_{n \to +\infty} u_n = -\infty$.

2. Réponse c. On a $-0{,}42 < 1 - \sqrt{2} < -0{,}41$, donc $1 - \sqrt{2} \in \,]-1\,;1[$ et $\lim\limits_{n \to +\infty} u_n = 0$.

3. Réponse b. Pour tout $n \in \mathbb{N}$, $u_n = 200{,}1^n \left(1 - \left(\frac{200}{200{,}1}\right)^n\right)$.

On a $200{,}1 > 1$, donc $\lim\limits_{n \to +\infty} 200{,}1^n = +\infty$ et $\frac{200}{200{,}1} \in \,]-1\,;1[$ donc $\lim\limits_{n \to +\infty} \left(\frac{200}{200{,}1}\right)^n = 0$.

On a ainsi $\lim\limits_{n \to +\infty} \left(1 - \left(\frac{200}{200{,}1}\right)^n\right) = 1$ et $\lim\limits_{n \to +\infty} u_n = +\infty$.

4 Avec la fonction exponentielle

Réponse a. On a $\lim\limits_{n \to +\infty} \mathrm{e}^{-n} = 0$. Ainsi $\lim\limits_{n \to +\infty} n + \mathrm{e}^{-n} = +\infty$.

DÉMONSTRATIONS CLÉS

5 Établir qu'une suite croissante non majorée diverge vers $+\infty$

a. La suite u n'est pas majorée. En particulier, elle n'est pas majorée par A. Cela signifie qu'**il existe un entier naturel N tel que $u_N \geqslant A$.**

b. La suite u est croissante, donc pour tout entier $n \geqslant N$, on a $u_n \geqslant u_N$ avec $u_N \geqslant A$ d'où, **pour tout entier $n \geqslant N$, $u_n \geqslant A$.**

c. On a démontré qu'à partir du rang N tous les termes de la suite u sont dans l'intervalle $[A\,;+\infty[$. Comme cela est vrai pour tout réel positif A, cela signifie que **la suite u admet pour limite $+\infty$.**

6 Établir la limite de q^n pour $q > 1$

a. Soit $x \in [0\,;+\infty[$. Démontrons par récurrence que, pour tout $n \in \mathbb{N}$, $(1+x)^n \geqslant 1+nx$.

Initialisation : On a $(1+x)^0 = 1$ et $1+0\times x = 1$ donc $(1+x)^0 \geqslant 1+0\times x$.

Hérédité : soit $n \in \mathbb{N}$ tel que $(1+x)^n \geqslant 1+nx$.

On a $(1+x)^{n+1} = (1+x)^n(1+x)$. Si $x \geqslant 0$, alors $1+x \geqslant 0$,

d'où $(1+x)^{n+1} \geqslant (1+nx)(1+x)$ d'après l'hypothèse de récurrence.

Or $(1+nx)(1+x) = 1+nx+x+nx^2 \geqslant 1+(n+1)x$.

Ainsi, $(1+x)^{n+1} \geqslant 1+(n+1)x$.

Le principe de récurrence permet de conclure que, **pour tout $n \in \mathbb{N}$, on a $(1+x)^n \geqslant 1+nx$.**

b. Si $q > 1$, alors il existe $x > 0$ tel que $q = 1+x$. Alors pour tout $n \in \mathbb{N}$: $q^n = (1+x)^n \geqslant 1+nx$. Or, puisque $x > 0$, $\lim\limits_{n\to+\infty}(1+nx) = +\infty$.

Par conséquent, d'après un théorème de comparaison, $\lim\limits_{n\to+\infty} q^n = +\infty$.

7 Établir la limite de q^n pour $-1 < q < 1$

a. Puisque $0 < q < 1$, alors $\dfrac{1}{q} > 1$. D'après l'exercice précédent, on sait que $\lim\limits_{n\to+\infty}\left(\dfrac{1}{q}\right)^n = +\infty$.

Par suite, puisque $\dfrac{1}{\left(\dfrac{1}{q}\right)^n} = q^n$, on a $\lim\limits_{n\to+\infty} q^n = 0$.

b. Soit $n \in \mathbb{N}$. Si n est un entier pair, alors $q^n = (-q)^n$ et, si n est impair, alors $q^n = -(-q)^n$, donc $-(-q)^n \leqslant q^n \leqslant (-q)^n$. Or $0 < -q < 1$, donc $\lim\limits_{n\to+\infty}(-q)^n = 0$ et, d'après le théorème des gendarmes, on a $\lim\limits_{n\to+\infty} q^n = 0$.

c. On a évidemment, $\lim\limits_{n\to+\infty} 0^n = 0$.

On en conclut que, **pour tout réel $q \in\,]-1\,;1[$, on a $\lim\limits_{n\to+\infty} q^n = 0$.**

8 Établir un théorème de comparaison

→ FICHE 15

a. La suite r admet pour limite $+\infty$ donc l'intervalle $[A\,;+\infty[$ contient tous les termes de la suite à partir d'un certain rang N, donc **pour tout entier $n \geqslant N$, on a $r_n \geqslant A$.**

b. Pour tout $n \in \mathbb{N}$, $u_n \geqslant r_n$. De plus, pour tout entier $n \geqslant N$, $r_n \geqslant A$ donc **pour tout entier $n \geqslant N$, $u_n \geqslant A$.**

On en déduit que tout intervalle de la forme $[A\,;+\infty[$ contient tous les termes de la suite u à partir d'un certain rang.

Cela signifie que la suite u admet pour limite $+\infty$.

9 Établir la limite en $+\infty$ et en $-\infty$ de la fonction exponentielle

a. La fonction f est dérivable sur $[0\,;+\infty[$. Pour tout $x \geqslant 0$, $f'(x) = \mathrm{e}^x - 1$. On a, pour tout $x \geqslant 0$, $\mathrm{e}^x \geqslant 1$, donc $f'(x) \geqslant 0$. Par conséquent, **la fonction f est croissante sur $[0\,;+\infty[$.**

b. La fonction f est croissante sur $[0\,;+\infty[$, elle admet donc pour minimum $f(0) = 1$. Ainsi, pour tout réel $x \geqslant 0$, $\mathrm{e}^x - x \geqslant 1$, d'où **$\mathrm{e}^x \geqslant x + 1 \geqslant x$.**

c. On a $\lim\limits_{x \to +\infty} x = +\infty$ et pour tout $x \geqslant 0$, $\mathrm{e}^x \geqslant x$. Donc, d'après un théorème de comparaison sur les limites de fonctions (voir → FICHE 20), **$\lim\limits_{x \to +\infty} \mathrm{e}^x = +\infty$.**

d. Pour tout réel x, $\mathrm{e}^x = \dfrac{1}{\mathrm{e}^{-x}}$. On peut déduire de la question précédente que $\lim\limits_{x \to -\infty} \mathrm{e}^{-x} = +\infty$, d'où $\lim\limits_{x \to -\infty} \dfrac{1}{\mathrm{e}^{-x}} = 0$, soit **$\lim\limits_{x \to -\infty} \mathrm{e}^x = 0$.**

S'ENTRAÎNER

10 Déterminer des limites de suites par comparaison

a. Pour tout entier naturel n, $-1 \leqslant \cos(n) \leqslant 1$ donc $1 \geqslant -\cos(n) \geqslant -1$.

Ainsi $v_n \leqslant -n^2 + 1$. Or $\lim\limits_{n \to +\infty} \left(-n^2 + 1\right) = -\infty$, donc **$\lim\limits_{n \to +\infty} v_n = -\infty$.**

b. Pour tout entier naturel n non nul, $w_n = n((n-1)! - 1)$.

Si $n \geqslant 2$, alors $(n-1)! - 1 \geqslant 1$, donc $w_n \geqslant n$. Or $\lim\limits_{n \to +\infty} n = +\infty$, donc **$\lim\limits_{n \to +\infty} w = +\infty$.**

11 Déterminer les limites de suites monotones

a. Pour tout $n \in \mathbb{N}$, $u_{n+1} - u_n = u_n^2 + 1 \geqslant 0$: la suite **u est croissante.**

b. La suite u n'admet donc pas de majorant. Puisqu'elle est croissante, elle diverge vers $+\infty$: **$\lim\limits_{n \to +\infty} u_n = +\infty$.**

12 Étudier la convergence d'une suite récurrente

a. On a $u_0 = 0$ et $u_1 = 1$, donc $0 \leqslant u_0 \leqslant u_1 \leqslant 3$.
On suppose que, pour un entier naturel n, $0 \leqslant u_n \leqslant u_{n+1} \leqslant 3$.
On a $2 \times 0 + 1 \leqslant 2 \times u_n + 1 \leqslant 2 \times u_{n+1} + 1 \leqslant 2 \times 3 + 1$.
Donc $\sqrt{1} \leqslant \sqrt{2u_n + 1} \leqslant \sqrt{2u_n + 1} \leqslant \sqrt{7}$,
soit $0 \leqslant 1 \leqslant u_{n+1} \leqslant u_{n+2} \leqslant \sqrt{7} \leqslant 3$.
D'après le principe de récurrence, on a bien, pour tout $n \in \mathbb{N}$, $0 \leqslant u_n \leqslant u_{n+1} \leqslant 3$.
b. La suite (u_n) est donc bien définie (tous ces termes sont positifs), elle est croissante et bornée par 0 et 3.
La suite (u_n) est croissante et majorée par 3 donc **(u_n) converge vers un réel L tel que $L \leqslant 3$.**
c. Si $L = \sqrt{2L + 1}$, alors $L^2 = 2L + 1$. Ainsi $L^2 - L - 1 = 0$ dont le discriminant est égal à 5 et dont les solutions sont $1 + \sqrt{2}$ ou $1 - \sqrt{2}$. La suite (u_n) étant positive, sa limite l'est également. Par conséquent **$L = 1 + \sqrt{2}$.**

13 Utiliser des suites auxiliaires arithmétiques ou géométriques

a. On a $v_1 = 14$, $v_2 = 7$ et $v_3 = \frac{7}{2}$; la raison semble être $\frac{1}{2}$. Démontrons-le :

$$\begin{aligned}\text{Pour tout } n \in \mathbb{N}^*,\ v_{n+1} &= 4u_{n+1} - 8(n+1) + 24 \\ &= 4u_{n+1} - 8n + 16 \\ &= 4\left(\frac{1}{2}u_n + n - 1\right) - 8n + 16 \\ &= 2u_n - 4n + 12 \\ &= \frac{1}{2}v_n\end{aligned}$$

On en déduit que **(v_n) est une suite géométrique de raison $\frac{1}{2}$.**

b. On a $v_1 = 4u_1 - 8 + 24 = 14$. Donc, pour tout $n \in \mathbb{N}^*$, **$v_n = 14\left(\frac{1}{2}\right)^{n-1}$**.

À NOTER

Si v est une suite géométrique de raison q, alors pour tout $n \in \mathbb{N}^*$, $v_n = v_0 q^n$ et $v_n = v_1 q^{n-1}$.

De plus, pour tout $n \in \mathbb{N}^*$, $v_n = 4u_n - 8n + 24$ donc $u_n = \frac{1}{4}(v_n + 8n - 24)$,

soit $u_n = \frac{1}{4}\left(14\left(\frac{1}{2}\right)^{n-1} + 8n - 24\right)$ **$= 7\left(\frac{1}{2}\right)^n + 2n - 6$.**

c. $\frac{1}{2} \in \left]-1\,;1\right[$, donc $\lim\limits_{n \to +\infty} \left(\frac{1}{2}\right)^n = 0$. De plus, $\lim\limits_{n \to +\infty} (2n - 6) = +\infty$ donc **$\lim\limits_{n \to +\infty} u_n = +\infty$.**

d. Pour tout $n \in \mathbb{N}^*$, on pose $g_n = 7\left(\frac{1}{2}\right)^n$ et $a_n = 2n - 6$. La suite g est géométrique et la suite a est arithmétique. On a pour tout $n \in \mathbb{N}^*$:

$$g_1 + \ldots + g_n = 7 \times \frac{1}{2} \times \left(1 + \frac{1}{2} + \ldots + \frac{1}{n}\right) = 7 \times \frac{1}{2} \times \frac{1 - \left(\frac{1}{2}\right)^n}{1 - \frac{1}{2}} = 7\left(1 - \frac{1}{2^n}\right)$$

$$\begin{aligned} a_1 + \ldots + a_n &= 2 \times 1 - 6 + 2 \times 2 - 6 + \ldots + 2 \times n - 6 \\ &= 2(1 + 2 + \ldots + n) - 6n \\ &= n(n+1) - 6n = n(n-5) \end{aligned}$$

Puisque $s_n = g_1 + \ldots + g_n + a_1 + \ldots + a_n$, on a $s_n = 7\left(1 - \frac{1}{2^n}\right) + n(n-5)$.

À NOTER

Si x est un réel différent de 1, alors pour tout $n \in \mathbb{N}^*$, on a : $1 + x + \ldots + x^n = \frac{1 - x^{n+1}}{1 - x}$.

On a aussi : $1 + 2 + \ldots + n = \frac{n(n+1)}{2}$.

14 Algorithme et suite auxiliaire

Partie A

Le calcul à l'intérieur de la boucle « Pour » est réalisé pour k variant de 0 à N – 1, c'est-à-dire pour k variant de 0 à 2.

Pour k = 0 : U = 3 × 0 – 2 × 0 + 3 = 3 ;

U vaut maintenant 3 et k sera égal à 1 au prochain calcul.

Pour k = 1 : U = 3 × 3 – 2 × 1 + 3 = 10 ;

U vaut maintenant 10 et k sera égal à 2 au prochain calcul.

Pour k = 2 : U = 3 × 10 – 2 × 2 + 3 = 29.

Donc pour N = 3, à la fin de l'exécution de l'algorithme, U = 29.

On aurait pu également illustrer la démarche à l'aide d'un tableau :

k		0	1	2	3
U	0	3	10	29	

Partie B

1. a. Pour tout $n \in \mathbb{N}$, $v_{n+1} = u_{n+1} - (n+1) + 1$

$$\begin{aligned} &= 3u_n - 2n + 3 - n \\ &= 3(u_n - n + 1). \end{aligned}$$

D'où $v_{n+1} = 3v_n$. Ainsi, la suite (v_n) est géométrique de raison 3 et de premier terme $v_0 = 1$.

Donc, pour tout $n \in \mathbb{N}$, $v_n = 3^n$.

Puisque $u_n = v_n + n - 1$, on a $u_n = 3^n + n - 1$.

b. On a $\lim\limits_{n \to +\infty} 3^n = +\infty$ (c'est une suite géométrique de premier terme 1 et de raison strictement supérieure à 1) et $\lim\limits_{n \to +\infty} (n - 1) = +\infty$, donc $\lim\limits_{n \to +\infty} u_n = +\infty$.

2. La suite (u_n) admet pour limite $+\infty$, ce qui signifie que tout intervalle de la forme $[A\,;+\infty[$ contient tous les termes de la suite à partir d'un certain rang.
En particulier, pour tout entier p, l'intervalle $\left[10^p\,;+\infty\right[$ contient tous les termes de la suite à partir d'un certain rang que l'on peut nommer n_0 : cela signifie que **si $n \geqslant n_0$, alors $u_n \geqslant 10^p$.**

3. a. On a $u_{3p} = 3^{3p} + 3p - 1 = 27^p + 3p - 1$. Or $p > 0$ donc $3p - 1 \geqslant 0$, et $u_{3p} \geqslant 27^p$.
Or $27^p \geqslant 10^p$ donc $u_{3p} \geqslant 10^p$.
De plus, la suite de terme général $3^n + n - 1$ est croissante (somme de suites croissantes), donc, pour tout $n \geqslant 3p$, $u_n \geqslant 10^p$. Finalement, puisque n_0 est le plus petit rang à partir duquel $u_n \geqslant 10^p$, on a $n_0 \leqslant 3p$.
b. On cherche le premier entier n_0 à partir duquel $u_n \geqslant 10^3$. On a $u_6 = 734$ et $u_7 = 2\,193$ donc $n_0 = 7$.
c. L'algorithme suivant convient :

```
U ← 0
N ← 0
Tant que U < 10 ^ P
   U ← 3U – 2N + 3
   N ← N + 1
Fin Tant que
```

15 Limite d'une suite récurrente

1. On a $u_2 = \dfrac{2}{2}u_1 = \dfrac{1}{2}$, $u_3 = \dfrac{3}{4}u_2 = \dfrac{3}{8}$ et $u_4 = \dfrac{4}{6}u_3 = \dfrac{1}{4}$.

2. a. On admet que, pour tout entier naturel n non nul, $u_n > 0$.
Pour tout $n \in \mathbb{N}^*$, $u_{n+1} - u_n = \dfrac{n+1}{2n}u_n - u_n = \dfrac{1-n}{2n}u_n$.
Puisque $u_n > 0$, $2n > 0$ et $1 - n \leqslant 0$ (n est un entier naturel non nul), alors $u_{n+1} - u_n \leqslant 0$: la suite (u_n) est donc décroissante.
b. La suite (u_n) est décroissante et minorée par 0, donc elle est **convergente.**

3. a. Pour tout entier naturel n non nul, on a $\dfrac{u_{n+1}}{n+1} = \dfrac{1}{2^{n+1}} = \dfrac{1}{2} \times \dfrac{u_n}{n}$, soit $v_{n+1} = \dfrac{1}{2}v_n$.
La suite **(v_n) est géométrique de raison $\dfrac{1}{2}$ et de premier terme $v_1 = \dfrac{1}{2}$.**
b. Pour tout entier naturel n non nul, $v_n = \dfrac{1}{2} \times \left(\dfrac{1}{2}\right)^{n-1}$, soit $v_n = \dfrac{1}{2^n}$. Comme $u_n = nv_n$, on a $u_n = \dfrac{n}{2^n}$.

4. a. On a d'après l'inégalité de Bernoulli, en prenant $x = \sqrt{2} - 1$, pour tout entier naturel n :
$\left(1 + \left(\sqrt{2} - 1\right)\right)^n \geqslant 1 + n\left(\sqrt{2} - 1\right) \geqslant n\left(\sqrt{2} - 1\right)$, soit $\sqrt{2}^n \geqslant 0{,}4 \times n$ car $\sqrt{2} - 1 \geqslant 0{,}4$.
b. On en déduit que, pour tout entier naturel n :
$\left(\sqrt{2}^n\right)^2 \geqslant 0{,}16n^2$, soit $2^n \geqslant 0{,}16n^2$.
c. Pour tout entier naturel n non nul, on a $0 \leqslant 0{,}16n^2 \leqslant 2^n$, d'où $0 \leqslant \dfrac{n}{2^n} \leqslant \dfrac{1}{0{,}16n}$.
Or $\lim\limits_{n \to +\infty} \dfrac{1}{0{,}16n} = 0$, donc d'après le théorème des gendarmes : $\lim\limits_{n \to +\infty} u_n = 0$.

16 Algorithme et approximation de e

a. On a admis que, pour tout réel x, $e^x \geqslant x+1$. En particulier, pour $x = \frac{1}{n}$ ($n \neq 0$), on a $e^{\frac{1}{n}} \geqslant \frac{1}{n}+1$ et pour $x = -\frac{1}{n}$: $e^{-\frac{1}{n}} \geqslant -\frac{1}{n}+1$.

b. On déduit des inégalités de la question **a.** que $\left(e^{\frac{1}{n}}\right)^n \geqslant \left(\frac{1}{n}+1\right)^n$ et $\left(e^{-\frac{1}{n}}\right)^n \geqslant \left(-\frac{1}{n}+1\right)^n$. Or $\left(e^{\frac{1}{n}}\right)^n = e$ et $\left(e^{-\frac{1}{n}}\right)^n = \frac{1}{e}$.

On a donc $e \geqslant \left(1+\frac{1}{n}\right)^n$ et $\frac{1}{e} \geqslant \left(1-\frac{1}{n}\right)^n$,

d'où $e \leqslant \dfrac{1}{\left(1-\frac{1}{n}\right)^n}$.

> **À NOTER**
> La fonction inverse est décroissante sur $]0\,;+\infty[$, elle renverse donc l'ordre.

Finalement : $\left(1+\frac{1}{n}\right)^n \leqslant e \leqslant \left(1-\frac{1}{n}\right)^{-n}$.

c. Pour $n = 4$: $\left(1+\frac{1}{4}\right)^4 = \frac{625}{256}$ et $\left(1-\frac{1}{4}\right)^{-4} = \frac{256}{81}$ donc $\frac{625}{256} \leqslant e \leqslant \frac{256}{81}$.

d. Pour $n = 10$, on obtient $2{,}59 \leqslant e \leqslant 2{,}87$;
pour $n = 20$, on obtient $2{,}66 \leqslant e \leqslant 2{,}79$;
pour $n = 100$, on obtient $2{,}70 \leqslant e \leqslant 2{,}73$.

> **À NOTER**
> L'arrondi au millième de e est 2,718.

e. L'algorithme ci-contre convient :

$N \leftarrow 2$
$L \leftarrow \frac{9}{4}$
$R \leftarrow 4$
$D \leftarrow R - L$
Tant que $D > 10^{-3}$
  $N \leftarrow N+1$
  $L \leftarrow \left(1+\frac{1}{N}\right)^N$
  $R \leftarrow \left(1-\frac{1}{N}\right)^{-N}$
Fin Tant que

> **À NOTER**
> Pour $n = 2$, on a l'encadrement $\left(1+\frac{1}{2}\right)^2 \leqslant e \leqslant \left(1-\frac{1}{2}\right)^{-2}$, soit $\frac{9}{4} \leqslant e \leqslant 4$.
> D'où l'initialisation de L et R à $\frac{9}{4}$ et 4.

En Python, on a :

```
from math import *
n,l,r=2,9/4,4
d=r-l
while(d>0.001) :
  n=n+1
  l=(1+1/n)**n
  r=(1-1/n)**(-n)
  d=r-l
print(l)
print(r)
```

Cela donne $l = 2{,}7177821...$ et $r = 2{,}71878...$

OBJECTIF BAC

17 Modéliser l'évolution d'une population

1. a. Puisque $k = 1$, pour tout entier naturel n, $u_{n+1} = u_n(1 - u_n)$, donc :
$u_{n+1} - u_n = u_n(1 - u_n) - u_n = u_n - u_n^2 - u_n = -u_n^2 \leqslant 0$
La suite (u_n) est donc décroissante.

b. Montrons par récurrence que, pour tout entier naturel n, $0 \leqslant u_n \leqslant 1$.
Initialisation : Pour $n = 0$: $u_0 = 0,4$ donc $0 \leqslant u_0 \leqslant 1$.
Hérédité : Supposons la proposition vraie pour un entier naturel n, soit $0 \leqslant u_n \leqslant 1$.
On a $u_{n+1} = u_n(1 - u_n)$. D'après l'hypothèse de récurrence,
$0 \leqslant u_n \leqslant 1$, donc $-1 \leqslant -u_n \leqslant 0$, puis $0 \leqslant 1 - u_n \leqslant 1$.
D'où $0 \leqslant u_n(1 - u_n) \leqslant 1$, c'est-à-dire $0 \leqslant u_{n+1} \leqslant 1$.

> **À NOTER**
> La double inégalité a été obtenue en multipliant les membres de deux doubles inégalités à termes **positifs**.

Le principe de récurrence permet de conclure que, **pour tout entier naturel n, $0 \leqslant u_n \leqslant 1$.**

c. La suite (u_n) est décroissante et minorée par 0, donc cette suite **converge** vers un réel positif.
D'après la proposition admise dans l'énoncé, la limite ℓ de la suite (u_n) vérifie $f(\ell) = \ell$, soit $\ell(1 - \ell) = \ell$ ou encore $-\ell^2 = 0$.
Finalement $\ell = 0$.
La suite (u_n) admet pour limite 0.

> **À NOTER**
> Pour montrer qu'une suite converge, il n'est pas nécessaire de trouver sa limite.

> **À NOTER**
> En effet, puisque $\lim\limits_{n \to +\infty} u_n = \ell$, on a également $\lim\limits_{n \to +\infty} u_{n+1} = \ell$.
> Mais $u_{n+1} = u_n(1 - u_n)$ donc on a aussi, par opération sur les limites, $\lim\limits_{n \to +\infty} u_{n+1} = \ell(1 - \ell)$, c'est-à-dire $f(\ell) = \ell$.

d. On en déduit qu'à long terme, la population de coccinelles tend à s'éteindre.

2. a. Puisque $k = 1,8$, pour tout réel $x \in [0\,;1]$, $f(x) = 1,8x(1 - x)$ et $f'(x) = 1,8(1 - 2x)$.
Ainsi $f'(x) \geqslant 0 \Leftrightarrow x \in \left[0\,;\frac{1}{2}\right]$. Donc la fonction f est croissante sur $\left[0\,;\frac{1}{2}\right]$ et décroissante sur $\left[\frac{1}{2}\,;1\right]$. Elle atteint son maximum en $\frac{1}{2}$ où $f\left(\frac{1}{2}\right) = 0,45$.
De plus, $f(0) = f(1) = 0$, donc son minimum est 0.
Ainsi, pour tout $x \in [0\,;1]$, on a $f(x) \in \left[0\,;\frac{1}{2}\right]$.

b. Démontrons par récurrence que, pour tout entier naturel n, $0 \leqslant u_n \leqslant u_{n+1} \leqslant \frac{1}{2}$.

Initialisation : Pour $n = 0$, on a $u_0 = 0{,}3$ et $u_1 = 1{,}8 \times 0{,}3 \times 0{,}7 = 0{,}378$ donc $0 \leqslant u_0 \leqslant u_1 \leqslant \frac{1}{2}$.

Hérédité : On suppose que, pour un entier naturel n, $0 \leqslant u_n \leqslant u_{n+1} \leqslant \frac{1}{2}$.

Puisque la fonction f est croissante sur $\left[0\,;\frac{1}{2}\right]$, on a $f(0) \leqslant f(u_n) \leqslant f(u_{n+1}) \leqslant f\left(\frac{1}{2}\right)$.

Or $f(0) = 0$, $f(u_n) = u_{n+1}$, $f(u_{n+1}) = u_{n+2}$ et $f\left(\frac{1}{2}\right) = 0{,}45$.

Donc $0 \leqslant u_{n+1} \leqslant u_{n+2} \leqslant 0{,}45 \leqslant \frac{1}{2}$.

Le principe de récurrence permet de conclure **que, pour tout entier naturel n, $0 \leqslant u_n \leqslant u_{n+1} \leqslant \frac{1}{2}$.**

c. D'après les inégalités démontrées précédemment, la suite u est croissante et majorée par 1 donc **elle converge vers un réel ℓ inférieur ou égal à 1.**

On a $f(\ell) = \ell \Leftrightarrow 1{,}8\ell(1 - \ell) = \ell$

$f(\ell) = \ell \Leftrightarrow \ell(1{,}8(1 - \ell) - 1) = 0$

$f(\ell) = \ell \Leftrightarrow \ell(0{,}8 - 1{,}8\ell) = 0$

$f(\ell) = \ell \Leftrightarrow \ell = 0$ ou $\ell = \frac{0{,}8}{1{,}8} = \frac{4}{9}$.

La suite u étant croissante et puisque $u_0 = 0{,}3$, on doit avoir $\ell \geqslant 0{,}3$ d'où $\ell = \frac{4}{9}$.

d. La population de coccinelles va croître et tendre vers $\frac{4}{9}$ million d'individus, soit 444 400 arrondi à la centaine d'individus.

3. On conjecture après avoir représenté u_0, u_1, u_2 et u_3 sur l'axe des abscisses qu'il y aura de plus en plus de coccinelles les années impaires, et de moins en moins les années paires.

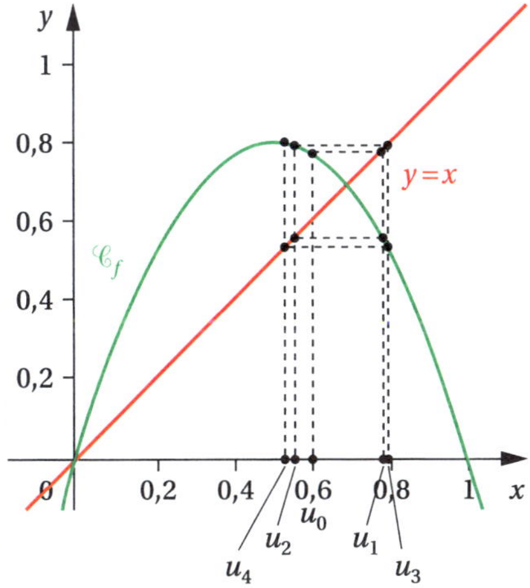

On obtient les valeurs arrondies au centième de la suite *u* à l'aide d'un tableur après avoir saisi dans la cellule A2 : = 3,2*A1*(1-A1), puis l'avoir copiée vers le bas.

	A
1	0,6
2	0,77
3	0,57
4	0,78
5	0,54
6	0,79
7	0,52
8	0,80
9	0,52
10	0,80
11	0,51
12	0,80
13	0,51
14	0,80

6 Compléments sur la dérivation

Le futur télescope spatial James Web utilise les propriétés de convexité des différents miroirs qui le composent et qui déforment les images des objets célestes dont ils reçoivent la lumière. La dérivation permet de déterminer si une fonction est convexe.

18 Dérivée de la composée de deux fonctions

En bref *Écrire une fonction comme composée de fonctions usuelles permet de simplifier certains calculs, notamment celui des dérivées.*

I Composée de deux fonctions

■ **Définition :** Soient u et v deux fonctions définies respectivement sur les intervalles I et J telles que, pour tout x de I, $u(x) \in \mathrm{J}$. On appelle **composée de u suivie de v** la fonction notée $\boldsymbol{v \circ u}$ et définie par : pour tout x de I, $v \circ u(x) = v(u(x))$.
$v \circ u$ se lit « v rond u ».

À NOTER
Dans la notation $\boldsymbol{v \circ u}$, il est important de noter que c'est la fonction u qui opère en premier, ce qui justifie l'appellation « u suivie de v ».

■ *Remarque* : Cette définition peut être mémorisée à l'aide du schéma suivant :

$$\xrightarrow{\quad v \circ u \quad}$$
$$x \xrightarrow{\ u\ } u(x) \xrightarrow{\ v\ } v(u(x))$$

■ *Exemple* : Soient u et v les fonctions définies sur $\mathbb{R}$ par $u(x) = x^2 + 1$ et $v(x) = 2x - 4$. La fonction $v \circ u$ est définie sur $\mathbb{R}$ par
$(v \circ u)(x) = v(x^2 + 1) = 2(x^2 + 1) - 4$, soit $(v \circ u)(x) = 2x^2 - 2$.

II Dérivée d'une composée de deux fonctions

■ **Théorème :** Soient u et v deux fonctions définies respectivement sur les intervalles I et J telles que, pour tout x de I, $u(x)$ est dans J.
Soient x_0 un élément de I et $y_0 = u(x_0)$ un élément de J.
Si la fonction u est dérivable en x_0 et si v est dérivable en $y_0 = u(x_0)$, alors la fonction $v \circ u$ est **dérivable** en x_0 et $(v \circ u)'(x_0) = v'(u(x_0)) \times u'(x_0)$.

À NOTER
$v \circ u$ est **dérivable** sur I si $v \circ u$ est dérivable en tout point de I.

■ *Exemple* : Soit f la fonction définie sur $\mathbb{R}$ par $f(x) = (2x + 1)^5$.
f est la composée de u suivie de v avec $u(x) = 2x + 1$ et $v(x) = x^5$.
On a donc $f = v \circ u$.
u et v sont dérivables sur $\mathbb{R}$ et, pour tout x réel, $v'(x) = 5x^4$ et $u'(x) = 2$.
f est donc dérivable sur $\mathbb{R}$ et on a :

$$\begin{aligned} f'(x) &= (v \circ u)'(x) \\ &= v'(u(x)) \times u'(x) \\ &= 5(2x+1)^4 \times 2 = 10(2x+1)^4. \end{aligned}$$

Méthodes

1 Déterminer une composée de fonctions

Soient u et v les fonctions définies par $v : x \mapsto \sqrt{x}$ et $u : x \mapsto x^2 - 4$.
Comparer les fonctions $v \circ u$ et $u \circ v$.

CONSEILS
Commencez par déterminer l'ensemble de définition de la composée, c'est-à-dire les valeurs de x pour lesquelles cette composée est définie. Déterminez ensuite l'expression de cette composée.

SOLUTION

- La fonction $v \circ u$ est définie si, pour tout x de l'ensemble de définition de u, $u(x)$ est bien dans l'ensemble de définition de v. Ici, $u(x)$ est définie sur $\mathbb{R}$ car c'est un polynôme du second degré. $v(x)$ est définie sur $]0\,;+\infty[$ Donc $(v \circ u)(x)$ est définie si et seulement si $u(x)$ appartient à $]0\,;+\infty[$.

Nous sommes donc amenés à résoudre l'inéquation $u(x) \geqslant 0$.

$u(x) \geqslant 0 \Leftrightarrow x^2 - 4 \geqslant 0$ soit $x \in D =]-\infty\,;-2] \cup [2\,;+\infty[$.

Pour tout x de D, on a $v \circ u\ (x) = v(u(x)) = \sqrt{u(x)} = \sqrt{x^2 - 4}$.

- $u \circ v(x)$ est définie si x appartient à $\mathbb{R}^+$ et si $v(x)$ appartient à l'ensemble de définition de u, soit $\mathbb{R}$. Ainsi $u \circ v$ est définie sur $\mathbb{R}^+$. On a alors $u \circ v(x) = u(v(x)) = (v(x))^2 - 4 = \left(\sqrt{x}\right)^2 - 4 = x - 4$.
- On s'aperçoit que $v \circ u \neq u \circ v$.

À NOTER
La composée de fonctions n'est pas commutative, c'est-à dire, en général, $v \circ u \neq u \circ v$.

2 Déterminer la dérivée d'une composée

Déterminer la dérivée de la fonction f définie par $f : x \mapsto \sqrt{x^2 - 3x + 5}$.

CONSEILS
Écrivez f sous la forme $f = v \circ u$. Cherchez ensuite l'ensemble D_f sur lequel f est dérivable et appliquez la formule donnant la dérivée de $v \circ u$.

SOLUTION

$f(x)$ est définie si et seulement si $x^2 - 3x + 5 \geqslant 0$. Le discriminant Δ de $x^2 - 3x + 5$ est $\Delta = -11$. $\Delta < 0$ donc $x^2 - 3x + 5$ est strictement positif, f est donc dérivable sur $\mathbb{R}$.

On a $f = v \circ u$ avec $u(x) = x^2 - 3x + 5$ et $v(x) = \sqrt{x}$.

Pour tout x réel, $f'(x) = v'(u(x)) \times u'(x)$. Ici, $u'(x) = 2x - 3$ et

$v'(x) = \dfrac{1}{2\sqrt{x}}$, d'où $f'(x) = \dfrac{1}{2\sqrt{u(x)}} \times u'(x) = \dfrac{1}{2\sqrt{x^2 - 3x + 5}} \times (2x - 3)$.

19 Fonctions convexes

En bref *L'étude de la convexité d'une fonction permet d'apporter des précisions sur la position de la courbe par rapport à ses tangentes.*

I Convexité d'une fonction

■ **Définition :** Une fonction f définie sur un intervalle I est dite convexe si la courbe $\mathscr{C}_f$ représentant f est située au-dessous de chacune de ses **cordes**.

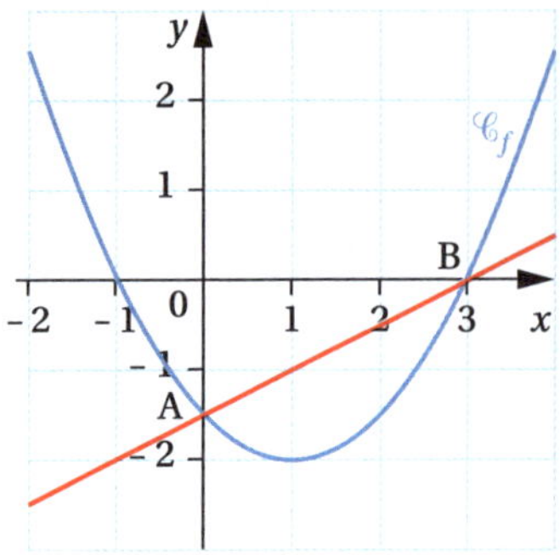

À NOTER

On appelle **corde** de la courbe $\mathscr{C}_f$ représentant f tout segment [AB] où A et B sont deux points de $\mathscr{C}_f$.

■ *Remarque* : Une fonction f est dite concave sur un intervalle I si $-f$ est convexe sur I. Attention, si f n'est pas convexe sur I alors f n'est pas forcément concave sur I.

■ **Définitions équivalentes :** Soit f une fonction dérivable sur un intervalle ouvert I et soit $\mathscr{C}$ sa courbe représentative.

- f est convexe sur I si et seulement si $\mathscr{C}$ est au-dessus de ses tangentes.
- f est convexe sur I si et seulement si f' est croissante sur I.

II Dérivée seconde d'une fonction

■ **Définition :** Soient f une fonction dérivable sur un intervalle I et f' sa dérivée sur I. Si f' est dérivable sur I, on appelle dérivée seconde de f sur I, la dérivée de f' sur I. On note cette dérivée seconde f''.

■ **Propriété :** f est convexe sur un intervalle I si et seulement si f'' est positive sur I.

III Point d'inflexion d'une courbe

■ **Définition :** Soient f une fonction définie sur un intervalle I et $\mathscr{C}$ sa courbe représentative. On appelle point d'inflexion de $\mathscr{C}$, tout point de $\mathscr{C}$ en lequel f change de convexité (elle passe de convexe à concave ou inversement).

■ **Théorèmes :**

- Soit a un réel de l'ensemble de définition de f. Si f est une fonction deux fois dérivable sur I, le point $\text{I}(a\,;\,f(a))$ est un point d'inflexion de $\mathscr{C}$ si et seulement si f'' s'annule et change de signe en a.
- Si f est dérivable sur I, le point $\text{I}(a\,;\,f(a))$ est un point d'inflexion de $\mathscr{C}$ si et seulement si $\mathscr{C}$ traverse sa tangente en I.

Méthodes

1 Étudier la convexité d'une fonction

On considère la fonction f définie sur $\mathbb{R}$ par $f(x) = 3x^2 - 4x + 1$.
Étudier la convexité de f sur $\mathbb{R}$.

CONSEILS
Étudiez la dérivabilité de f et f' sur $\mathbb{R}$ et le signe de f''.

SOLUTION

f est une fonction polynôme donc f est deux fois dérivable sur $\mathbb{R}$.
Pour tout x réel, on a $f'(x) = 6x - 4$ et $f''(x) = 6$.
$f''(x) > 0$ pour tout x réel, la fonction f est donc convexe sur $\mathbb{R}$.

2 Déterminer des points d'inflexion

Soit f la fonction définie sur $\mathbb{R}$ par $f(x) = \dfrac{2x}{x^2+2}$ et soit $\mathscr{C}$ sa courbe représentative. Étudier l'existence éventuelle de points d'inflexion.

CONSEILS
Pour déterminer les éventuels points d'inflexion de la courbe représentative d'une fonction f dérivable deux fois sur un intervalle I, il suffit de :
Étape 1 calculer $f''(x)$;
Étape 2 résoudre l'équation $f''(x) = 0$;
Étape 3 étudier le signe de $f''(x)$ et déterminer si f'' change de signe en chacune des éventuelles solutions de l'équation $f''(x) = 0$.

SOLUTION

Étape 1 f est deux fois dérivable sur $\mathbb{R}$. Pour tout réel x :

$$f'(x) = \frac{2(x^2+2) - 2x(2x)}{(x^2+2)^2} = \frac{-2x^2+4}{(x^2+2)^2}$$

$$\text{et } f''(x) = \frac{-4x(x^2+2)^2 - (-2x^2+4)(2 \times 2x(x^2+2))}{(x^2+2)^4} = \frac{4x(x^2-6)}{(x^2+2)^3}.$$

Étape 2 $f''(x) = 0$ équivaut à : $4x(x^2-6) = 0$, soit $x = 0$ ou $x^2 = 6$.
L'équation $f''(x) = 0$ a donc trois solutions : 0 ; $\sqrt{6}$ et $-\sqrt{6}$.
La courbe possède au maximum trois points d'inflexion.

Étape 3 $f''(x)$ s'annule et change de signe en $-\sqrt{6}$, en 0 et en $\sqrt{6}$. $\mathscr{C}$ admet donc trois points d'inflexion dont les abscisses sont $-\sqrt{6}$, 0 et $\sqrt{6}$.

x	$-\infty$		$-\sqrt{6}$		0		$\sqrt{6}$		$+\infty$
$f''(x)$		$-$	0	$+$	0	$-$	0	$+$	

MÉMO VISUEL

DÉRIVATION

Qu'est-ce qu'une fonction composée ?

Composée de deux fonctions

Soient u et v deux fonctions définies respectivement sur les intervalles I et J.

Soit $f : x \mapsto u(x) \mapsto v(u(x))$ avec $x \in \mathrm{I}$ et $u(x) \in \mathrm{J}$.

On écrit alors $f = v \circ u$ ou encore, pour tout x tel que $x \in \mathrm{I}$ et $u(x) \in \mathrm{J}$, $f(x) = (v \circ u)(x) = v(u(x))$

$$\begin{array}{l} \mathrm{I} \mapsto \mathrm{J} \mapsto \mathrm{K} \\ x \mapsto u(x) \mapsto v(u(x)) = (v \circ u)(x) \end{array}$$

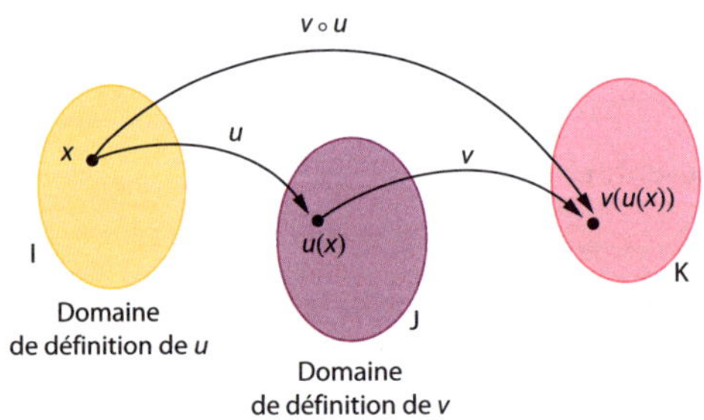

Comment calculer la dérivée d'une fonction composée ?

Dérivée d'une composée

Soient u et v deux fonctions définies respectivement sur les intervalles I et J tels que pour tout x de I, $u(x)$ est dans J.

Soient x_0 un élément de I et $y_0 = u(x_0)$ un élément de J.

Si la fonction u est dérivable en x_0 et si v est dérivable en y_0, alors la fonction $v \circ u$ est dérivable en x_0 et

$$(v \circ u)'(x_0) = v'(u(x_0)) \times u'(x_0)$$

Comment déterminer si une fonction est convexe ?

Convexité d'une fonction

Convexité

Une fonction f définie sur un intervalle I est dite **convexe** si la courbe représentant f est située au-dessous de chacune de ses cordes ou au-dessus de chacune de ses tangentes.

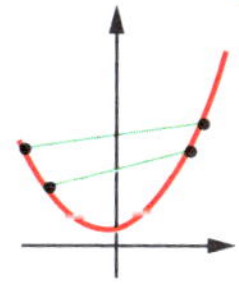

Définitions équivalentes

Soit f est une fonction deux fois dérivable sur I.

- f est **convexe** sur I si et seulement si f' est croissante sur I.
- f est **convexe** sur I si et seulement si f'' est positive sur I.

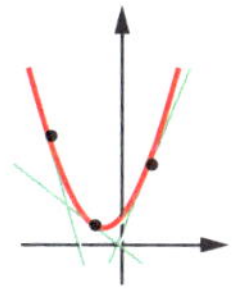

Concavité

Une fonction f définie sur un intervalle I est dite **concave** si la courbe représentant f est située au-dessus de chacune de ses cordes ou en dessous de chacune de ses tangentes.

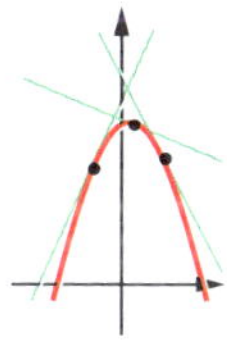

DES FONCTIONS

Comment reconnaître un point d'inflexion ?

Point d'inflexion

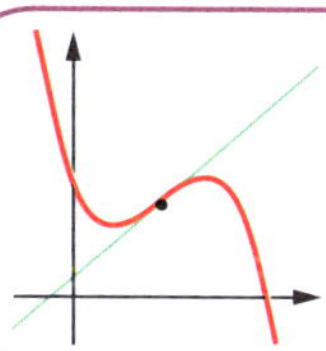

Si f est une fonction deux fois dérivable sur I, le point $I(a\,;f(a))$ est un **point d'inflexion** de $\mathscr{C}$ si et seulement si f'' s'annule et change de signe en a.

Au point d'inflexion, la fonction change de convexité.

SE TESTER QUIZ

Vérifiez que vous avez bien compris les points clés des **fiches 18 à 19**.

1 Composée de fonctions

→ FICHE 18

On considère les fonctions $f : x \mapsto x^2$ et $g : x \mapsto x+1$.

La fonction $f \circ g$ est définie par :

☐ **a.** $f \circ g : x \mapsto (x+1)^2$
☐ **b.** $f \circ g : x \mapsto x^2+1$
☐ **c.** $f \circ g : x \mapsto x^2(x+1)$

2 Dérivée d'une fonction composée

→ FICHE 18

1. Soient f et g deux fonctions. On suppose que g est définie et dérivable sur un intervalle I, f définie et dérivable sur J et que, pour tout x de I, $g(x)$ appartient à J. La fonction $f \circ g$ est dérivable sur J et sa dérivée est :

☐ **a.** $(f \circ g)' : x \mapsto f' \circ g'(x)$
☐ **b.** $(f \circ g)' : x \mapsto g'(f(x)) \times f'(x)$
☐ **c.** $(f \circ g)' : x \mapsto f'(g(x)) \times g'(x)$

2. Soit h la fonction définie par $h : x \mapsto (2x+1)^2$. La dérivée de h est :

☐ **a.** $h' : x \mapsto 2(2x+1)$ ☐ **b.** $h' : x \mapsto 4(2x+1)$ ☐ **c.** $h' : x \mapsto 2^2$

3 Étude de la convexité

→ FICHE 19

1. La fonction cube : $x \mapsto x^3$ est :

☐ **a.** convexe sur $\mathbb{R}$
☐ **b.** convexe sur $]-\infty ; 0[$ et concave sur $]0 ; +\infty[$
☐ **c.** concave sur $]-\infty ; 0[$ et convexe sur $]0 ; +\infty[$

2. Soient I un intervalle de $\mathbb{R}$, et f et g deux fonctions convexes et deux fois dérivables sur I. Pour tout x de I, on pose $h(x) = f(x) + g(x)$. Alors :

☐ **a.** h est convexe sur I
☐ **b.** h est concave sur I
☐ **c.** On ne peut rien dire sur la concavité ou la convexité de h

4 Recherche de points d'inflexion

→ FICHE 19

Soient f la fonction définie sur $\mathbb{R}$ par $f(x) = x^3 + 3x^2$ et $\mathscr{C}$ sa courbe représentative. La courbe $\mathscr{C}$:

☐ **a.** a un point d'inflexion d'abscisse -1
☐ **b.** a un point d'inflexion d'abscisse 1
☐ **c.** n'a aucun point d'inflexion

DÉMONSTRATION CLÉ

5 Établir un lien entre la convexité et la dérivée seconde

→ FICHE 19

Soit f une fonction deux fois dérivable sur un intervalle I.

Montrer que, si sa dérivée seconde est positive sur I, alors la courbe représentant f est au-dessus de ses tangentes sur I.

À NOTER
Si la courbe est au-dessus de ses tangentes sur I, alors elle est convexe.

S'ENTRAÎNER

6 Déterminer une fonction composée

→ FICHE 18

Déterminer l'ensemble de définition de chacune des fonctions suivantes, et montrer que chacune d'elles peut s'écrire sous la forme $f \circ g$ où f et g sont des fonctions usuelles.

a. $x \mapsto (3x-2)^2$ b. $x \mapsto \dfrac{1}{4x-3}$ c. $x \mapsto 3\sqrt{x}+6$

7 Décomposer une fonction

→ FICHE 18

On donne les fonctions $k : x \mapsto x^3$; $h : x \mapsto 2x^2+1$; $g : x \mapsto \dfrac{1}{x}$ et $t : x \mapsto \sqrt{x}$.

Écrire les fonctions ci-dessous sous la forme de composées de fonctions utilisant les fonctions k, h, g et/ou t.

a. $f : x \mapsto x^9$ b. $f : x \mapsto \sqrt{(2x^2+1)^3}$ c. $f : \begin{array}{l} \mathbb{R}^+ \to \mathbb{R} \\ x \mapsto 2x+1 \end{array}$

CONSEILS
Faites attention aux ensembles de définition.

8 Dériver une composée

→ FICHE 18

Montrer que la fonction f est dérivable sur $\mathbb{R}$, puis déterminer sa dérivée.

a. $f : x \mapsto \sqrt{x^2-3x+5}$ b. $f : x \mapsto e^{x^2+1}$ c. $f : x \mapsto \sin(\dfrac{1}{x^2+2})$

CONSEILS
Pensez à décomposer la fonction f en composée de deux fonctions.

9 Dériver deux fonctions classiques

→ FICHE 18

a. Soit u une fonction définie et dérivable sur un intervalle I et soit n un entier naturel. Après avoir écrit la fonction $h : x \mapsto (u(x))^n$ comme une composée de deux fonctions dérivables sur I, déterminer la dérivée de h.

b. Soit u une fonction définie strictement positive et dérivable sur un intervalle I. Après avoir écrit la fonction $k : x \mapsto \sqrt{u(x)}$ comme une composée de deux fonctions dérivables sur I, déterminer la dérivée de k.

10 Étudier la convexité d'une fonction

→ FICHE 19

a. Montrer que la fonction carré $x \mapsto x^2$ est convexe sur $\mathbb{R}$.

b. Montrer que la fonction racine carrée $x \mapsto \sqrt{x}$ est concave sur $]0\,;+\infty[$.

c. Montrer que la fonction exponentielle $x \mapsto \mathrm{e}^x$ est convexe sur $\mathbb{R}$.

11 Utiliser la convexité pour étudier la position de deux courbes

→ FICHE 19

Dans le repère ci-dessous, on a tracé la courbe représentant une fonction f définie sur $]0\,;+\infty]$ ainsi que sa tangente $\mathcal{T}$ au point d'abscisse 1.

a. Démontrer à l'aide du graphique que la fonction f est convexe sur $]0\,;+\infty]$.

b. Déterminer graphiquement une équation de la tangente $\mathcal{T}$ au point d'abscisse 1.

c. En déduire que, pour tout $x > 0$, $f(x) \geqslant x - 1$.

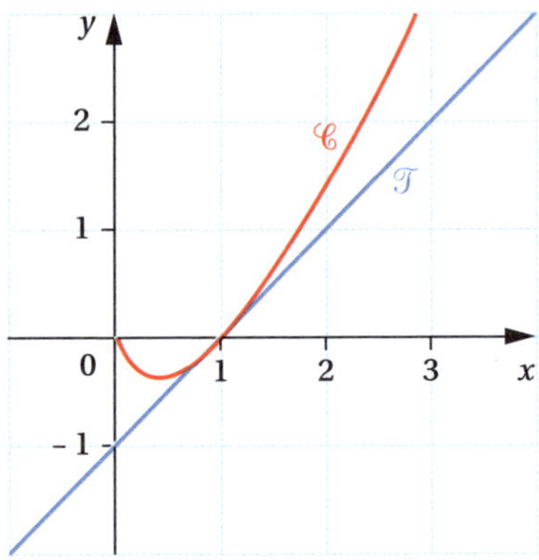

12 Reconnaître la dérivée seconde d'une fonction

→ FICHE 19

Soit f une fonction deux fois dérivable sur $\mathbb{R}$. On note f' sa dérivée et f'' sa dérivée seconde. La courbe représentative de la fonction dérivée notée $\mathscr{C}_{f'}$ est donnée ci-dessous. La droite $\mathscr{T}$ est tangente à la courbe $\mathscr{C}_{f'}$ au point d'abscisse 0.

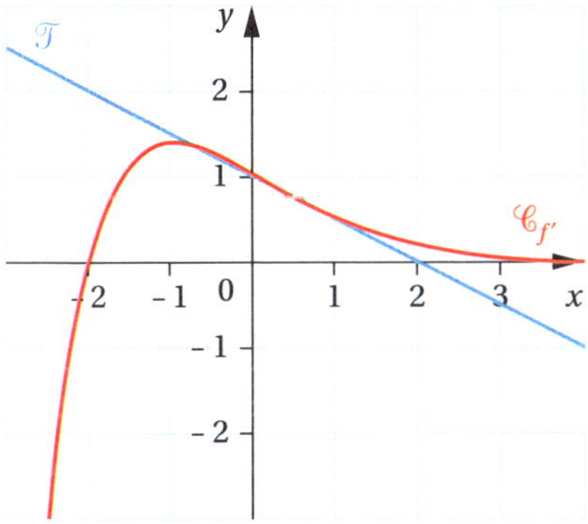

Retrouver, parmi les quatre courbes $\mathscr{C}_1$, $\mathscr{C}_2$, $\mathscr{C}_3$ et $\mathscr{C}_4$ ci-dessous, la courbe représentative de la fonction f et la courbe représentative de la dérivée seconde f''.

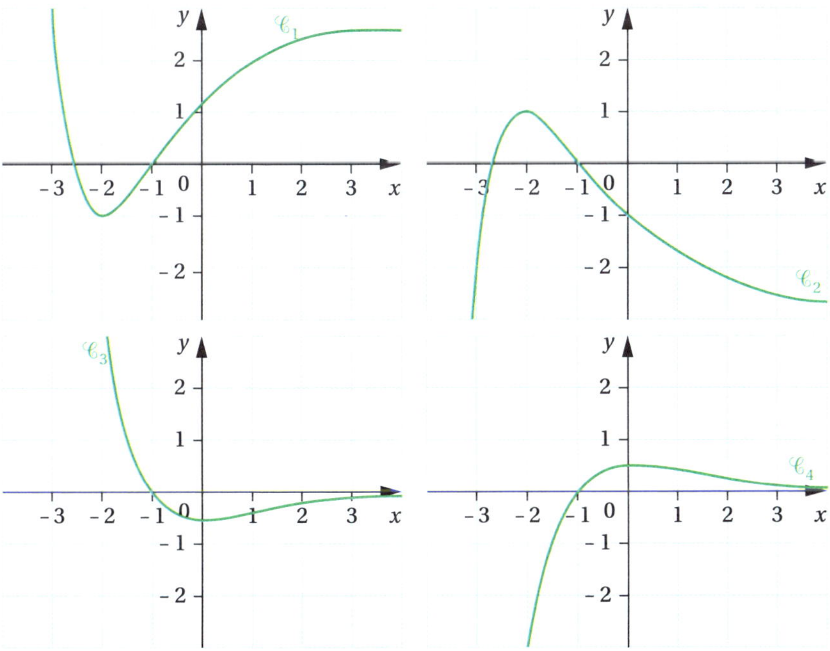

13 Déterminer la courbe d'une fonction à partir de la courbe de sa dérivée seconde

→ FICHE 19

On considère une fonction f définie sur $\mathbb{R}$ et deux fois dérivable.

On donne ci-dessous la courbe représentant la fonction f'', dérivée seconde de f, dans un repère orthonormé. Les points $A(-2\,;0)$; $B(0\,;-6)$ et $C(3\,;0)$ appartiennent à la courbe représentant f''.

Dans tout cet exercice, chaque réponse sera justifiée à partir d'arguments graphiques.

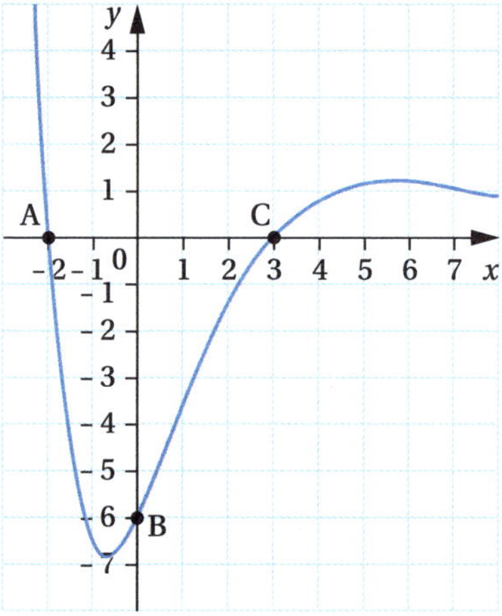

a. La courbe représentative de f admet-elle des points d'inflexion ?

b. Sur $[-2\,;3]$, la fonction f est-elle convexe ou concave ?

c. Parmi les deux courbes données ci-dessous, une seule est la représentation graphique de f, laquelle ? Justifier.

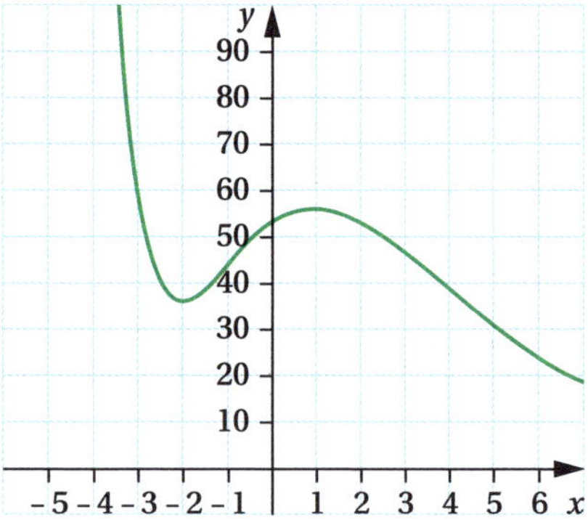

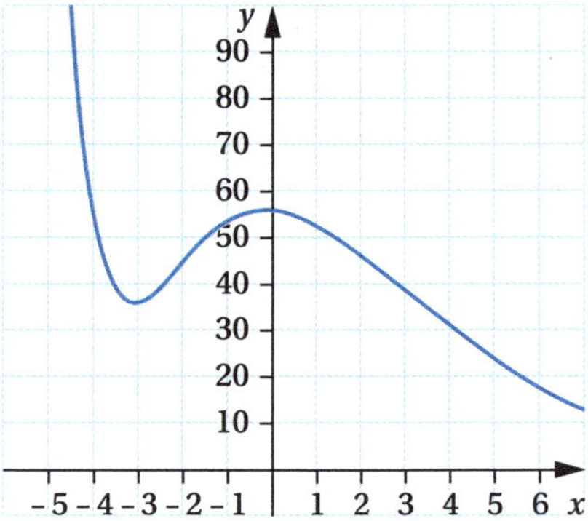

14 Utiliser la convexité pour démontrer une inégalité

→ FICHE 19

a. En utilisant la convexité de la fonction exponentielle, montrer que, pour tout réel x, on a $e^x \geqslant 1 + x$.

b. Montrer le même résultat sans utiliser la convexité de la fonction exponentielle.

CONSEILS
Pour comparer deux expressions, on peut étudier le signe de leur différence.

15 Déterminer la convexité d'une fonction à partir d'un tableau de signes

→ FICHE 19

Voici le tableau de signes de la fonction dérivée seconde f'' d'une fonction f deux fois dérivable sur $[-10\,;10]$.

x	-10		-3		1		10
Signe de $f''(x)$		+	0	−	0	+	

a. Déterminer le sens de variation de la dérivée f' de f.

b. Déterminer la convexité de f et les abscisses des éventuels points d'inflexion.

16 Déterminer la convexité d'une fonction à partir d'un tableau de variations

→ FICHE 19

Voici le tableau de variations de la fonction dérivée f' d'une fonction f dérivable sur $[-7\,;5]$.

x	-7		-2		-1		5
$f'(x)$	3	↘	0	↗	2	↘	1

a. Déterminer le sens de variation de f.

b. Déterminer la convexité de f.

CONSEILS
Le sens de variation de f dépend du signe de f' alors que la convexité de f dépend des variations de f'.

17 Résoudre un problème concret

→ FICHE 19

Un producteur de légumes souhaite développer son activité et livrer directement chez le revendeur des paniers de 100 kg de légumes variés labellisés « bio ».

La production mensuelle de légumes permettra de livrer au maximum 1 000 paniers par mois. Le coût total de production est modélisé par la fonction C définie sur l'intervalle [0 ; 10] par $C(x) = -\frac{1}{48}x^4 + \frac{5}{16}x^3 + 5x + 10$.

Lorsque x est exprimé en centaines de paniers, $C(x)$ est égal au coût total exprimé en centaines d'euros.

On admet que, pour tout nombre x de l'intervalle [0 ; 10], le coût marginal est donné par la fonction $C_m = C'$ où C' est la fonction dérivée de C.

À NOTER

Le coût marginal de production est l'accroissement de coût résultant de la production d'une unité supplémentaire. Ici on a $C_m(q) = C(q+1) - C(q)$; une bonne approximation du coût marginal est donc $C'(q)$.

1. Calculer $C_m(6)$, le coût marginal pour six cents paniers vendus.

2. On note C'' la fonction dérivée seconde de C.

a. Déterminer C'' et en déduire le plus grand intervalle de la forme $[0 ; a]$, inclus dans [0 ; 10] sur lequel la fonction C est convexe.

b. Que peut-on dire du point d'abscisse a de la courbe de la fonction C ?

c. Interpréter cette valeur de a en termes de coût.

OBJECTIF BAC

18 Étudier une production

40 min

→ FICHES 18 et 19

Ce sujet montre comment on peut utiliser la convexité dans un cas concret. Sa résolution permet de revoir l'essentiel des notions de ce chapitre.

LE SUJET

Dans une usine, une machine est utilisée chaque jour pendant 10 heures consécutives. Pour t le temps en heures appartenant à $[0 ; 10]$, la quantité totale de produit (production totale) fabriquée pendant les t premières heures est donnée par la fonction f telle que :

$$f(t) = (4 - t)^3 + 120t - 64.$$

1. Montrer que la production totale est croissante sur $[0 ; 10]$.

2. On appelle production marginale après t heures d'utilisation le nombre dérivé de f en t, c'est-à-dire $f'(t)$.

a. Déterminer la dérivée de la production marginale.

b. Étudier les variations de la production marginale sur $[0 ; 10]$ et montrer qu'elle admet un maximum en une valeur t_0 que l'on déterminera.

3. Soit $\mathscr{C}$ la courbe représentative de la fonction f.

a. Montrer que le point I de $\mathscr{C}$ d'abscisse t_0 est un point d'inflexion de $\mathscr{C}$.

b. Déterminer l'équation réduite de la tangente $\mathscr{T}$ à $\mathscr{C}$ au point I.

c. Étudier la position relative de $\mathscr{T}$ et $\mathscr{C}$. Quelle propriété retrouve-t-on ?

LIRE LE SUJET

1. La production totale est une fonction qui dépend du temps. On demande de montrer que la fonction donnée par $f(t) = (4 - t)^3 + 120t - 64$ est une fonction croissante sur l'intervalle $[0 ; 10]$.

2. a. La production marginale est le nombre dérivé de f en t. Il faut donc déterminer la dérivée d'une dérivée.

3. a. Il faut savoir vérifier les deux critères définissant un point d'inflexion.
b. On demande de déterminer l'équation réduite de la tangente à $\mathscr{C}$ en t_0.
c. On demande de déterminer sur quels intervalles la courbe représentant la fonction f est au-dessus ou en-dessous de $\mathscr{T}$.

▶▶▶ LA FEUILLE DE ROUTE

1. Déterminer une dérivée → FICHE 18

Pour montrer qu'une fonction est croissante, on détermine sa dérivée f', et on étudie son signe. Ici, on remarque que $t \mapsto (4-t)^3$ est la composée de deux fonctions simples ; on utilisera les dérivées des fonctions usuelles.

2. a. Déterminer la dérivée de la production marginale → FICHE 19

Pour déterminer la dérivée de la production marginale, on calcule f' puis f''.

2. b. Étudier les variations de la production marginale

On étudie le signe de la dérivée seconde de f sur $[0 ; 10]$ et on dresse le tableau de variations de f'.

3. a. Reconnaître un point d'inflexion → FICHE 19

On vérifie que f'' s'annule et change de signe en t_0.

3. b. Déterminer l'équation réduite d'une tangente

Si f est une fonction dérivable en a, la tangente au point d'abscisse a à la courbe représentative de f a pour équation réduite $y = f'(a)(x-a) + f(a)$.

3. c. Étudier la position relative de deux courbes

Étudiez le signe de la différence $f(t) - (at+b)$ où $y = at + b$ est l'équation de la tangente obtenue en 3.b. Pour étudier le signe de cette différence, on ne développera pas $(4-t)^3$.

CORRIGÉS

SE TESTER QUIZ

1 Composée de fonctions

Réponse a. f et g sont définies sur $\mathbb{R}$, $f \circ g$ est donc définie sur $\mathbb{R}$ et, pour tout x de $\mathbb{R}$, on a $f \circ g(x) = f(g(x)) = g(x)^2 = (x+1)^2$.

2 Dérivée d'une fonction composée

1. Réponse c. On sait que $f \circ g$ est dérivable sur J et pour tout x de J, on a :
$(f \circ g)'(x) = f'(g(x)) \times g'(x)$.

2. Réponse b. On remarque que h est la composée de u suivie de v avec $u : x \mapsto 2x+1$ et $v : x \mapsto x^2$.
On a donc, pour tout x de $\mathbb{R}$, $h'(x) = v'(u(x)) \times u'(x)$.
Or $v'(x) = 2x$ et $u'(x) = 2$ ainsi $h'(x) = 2(2x+1) \times 2 = 4(2x+1)$.

3 Étude de la convexité

1. Réponse c.
Pour tout x de $\mathbb{R}$, on a $f'(x) = 3x^2$ et $f''(x) = 6x$. Le signe de $f''(x)$ dépend donc du signe de $6x$. $6x$ est positif sur $]0\,;+\infty[$ et négatif sur $]-\infty\,;0[$, ainsi f est concave sur $]-\infty\,;0[$ et convexe sur $]0\,;+\infty[$.

> **À NOTER**
> f est deux fois dérivable sur $\mathbb{R}$, on étudie donc le signe de $f''(x)$.

2. Réponse a. f et g étant deux fois dérivables sur I, h est également deux fois dérivable sur I. Ainsi, pour tout x de I, on a $h'(x) = f'(x) + g'(x)$ et $h''(x) = f''(x) + g''(x)$.
De plus, f et g étant convexes sur I, leurs dérivées secondes sont positives sur I. On en déduit que $h''(x) \geqslant 0$, donc **h est convexe sur I.**

4 Recherche de points d'inflexion

Réponse a. f est deux fois dérivable sur $\mathbb{R}$. On détermine donc f''.
Pour tout x réel, $f'(x) = 3x^2 + 6x$ et $f''(x) = 6x + 6$.
$f''(x) = 0 \Leftrightarrow x = -1$. On a $f''(x) \geqslant 0 \Leftrightarrow x \geqslant -1$ et $\mathscr{C}$ $f''(x) \leqslant 0 \Leftrightarrow x \leqslant -1$.
f'' s'annule et change de signe en -1, $\mathscr{C}$ admet donc un point d'inflexion d'abscisse -1.

DÉMONSTRATION CLÉ

5 Établir un lien entre la convexité et la dérivée seconde

Soit f une fonction deux fois dérivable sur un intervalle $I = [\alpha ; \beta]$, et soit $\mathscr{C}$ sa courbe représentative. Pour montrer que, si f'' est positive sur I, alors $\mathscr{C}$ est au-dessus de ses tangentes sur I, on montre que la différence notée Δ définie par $\Delta(x) = f(x) - (ax + b)$ est positive, où $y = ax + b$ est l'équation réduite de la tangente $\mathscr{T}$ à $\mathscr{C}$ en un point $A(x_0 ; f(x_0))$ avec $x_0 \in I$.

Par définition, le point A est un point de $\mathscr{C}$ et un point de la tangente $\mathscr{T}$.

On a donc $\Delta(x_0) = f(x_0) - (ax_0 + b) = 0$.

Δ est dérivable sur I et, pour tout x de I, on a $\Delta'(x) = f'(x) - a$.

Ici, $f'(x_0) = a$ car a est le coefficient directeur de la tangente en A. Donc $\Delta'(x_0) = 0$.

Par hypothèse, f'' est positive sur I, f' est croissante sur I et donc Δ' est aussi croissante sur I.

> **À NOTER**
> Le coefficient directeur de la tangente au point A de $\mathscr{C}$ d'abscisse x_0 est $f'(x_0)$.

De plus, Δ' s'annule en x_0 donc $\Delta'(x) \leqslant 0$ sur $[\alpha ; x_0]$ et $\Delta'(x) > 0$ sur $]x_0 ; \beta]$.

On obtient donc le tableau de variations suivant pour Δ.

x	α		x_0		β
$\Delta'(x)$		$-$	0	$+$	
$\Delta(x)$	↘		0		↗

On déduit de ce tableau de variations que, pour tout x de I, $\Delta(x) \geqslant 0$, ce qui traduit que la courbe $\mathscr{C}$ est au-dessus de ses tangentes. On en déduit donc que f est convexe sur I.

S'ENTRAÎNER

6 Déterminer une fonction composée

a. Soit $h : x \mapsto (3x - 2)^2$. h est définie sur $\mathbb{R}$ car h est une fonction polynôme. On remarque que $x \mapsto 3x - 2 = X \mapsto X^2 = (3x - 2)^2$, h est donc la composée de g suivie de f avec $f : x \mapsto x^2$ et $g : x \mapsto 3x - 2$. f et g sont définies sur $\mathbb{R}$. On a donc $\mathbf{h = f \circ g}$.

b. Soit $k : x \mapsto \dfrac{1}{4x - 3}$. k est définie si et seulement si $4x - 3 \neq 0$, donc sur $\mathbb{R} \setminus \left\{\dfrac{3}{4}\right\}$.

On remarque que $x \mapsto 4x - 3 = X \mapsto \dfrac{1}{X} = \dfrac{1}{4x - 3}$.

Si on pose $f : x \mapsto \dfrac{1}{x}$ définie sur $\mathbb{R}^*$ et $g : x \mapsto 4x - 3$ définie sur $\mathbb{R}$, alors la fonction k est donc la composée de g suivie de f. On a $\mathbf{k = f \circ g}$.

c. Soit $l : x \mapsto 3\sqrt{x} + 6$. l est définie sur $[0\,;+\infty[$.
On remarque que $x \mapsto \sqrt{x} = X \mapsto 3X + 6 = 3\sqrt{x} + 6$.
Si on pose $f : x \mapsto \sqrt{x}$, définie sur $[0\,;+\infty[$, et $g : x \mapsto 3x + 6$, définie sur $\mathbb{R}$, alors la fonction l est donc la composée de f suivie de g. On a $l = g \circ f$.

7 Décomposer une fonction

a. $f : x \mapsto x^9$ est définie sur $\mathbb{R}$. On a $x^9 = \left(x^3\right)^3$. On en déduit donc que $f = k \circ k$.
b. Pour tout x réel, $2x^2 + 1 > 0$ donc f est définie sur $\mathbb{R}$. Pour obtenir f, on suit le schéma suivant : $x \mapsto 2x^2 + 1 = X \mapsto X^3 = \left(2x^2 + 1\right)^3 = Y \mapsto \sqrt{Y} = \sqrt{\left(2x^2 + 1\right)^3}$.
On a donc $f = t \circ k \circ h$.
c. f n'est définie que sur $[0\,;+\infty[$. On remarque que, sur $[0\,;+\infty[$, on peut écrire $x = \left(\sqrt{x}\right)^2$. On en déduit que $x \mapsto \sqrt{x} = X \mapsto 2X^2 + 1 = 2\left(\sqrt{x}\right)^2 + 1$.
D'où $f = h \circ t$.

> **À NOTER**
> L'ensemble de définition donné pour f est important car, sur $]-\infty\,;0]$, on a $x \neq \left(\sqrt{x}\right)^2$. En effet, $\sqrt{x}$ n'est pas définie sur $]-\infty\,;0]$.

8 Dériver une composée

a. f est définie sur $\mathbb{R}$: en effet, $f(x)$ est défini si et seulement si $x^2 - 3x + 5 \geqslant 0$.
Or le discriminant Δ du polynôme $x^2 - 3x + 5$ est égale à :
$\Delta = (-3^2) - 4 \times 1 \times 5 = 9 - 20 = -11 < 0$
ainsi $x^2 - 3x + 5$ est toujours positif (signe de a).
f est la composée de u suivie de v avec $v : x \mapsto \sqrt{x}$ et $u : x \mapsto x^2 - 3x + 5$.
On a $f = v \circ u$.
f est dérivable sur $\mathbb{R}$ et, pour tout x réel, $f'(x) = v'(u(x)) \times u'(x)$. On a $v' : x \mapsto \dfrac{1}{2\sqrt{x}}$ et $u' : x \mapsto 2x - 3$. Donc $f'(x) = \dfrac{1}{2\sqrt{u(x)}} \times (2x - 3) = \dfrac{2x - 3}{2\sqrt{x^2 - 3x + 5}}$.
b. f est définie et dérivable sur $\mathbb{R}$. f est la composée de u suivie de v avec $v : x \mapsto e^x$ et $u : x \mapsto x^2 + 1$. Ces deux fonctions sont définies et dérivables sur $\mathbb{R}$; on a $v' : x \mapsto e^x$ et $u' : x \mapsto 2x$.
Pour tout x réel, on a $f'(x) = v'(u(x)) \times u'(x) = e^{u(x)} \times u'(x) = 2xe^{x^2+1}$.
c. f est définie et dérivable sur $\mathbb{R}$.
f est la composée de u suivie de v avec $v : x \mapsto \sin x$ et $u : x \mapsto \dfrac{1}{x^2 + 2}$. Ces deux fonctions sont définies et dérivables sur $\mathbb{R}$ et on a $v' : x \mapsto \cos x$ et $u' : x \mapsto \dfrac{-2x}{\left(x^2 + 2\right)^2}$.
Pour tout x réel, on a $f'(x) = v'(u(x)) \times u'(x)$

$$= \cos(u(x)) \times u'(x) = \cos\left(\frac{1}{x^2 + 2}\right) \times \frac{-2x}{\left(x^2 + 2\right)^2}.$$

> **À NOTER**
> La dérivée de l'inverse d'une fonction l est $\left(\dfrac{1}{l}\right)' = \dfrac{-l'}{l^2}$. On applique donc cette formule vue en première pour dériver u.

9 Dériver deux fonctions classiques

a. h est dérivable sur I. De plus, h peut s'écrire comme la composée de la fonction u suivie de la fonction v où $v : x \mapsto x^n$. On a alors $v'(x) = nx^{n-1}$, d'où pour tout x de I : $h'(x) = v'(u(x)) \times u'(x) = n(u(x))^{n-1} \times u'(x)$, que l'on écrit plus souvent sous la forme : $h' = nu'u^{n-1}$.

b. La fonction u étant définie strictement positive et dérivable sur I, k est dérivable sur I. De plus, k peut s'écrire comme la composée de la fonction u suivie de la fonction v où $v : x \mapsto \sqrt{x}$. $v'(x) = \dfrac{1}{2\sqrt{x}}$, d'où pour tout x de I :

$k'(x) = v'(u(x)) \times u'(x) = \dfrac{1}{2\sqrt{u(x)}} \times u'(x) = \dfrac{u'(x)}{2\sqrt{u(x)}}$, que l'on écrit plus souvent sous la forme : $k' = \dfrac{u'}{2\sqrt{u}}$.

10 Étudier la convexité d'une fonction

Les fonctions $f : x \mapsto x^2$, $g : x \mapsto \sqrt{x}$ et $h : x \mapsto \mathrm{e}^x$ sont deux fois dérivables sur chacun des ensembles donnés dans l'énoncé, on peut donc utiliser la propriété reliant la dérivée seconde et la convexité, à savoir que la fonction est convexe si sa dérivée seconde est positive.

a. Pour tout x de $\mathbb{R}$, on a $f'(x) = 2x$ et $f''(x) = 2$.
$f''(x) > 0$, f est donc convexe sur $\mathbb{R}$.

b. Pour tout x de $\mathbb{R}_+^*$, on a $g'(x) = \dfrac{1}{2\sqrt{x}}$. La fonction g' est de la forme $\dfrac{1}{v}$ donc, d'après la formule de dérivation, on sait que $g'' = \dfrac{-v'}{v^2}$, d'où $g''(x) = \dfrac{\frac{-2}{2\sqrt{x}}}{\left(2\sqrt{x}\right)^2} = \dfrac{-1}{4x\sqrt{x}}$.

$g''(x) < 0$ sur $]0\,;+\infty[$, donc la fonction est concave sur cet intervalle.

c. Pour tout x de $\mathbb{R}$, on a $h'(x) = \mathrm{e}^x$ et $h''(x) = \mathrm{e}^x$.
$h''(x) > 0$, h est donc convexe sur $\mathbb{R}$.

11 Utiliser la convexité pour étudier la position de deux courbes

a. La courbe représentant f sur le graphique est située au-dessus de ses tangentes sur $[0\,;+\infty[$, on peut donc en déduire que la fonction est convexe sur $[0\,;+\infty[$.

À NOTER

Ne connaissant pas l'expression de f, on utilise une des définitions faisant intervenir la position de la courbe par rapport aux tangentes ou aux cordes.

b. Le coefficient directeur de la tangente au point d'abscisse 1 est 1. L'ordonnée à l'origine de $\mathcal{T}$ est –1. On en déduit que l'équation réduite de cette tangente est $y = x - 1$.

À NOTER
L'équation réduite d'une droite est de la forme $y = ax + b$ où a est le coefficient directeur et b l'ordonnée à l'origine.

c. On a vu que f est convexe sur $[0\,;+\infty[$, cela implique que la courbe représentant f est située au-dessus de ses tangentes sur $[0\,;+\infty[$, donc en particulier au-dessus de la tangente au point d'abscisse 1. On en déduit donc que, pour tout x de $[0\,;+\infty[$, $f(x) \geqslant x - 1$.

12 Reconnaître la dérivée seconde d'une fonction

■ On étudie le signe de f' pour obtenir les variations de f. Graphiquement, on voit que, sur $]-\infty\,;-2[$, $f'(x) < 0$, f sera donc décroissante sur cet intervalle. Sur $]-2\,;+\infty[$, $f'(x) \geqslant 0$, f sera donc croissante sur cet intervalle. En conclusion, f est décroissante sur $]-\infty\,;-2[$ et croissante sur $]-2\,;+\infty[$. La courbe représentant f est donc $\mathscr{C}_1$.

À NOTER
Le signe de f' permet de déterminer le sens de variation de f. Les variations de f' permettent de définir le signe de f'' car f'' est la dérivée de f'.

■ f' est croissante sur $]-\infty\,;-1[$ et décroissante sur $]-1\,;+\infty[$, f'' est donc positive sur $]-\infty\,;-1[$ et négative sur $]-1\,;+\infty[$. La courbe représentant f'' est donc la courbe $\mathscr{C}_3$.

13 Déterminer la courbe d'une fonction à partir de la courbe de sa dérivée seconde

a. La courbe représentative de la fonction f admet un point d'inflexion si la dérivée seconde de f s'annule et change de signe. D'après sa courbe représentative, la fonction f'' s'annule et change de signe en $x = -2$ et $x = 3$. La courbe représentant la fonction f admet donc deux points d'inflexion : les points d'abscisses –2 et 3.
b. Sur l'intervalle $[-2\,;\,3]$, la courbe représentant f'' est située en dessous de l'axe des abscisses, donc $f'' \leqslant 0$. Cela veut dire que, sur cet intervalle, la fonction f est concave.
c. La courbe 1 représente une fonction qui admet en $x = -2$ un minimum ; au point d'abscisse –2 la courbe ne traverse pas sa tangente, donc le point d'abscisse –2 n'est pas un point d'inflexion. La courbe 1 ne représente donc pas la fonction f. La fonction f est représentée par la courbe 2.

14 Utiliser la convexité pour démontrer une inégalité

a. Dans l'exercice 10, on a prouvé que la fonction exponentielle est convexe sur $\mathbb{R}$. On peut en déduire que sa courbe représentative est au-dessus de toutes ses tangentes, et en particulier de la tangente au point d'abscisse 0 qui a pour équation $y = x + 1$. D'où $e^x \geqslant 1 + x$.

b. Pour tout réel, on pose $f(x) = e^x - x - 1$, et on étudie le signe de f.
Pour cela, on va déterminer les variations de f puis en déduire son signe.
Pour tout x, $f'(x) = e^x - 1$. On a $f'(x) \geqslant 0 \Leftrightarrow e^x \geqslant 1 \Leftrightarrow x \geqslant 0$.
On obtient le tableau de variations de f sur $\mathbb{R}$ ci-dessous.

x	$-\infty$		0		$+\infty$
$f'(x)$		$-$	|	$+$	
$f(x)$		↘	0	↗	

Donc f atteint son minimum en $x = 0$, avec $f(0) = 0$.
Il en découle que, pour tout réel x, $f(x) \geqslant 0$, soit $e^x \geqslant 1 + x$.

15 Déterminer la convexité d'une fonction à partir d'un tableau de signes

a. f'' est positive sur $[-10\,;-3]$ et sur $[1\,;10]$. f' sera donc croissante sur ces deux intervalles et, f'' étant négative sur $[-3\,;1]$, f' sera décroissante sur $[-3\,;1]$.

À NOTER
Le signe de f'' permet de déterminer les variations de f'.

b. • On sait que f est convexe sur un intervalle I si et seulement si sa dérivée seconde est positive sur I ou si sa dérivée est croissante sur I.
De même f est concave sur I si et seulement si sa dérivée seconde est négative sur I ou si sa dérivée est décroissante sur I.
On en déduit que **f est convexe sur $[-10\,;-3]$ et sur $[1\,;10]$ et concave sur $[-3\,;1]$**.
• La courbe représentant f admet des points d'inflexion si la dérivée seconde de f s'annule et change de signe. On voit que la dérivée seconde s'annule et change de signe en -3 et en 1.
La courbe représentant f admet donc deux points d'inflexion, **les points d'abscisses -3 et 1**.

16 Déterminer la convexité d'une fonction à partir d'un tableau de variations

a. D'après le tableau de variations, f' est positive sur $[-7\,;5]$, f est donc croissante sur cet intervalle.
b. On sait que f est convexe sur un intervalle I si et seulement si sa dérivée est croissante sur I, et f est concave sur I si et seulement si sa dérivée est décroissante sur I.
Le tableau de variations de f' nous permet de déduire que f est convexe sur $[-2\,;-1]$ et concave sur $[-7\,;-2]$ et $[-1\,;5]$.

17 Résoudre un problème concret

1. La fonction C est dérivable sur $\mathbb{R}$ car C est une fonction polynôme.
Pour tout x de $[0\,;10]$, $C'(x) = -\frac{4}{48}x^3 + \frac{15}{16}x^2 + 5 = -\frac{1}{12}x^3 + \frac{15}{16}x^2 + 5$
donc $C_m(6) = C'(6) = -\frac{1}{12}6^3 + \frac{15}{16}6^2 + 5 = \frac{83}{4} = 20{,}75$.
Le coût marginal pour 600 paniers et donc **20,75 centaines d'euros,** soit 2 075 euros.

2. On note C'' la dérivée seconde de C.

a. On a donc $C''(x) = -\frac{1}{4}x^2 + \frac{15}{8}x$.

On résout $-\frac{1}{4}x^2 + \frac{15}{8}x \geqslant 0 \Leftrightarrow x\left(-\frac{1}{4}x + \frac{15}{8}\right) \geqslant 0$

$\Leftrightarrow -\frac{1}{4}x + \frac{15}{8} \geqslant 0$ (car $x \geqslant 0$)

$\Leftrightarrow -\frac{1}{4}x \geqslant -\frac{15}{8}$

$\Leftrightarrow x \leqslant \frac{15}{2}$

> **À NOTER**
> La fonction C est convexe sur un intervalle si et seulement si C'' est positive sur cet intervalle.

Le plus grand intervalle de la forme $[0\,;a]$ sur lequel la fonction C est convexe est l'intervalle $\left[0\,;\frac{15}{2}\right]$.

b. En $x = \frac{15}{2}$, la dérivée seconde s'annule et change de signe donc le point d'abscisse $\frac{15}{2}$ est un point d'inflexion pour C.

c. Pour $x > \frac{15}{2}$, $C''(x) < 0$ donc **le coût marginal C' diminue.**

OBJECTIF BAC

18 Étudier une production

1. La fonction f est dérivable sur $[0\,;10]$ car f est une fonction polynôme.
On remarque que f est formée d'une somme de deux fonctions $h : t \mapsto (4-t)^3$ et $g : t \mapsto 120t - 64$. La fonction h est la composée de la fonction $v : t \mapsto t^3$ et $u : t \mapsto 4 - t$.
On a $v'(t) = 3t^2$ et $u'(t) = -1$.
Puisque $f = v \circ u + g$, on a, pour tout t de $[0\,;10]$,

$$f'(t) = v' \circ u(t) \times u'(t) + g'(t)$$
$$= v'(u(t)) \times u'(t) + g'(t)$$
$$= -3(u(t))^2 + 120 = -3(4-t)^2 + 120.$$

Pour tout $t \in [0\,;10]$, $f'(t) = -3t^2 + 24t - 48 + 120 = 3(-t^2 + 8t + 24)$.
Le trinôme $-t^2 + 8t + 24$ a deux racines réelles : en effet le discriminant du trinôme est égal à $\Delta = 8^2 - 4 \times (-1) \times 24 = 160 = \left(4\sqrt{10}\right)^2$.
Les solutions de l'équation $-t^2 + 8t + 24 = 0$ sont $t_1 = 4 + 2\sqrt{10} \approx 10{,}3$ et $t_2 = 4 - 2\sqrt{10} \approx -2{,}3$.

Ainsi $-t^2 + 8t + 24 > 0$ pour tout $t \in \,]t_2\,;\,t_1[$, en particulier $-t^2 + 8t + 24 > 0$ si $t \in [0\,;10]$.
On en déduit que $f'(t) > 0$ pour tout $t \in [0\,;\,10]$, donc que **la production totale est croissante sur [0 ; 10].**

À NOTER
Un trinôme $at^2 + bt + c$ qui a deux racines réelles t_1 et t_2 est « du signe de $-a$ » pour toute valeur de t comprise entre les racines.

2. a. La fonction f' est dérivable sur [0 ; 10]. La dérivée de la production marginale est
$f''(t) = -6t + 24 = 6(-t + 4)$.
b. $f''(t) = 0$ si et seulement si $t = 4$.
$f''(t) > 0$ si $t \in [0\,;4[$; $f''(t) < 0$ si $t \in \,]4\,;10]$.
La production marginale est donc croissante sur [0 ; 4] et décroissante sur [4 ; 10].
Elle admet un maximum en $t = t_0 = 4$.
La production marginale est maximale **au bout de 4 heures.**

3. a. f'' s'annule et change de signe en $t = 4$, donc le point I de $\mathscr{C}$ d'abscisse $t_0 = 4$ est un point d'inflexion de $\mathscr{C}$.
b. La tangente $\mathscr{T}$ à $\mathscr{C}$ au point I a pour équation réduite $y = f'(4)(x - 4) + f(4)$.
Or $f(4) = 416$ et $f'(4) = 120$, donc $\mathscr{T}$ a pour équation réduite $\boldsymbol{y = 120x - 64}$.
c. Pour étudier la position relative de $\mathscr{T}$ et $\mathscr{C}$, on étudie le signe de la différence $f(t) - (120t - 64)$.
$f(t) - (120t - 64) = (4 - t)^3 + 120t - 64 - 120t + 64 = (4 - t)^3$
$(4 - t)^3 = (4 - t)(4 - t)^2$ a le même signe que $4 - t$.
On en déduit que :
- Si $t < 4$, alors $(4 - t)^3 > 0$ et $f(t) - (120t - 64) > 0 \Leftrightarrow f(t) > 120t - 64$.

La courbe $\mathscr{C}$ est au-dessus de $\mathscr{T}$.
- Si $t > 4$, alors $(4 - t)^3 < 0$ et $f(t) - (120t - 64) < 0 \Leftrightarrow f(t) < 120t - 64$.

La courbe $\mathscr{C}$ est en-dessous de $\mathscr{T}$.
- $\mathscr{T}$ et $\mathscr{C}$ ont en commun le point I d'abscisse 4.

On retrouve une propriété vue dans le cours : **en un point d'inflexion, la courbe traverse sa tangente.**

7 Limites et continuité des fonctions d'une variable réelle

La trajectoire des avions devient semblable à une droite. Cette droite sera appelée asymptote à la courbe représentant la trajectoire de l'avion.

20 Limites et asymptotes

En bref *La notion de limite vue pour les suites peut s'étendre aux fonctions, que x tende vers $+\infty$, $-\infty$ ou vers un nombre fini.*

I Limite finie en l'infini

■ **Définition :** Dire que ℓ est la limite de $f(x)$ quand x tend vers $+\infty$ signifie qu'il existe un nombre x_0 tel que, pour tout $x > x_0$, tout intervalle ouvert contenant ℓ contient tous les nombres $f(x)$.

Autrement dit, ℓ est la limite de $f(x)$ quand x tend vers $+\infty$ (resp. $-\infty$) si tout intervalle ouvert contenant ℓ contient tous les nombres $f(x)$ pourvu que x soit suffisamment grand (resp. pourvu que x soit négatif et suffisamment grand en valeur absolue).

On note $\lim\limits_{x\to+\infty} f(x) = \ell$ (resp. $\lim\limits_{x\to-\infty} f(x) = \ell$).

■ *Exemples :* $\lim\limits_{x\to+\infty} \frac{1}{x} = 0$; $\lim\limits_{x\to-\infty} \frac{1}{x} = 0$; $\lim\limits_{x\to-\infty} e^x - 1 = -1$.

■ **Définition :** Soit ℓ un nombre réel.

Dire que la droite d'équation $y = \ell$ est **asymptote** à la courbe représentant f en $+\infty$ (resp. en $-\infty$) signifie que $\lim\limits_{x\to+\infty} f(x) = \ell$ (resp. $\lim\limits_{x\to-\infty} f(x) = \ell$).

À NOTER
La courbe se rapproche de « plus en plus » de son asymptote.

II Limite infinie en l'infini

■ **Définition :** Soit A un nombre réel. Dire qu'une fonction f tend vers $+\infty$ (resp. $-\infty$) quand x tend vers $+\infty$ signifie que tout intervalle de la forme $]A\,;+\infty[$ contient tous les nombres $f(x)$ pourvu que x soit suffisamment grand.

On note $\lim\limits_{x\to+\infty} f(x) = +\infty$ et $\lim\limits_{x\to+\infty} f(x) = -\infty$ (resp. $\lim\limits_{x\to-\infty} f(x) = \pm\infty$).

■ *Exemples :* Soit n un entier naturel. On a $\lim\limits_{x\to+\infty} x^n = +\infty$; $\lim\limits_{x\to-\infty} x^n = +\infty$ ou $-\infty$ selon la parité de n ; $\lim\limits_{x\to+\infty} \sqrt{x} = +\infty$; $\lim\limits_{x\to+\infty} e^x = +\infty$.

III Limite infinie en un point

■ **Définition :** Dire que f a pour limite $+\infty$ (resp. $-\infty$) en x_0 signifie que tout intervalle du type $]A\,;+\infty[$ (resp. $]-\infty\,;A[$) contient tous les nombres $f(x)$, pourvu que x soit suffisamment proche de x_0.

■ *Exemples :* $\lim\limits_{x\to0^+} \frac{1}{x} = +\infty$ et $\lim\limits_{x\to0^-} \frac{1}{x} = -\infty$

■ **Définition :** Soit ℓ un nombre réel. La droite d'équation $x = \ell$ est asymptote à la courbe représentant f si $\lim\limits_{x\to\ell} f(x) = \pm\infty$.

Méthode

Lire et interpréter une limite

On considère une fonction f dont le tableau de variations est donné ci-dessous.

x	$-\infty$	1	4	5	$+\infty$
$f(x)$	$-\infty$ ↗	2 ↘	$-\infty$ ‖ $+\infty$ ↘	-1 ↗	2

a. Quel est l'ensemble de définition de f ?

b. Quelles sont les limites données dans ce tableau ? Les interpréter graphiquement, puis donner une allure de la courbe représentant f.

CONSEILS

Les limites de f se lisent en $+\infty$, $-\infty$ et aux points en lesquels la fonction n'est pas définie.

SOLUTION

a. L'ensemble de définition de f est $]-\infty, 4[\cup]4, +\infty[$.

b. On lit les limites suivantes : $\lim\limits_{x \to -\infty} f(x) = -\infty$ et $\lim\limits_{x \to +\infty} f(x) = 2$.

Lorsque x tend vers 4 en restant inférieur à 4, on a $\lim\limits_{x \to 4^-} f(x) = -\infty$.

Lorsque x tend vers 4 en restant supérieur à 4, on a $\lim\limits_{x \to 4^+} f(x) = +\infty$.

A NOTER

$\lim\limits_{x \to 4^-} f(x)$ peut également se noter $\lim\limits_{\substack{x \to 4 \\ x<4}} f(x)$. Cette écriture montre bien que x se rapproche de 4 en étant dans l'intervalle $]-\infty\,;4[$.

La courbe représentant f admet donc pour asymptote horizontale la droite d'équation $y = 2$ en $+\infty$ et pour asymptote verticale la droite d'équation $x = 4$.

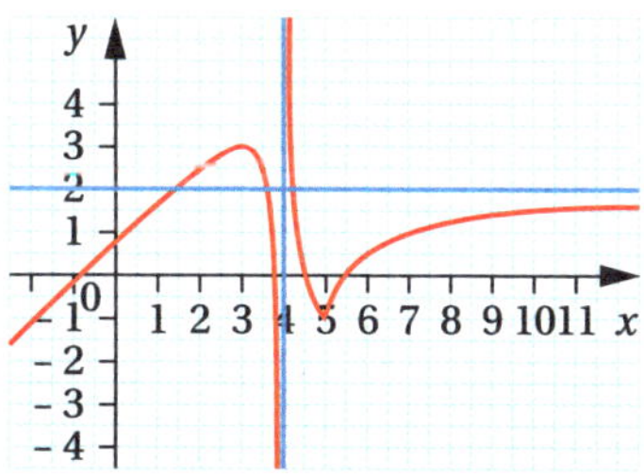

21 Opérations sur les limites, comparaison

En bref *On peut déterminer les limites de fonctions en utilisant les opérations sur les limites ou en comparant les fonctions.*

I Opérations sur les limites

Les résultats des opérations sur les limites sont admis. La limite d'une somme de fonctions se calcule de la même façon que la limite d'une somme de suites. Dans les tableaux ci-dessous, « F. I. » désigne une forme indéterminée → FICHE 16.

1 Limite d'un produit

Limite de f	ℓ	$\ell \neq 0$	$+\infty$	$-\infty$	$-\infty$	0
Limite de g	ℓ'	$+\infty$ ou $-\infty$	$+\infty$	$+\infty$	$-\infty$	$+\infty$ ou $-\infty$
Limite de $f \times g$	$\ell\ell'$	$+\infty$ ou $-\infty$ selon le signe de ℓ	$+\infty$	$-\infty$	$+\infty$	F. I.

2 Limite d'un quotient

Limite de f	ℓ	ℓ	$\ell > 0$		$\ell < 0$	
Limite de g	$\ell' \neq 0$	$+\infty$ ou $-\infty$	0^+	0^-	0^+	0^-
Limite de $\frac{f}{g}$	$\frac{\ell}{\ell'}$	0	$+\infty$	$-\infty$	$-\infty$	$+\infty$

Limite de f	$+\infty$	$+\infty$		$-\infty$		0	$+\infty$ ou $-\infty$
Limite de g	$\ell' \neq 0$	0^+	0^-	0^+	0^-	0	$+\infty$ ou $-\infty$
Limite de $\frac{f}{g}$	$+\infty$ ou $-\infty$ selon le signe de ℓ	$+\infty$	$-\infty$	$-\infty$	$+\infty$	F. I.	F. I.

II Comparaison et encadrement

- **Théorème 1 :** Soient f, g, h trois fonctions définies sur un intervalle I telles que pour tout x de I : $f(x) \leqslant g(x) \leqslant h(x)$ ou $f(x) < g(x) < h(x)$.

Si $\lim\limits_{x \to x_0} f(x) = \ell$ et $\lim\limits_{x \to x_0} h(x) = \ell'$, alors $\ell \leqslant \lim\limits_{x \to x_0} g(x) \leqslant \ell'$.

- **Théorème 2 :** Soient f, g, h trois fonctions définies sur un intervalle I telles que pour tout x de I : $f(x) \leqslant g(x) \leqslant h(x)$ ou $f(x) < g(x) < h(x)$.

Si $\lim\limits_{x \to x_0} f(x) = \ell$ et $\lim\limits_{x \to x_0} h(x) = \ell$, alors $\lim\limits_{x \to x_0} g(x) = \ell$.

Méthode

Déterminer la limite en l'infini d'une fraction rationnelle

a. Déterminer la limite lorsque x tend vers $+\infty$ de $3x^2 + 3x + 1$, puis celle de $2x - 1$.

b. Déterminer la limite en $+\infty$ de $f(x) = \dfrac{2x-1}{3x^2+3x+1}$.

CONSEILS

b. Pour lever la forme indéterminée, factorisez le numérateur et le dénominateur par les termes de plus haut degré.

SOLUTION

a. $\lim\limits_{x \to +\infty} 3x^2 = +\infty$; $\lim\limits_{x \to +\infty} 3x = +\infty$ et $\lim\limits_{x \to +\infty} 1 = 1$. Ainsi $\lim\limits_{x \to +\infty} (3x^2 + 3x + 1) = +\infty$.
De même, $\lim\limits_{x \to +\infty} (2x - 1) = +\infty$.

b. Le numérateur et le dénominateur de cette fraction ont pour limite $+\infty$: il s'agit d'une forme indéterminée.
Pour lever cette indétermination, on factorise le numérateur et le dénominateur par les termes de plus haut degré. On a alors :

$$f(x) = \frac{2x-1}{3x^2+3x+1} = \frac{2x\left(1-\dfrac{1}{2x}\right)}{3x^2\left(1+\dfrac{3x}{3x^2}+\dfrac{1}{3x^2}\right)} = \frac{2\left(1-\dfrac{1}{2x}\right)}{3x\left(1+\dfrac{3}{3x}+\dfrac{1}{3x^2}\right)}.$$

$\lim\limits_{x \to +\infty} 2\left(1-\dfrac{1}{2x}\right) = 2$ car $\lim\limits_{x \to +\infty} \dfrac{1}{2x} = 0$ et $\lim\limits_{x \to +\infty} \left(1-\dfrac{1}{2x}\right) = 1$.

De plus, $\lim\limits_{x \to +\infty} \left(1+\dfrac{3}{3x}+\dfrac{1}{3x^2}\right) = 1$ et $\lim\limits_{x \to +\infty} 3x = +\infty$,

donc $\lim\limits_{x \to +\infty} 3x\left(1+\dfrac{3}{3x}+\dfrac{1}{3x^2}\right) = +\infty$. Ainsi, d'après le tableau donnant la limite d'un quotient, on déduit que $\lim\limits_{x \to +\infty} f(x) = 0$.

À NOTER

On remarque que $\lim\limits_{x \to +\infty} f(x) = \lim\limits_{x \to +\infty} \dfrac{2}{3x}$. D'une façon générale, la limite en $+\infty$ (ou $-\infty$) d'une fraction rationnelle est égale à la limite en $+\infty$ (ou $-\infty$) du rapport de ses termes prépondérants, c'est-à-dire de plus haut degré.

22 Limites et continuité

En bref *Certaines courbes peuvent être tracées sans lever le crayon, d'autres pas. On peut retrouver ce critère grâce à l'étude de la continuité de la fonction associée à la courbe.*

I Définitions – Propriétés

■ **Définition :** Soit x_0 un réel appartenant à un intervalle I. Une fonction f définie sur I est **continue** en x_0 si f admet une limite finie en x_0. Cette limite est alors $f(x_0)$.

■ Une fonction f définie sur un intervalle I est **continue sur I** si f est continue en tout point de I.

Contre-exemple : La fonction ci-contre est continue sur]– 2 ; 0] et sur]0 ; 2] mais pas sur tout l'intervalle [– 2 ; 2].

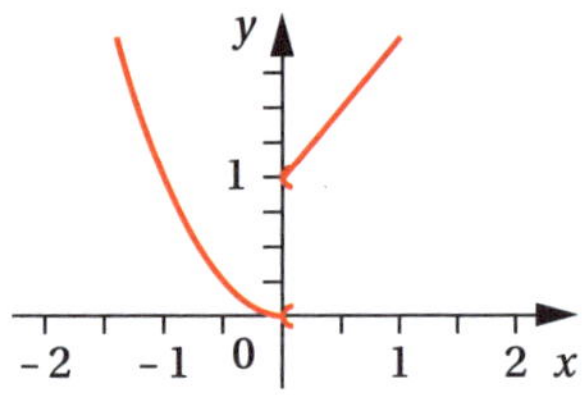

■ **Exemples :**

- Les fonctions polynômes sont continues sur $\mathbb{R}$.
- La fonction $x \mapsto \sqrt{x}$ est continue sur $]0\,;+\infty[$.
- La fonction exponentielle est continue sur $\mathbb{R}$.
- Les fonctions rationnelles sont continues sur tout intervalle inclus dans leur domaine de définition.
- Toute fonction dérivable sur un intervalle I est continue sur I.

II Théorèmes des valeurs intermédiaires et de la bijection

■ **Théorème des valeurs intermédiaires**

Soient f une fonction définie et continue sur un intervalle I, et a et b deux réels de I.

Pour tout réel k compris entre $f(a)$ et $f(b)$, il existe **au moins** un réel c compris entre a et b tel que $f(c) = k$.

Remarque : Cela revient à dire que, si k est compris entre $f(a)$ et $f(b)$, l'équation $f(x) = k$ admet au moins une solution comprise entre a et b.

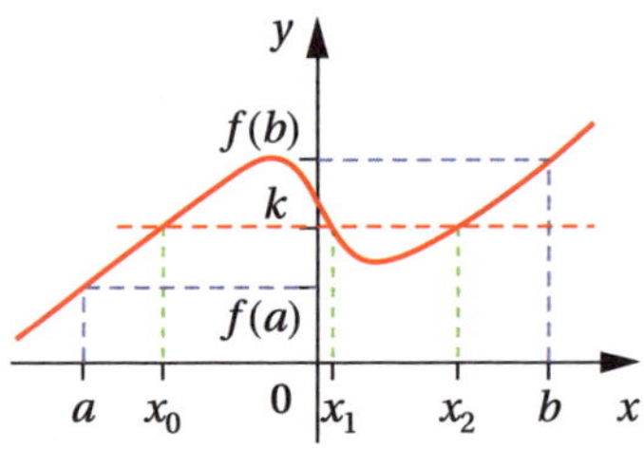

Dans ce cas, $f(x) = k$ a trois solutions.

■ **Corollaire : théorème de la bijection**

Si f est une fonction continue et strictement monotone sur un intervalle $[a\,;b]$, alors pour tout réel k compris entre $f(a)$ et $f(b)$, l'équation $f(x) = k$ a une solution **unique** dans $[a\,;b]$.

Méthode

Déterminer une solution de l'équation $f(x) = 0$

Montrer que l'équation (E) $-x^3 + x^2 - x + 2 = 0$ admet une unique solution dans l'intervalle $[1 ; 2]$.

CONSEILS
Pour démontrer ce résultat, appliquez le théorème de la bijection avec $k = 0$.
Étape 1 Explicitez la fonction f à laquelle on souhaite appliquer ce théorème.
Étape 2 Vérifiez toutes les hypothèses nécessaires :
f est continue sur $[a ; b]$; f est strictement monotone sur $[a ; b]$ et 0 est compris entre $f(a)$ et $f(b)$.
Étape 3 Appliquez le théorème de la bijection et conclure.

SOLUTION

Étape 1 On introduit la fonction f définie par $f(x) = -x^3 + x^2 - x + 2$.

Résoudre l'équation (E) revient à résoudre $f(x) = 0$.

Étape 2 ■ f est une fonction polynôme donc f est continue sur $\mathbb{R}$, et en particulier sur $[1 ; 2]$.

■ Pour montrer que f est strictement monotone, on commence par déterminer la dérivée de f. Étant une fonction polynôme, f est dérivable sur $[1 ; 2]$ et, pour tout x de $[1 ; 2]$, on a $f'(x) = -3x^2 + 2x - 1$.

Le discriminant du polynôme du second degré $f'(x)$ est $2^2 - 4 \times (-3) \times (-1) = -8$. Il est négatif, donc $f'(x)$ est toujours du signe du coefficient de x^2 ($a = -3$), c'est-à-dire négatif. La fonction f est donc strictement décroissante sur $[1 ; 2]$.

■ $f(1) = -1 + 1 - 1 + 2 = 1$ et $f(2) = -8 + 4 - 2 + 2 = -4$.

Donc 0 est bien compris entre $f(1)$ et $f(2)$.

D'après le théorème de la bijection, l'équation $f(x) = 0$ admet une unique solution sur $[1 ; 2]$.

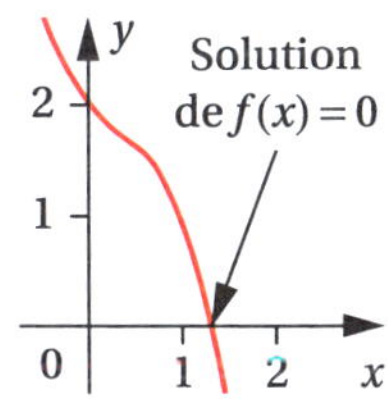

À NOTER
On peut remarquer ici que f étant décroissante sur $[1 ; 2]$, l'image par f de $[1 ; 2]$ est $[f(2) ; f(1)] = [-4 ; 1]$.

LIMITES

Quelles sont les limites des fonctions usuelles ?

Limites usuelles

Fonctions puissances

Si *n* est pair

- $\lim\limits_{x\to+\infty} x^n = +\infty$
- $\lim\limits_{x\to-\infty} x^n = +\infty$
- $\lim\limits_{x\to0^+} x^n = 0^+$
- $\lim\limits_{x\to0^-} x^n = 0^+$
- $\lim\limits_{x\to+\infty} \dfrac{1}{x^n} = 0^+$
- $\lim\limits_{x\to-\infty} \dfrac{1}{x^n} = 0^+$
- $\lim\limits_{x\to0^+} \dfrac{1}{x^n} = +\infty$
- $\lim\limits_{x\to0^-} \dfrac{1}{x^n} = +\infty$

Si *n* est impair

- $\lim\limits_{x\to+\infty} x^n = +\infty$
- $\lim\limits_{x\to-\infty} x^n = -\infty$
- $\lim\limits_{x\to0^+} x^n = 0^+$
- $\lim\limits_{x\to0^-} x^n = 0^-$
- $\lim\limits_{x\to+\infty} \dfrac{1}{x^n} = 0^+$
- $\lim\limits_{x\to-\infty} \dfrac{1}{x^n} = 0^-$
- $\lim\limits_{x\to0^+} \dfrac{1}{x^n} = +\infty$
- $\lim\limits_{x\to0^-} \dfrac{1}{x^n} = -\infty$

Fonction racine carrée

- $\lim\limits_{x\to+\infty} \sqrt{x} = +\infty$
- $\lim\limits_{x\to+\infty} \dfrac{1}{\sqrt{x}} = 0^+$
- $\lim\limits_{x\to0^+} \sqrt{x} = 0^+$
- $\lim\limits_{x\to0^+} \dfrac{1}{\sqrt{x}} = +\infty$

Fonctions exp et ln

- $\lim\limits_{x\to+\infty} e^x = +\infty$
- $\lim\limits_{x\to+\infty} \ln x = +\infty$
- $\lim\limits_{x\to-\infty} e^x = 0^+$
- $\lim\limits_{x\to0^+} \ln x = -\infty$

Fonction polynôme

- $\lim\limits_{x\to+\infty} a_nx^n + a_{n-1}x^{n-1} + \ldots a_1x + a_0 = \lim\limits_{x\to+\infty} a_nx^n$
- $\lim\limits_{x\to-\infty} a_nx^n + a_{n-1}x^{n-1} + \ldots a_1x + a_0 = \lim\limits_{x\to-\infty} a_nx^n$

Fraction rationnelle

- $\lim\limits_{x\to+\infty} \dfrac{a_nx^n + a_{n-1}x^{n-1} + \ldots a_1x + a_0}{b_kx^k + b_{k-1}x^{k-1} + \ldots b_1x + b_0} = \lim\limits_{x\to+\infty} \dfrac{a_nx^n}{b_kx^k}$
- $\lim\limits_{x\to-\infty} \dfrac{a_nx^n + a_{n-1}x^{n-1} + \ldots a_1x + a_0}{b_kx^k + b_{k-1}x^{k-1} + \ldots b_1x + b_0} = \lim\limits_{x\to-\infty} \dfrac{a_nx^n}{b_kx^k}$

Comment interpréter une limite ?

Asymptotes

Limite finie en l'infini

Si la limite d'une fonction en l'infini est une constante ℓ, alors la droite d'équation $y = \ell$ est **asymptote horizontale** à la courbe représentant f.

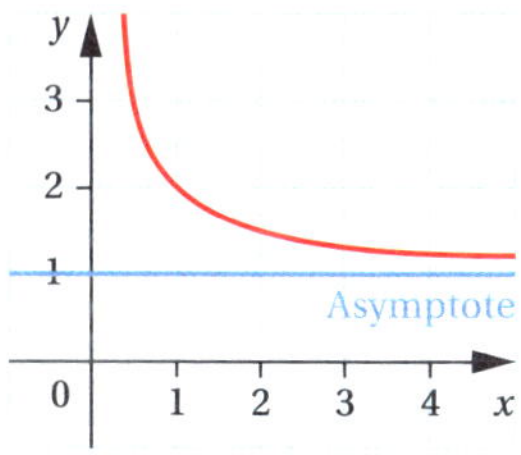

Limite infinie en un point

Si la limite en x_0 d'une fonction f est l'infini alors la droite d'équation $x = x_0$ est **asymptote verticale** à la courbe représentant f.

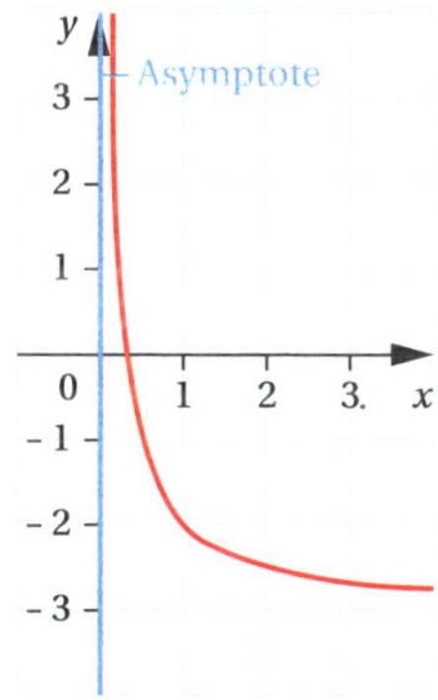

Comment appliquer le théorème des valeurs intermédiaires ?

Solutions d'une équation

Soit f une fonction définie sur $[a\,;b]$.

- Si f est continue sur $[a\,;b]$ et si k est compris entre $f(a)$ et $f(b)$, alors l'équation $f(x) = k$ admet **au moins une solution** dans $[a\,;b]$ (théorème des valeurs intermédiaires).
- Si f est continue et strictement monotone sur $[a\,;c]$ et si k est compris entre $f(a)$ et $f(c)$, alors la solution de l'équation $f(x) = k$ est **unique** sur $[a\,;c]$.

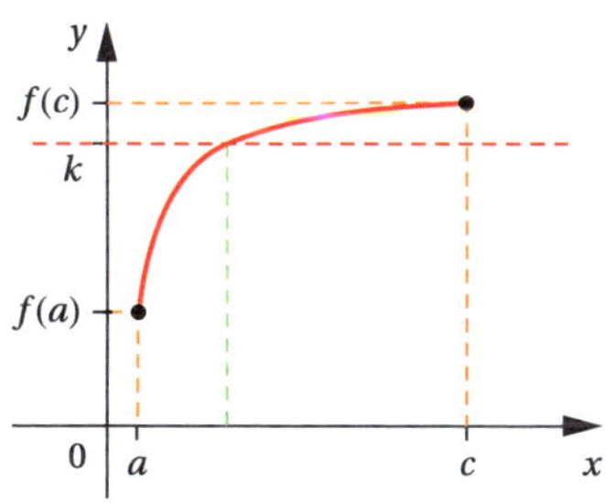

SE TESTER QUIZ

Vérifiez que vous avez bien compris les points clés des **fiches 20 à 22**.

1 Limites et asymptote

→ FICHE 20

1. Si f est une fonction vérifiant $\lim\limits_{x \to +\infty} f(x) = 2$, alors :

☐ **a.** la droite d'équation $x = 2$ est asymptote à la courbe représentant f.
☐ **b.** la droite d'équation $y = 2$ est asymptote à la courbe représentant f.
☐ **c.** la courbe représentant f n'admet pas d'asymptote.

2 Limites et inégalités

→ FICHE 21

1. Si une fonction f est négative sur un intervalle I et si x_0 est une borne de I ou un point en lequel f n'est pas définie, alors il est possible que :

☐ **a.** $\lim\limits_{x \to x_0} f(x) = 1$ ☐ **b.** $\lim\limits_{x \to x_0} f(x) = -2$ ☐ **c.** $\lim\limits_{x \to x_0} f(x) = +\infty$

2. Si, pour tout x de l'ensemble de définition de f, $f(x) > 0$, alors :

☐ **a.** $\lim\limits_{x \to x_0} f(x) > 0$ ☐ **b.** $\lim\limits_{x \to x_0} f(x) \geqslant 0$ ☐ **c.** $\lim\limits_{x \to x_0} f(x) = 0$

3 Opérations sur les limites

→ FICHE 21

On considère deux fonctions f et g définies sur le même ensemble de définition. On suppose que $\lim\limits_{x \to x_0} f(x)$ existe, c'est-à-dire que la limite est un nombre réel. Si $\lim\limits_{x \to x_0} g(x) = 0$, alors nécessairement :

☐ **a.** $\lim\limits_{x \to x_0} \dfrac{f(x)}{g(x)}$ est infinie ☐ **b.** $\lim\limits_{x \to x_0} \dfrac{f(x)}{g(x)} = 0$

☐ **c.** $\lim\limits_{x \to x_0} \dfrac{f(x)}{g(x)}$ aboutit à une forme indéterminée

4 Théorème des valeurs intermédiaires

→ FICHE 22

Soit f une fonction définie sur $[-5\,;5]$ dont le tableau de variations est :

x	-5		-3		0		5
$f(x)$	-4	↗	2	↘	-1	↗	0

L'équation $f(x) = 0$ admet :

☐ **a.** trois solutions sur $[-5\,;5]$
☐ **b.** deux solutions sur $[-5\,;5]$
☐ **c.** une solution sur $[-3\,;5]$

DÉMONSTRATION CLÉ

5 Établir les théorèmes des croissances comparées entre e^x et x^n

On veut démontrer que $\lim_{x\to+\infty} \frac{e^x}{x^n} = +\infty$ et $\lim_{x\to-\infty} x^n e^x = 0$ pour n entier naturel.

1. Soit f la fonction définie sur $\mathbb{R}$ par $f(x) = e^x - \frac{x^2}{2}$.

a. Déterminer la dérivée f' de f et sa dérivée seconde f''.

b. Étudier le signe de f'' sur $\mathbb{R}$ et en déduire les variations et le signe de f' sur $\mathbb{R}$. Montrer alors que $\lim_{x\to+\infty} e^x = +\infty$ et en déduire que $\lim_{x\to-\infty} e^x = 0$.

c. Donner ensuite les variations de f sur $\mathbb{R}$ puis en déduire que, pour tout x positif, $f(x) \geqslant 0$.

d. Montrer alors que $\frac{e^x}{x} \geqslant \frac{x}{2}$ et en déduire $\lim_{x\to+\infty} \frac{e^x}{x}$.

2. À partir du résultat obtenu précédemment, montrer que $\lim_{x\to+\infty} \frac{e^x}{x^n} = +\infty$.

3. Montrer que $\lim_{x\to-\infty} x^n e^x = 0$ ou que $\lim_{x\to+\infty} x^n e^{-x} = 0$.

S'ENTRAÎNER

6 Déterminer une limite en l'infini

→ FICHE 21

Déterminer les limites en $+\infty$ et en $-\infty$ des fonctions suivantes.

a. $f : x \mapsto \frac{x^3}{x^2+1}$

b. $g : x \mapsto \frac{6x+1}{3-2x}$

c. $h(x) = \begin{cases} -x+1 \text{ si } x \geqslant 0 \\ x+2 \text{ si } x < 0 \end{cases}$

d. $j(x) = \frac{e^x - x}{e^x + 1}$

CONSEILS

Pour la fonction h, distinguez les cas $x \geqslant 0$ et $x < 0$ pour le calcul de chacune des limites.

7 Déterminer une limite en un point

→ FICHE 21

On considère la fonction f définie sur $\mathbb{R} - \{2\}$ par :

$$f(x) = \begin{cases} 1 + \dfrac{1}{x-2} & \text{si } x < 2 \\ 1 - \dfrac{1}{x-2} & \text{si } x > 2 \end{cases}$$

Déterminer la limite de f lorsque x tend vers 2 en restant supérieur à 2, puis lorsque x tend vers 2 en restant inférieur à 2.

8 Déterminer une limite et en déduire une asymptote

→ FICHE 20

a. Étudier le signe du polynôme $x^2 - 3x + 2$.

b. On pose $f(x) = \dfrac{x}{x^2 - 3x + 2}$.

Déterminer les limites de f aux bornes de son ensemble de définition.

CONSEILS
Pensez à utiliser le signe obtenu en a.

c. La courbe représentant f admet-elle des asymptotes ? Si oui lesquelles ?

9 Utiliser un encadrement pour déterminer une limite

→ FICHES 20 et 21

1. Soit f la fonction définie sur $\mathbb{R}$ par $f(x) = x + \cos x$.

a. Encadrer f à l'aide de deux fonctions affines.

b. En déduire $\lim\limits_{x \to +\infty} x + \cos x$ et $\lim\limits_{x \to -\infty} x + \cos x$.

2. Reprendre les questions 1. a. et b. pour la fonction g définie par $g(x) = x^2 + x \sin x$

(on encadrera g à l'aide de deux fonctions polynômes de degré deux.

CONSEILS
Pensez à utiliser les encadrements de $\cos x$ et $\sin x$.

10 Étudier la continuité d'une fonction

→ FICHE 22

Les fonctions suivantes sont-elles continues sur $\mathbb{R}$?

a. $f : x \mapsto \begin{cases} 1 + x \text{ si } x < 0 \\ x^2 \text{ si } x \geqslant 0 \end{cases}$

b. $g(x) = \begin{cases} x^2 + 3x + 2 \text{ si } x \leqslant 0 \\ x + 2 \text{ si } x > 0 \end{cases}$

11 Lire le nombre de solutions d'une équation

→ FICHE 22

La fonction f est continue et strictement croissante sur $]-\infty\ ;\ -2]$ et sur $[2\ ;\ +\infty[$; elle est strictement décroissante sur $[-2\ ;\ 2]$.

On donne son tableau de variations.

x	$-\infty$	-2	2	$+\infty$
f	0 ↗	4 ↘	2 ↗	$+\infty$

Combien de solution(s) admet l'équation $f(x) = 1$?

12 Étudier la convergence d'une suite $u_{n+1} = f(u_n)$

→ FICHE 22

On considère la suite (u_n) définie par $u_0 = 0$ et, pour tout n, $u_{n+1} = \dfrac{3u_n + 2}{u_n + 4}$.

On se propose d'étudier la suite (u_n) en utilisant une fonction f.

Soit f la fonction définie sur $[0\,;1]$ par $f(x) = \dfrac{3x+2}{x+4}$.

1. a. Étudier les variations de f sur $[0\,;1]$. En déduire que, $\forall x \in [0\,;1]$, $f(x) \in [0\,;1]$.

b. Déduire du résultat précédent que, $\forall n \in \mathbb{N}$, $u_n \in [0\,;1]$.

CONSEIL
Vous pourrez utiliser un raisonnement par récurrence.

2. En calculant les cinq premiers termes de la suite (u_n), émettre une conjecture sur son sens de variation et sa limite éventuelle.

3. a. Démontrer que $\forall n \in \mathbb{N}$, $u_{n+1} - u_n = \dfrac{(1-u_n)(u_n+2)}{u_n+4}$.

b. En déduire le sens de variation de la suite (u_n).

CONSEIL
Étudiez le signe de $u_{n+1} - u_n$.

4. Démontrer que la suite (u_n) est convergente.

5. En utilisant les deux théorèmes ci-dessous, montrer que la limite L de la suite (u_n) vérifie $L = f(L)$. Déterminer alors L.

Théorème 1 : L désigne un réel. Soient (u_n) une suite et f une fonction définie sur un intervalle I de $\mathbb{R}$ contenant L et tous les termes de la suite (u_n) à partir d'un certain rang. Si $\lim\limits_{n\to+\infty} u_n = L$ et si f est continue en L, alors $\lim\limits_{n\to+\infty} f(u_n) = f(L)$.

Théorème 2 : Soit f une fonction définie et continue sur un intervalle I de $\mathbb{R}$ telle que, pour tout x de I, $f(x)$ appartient à I. Soit (u_n) la suite définie par $u_0 \in$ I et par $\forall n \in \mathbb{N}$, $u_{n+1} = f(u_n)$.

Si la suite (u_n) converge vers le réel L et si L appartient à I, alors $f(L) = L$.

13 Utiliser un algorithme de dichotomie

→ FICHE 22

On se propose de déterminer une valeur approchée à 10^{-2} près de la longueur du côté d'un cube dont le volume est égal à 2.

a. Démontrer qu'il existe un unique réel α tel que $\alpha^3 = 2$ et vérifier que $0 < \alpha < 2$.

b. Exécuter pas à pas l'algorithme de dichotomie ci-contre.
Interpréter la valeur affichée en sortie.

c. Coder cet algorithme en langage python et exécuter le programme.

```
a ← 0
b ← 2
Tant que b − a > 10^(−2)
    x ← (a + b)/2
    Si x^3 > 2
        alors b ← x
    Sinon
        a ← x
Fin tant que
Afficher x
```

14 Déterminer une fonction à l'aide des limites

→ FICHES 20 et 21

Soient a, b, c trois réels, et g la fonction définie sur $[0\,;+\infty[$ par $g(x)=\dfrac{ax^2+bx+c}{x^2}$.

a. On sait que $\lim\limits_{x\to+\infty} g(x)=1$. Déterminer a.

b. Sachant que $g(1)=0$ et $g(3)=0$, déterminer b et c.

c. Déterminer la limite de g en 0.

d. Préciser les asymptotes à la courbe représentant g.

OBJECTIF BAC

15 Obtenir l'allure d'une courbe à l'aide d'une fonction auxiliaire

40 min

→ FICHES 21 et 22

Parfois, il n'est pas possible d'étudier les variations d'une fonction directement à partir du signe de sa dérivée. On introduit alors une fonction auxiliaire qui permettra d'exprimer la dérivée de la fonction d'une autre façon.

LE SUJET

Le but de l'exercice est l'étude de la fonction f définie sur $\mathbb{R}$ par $f(x)=\dfrac{x}{1+\mathrm{e}^x}+2$.

1. Étude d'une fonction auxiliaire

Soit g la fonction définie sur $\mathbb{R}$ par $g(x)=1+\mathrm{e}^x-x\mathrm{e}^x$.

a. Étudier les limites de g en $-\infty$ et en $+\infty$.

b. Déterminer la fonction dérivée g' de g et dresser le tableau de variations de g sur $\mathbb{R}$.

c. Montrer que l'équation $g(x)=0$ admet une unique solution α sur $\mathbb{R}$. À l'aide de la calculatrice, donner une valeur approchée de α à 10^{-2} près.

d. En déduire le signe de $g(x)$ pour tout x réel.

2. Étude de la fonction f

a. Étudier les variations de f sur $\mathbb{R}$. On montrera que $f'(x)$ et $g(x)$ ont le même signe. Dresser alors le tableau de variations de f sur $\mathbb{R}$.

b. Montrer que $f(\alpha)=\alpha+1$.

c. Déterminer la limite de f en $-\infty$.

d. Montrer que, pour tout x réel, $f(x)=\dfrac{x\mathrm{e}^{-x}}{1+\mathrm{e}^{-x}}+2$.

En déduire la limite de f en $+\infty$. Que peut-on en déduire ?

e. Tracer la courbe représentant f. On fera apparaître tous les éléments vus au cours de l'exercice.

CONSEILS

Pensez à utiliser la définition de α, c'est-à-dire $g(\alpha)=0$.

LIRE LE SUJET

1. a. On demande d'étudier deux cas : la limite de g quand x tend vers $+\infty$ et quand x tend vers $-\infty$.
b. La dérivée g' de g permettra de déterminer les variations de g sur $\mathbb{R}$.
c. On veut montrer que l'équation $g(x) = 0$ admet une unique solution en utilisant le théorème de la bijection.

2. a. On détermine la fonction dérivée f' de f et on vérifie que $f'(x)$ et $g(x)$ ont le même signe.
b. On exprime $f(\alpha)$ en fonction de α en utilisant le fait que $g(\alpha) = 0$.
d. On souhaite obtenir une nouvelle expression de f pour pouvoir calculer plus facilement sa limite en $+\infty$. On en déduira l'existence d'une asymptote.

LA FEUILLE DE ROUTE

1. a. Déterminer des limites

→ FICHE 21

Pour déterminer la limite de $g(x)$ en $-\infty$, utilisez les théorèmes des croissances composées (exercice 5) et les opérations sur les limites → FICHE 21.
Pour déterminer la limite de g en $+\infty$, commencez par factoriser par e^x.

b. Étudier les variations d'une fonction

Déterminez la dérivée g' de g, puis étudiez son signe.

c. Donner une valeur approchée de la solution d'une équation

Considérez les intervalles sur lesquels la fonction g est strictement monotone, vérifiez les hypothèses puis appliquez le théorème des valeurs intermédiaires à g. Utilisez la calculatrice pour déterminer une valeur approchée de cette solution.

2. a. Déterminer le signe d'une dérivée

Calculez la dérivée f' de f et étudiez son signe en remarquant que $f(x) = k(x) \times g(x)$ avec $k(x) > 0$ pour tout x. On pourra alors affirmer que $f(x)$ et $g(x)$ ont le même signe.

b. Transformer une expression

Calculez $f(\alpha)$ en remplaçant x par α dans l'expression de f. L'expression obtenue peut être simplifiée en utilisant le fait que $g(\alpha) = 0$ qui exprimera e^α à l'aide de α.

c. Déterminer une limite

Utilisez la limite d'un quotient.

d. Transformer une expression

En partant de l'expression $\dfrac{xe^{-x}}{1+e^{-x}} + 2$, remplacez e^{-x} par $\dfrac{1}{e^x}$ et simplifiez pour arriver à l'expression de $f(x)$ donnée au début de l'exercice.
Utilisez alors cette nouvelle expression pour déterminer la limite de f en $+\infty$. Traduisez le résultat obtenu en termes d'asymptote.

e. Tracer une courbe représentative

Positionnez α et tracez les asymptotes éventuelles.

CORRIGÉS

SE TESTER QUIZ

1 Limites et asymptote

1. Réponse b. On sait, par définition, que si $\lim\limits_{x \to +\infty} f(x) = 2$, alors la droite d'équation $y = 2$ est asymptote à la courbe représentant f.

2 Limites et inégalités

1. Réponse b. Si f est négative, alors nécessairement $\lim\limits_{x \to x_0} f(x) \leqslant 0$. Ainsi, la seule réponse possible est la réponse **b.**

2. Réponse b. Si pour tout x de l'ensemble de définition de f, on a $f(x) > 0$, alors $\lim\limits_{x \to x_0} f(x) \geqslant 0$. La réponse **a.** ne convient pas car f pourrait tendre vers 0 même sans jamais l'atteindre ainsi, lorsque l'on passe aux limites, les inégalités strictes deviennent des inégalités larges.

3 Opérations sur les limites

Réponse c. La limite de $f(x)$ est un nombre réel qui n'est pas précisé, donc ce réel peut être nul. On obtient alors une forme indéterminée.

4 Théorème des valeurs intermédiaires

Réponse a. Il y a une solution évidente sur $\mathbb{R}$ qui est $x = 5$. Sur l'intervalle $[-5\,;-3]$, f est strictement monotone. 0 est compris entre $f(-5) = -4$ et $f(-3) = 2$ et la fonction est continue, donc d'après le théorème de la bijection l'équation $f(x) = 0$ admet une unique solution sur $[-5\,;-3]$.
On fait le même raisonnement sur $[-3\,;0]$. Ainsi l'équation $f(x) = 0$ admet trois solutions sur $[-5\,;5]$.

DÉMONSTRATION CLÉ

5 Établir les théorèmes des croissances comparées entre e^x et x^n

1. a. f est dérivable sur $\mathbb{R}$ comme somme de fonctions dérivables. On a $f'(x) = e^x - x$.
f' est aussi dérivable sur $\mathbb{R}$ et on a $f''(x) = e^x - 1$.
b. ■ $f''(x) \geqslant 0 \Leftrightarrow e^x - 1 \geqslant 0 \Leftrightarrow e^x \geqslant 1 \Leftrightarrow x \geqslant 0$.
On sait que $f'' = (f')'$ donc le signe de f'' donnera les variations de f'.
f' sera donc croissante sur $[0\,;+\infty[$ et décroissante sur $]-\infty\,;0]$. On obtient le tableau de variations suivant pour f'.

x	$-\infty$		0		$+\infty$
$f''(x)$		$-$	0	$+$	
$f'(x)$		↘	0	↗	

On déduit de ce tableau de variations que $f'(x)$ admet un minimum en 0 qui vaut 0. Donc, pour tout x réel, $f'(x) \geqslant 0$.

■ On peut traduire l'inégalité $f'(x) \geqslant 0$ par $e^x - x \geqslant 0$ ou encore $e^x \geqslant x$.
D'après les théorèmes de comparaison, on en déduit que $\lim\limits_{x \to +\infty} e^x \geqslant \lim\limits_{x \to +\infty} x$.
Or $\lim\limits_{x \to +\infty} x = +\infty$ donc $\lim\limits_{x \to +\infty} e^x = +\infty$.
Pour déterminer la limite en $-\infty$ de e^x, on pose $X = -x$.
Si X tend vers $-\infty$, alors x tend vers $+\infty$.
On a alors $\lim\limits_{X \to -\infty} e^X = \lim\limits_{x \to +\infty} e^{-x} = \lim\limits_{x \to +\infty} \frac{1}{e^x} = 0$. → FICHE 17

c. On a vu que, pour tout x réel, $f'(x) \geqslant 0$. On en déduit que f est croissante sur $\mathbb{R}$.
$f(0) = e^0 - \frac{0^2}{2} = 1$. Ainsi, pour tout x positif, $f(x) \geqslant 1$. On peut donc en déduire que $f(x)$ est strictement positif sur $\mathbb{R}^+$.

d. Puisque $f(x) > 0$ sur $\mathbb{R}^{+*}$, on a $e^x - \frac{x^2}{2} > 0$, soit, en divisant chaque membre de l'inégalité par x qui est non nul et positif, $\frac{e^x}{x} - \frac{x}{2} > 0$ ou encore $\frac{e^x}{x} > \frac{x}{2}$.

On a $\lim\limits_{x \to +\infty} \frac{x}{2} = +\infty$ et, d'après les théorèmes de comparaison,

on obtient $\lim\limits_{x \to +\infty} \frac{e^x}{x} = +\infty$.

2. On remarque que $\frac{e^x}{x^n} = \left(\frac{1}{n} \frac{e^{\frac{x}{n}}}{\frac{x}{n}} \right)^n$.

Si x tend vers $+\infty$ alors, puisque n est un entier naturel, $\frac{x}{n}$ tend aussi vers $+\infty$.

D'après la question précédente, on peut écrire que $\lim\limits_{x \to +\infty} \frac{e^{\frac{x}{n}}}{\frac{x}{n}} = +\infty$.

Ainsi $\lim\limits_{x \to +\infty} \frac{1}{n} \frac{e^{\frac{x}{n}}}{\frac{x}{n}} = +\infty$, donc $\lim\limits_{x \to +\infty} \left(\frac{1}{n} \frac{e^{\frac{x}{n}}}{\frac{x}{n}} \right)^n = +\infty$, soit $\lim\limits_{x \to +\infty} \frac{e^x}{x^n} = +\infty$.

3. On procède comme dans la question **1. b.** : on pose $X = -x$.
Si X tend vers $-\infty$, alors x tend vers $+\infty$.
Ainsi $\lim\limits_{X \to -\infty} X^n e^X = \lim\limits_{x \to +\infty} (-x)^n e^{-x} = \lim\limits_{x \to +\infty} (-1)^n x^n \frac{1}{e^x} = \lim\limits_{x \to +\infty} (-1)^n \frac{x^n}{e^x} = 0$ car $\frac{x^n}{e^x} = \frac{1}{\frac{e^x}{x^n}}$.

On a donc bien $\lim\limits_{x \to -\infty} x^n e^x = 0$ et ainsi $\lim\limits_{x \to +\infty} x^n e^{-x} = 0$.

S'ENTRAÎNER

6 Déterminer une limite en l'infini

a. f est une fraction rationnelle définie sur $\mathbb{R}$ puisque son dénominateur ne s'annule pas. Le numérateur et le dénominateur de la fraction rationnelle f tendent vers l'infini lorsque x tend vers $+\infty$ et lorsque x tend vers $-\infty$: dans les deux cas, il s'agit d'une forme indéterminée. Pour obtenir la limite, on factorise le dénominateur par x^2 :

on a $f(x) = \dfrac{x^3}{x^2\left(1+\dfrac{1}{x^2}\right)} = \dfrac{x}{1+\dfrac{1}{x^2}}$.

$\lim\limits_{x\to+\infty} x = +\infty$ et $\lim\limits_{x\to+\infty} 1+\dfrac{1}{x^2} = 1$, donc $\lim\limits_{x\to+\infty} \dfrac{x^3}{x^2+1} = +\infty$.

En $-\infty$, en suivant une démarche analogue, on obtient $\lim\limits_{x\to-\infty} \dfrac{x^3}{x^2+1} = -\infty$.

b. g est une fonction rationnelle définie sur $\mathbb{R} - \left\{\dfrac{3}{2}\right\}$. Le numérateur et le dénominateur tendent vers l'infini lorsque x tend vers l'infini, on a donc une forme indéterminée.

On factorise par x : $g(x) = \dfrac{6x+1}{3-2x} = \dfrac{x\left(6+\dfrac{1}{x}\right)}{x\left(\dfrac{3}{x}-2\right)} = \dfrac{6+\dfrac{1}{x}}{\dfrac{3}{x}-2}$.

On a $\lim\limits_{x\to+\infty}\left(6+\dfrac{1}{x}\right) = 6$ et $\lim\limits_{x\to+\infty}\left(\dfrac{3}{x}-2\right) = -2$.

On en déduit que $\lim\limits_{x\to+\infty} g(x) = \dfrac{6}{-2} = -3$.

La limite en $-\infty$ est **identique**.

c. h a deux expressions différentes selon le signe de x. Pour déterminer la limite en $+\infty$, on choisit la première expression ($x \geqslant 0$) ; pour déterminer la limite en $-\infty$, on utilise la seconde expression ($x < 0$).

$\lim\limits_{x\to+\infty} h(x) = \lim\limits_{x\to+\infty} -x+1 = -\infty$ et $\lim\limits_{x\to-\infty} h(x) = \lim\limits_{x\to-\infty} x+2 = +\infty$.

d. $\lim\limits_{x\to-\infty}(e^x - x) = +\infty$ car $\lim\limits_{x\to-\infty} e^x = 0$, et $\lim\limits_{x\to-\infty} e^x+1 = 1$ donc $\lim\limits_{x\to-\infty} j(x) = +\infty$

En $+\infty$, le numérateur présente une forme indéterminée car $\lim\limits_{x\to+\infty} e^x = +\infty$ et $\lim\limits_{x\to+\infty} -x = -\infty$. On factorise $e^x - x$ par e^x, on obtient : $\lim\limits_{x\to+\infty} e^x\left(1-\dfrac{x}{e^x}\right) = +\infty$ car $\lim\limits_{x\to+\infty} \dfrac{x}{e^x} = 0$ (voir exercice 5).

De plus, $\lim\limits_{x\to+\infty}(e^x+1) = +\infty$. On aboutit à une forme indéterminée pour la limite de j.

En factorisant le dénominateur par e^x, on obtient :

$j(x) = \dfrac{e^x\left(1-\dfrac{x}{e^x}\right)}{e^x\left(1+\dfrac{1}{e^x}\right)} = \dfrac{1-\dfrac{x}{e^x}}{1+\dfrac{1}{e^x}}$ d'où $\lim\limits_{x\to+\infty} j(x) = \lim\limits_{x\to+\infty} \dfrac{1-\dfrac{x}{e^x}}{1+\dfrac{1}{e^x}} = 1$.

7 Déterminer une limite en un point

À NOTER

La limite de f lorsque x tend vers 2 en restant supérieur à 2 se note $\lim\limits_{x \to 2^+} f(x)$.

De même, le cas où x tend vers 2 en restant inférieur à 2 peut se noter $\lim\limits_{x \to 2^-} f(x)$.

Pour déterminer la limite de f lorsque x tend vers 2 en restant supérieur à 2, on utilise la seconde expression $f(x) = 1 - \dfrac{1}{x-2}$.

On a $\lim\limits_{x \to 2^+} \dfrac{1}{x-2} = +\infty$ car $x - 2 > 0$, donc $\lim\limits_{x \to 2^+} \left(-\dfrac{1}{x-2}\right) = -\infty$ et $\lim\limits_{x \to 2^+} f(x) = -\infty$.

Pour déterminer la limite de f lorsque x tend vers 2 en restant inférieur à 2, on utilise la première expression $f(x) = 1 + \dfrac{1}{x-2}$.

$\lim\limits_{x \to 2^-} \dfrac{1}{x-2} = -\infty$ car $x - 2 < 0$, donc $\lim\limits_{x \to 2^-} \left(1 + \dfrac{1}{x-2}\right) = -\infty$ et $\lim\limits_{x \to 2^-} f(x) = -\infty$.

8 Déterminer une limite et en déduire une asymptote

a. Les racines du polynôme du second degré $x^2 - 3x + 2 = 0$ sont $x_1 = 1$ et $x_2 = 2$ (le discriminant est égal à 1). On en déduit que :
$x^2 - 3x + 2 > 0$ si $x \in \left]-\infty\,;1\right[\cup \left]2\,;+\infty\right[$ et $x^2 - 3x + 2 \leqslant 0$ si $x \in [1\,;2]$.

b. $f(x)$ est défini si et seulement si $x \neq 1$ et $x \neq 2$, ainsi $D_f = \left]-\infty\,;1\right[\cup \left]1\,;2\right[\cup \left]2\,;+\infty\right[$.
Il faut donc calculer six limites.

■ *Limites en $+\infty$ et en $-\infty$:*

$$\lim_{x \to +\infty} f(x) = \lim_{x \to +\infty} \frac{x}{x^2 - 3x + 2} = \lim_{x \to +\infty} \frac{x}{x^2\left(1 - \frac{3}{x} + \frac{2}{x^2}\right)} = \lim_{x \to +\infty} \frac{1}{x\left(1 - \frac{3}{x} + \frac{2}{x^2}\right)} = 0$$

De même, on obtient 0 quand x tend vers $-\infty$.

■ *Limite en 1 :* Le dénominateur change de signe en 1, on envisage deux cas, lorsque x tend vers 1 par valeurs supérieures et lorsque x tend vers 1 par valeurs inférieures.

$\lim\limits_{x \to 1^+} \left(x^2 - 3x + 2\right) = 0^-$ car, si $x > 1$, alors $x^2 - 3x + 2 < 0$.

$\lim\limits_{x \to 1^-} \left(x^2 - 3x + 2\right) = 0^+$ car, si $x < 1$, alors $x^2 - 3x + 2 > 0$.

Donc, par quotient, $\lim\limits_{x \to 1^+} f(x) = -\infty$ et $\lim\limits_{x \to 1^-} f(x) = +\infty$.

■ *Limite en 2 :* Ici aussi, on étudie deux cas :

$\lim\limits_{x \to 2^-} \left(x^2 - 3x + 2\right) = 0^-$ car, si $x < 2$, alors $x^2 - 3x + 2 < 0$.

$\lim\limits_{x \to 2^+} \left(x^2 - 3x + 2\right) = 0^+$ car, si $x > 2$, alors $x^2 - 3x + 2 > 0$.

Donc, par quotient, $\lim\limits_{x \to 2^+} f(x) = +\infty$ et $\lim\limits_{x \to 2^-} f(x) = -\infty$.

c. Les résultats précédents nous permettent d'affirmer que la courbe représentant f admet trois asymptotes, les droites d'équation $x = 1$; $x = 2$ et l'axe des abscisses ($y = 0$).

9 Utiliser un encadrement pour déterminer une limite

1. a. Pour tout x réel, on a $-1 \leqslant \cos x \leqslant 1$. Donc $x-1 \leqslant f(x) \leqslant x+1$.

b. On déduit de l'encadrement précédent que $\lim\limits_{x \to +\infty} (x-1) \leqslant \lim\limits_{x \to +\infty} f(x) \leqslant \lim\limits_{x \to +\infty} (x+1)$.

Or $\lim\limits_{x \to +\infty} (x-1) = +\infty$ et $\lim\limits_{x \to +\infty} (x+1) = +\infty$, donc d'après le théorème d'encadrement des limites, $\lim\limits_{x \to +\infty} f(x) = +\infty$.

De même, $\lim\limits_{x \to -\infty} (x-1) = -\infty$ et $\lim\limits_{x \to -\infty} (x+1) = -\infty$, donc d'après le théorème d'encadrement des limites, $\lim\limits_{x \to -\infty} f(x) = -\infty$.

2. Pour tout x réel, $-1 \leqslant \sin x \leqslant 1$.
- Si x est positif, on a $-x \leqslant x\sin x \leqslant x$, donc $x^2 - x \leqslant g(x) \leqslant x^2 + x$.
- Si x est négatif, on a $x \leqslant x\sin x \leqslant -x$, donc $x^2 + x \leqslant g(x) \leqslant x^2 - x$.

On en déduit que $\lim\limits_{x \to +\infty} \left(x^2 - x\right) \leqslant \lim\limits_{x \to +\infty} g(x) \leqslant \lim\limits_{x \to +\infty} \left(x^2 + x\right)$.

Or $\lim\limits_{x \to +\infty} \left(x^2 - x\right) = \lim\limits_{x \to +\infty} \left(x^2\left(1 - \frac{1}{x}\right)\right) = +\infty$ et $\lim\limits_{x \to +\infty} \left(x^2 + x\right) = +\infty$. Donc, d'après le théorème d'encadrement des limites, $\lim\limits_{x \to +\infty} g(x) = +\infty$.

De même, $\lim\limits_{x \to -\infty} \left(x^2 - x\right) = +\infty$ et $\lim\limits_{x \to -\infty} \left(x^2 + x\right) = \lim\limits_{x \to -\infty} \left(x^2\left(1 + \frac{1}{x}\right)\right) = +\infty$.

Donc, d'après le théorème d'encadrement des limites, $\lim\limits_{x \to -\infty} g(x) = +\infty$.

10 Étudier la continuité d'une fonction

a. f est une fonction affine sur $]-\infty\,;0[$ et un polynôme du second degré sur $[0\,;+\infty[$, donc elle est continue sur les deux intervalles. Le problème de la continuité se pose en 0.

À NOTER
On détermine les limites en 0^+ et 0^- de f en faisant bien attention à l'expression que l'on choisit, puis on les compare à $f(0)$.

$\lim\limits_{x \to 0^+} f(x) = \lim\limits_{x \to 0^+} \left(x^2\right) = 0$ et $\lim\limits_{x \to 0^-} f(x) = \lim\limits_{x \to 0^-} (1+x) = 1$. Les deux limites sont différentes, f n'est donc **pas continue en 0.**

b. g une fonction affine sur $]0\,;+\infty[$ et un polynôme du second degré sur $]-\infty\,;0]$, donc elle est continue sur ces deux intervalles. Le problème de la continuité se pose en 0.

On a $g(0) = 2$, $\lim\limits_{x \to 0^+} g(x) = \lim\limits_{x \to 0^+} (x+2) = 2$ et $\lim\limits_{x \to 0^-} g(x) = \lim\limits_{x \to 0^-} \left(x^2 + 3x + 2\right) = 2$.

On a donc $\lim\limits_{x \to 0^+} g(x) = \lim\limits_{x \to 0^-} g(x) = g(0)$.

g est donc continue en 0 et ainsi sur $\mathbb{R}$.

11 Lire le nombre de solutions d'une équation

Nous allons utiliser le corollaire du théorème des valeurs intermédiaires.

À NOTER
Pour utiliser ce corollaire, la fonction doit être monotone sur les intervalles considérés, à savoir sur les trois intervalles $]-\infty : -2]$, $[-2\,;2]$ et $[2\,;+\infty[$.

Sur l'intervalle $]-\infty\ ;\ -2]$, f est continue et strictement croissante. De plus, 1 est compris entre $\lim\limits_{x \to -\infty} f(x) = 0$ et $f(-2) = 4$. Donc l'équation considérée admet une unique solution sur cet intervalle.

Sur l'intervalle $[-2\ ;\ 2]$, f est continue et strictement décroissante. Le réel 1 n'est pas compris entre $f(-2) = 4$ et $f(2) = 2$, donc l'équation considérée n'admet pas de solution sur cet intervalle.

Sur $[2\ ;\ +\infty[$, f est continue et strictement croissante. Le réel 1 n'est pas dans l'intervalle $[2\ ;\ +\infty[$ (intervalle image de $[2\ ;\ +\infty[$ par f), l'équation n'a donc aucune solution sur cet intervalle.

En conclusion, l'équation $f(x) = 1$ admet une **unique solution sur $\mathbb{R}$**.

12 Étudier la convergence d'une suite $u_{n+1} = f(u_n)$

1. a. f est bien définie sur $[0\,;1]$ et est dérivable sur cet intervalle.

$$f'(x) = \frac{3(x+4) - (3x+2) \times 1}{(x+4)^2} = \frac{10}{(x+4)^2}.$$

$f'(x) > 0$ sur $[0\,;1]$ donc f est strictement **croissante** sur cet intervalle.

Ainsi, puisque $0 \leqslant x \leqslant 1$, on a

$f(0) \leqslant f(x) \leqslant f(1)$ ou encore $\frac{1}{2} \leqslant f(x) \leqslant 1$.

On a donc bien $0 \leqslant f(x) \leqslant 1$.

> **À NOTER**
> Une fonction croissante conserve l'ordre.

b. On utilise un raisonnement par récurrence.

Initialisation : $u_0 = 0$, donc $u_0 \in [0\,;1]$. La propriété est vraie pour $n = 0$.

Hérédité : Supposons la propriété vraie pour un entier n, $n \geqslant 0$: $u_n \in [0\,;1]$. Montrons que la propriété reste vraie pour l'entier $n + 1$.

Par hypothèse, $u_n \in [0\,;1]$. On a $u_{n+1} = f(u_n)$.

D'après **1. a.**, on sait que $f(u_n) \in [0\,;1]$, donc $u_{n+1} \in [0\,;1]$.

La propriété est donc vérifiée pour l'entier $n + 1$, **elle est donc vraie pour tout n de $\mathbb{N}$**.

2. $u_0 = 0\,;\ u_1 = 0{,}5\,;\ u_2 = \frac{7}{9}\,;\ u_3 = \frac{39}{43}\,;\ u_4 = \frac{203}{211}\,;\ u_5 = \frac{1\,031}{1\,047}$. D'après ces résultats, on peut conjecturer que la suite est **croissante** et qu'elle **converge vers 1**.

3. a.
$$u_{n+1} - u_n = \frac{3u_n + 2}{u_n + 4} - u_n = \frac{3u_n + 2}{u_n + 4} - \frac{u_n(u_n + 4)}{u_n + 4}$$
$$= \frac{3u_n + 2 - u_n^2 - 4u_n}{u_n + 4} = \frac{-u_n^2 - u_n + 2}{u_n + 4}.$$

En développant $(1 - u_n)(u_n + 2)$, on retrouve bien $-u_n^2 - u_n + 2$. On en déduit que

$$\forall n \in \mathbb{N},\ u_{n+1} - u_n = \frac{(1 - u_n)(u_n + 2)}{u_n + 4}.$$

> **À NOTER**
> On aurait pu factoriser $-u_n^2 - u_n + 2$ en posant $x = u_n$ et en déterminant les racines du polynôme $-x^2 - x + 2$.

b. On étudie le signe de $u_{n+1} - u_n$. D'après la question **1. b**, on sait que $u_n \in [0\,;1]$, donc $1 - u_n \geqslant 0$. De plus $u_n + 2 \geqslant 0$ et $u_n + 4 \geqslant 0$. Ainsi on peut en déduire que la suite (u_n) est **croissante**.

4. La suite (u_n) est croissante et elle est majorée par 1 puisque, pour tout n, on a $u_n \in [0\,;1]$. Elle est donc convergente. → FICHE 16

5. La fonction f est continue sur $[0\,;1]$. Pour tout $x \in [0\,;1]$, $f(x) \in [0\,;1]$ et la suite (u_n) est telle que $u_{n+1} = f(u_n)$, donc, puisque cette suite converge, on en déduit que sa limite L vérifie l'équation $f(L) = L$.

Pour déterminer L, on résout l'équation :

$$f(L) = L \Leftrightarrow \frac{3L+2}{L+4} = L \Leftrightarrow 3L + 2 = L(L+4) \Leftrightarrow L^2 + L - 2 = 0.$$

Les solutions de cette équation sont $L_1 = 1$ et $L_2 = -2$. La limite de la suite étant unique, une seule valeur de L convient. Puisque pour tout n, $u_n \in [0\,;1]$, la seule valeur possible de L est $\mathbf{L = 1}$.

13 Utiliser un algorithme de dichotomie

a. La fonction $x \mapsto x^3$ est continue et strictement croissante sur $\mathbb{R}$.

On a $\lim\limits_{x \to -\infty} x^3 = -\infty$ et $\lim\limits_{x \to +\infty} x^3 = +\infty$, donc d'après le corollaire du théorème des valeurs intermédiaires, l'équation $x^3 = 2$ admet une unique solution sur $\mathbb{R}$.

On a $0^3 = 0$ et $2^3 = 8$ donc $\mathbf{0 < \alpha < 2}$.

b. On obtient les résultats suivants :

a	0	1	1	1,25	1,25
b	2	2	1,5	1,5	1,375
b – a > 0,01	Vrai	Vrai	Vrai	Vrai	Vrai
x	1	1,5	1,25	1,375	1,3125
x³	1	3,375	1,953	2,5996	2,261

a	1,25	1,25	1,25	1,257 812 5
b	1,312 5	1,281 25	1,265625	1,265 625
b – a > 0,01	Vrai	Vrai	Vrai	Faux
x	1,281 25	1,265625	1,257 812 5	
x³	2,103	2,027	1,99	

L'algorithme affiche en sortie **1,257 812 5**. Une valeur approchée de α est donc **1,26 à 0,01 près**.

c. En langage python, on obtient :

```
a = 0
b = 2
while b – a > 1e – 2 :
    x = (a + b)/2
    if x**3 > 2 :
        b = x
    else :
        a = x
print(x)
```

14 Déterminer une fonction à l'aide des limites

a. g est une fonction rationnelle, donc sa limite en $+\infty$ est égale à la limite en $+\infty$ du rapport de ses monômes de plus haut degré. On a donc

$\lim\limits_{x\to+\infty} g(x) = \lim\limits_{x\to+\infty} \frac{ax^2}{x^2} = \lim\limits_{x\to+\infty} a = a$, d'où $a = 1$.

b. $g(1) = 0 \Leftrightarrow a + b + c = 0 \Leftrightarrow b + c = -1$

$g(3) = 0 \Leftrightarrow 9a + 3b + c = 0 \Leftrightarrow 3b + c = -9$

b et c vérifient donc le système suivant :

$$\begin{cases} b + c = -1 \\ 3b + c = -9 \end{cases} \Leftrightarrow \begin{cases} b + c = -1 \\ -2b = 8 \end{cases} \Leftrightarrow \begin{cases} b = -4 \\ c = 3 \end{cases}$$

On obtient ainsi $g(x) = \frac{x^2 - 4x + 3}{x^2}$.

c. $\lim\limits_{x\to 0} \left(x^2 - 4x + 3\right) = 3$ et $\lim\limits_{x\to 0} x^2 = 0$, donc $\lim\limits_{x\to 0} g(x) = +\infty$.

> **À NOTER**
> Il est inutile ici d'envisager les limites en 0^+ et en 0^- car x^2 est toujours positif.

d. Puisque $\lim\limits_{x\to+\infty} g(x) = 1$, la droite d'équation $y = 1$ est asymptote à la courbe.

De plus $\lim\limits_{x\to 0} g(x) = +\infty$ donc la droite d'équation $x = 0$ est asymptote à la courbe.

OBJECTIF BAC

15 Obtenir l'allure d'une courbe à l'aide d'une fonction auxiliaire

1. a. On sait que $\lim\limits_{x\to-\infty} e^x = 0$. De plus $\lim\limits_{x\to-\infty} xe^x = 0$ (voir exercice 5), donc $\lim\limits_{x\to-\infty} g(x) = 1$.

En $+\infty$, on obtient une forme indéterminée car $\lim\limits_{x\to+\infty} e^x = +\infty$ et $\lim\limits_{x\to+\infty} -xe^x = -\infty$.

On lève l'indétermination en utilisant une factorisation par e^x :

$g(x) = 1 + e^x(1 - x)$.

Puisque $\lim\limits_{x\to+\infty} (1 - x) = -\infty$, par produit, $\lim\limits_{x\to+\infty} e^x(1 - x) = -\infty$.

Ainsi $\lim\limits_{x\to+\infty} g(x) = -\infty$.

b. g est dérivable sur $\mathbb{R}$ comme somme et produit de fonctions dérivables sur $\mathbb{R}$.

Pour tout x réel, on a $g'(x) = e^x - \left(e^x + xe^x\right) = -xe^x$.

e^x étant toujours positif, $g'(x)$ est du signe de $-x$ sur $\mathbb{R}$.

g est donc croissante sur $]-\infty\,; 0]$ et décroissante sur $[0\,; +\infty[$.

c. Sur $]-\infty\,; 0]$, g est croissante et a pour limite 1 en $-\infty$, donc $g(x) > 0$.

Donc l'équation $g(x) = 0$ n'a pas de solution.

Sur $[0\,; +\infty[$, g est continue et strictement décroissante, $g(0) = 2$ et $\lim\limits_{x\to+\infty} g(x) = -\infty$,

donc $0 \in \left]\lim\limits_{x\to+\infty} g(x)\,; g(0)\right]$, et l'équation $g(x) = 0$ admet ainsi une unique solution α sur $[0\,; +\infty[$.

Avec la calculatrice, on obtient $\alpha = 1{,}27$ à 10^{-2} près par défaut.

d. On en déduit que $g(x) \geqslant 0$ sur $]-\infty\,; \alpha]$ et $g(x) < 0$ sur $]\alpha\,; +\infty[$.

2. a. f est dérivable sur $\mathbb{R}$ comme quotient de fonctions dérivables sur $\mathbb{R}$ dont le dénominateur ne s'annule pas.

Pour tout x réel, on a $f'(x) = \dfrac{(1+e^x) - xe^x}{(1+e^x)^2} = \dfrac{g(x)}{(1+e^x)^2}$.

$(1+e^x)^2$ est toujours positif donc $f'(x)$ est du signe de $g(x)$ sur $\mathbb{R}$, c'est-à-dire $f'(x) \geqslant 0$ sur $]-\infty\,;\alpha]$ et $f'(x) \leqslant 0$ sur $[\alpha, +\infty[$.

f est donc croissante sur $]-\infty\,;\alpha]$ et décroissante sur $[\alpha\,;+\infty[$.

b. α est la solution de $g(x) = 0$, α vérifie donc l'équation $g(\alpha) = 0$.

$g(\alpha) = 0 \Leftrightarrow 1 + e^\alpha - \alpha e^\alpha = 0 \Leftrightarrow 1 + e^\alpha(1-\alpha) = 0 \Leftrightarrow e^\alpha = \dfrac{-1}{1-\alpha}$

Ainsi, $f(\alpha) = \dfrac{\alpha}{1+e^\alpha} + 2 = \dfrac{\alpha}{1+\dfrac{-1}{1-\alpha}} + 2 = \dfrac{\alpha}{\dfrac{-\alpha}{1-\alpha}} + 2 = -(1-\alpha) + 2 = 1 + \alpha.$

c. $\lim\limits_{x\to-\infty} 1 + e^x = 1$ car $\lim\limits_{x\to-\infty} e^x = 0$, donc $\lim\limits_{x\to-\infty} f(x) = -\infty$.

d. $\dfrac{xe^{-x}}{1+e^{-x}} + 2 = \dfrac{x\dfrac{1}{e^x}}{1+\dfrac{1}{e^x}} + 2 = \dfrac{x}{e^x+1} + 2 = f(x)$

On sait que $\lim\limits_{x\to+\infty} e^{-x} = \lim\limits_{x\to+\infty} \dfrac{1}{e^x} = 0$.

De plus $\lim\limits_{x\to+\infty} xe^{-x} = \lim\limits_{x\to+\infty} \dfrac{x}{e^x} = 0$ (démontré à l'exercice 5) donc $\lim\limits_{x\to+\infty} f(x) = 2$.

La droite d'équation **$y = 2$ est donc asymptote** à la courbe représentant f.

e.

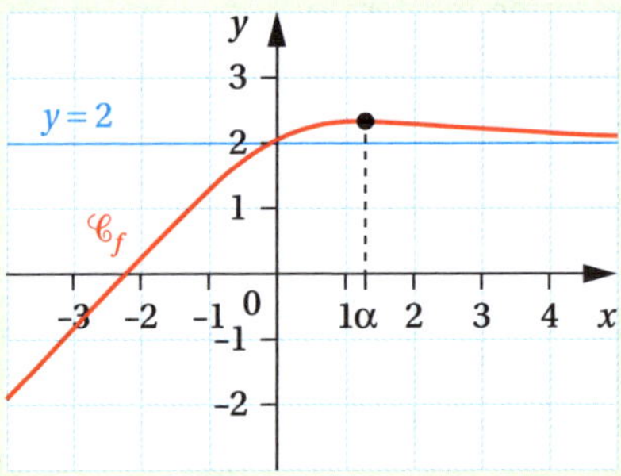

8 Fonctions de référence : logarithme, sinus et cosinus

Le nombre de noyaux radioactifs décroît selon une loi exponentielle. En comparant les proportions d'isotopes présents dans les roches à des échantillons « primitifs » trouvés dans les météorites, on en déduit l'âge de ces roches et l'âge de la Terre, estimé aujourd'hui à 4,55 milliards d'années.

23 Définition et propriétés analytiques de la fonction logarithme népérien

En bref *La fonction logarithme népérien est la fonction réciproque de la fonction exponentielle étudiée en Première.*

I Définition et notations

- **Définition :** La fonction exponentielle vue en Première, notée exp, est l'unique fonction dérivable sur $\mathbb{R}$ de dérivée elle-même, et qui prend la valeur 1 en 0.

- **Définition :** La fonction logarithme népérien, notée ln est la fonction définie sur $]0\,;+\infty[$ par :

$$\text{pour tout } x \in\,]0\,;+\infty[,\ \ln x = y \Leftrightarrow x = e^y$$

- *Conséquences :*
  - Pour tout réel x strictement positif, $e^{\ln x} = x$.
  - Pour tout réel y, $\ln(e^y) = y$.

- On a en particulier $\ln 1 = 0$ et $\ln e = 1$.

II Propriétés analytiques

- La fonction ln est **dérivable** sur $]0\,;+\infty[$, et pour tout $x \in\,]0\,;+\infty[$:

$$\ln'(x) = \frac{1}{x}$$

À NOTER
Pour toute fonction u strictement positive et dérivable sur un intervalle I, la fonction $\ln u$ est dérivable sur I et $(\ln u)' = \frac{u'}{u}$.

- La fonction ln est **strictement croissante** sur $]0\,;+\infty[$.

- $\lim\limits_{x \to 0^+} \ln x = -\infty$ et $\lim\limits_{x \to +\infty} \ln x = +\infty$.

III Tableau de variations et courbe

x	0	1	$+\infty$
ln	$-\infty$	0	$+\infty$

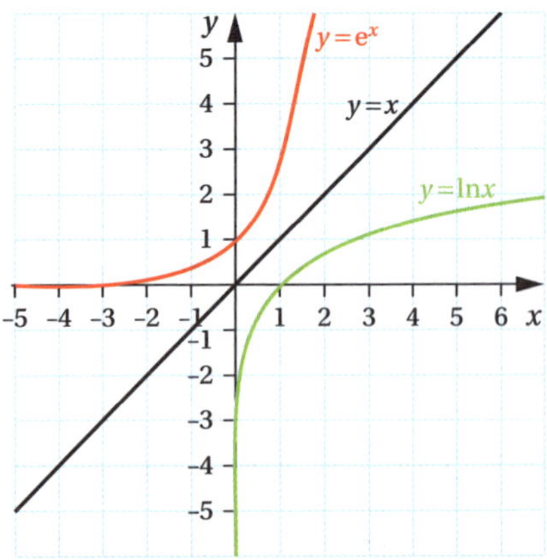

À NOTER
Les courbes représentatives des fonctions exp et ln sont symétriques par rapport à la droite d'équation $y = x$.

Méthode

Étudier une fonction contenant des logarithmes

Étudier la fonction f définie par $f(x) = \ln\left(1 + e^{-x}\right)$.

CONSEILS

Étape 1 Déterminez l'ensemble de définition de f.
Étape 2 Étudiez la dérivabilité de f et déterminez sa fonction dérivée.
Étape 3 Déduisez-en les variations de f sur son domaine de définition.
Étape 4 Étudiez les limites de f aux bornes de son domaine de définition.
Étape 5 Dressez le tableau de variations de f.

SOLUTION

Étape 1 La fonction ln est définie sur $]0\,;+\infty[$. Or, pour tout réel x, $e^{-x} > 0$ donc $1 + e^{-x} > 0$. Donc f est **définie sur $\mathbb{R}$**.

Étape 2 Comme composée de fonctions dérivables, f est **dérivable sur $\mathbb{R}$** (→ FICHE 18).

f est de la forme $\ln u$ avec $u(x) = 1 + e^{-x}$, pour tout réel x. Or $(\ln u)' = \dfrac{u'}{u}$, avec $u'(x) = -e^{-x}$.

Donc pour tout réel x, $f'(x) = \dfrac{-e^{-x}}{1 + e^{-x}}$.

Étape 3 La fonction exponentielle est strictement positive, d'où $\dfrac{e^{-x}}{1 + e^{-x}} > 0$ et $f'(x) < 0$ pour tout réel x. Donc f est **strictement décroissante sur $\mathbb{R}$**.

Étape 4 On sait que $\lim\limits_{x \to -\infty} \left(e^{-x}\right) = +\infty$, donc $\lim\limits_{x \to -\infty} \left(1 + e^{-x}\right) = +\infty$.

Or $\lim\limits_{X \to +\infty} \ln X = +\infty$, donc, par composition, $\lim\limits_{x \to -\infty} f(x) = +\infty$.

On sait que $\lim\limits_{x \to +\infty} \left(e^{-x}\right) = 0$, donc $\lim\limits_{x \to +\infty} \left(1 + e^{-x}\right) = 1$. Or $\lim\limits_{X \to 1} \ln X = \ln 1 = 0$, donc, par composition, $\lim\limits_{x \to +\infty} f(x) = 0$.

Étape 5

x	$-\infty$		$+\infty$
$f'(x)$		$-$	
f	$+\infty$	↘	0

24 Propriétés algébriques de la fonction logarithme népérien

En bref *Historiquement, la fonction ln a été inventée pour simplifier les calculs, car elle permet de convertir les multiplications, longues à effectuer et souvent sources d'erreurs, en de simples additions.*

I Propriétés algébriques

■ Pour tous réels strictement positifs a et b, et pour tout entier n, on a :

- $\ln(ab) = \ln(a) + \ln(b)$
- $\ln\left(\frac{1}{a}\right) = -\ln(a)$
- $\ln\left(\frac{a}{b}\right) = \ln(a) - \ln(b)$
- $\ln(a^n) = n\ln(a)$

■ *Conséquence* : Pour tout réel strictement positif a, on a :

$$\ln\left(\sqrt{a}\right) = \frac{1}{2}\ln(a)$$

II Équations et inéquations

■ Pour tous réels a et b strictement positifs, on a :

- $\ln(a) = \ln(b) \Leftrightarrow a = b$
- $\ln(a) < \ln(b) \Leftrightarrow a < b$

Exemple : $\ln(3x) = \ln 6 \Leftrightarrow 3x = 6 \Leftrightarrow x = 2$.

■ *Conséquence* :

Pour tout réel m et tout réel strictement positif x, on a :

- $\ln(x) = m \Leftrightarrow x = \mathrm{e}^m$
- $\ln(x) < m \Leftrightarrow x < \mathrm{e}^m$

Exemple : $\ln(1 + x) = 4 \Leftrightarrow 1 + x = \mathrm{e}^4 \Leftrightarrow x = \mathrm{e}^4 - 1$.

En particulier : $\ln(a) < 0 \Leftrightarrow 0 < a < 1$.

Remarque : Si q et a sont des réels strictement positifs et si n est un entier naturel, alors $q^n > a \Leftrightarrow n\ln(q) > \ln(a)$.

À NOTER
Cette remarque permet de déterminer un seuil dans l'étude d'une suite géométrique. → FICHE 17

Méthodes

1 Simplifier ou transformer une expression

On pose $A = \dfrac{\ln 12 - 3\ln 2}{2\ln 3 - \ln 6}$ et $B = e^{-\ln 2} + \ln(e^{-2})$.

Montrer que A est un entier et que B est un rationnel.

CONSEILS

Pour simplifier A, utilisez la propriété sur le logarithme d'un produit.
Pour simplifier B, utilisez la définition du logarithme.

SOLUTION

■ $A = \dfrac{\ln(3\times 2^2) - 3\ln 2}{2\ln 3 - \ln(3\times 2)} = \dfrac{\ln 3 + 2\ln 2 - 3\ln 2}{2\ln 3 - (\ln 3 + \ln 2)} = \dfrac{\ln 3 - \ln 2}{\ln 3 - \ln 2} = 1.$

Donc A est entier.

■ $B = \dfrac{1}{e^{\ln 2}} + \ln(e^{-2}) = \dfrac{1}{2} - 2 = -\dfrac{3}{2}$. Donc B est rationnel.

2 Résoudre une inéquation

On considère la suite géométrique de terme général $u_n = \dfrac{1}{2^n}$.

Déterminer à partir de quel rang n on a $u_n \leqslant 10^{-5}$.

CONSEIL

Modifiez la condition $u_n \leqslant 10^{-5}$ en prenant le logarithme népérien de chaque membre, pour faire passer l'inconnue n d'exposant à coefficient.

SOLUTION

Pour tout $n \in \mathbb{N}$, $u_n > 0$. On peut donc utiliser la croissance de la fonction ln puisque les deux membres de l'inégalité sont positifs. On obtient :

$$0 < u_n \leqslant 10^{-5} \Leftrightarrow \ln(u_n) \leqslant \ln(10^{-5}) \quad \Leftrightarrow \ln\left(\frac{1}{2^n}\right) \leqslant \ln(10^{-5})$$

$$\Leftrightarrow -\ln(2^n) \leqslant \ln(10^{-5}) \Leftrightarrow -n\ln 2 \leqslant \ln(10^{-5})$$

$$\Leftrightarrow n \geqslant \frac{-\ln(10^{-5})}{\ln 2} \text{ (car } -\ln 2 < 0\text{) avec } \frac{-\ln(10^{-5})}{\ln 2} \approx 16{,}6$$

Donc $u_n \leqslant 10^{-5}$ à partir du rang $n = 17$.

À NOTER

Attention aux signes dans les résolutions d'inéquations !

25 Comparaison des fonctions puissance, ln et exp

En bref *Parmi les fonctions puissance, exponentielle et logarithme népérien, c'est la fonction logarithme népérien qui modélise les croissances les plus lentes.*

I Théorème des croissances comparées

- Soit n un entier naturel non nul. On a :

$$\lim_{x \to 0^+} x^n \ln x = 0 \text{ et } \lim_{x \to +\infty} \frac{\ln x}{x^n} = 0$$

- *Conséquence* : Compte tenu des croissances comparées des fonctions puissance et exponentielle, on a également :

$$\lim_{x \to +\infty} \frac{\ln x}{e^x} = 0$$

À NOTER

$\lim\limits_{x \to 0} \frac{\ln(1+x)}{x}$ est la limite du taux d'accroissement en 0 de la fonction u définie sur $]-1 ; +\infty[$ par $u(x) = \ln(1+x)$, dont la dérivée est $u'(x) = \frac{1}{1+x}$.

Donc $\lim\limits_{x \to 0} \frac{\ln(1+x)}{x} = u'(0) = 1$ (il faut connaître cette limite !).

II Courbes représentatives

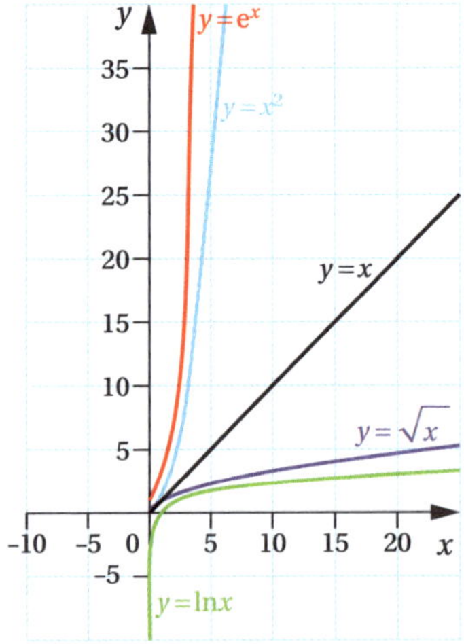

Méthode

Lever une forme indéterminée

a. Calculer la limite en $+\infty$ de la fonction $f : x \mapsto e^x - x + \ln x$.

b. Calculer les limites de la fonction $g : x \mapsto x\ln\left(1+\dfrac{1}{x}\right)$ aux bornes de l'intervalle $]0\,;+\infty[$.

CONSEILS

a. Pour *f*, factorisez par le terme qui « l'emporte » pour faire apparaitre des croissances comparées.
b. Pour *g*, utilisez une propriété de la fonction ln pour vous ramener à une croissance comparée.

SOLUTION

a. Pour tout réel x strictement positif, $f(x) = e^x\left(1 - \dfrac{x}{e^x} + \dfrac{\ln x}{e^x}\right)$.

Par croissances comparées, on a $\lim\limits_{x\to+\infty} \dfrac{x}{e^x} = 0$ et $\lim\limits_{x\to+\infty} \dfrac{\ln(x)}{e^x} = 0$.

Donc, par somme, $\lim\limits_{x\to+\infty}\left(1 - \dfrac{x}{e^x} + \dfrac{\ln x}{e^x}\right) = 1$.

De plus, $\lim\limits_{x\to+\infty} e^x = +\infty$.

Donc, par produit, on obtient $\lim\limits_{x\to+\infty} f(x) = +\infty$.

b. Pour tout réel x strictement positif, $g(x) = x\ln\left(\dfrac{x+1}{x}\right) = x\ln(x+1) - x\ln x$.

Par croissances comparées, $\lim\limits_{x\to0^+} x\ln x = 0$, donc par somme, $\lim\limits_{x\to0^+} g(x) = 0$.

En effectuant le changement de variable $X = \dfrac{1}{x}$, on a

$\lim\limits_{x\to+\infty} x\ln\left(1+\dfrac{1}{x}\right) = \lim\limits_{X\to0} \dfrac{\ln(1+X)}{X} = 1$, donc $\lim\limits_{x\to+\infty} g(x) = 1$.

À NOTER

On reconnaît $\lim\limits_{X\to0} \dfrac{\ln(1+X)}{X}$ qui n'est pas une croissance comparée, mais la limite d'un taux d'accroissement.

26 Fonctions trigonométriques

En bref *Les fonctions trigonométriques interviennent souvent en physique. Elles s'étudient comme n'importe quelle fonction, et le recours au cercle trigonométrique permet de résoudre rapidement des équations et inéquations.*

I Fonction cosinus

- La fonction cosinus, notée **cos**, est définie sur $\mathbb{R}$.
- Pour tout réel x, $\cos(-x) = \cos x$, la fonction cosinus est **paire**, **l'axe des ordonnées est axe de symétrie** de sa courbe représentative.
- Pour tout réel x, $\cos(x + 2\pi) = \cos x$, la fonction cosinus est **périodique de période 2π**, sa courbe représentative est invariante par translation de vecteur $2\pi\vec{i}$.
- Tableau de variations sur $[0\,;\pi]$

x	0		$\frac{\pi}{2}$		π
$\cos x$	1	↘	0	↘	-1

- Courbe représentative

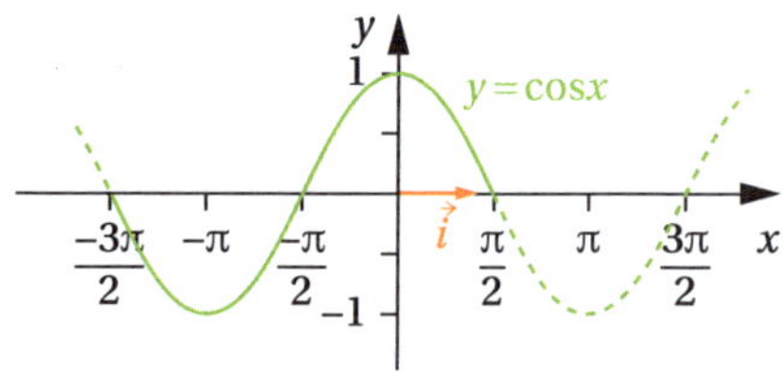

II Fonction sinus

- La fonction sinus, notée **sin**, est définie sur $\mathbb{R}$.
- Pour tout réel x, $\sin(-x) = -\sin x$, la fonction sinus est **impaire**, **l'origine O du repère est centre de symétrie** de sa courbe représentative.
- Pour tout réel x, $\sin(x + 2\pi) = \sin x$, la fonction sinus est **périodique de période 2π**, sa courbe représentative est invariante par translation de vecteur $2\pi\vec{i}$.
- Tableau de variations sur $[0\,;\pi]$

x	0		$\frac{\pi}{2}$		π
$\sin x$	0	↗	1	↘	0

- Courbe représentative

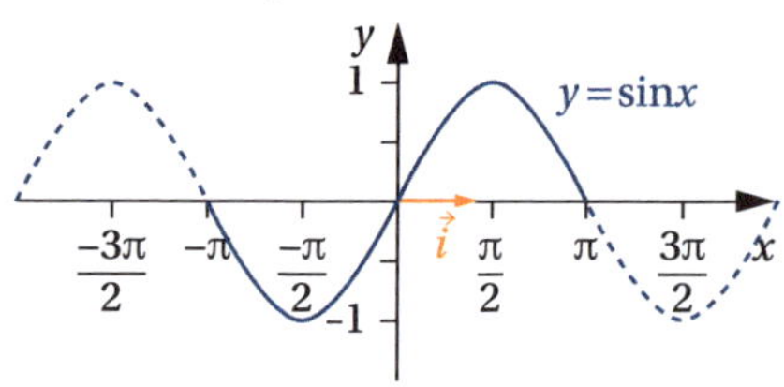

III Dérivée des fonctions cosinus et sinus

- Les fonctions cosinus et sinus sont dérivables sur $\mathbb{R}$, et pour tout réel x :

$$\cos'(x) = -\sin x \text{ et } \sin'(x) = \cos x$$

- Les limites des taux d'accroissement en 0 des fonctions sinus et cosinus donnent :

$$\lim_{x\to 0} \frac{\sin x}{x} = 1 \text{ et } \lim_{x\to 0} \frac{\cos x - 1}{x} = 0$$

À NOTER
Si u est une fonction dérivable sur I, alors $\cos u$ et $\sin u$ sont dérivables sur I, et $(\cos u)' = -u' \times \sin u$ et $(\sin u)' = u' \times \cos u$. (→ FICHE 18)

Méthode

Résoudre une inéquation

Résoudre dans l'intervalle $]-\pi\,;\pi]$ l'inéquation $\cos x \geqslant \frac{1}{2}$.

CONSEIL
Aidez-vous d'un cercle trigonométrique et utilisez les variations de la fonction cos.

SOLUTION

La fonction cos est croissante sur $]-\pi\,;0]$ et décroissante sur $[0\,;\pi]$.

De plus, $\cos\frac{-\pi}{3} = \cos\frac{\pi}{3} = \frac{1}{2}$.

Sur $]-\pi\,;0]$, $\cos x \geqslant \frac{1}{2} \Leftrightarrow -\frac{\pi}{3} \leqslant x \leqslant 0$;

Sur $[0\,;\pi]$, $\cos x \geqslant \frac{1}{2} \Leftrightarrow 0 \leqslant x \leqslant \frac{\pi}{3}$.

Finalement, sur $]-\pi\,;\pi]$,

$\cos x \geqslant \frac{1}{2} \Leftrightarrow x \in \left[-\frac{\pi}{3}\,;\frac{\pi}{3}\right]$.

Donc $\mathcal{S} = \left[-\frac{\pi}{3}\,;\frac{\pi}{3}\right]$.

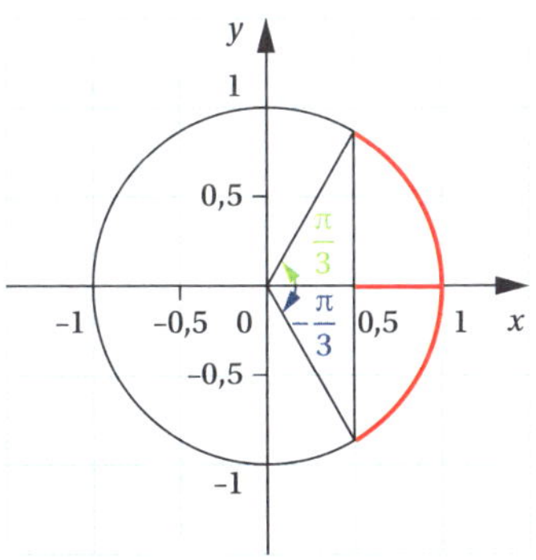

MÉMO VISUEL

Définition de la fonction ln

La fonction ln est la réciproque de la fonction exp.

$$]0\,;+\infty[\xrightarrow{\ln}\mathbb{R}$$

$$x=e^y \underset{\exp}{\overset{\ln}{\rightleftarrows}} y=\ln x$$

Pour tout $x\in\,]0\,;+\infty[$, $\ln x=y \Leftrightarrow x=e^y$

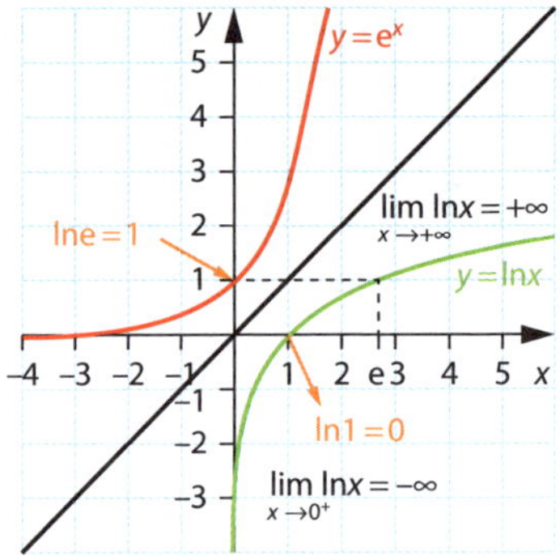

Qu'est-ce que la fonction ln ?

Variations de la fonction ln

Comment étudier les variations de la fonction ln ?

Dérivée

- Pour tout $x\in\,]0\,;+\infty[$, $\ln'(x)=\dfrac{1}{x}$
- Pour toute fonction u strictement positive et dérivable sur un intervalle I, la fonction $\ln u$ est dérivable sur I et $(\ln u)'=\dfrac{u'}{u}$.

Variations

La fonction ln est strictement croissante sur $]0\,;+\infty[$.

FONCTIONS SINUS,

Propriétés

Quelles sont les propriétés de la fonction ln ?

Croissances comparées

Pour tout entier naturel non nul n, on a : $\lim\limits_{x\to0^+}x^n\ln(x)=0$ et $\lim\limits_{x\to+\infty}\dfrac{\ln(x)}{x^n}=0$

Propriétés algébriques

Pour tous réels strictement positifs a et b et pour tout entier n, on a :

- $\ln(ab)=\ln(a)+\ln(b)$
- $\ln\left(\dfrac{a}{b}\right)=\ln(a)-\ln(b)$
- $\ln\left(\dfrac{1}{a}\right)=-\ln(a)$
- $\ln(a^n)=n\ln(a)$

**In
ET COSINUS**

Quelles sont les formules de trigonométrie à connaître ?

Formules de trigonométrie

Soit t un réel quelconque.

- $\cos^2 t + \sin^2 t = 1$
- $\cos(t + 2\pi) = \cos t$
- $\sin(t + 2\pi) = \sin t$
- Si $t \neq \frac{\pi}{2}[\pi]$, $\tan t = \frac{\sin t}{\cos t}$

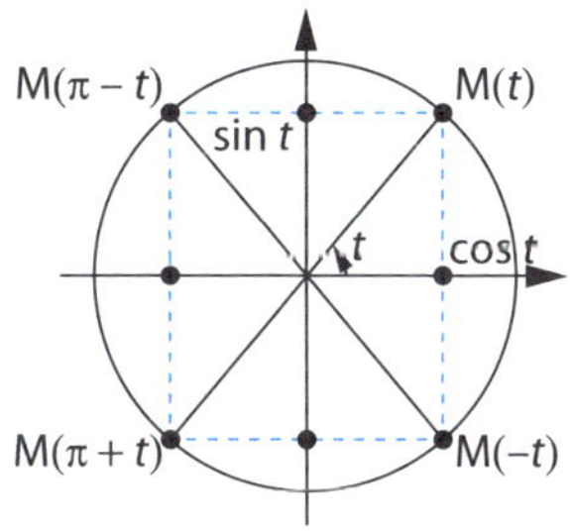

Comment étudier les fonctions sinus et cosinus ?

Fonctions sinus et cosinus

Dérivées

Si u est une fonction dérivable sur I, alors $\cos u$ et $\sin u$ sont dérivables sur I, et $(\cos u)' = -u' \times \sin u$, $(\sin u)' = u' \times \cos u$.

Courbes représentatives

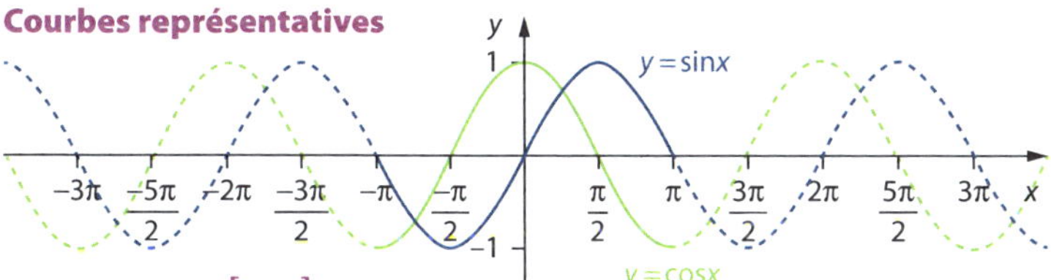

Variations sur $[0 ; \pi]$

x	0	$\frac{\pi}{2}$	π
$\cos x$	1 ↘	0 ↘	-1

x	0	$\frac{\pi}{2}$	π
$\sin x$	0 ↗	1 ↘	0

SE TESTER QUIZ

Vérifiez que vous avez bien compris les points clés des **fiches 23 à 26**.

1 Calculs d'images

→ FICHES 23 et 26

1. Si f est définie par $f(x) = x\ln x - x$, alors :

☐ **a.** $f(1) = 1$ ☐ **b.** $f(1) = 0$ ☐ **c.** $f(1) = -1$

2. Si f est définie par $f(x) = \cos\left(\dfrac{\pi}{2\ln x}\right)$, alors :

☐ **a.** $f(\mathrm{e}) = 0$ ☐ **b.** $f(\mathrm{e}) = 1$ ☐ **c.** $f(\mathrm{e}) = \dfrac{1}{2}$

2 Résolutions d'équations

→ FICHES 23 et 24

Pour tout réel x, on a :

☐ **a.** $3\mathrm{e}^{-x} = 1 \Leftrightarrow x = \ln 3$

☐ **b.** $\ln x + \ln(x+1) = \ln 2 \Leftrightarrow x = 1$ ou $x = -2$

☐ **c.** $\ln(x^2 + 4x + 1) = \ln(x-1) \Leftrightarrow x = -1$ ou $x = -2$

3 Calculs de dérivées

→ FICHE 23

La fonction $x \mapsto x\ln x - x$ admet pour dérivée sur $]0\,;+\infty[$:

☐ **a.** $x \mapsto 0$ ☐ **b.** $x \mapsto 1 - x$ ☐ **c.** $x \mapsto \ln x$

CONSEIL

On rappelle que si u et v sont des fonctions dérivables, alors $(u \circ v)' = (u' \circ v) \times v'$.

→ FICHE 18

4 Calculs de limites

→ FICHE 25

☐ **a.** $\lim\limits_{x \to 0^+} \dfrac{\ln x}{x} = 0$

☐ **b.** $\lim\limits_{x \to 0^+} \dfrac{\ln x}{x} = -\infty$

☐ **c.** $\lim\limits_{x \to 0^+} \dfrac{\ln x}{x} = +\infty$

5 Fonction trigonométrique

→ FICHE 26

Si la fonction f est définie sur $\mathbb{R}$ par $f(x) = \sin(2x) - \cos^2 x$, alors :

☐ **a.** f est impaire

☐ **b.** $f'(x) = 2\cos x + 2\sin^2 x$, pour tout réel x

☐ **c.** la courbe représentative de f admet en 0 une tangente d'équation $y = 2x - 1$

DÉMONSTRATIONS CLÉS

6 Dérivée de la fonction logarithme népérien

→ FICHE 23

On admet que la fonction ln est dérivable sur $]0\,;+\infty[$, et on note ln′ sa dérivée. On considère la fonction f définie sur $]0\,;+\infty[$ par $f(x)=\mathrm{e}^{\ln x}$.

a. Exprimer simplement $f(x)$, pour tout réel x strictement positif.

b. Exprimer $f'(x)$ à l'aide de ln′.

c. En déduire que pour tout réel x strictement positif, $\ln'(x)=\dfrac{1}{x}$.

7 Limite en 0 de $x \mapsto x\ln x$

→ FICHES 23 et 25

a. On note $X=\ln x$. Exprimer $x\ln x$ à l'aide de X.

b. En déduire la limite en 0 de $x \mapsto x\ln x$.

CONSEIL
Vous pouvez utiliser la croissance comparée de l'exponentielle et de $x \mapsto x$ en $+\infty$.

S'ENTRAÎNER

8 Simplifier une expression

→ FICHE 24

Exprimer à l'aide de ln 2 les nombres suivants.

$\ln 8$, $\ln(2\mathrm{e})$, $\dfrac{\ln 12-\ln 3}{(\ln 2)^2}$, $\ln\left(\dfrac{1}{\sqrt{2}}\right)$, $\ln\left(\sqrt{3}+1\right)+\ln\left(\sqrt{3}-1\right)$.

9 Résoudre des équations

→ FICHE 24

Résoudre dans $\mathbb{R}$ les équations suivantes.

a. $\ln(x-2)+\ln(x-1)=\ln 2+\ln(2x-5)$ (E1)

b. $\ln((x+3)(x+2))=\ln 6$ (E2)

c. $\ln(x+3)+\ln(x+2)=\ln 6$ (E3)

d. $\ln\left(1-x^2\right)=\mathrm{e}^x$ (E4)

CONSEIL
Veillez à déterminer en premier lieu l'ensemble sur lequel l'équation est définie.

10 Calculer des dérivées

→ FICHES 23 et 26

Calculer les dérivées des fonctions définies sur l'intervalle I par :

a. $f(x)=\ln(\cos x)$, $\mathrm{I}=\left[0\,;\dfrac{\pi}{2}\right[$

b. $f(x)=\cos(\ln x)$, $\mathrm{I}=]0\,;+\infty[$

c. $f(x)=\ln(\ln x)$, $\mathrm{I}=]1\,;+\infty[$

d. $f(x)=\ln\left(x+\sqrt{1+x^2}\right)$, $\mathrm{I}=\mathbb{R}$

11 Calculer des limites

→ FICHES 23, 25 et 26

Calculer les limites suivantes.

a. $\lim\limits_{x\to 0^+} x\mathrm{e}^x\ln x$

b. $\lim\limits_{x\to +\infty} x\ln\left(1+\mathrm{e}^{-x}\right)$

c. $\lim\limits_{x\to 0}\dfrac{\ln(1+x)}{\mathrm{e}^x-1}$

d. $\lim\limits_{x\to 0}\dfrac{\cos x-1}{\sin x}$

12 Résoudre équations et inéquations trigonométriques

→ FICHE 26

Résoudre les équations et inéquations suivantes dans $]-\pi\,;\pi]$.

a. $\dfrac{1+\cos x}{1+\cos^2 x}=1$

b. $\dfrac{1+\cos x}{1+\cos^2 x}\geqslant 1$

c. $2\cos^2 x-3\cos x+1=0$

d. $3\cos x-2\cos^2 x\geqslant 1$

13 Étudier une fonction composée

→ FICHE 23

On considère la fonction définie sur $]1\,;+\infty[$ par $f(x)=\ln\left(\dfrac{x-1}{x+1}\right)$.

a. Calculer la dérivée de f. En déduire les variations de f.

b. Déterminer les limites de f aux bornes de son ensemble de définition.

14 Étudier une fonction avec un logarithme

→ FICHES 23 et 25

On considère la fonction définie sur $]0\,;+\infty[$ par $f(x)=x^2\ln x-\dfrac{x^2}{2}$.

a. Calculer la dérivée de f. En déduire les variations de f.

b. Déterminer les limites de f aux bornes de son ensemble de définition.

c. Déterminer le point d'intersection de la courbe représentative de f avec l'axe des abscisses, ainsi que la pente de la tangente à la courbe en ce point.

15 Étudier une fonction trigonométrique

→ FICHE 26

On considère la fonction définie sur $]-\pi\,;\pi]$ par $f(x)=\cos x+\dfrac{1}{2}\cos(2x)+1$.

1. a. Déterminer la fonction dérivée f' de f.

b. En utilisant la relation $\sin(2a)=2\sin a\cos a$, montrer que pour tout réel x de l'intervalle $]-\pi\,;\pi]$, $f'(x)=-\sin x(1+2\cos x)$.

2. a. Résoudre dans l'intervalle $]-\pi\,;\pi]$ l'équation-produit $\sin x(1+2\cos x)=0$.

b. Dresser le tableau de signes de $\sin x$ et de $1+2\cos x$ pour $x\in\,]-\pi\,;\pi]$. En déduire le signe de $f'(x)$ sur ce même intervalle.

c. Donner le signe de la fonction f sur l'intervalle $]-\pi\,;\pi]$.

3. Tracer la courbe représentative de f sur l'intervalle $]-\pi\,;\pi]$ dans un repère orthogonal.

16 Étudier une fonction pour prouver une inégalité

→ FICHES 23, 24 et 25

On considère la fonction définie sur $]-1\,;+\infty[$ par $f(x)=x-\ln(1+x)$.

a. Étudier les limites de f aux bornes de son ensemble de définition.

b. Calculer la dérivée de f. Dresser le tableau de variations de f.

c. Déterminer le signe de f sur son ensemble de définition.

d. En déduire que, pour tout entier naturel n non nul, on a $\ln\left(1+\dfrac{1}{n}\right)<\dfrac{1}{n}$.

e. En déduire que, pour tout entier naturel n non nul, $\left(1+\dfrac{1}{n}\right)^n<\mathrm{e}$.

17 Problème d'optimisation

→ FICHE 26

Soit ABC un triangle équilatéral. Où placer un point M sur la médiane issue de C, à l'intérieur du triangle, de façon que MA + MB + MC soit minimum ?

CONSEIL

Exprimez MA + MB + MC à l'aide de l'angle $\widehat{AMD}$, où D est le symétrique de C par rapport à la droite (AB).

OBJECTIF BAC

18 Résoudre une équation après conjecture

45 min

→ FICHES 23, 24 et 25

La calculatrice a-t-elle toujours raison ? Peut-on se fier aveuglément à ce que l'on observe sur l'écran ? Si, la plupart du temps, les informations qu'elle nous donne sont une aide précieuse, nous allons voir qu'il est indispensable de toujours chercher à démontrer une affirmation, même si elle semble évidente.

LE SUJET

On considère l'équation (E) d'inconnue x réelle : $e^x = 3(x^2 + x^3)$.

Partie A Conjecture graphique

Le graphique ci-contre donne la courbe représentative de la fonction exponentielle et celle de la fonction f définie sur $\mathbb{R}$ par $f(x) = 3(x^2 + x^3)$, telles que les affiche une calculatrice dans un repère orthogonal.

À l'aide de ce graphique, conjecturer le nombre de solutions de l'équation (E) et leur encadrement par deux entiers consécutifs.

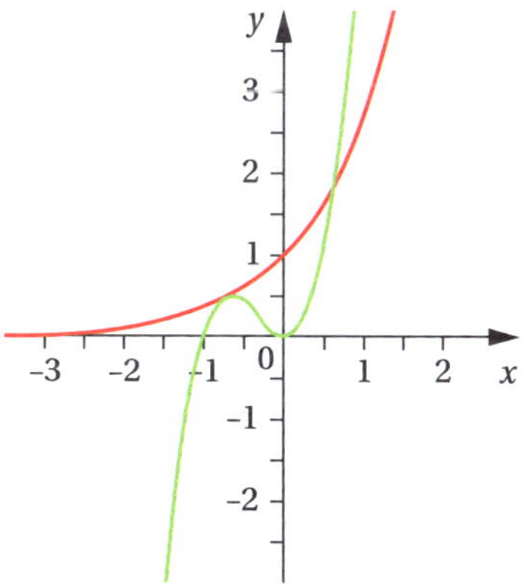

Partie B Étude de la validité de la conjecture graphique

1. a. Étudier, selon les valeurs de x, le signe de $x^2 + x^3$.

b. En déduire que l'équation (E) n'a pas de solution dans $]-\infty\,;-1]$.

c. Vérifier que 0 n'est pas solution de (E).

2. On considère la fonction h, définie pour tout $x \in]-1;0[\cup]0;+\infty[$ par $h(x) = \ln 3 + \ln(x^2) + \ln(1+x) - x$.

a. Montrer que, sur $]-1;0[\cup]0;+\infty[$, l'équation (E) équivaut à $h(x) = 0$.

b. Montrer que pour tout $x \in]-1;0[\cup]0;+\infty[$, $h'(x) = \dfrac{-x^2+2x+2}{x(x+1)}$.

c. Déterminer les variations de h.

d. Calculer les limites de h aux bornes de son domaine de définition.

e. Déduire des questions précédentes le nombre de solutions de l'équation $h(x) = 0$, et donner une valeur arrondie au centième de chaque solution.

f. Conclure quant à la conjecture de la partie A.

LIRE LE SUJET

Partie A

Sans justification, par simple lecture graphique, il s'agit de formuler une hypothèse relative au nombre de solutions et à leur encadrement.

Partie B

1. a. Étudiez le signe d'un polynôme de degré 3.

b. Votre réponse doit s'appuyer sur l'étude de signe de la question précédente.

2. a. Transformez l'équation (E).

b. Remarquez que $h(x)$ est la somme de plusieurs expressions contenant des logarithmes népériens.

c. Étudier les variations d'une fonction revient à étudier le signe de sa dérivée.

d. Les limites à droite et à gauche de 0 étant les mêmes, il y a trois limites à déterminer, dont l'une est une forme indéterminée.

e. Le déroulement même de l'exercice doit vous faire penser à l'utilisation du théorème des valeurs intermédiaires.

LA FEUILLE DE ROUTE

Partie A Conjecture graphique

D'après le graphique, déterminez le nombre de points d'intersection que semblent avoir les deux courbes.

Partie B Étude de la validité de la conjecture graphique

1. Vérifier l'absence de solutions d'une équation dans un intervalle

a. Factorisez l'expression $x^2 + x^3$ en remarquant que x^2 est un facteur commun.

b. Pensez au fait qu'une exponentielle est toujours positive.

c. Remplacez x par 0 dans les deux membres de l'égalité, et comparez.

À NOTER
Se rappeler que $e^0 = 1$.

2. Prouver l'existence de solutions d'une équation dans un intervalle

a. Transformez l'expression en composant par la fonction logarithme népérien grâce à l'équivalence $y = e^x \Leftrightarrow \ln y = x$. → FICHE 23

b. Utilisez la relation $(\ln u)' = \dfrac{u'}{u}$. → FICHE 23

c. Faites un tableau de signes en remarquant que le numérateur de $h'(x)$ est un trinôme du second degré dont vous déterminerez le signe.

d. Les limites en -1 et en 0 sont obtenues par composition et somme.
Pour la limite en $+\infty$, qui est une forme indéterminée, factorisez puis appliquez le théorème des croissances comparées. → FICHE 25

e. La fonction h étant continue, pensez au corollaire du théorème des valeurs intermédiaires pour déterminer le nombre de solutions. Grâce au tableur de la calculatrice, trouvez une valeur approchée de ces solutions.

f. Faites la synthèse des résultats précédents.

CORRIGÉS

SE TESTER QUIZ

1 Calculs d'images

1. Réponse c.

$\ln 1 = 0$, donc $f(1) = 1 \times 0 - 1 = -1$.

2. Réponse a.

$\ln \mathrm{e} = 1$, donc $f(\mathrm{e}) = \cos\left(\dfrac{\pi}{2 \times 1}\right) = \cos\dfrac{\pi}{2} = 0$.

2 Résolutions d'équations

Réponse a.

Pour tout x réel, on a $3\mathrm{e}^{-x} = 1 \Leftrightarrow \mathrm{e}^{-x} = \dfrac{1}{3}$ qui est toujours strictement positif.

Donc $3\mathrm{e}^{-x} = 1 \Leftrightarrow \ln(\mathrm{e}^{-x}) = \ln\left(\dfrac{1}{3}\right) \Leftrightarrow -x = -\ln 3 \Leftrightarrow x = \ln 3$.

À NOTER

L'expression $\ln(x) + \ln(x+1)$ n'est pas définie pour $x = -2$. De même, $\ln(x^2 + 4x + 1) = \ln(x-1)$ n'est définie ni pour $x = -1$ ni pour $x = -2$.

3 Calculs de dérivées

Réponse c.

La fonction $u : x \mapsto x \ln x$ est dérivable sur $]0\,;+\infty[$ (produit de deux fonctions dérivables) et $u'(x) = 1 \times \ln x + x \times \dfrac{1}{x} = \ln x + 1$.

4 Calculs de limites

Réponse b.

$\lim\limits_{x \to 0^+} \ln x = -\infty$ et $\lim\limits_{x \to 0^+} \dfrac{1}{x} = +\infty$ donc, par produit,

$\lim\limits_{x \to 0^+} \dfrac{\ln x}{x} = \lim\limits_{x \to 0^+} (\ln x) \times \dfrac{1}{x} = -\infty$.

À NOTER

Pour que le logarithme soit défini, la limite est nécessairement une limite à droite.

5 Fonction trigonométrique

Réponse c.

Pour tout réel x, $f'(x) = 2\cos(2x) - 2 \times (-\sin x) \times \cos x = 2\cos(2x) + 2\sin x \cos x$.
Or la tangente à la courbe au point d'abscisse 0 a pour équation $y = f'(0)(x-0) + f(0)$ avec $f'(0) = 2 \times 1 + 0 = 2$, et $f(0) = 0 - 1^2 = -1$. Donc elle a pour équation $y = 2x - 1$.

DÉMONSTRATIONS CLÉS

6 Dérivée de la fonction logarithme népérien

a. Par définition de la fonction logarithme népérien, pour tout réel strictement positif x, on a $f(x) = x$.

b. On a f dérivable sur $]0\,;+\infty[$ et $f'(x) = e^{\ln x} \times \ln'(x) = x\ln'(x)$.

c. Sur $]0\,;+\infty[$, $f(x) = x$ donc $f'(x) = 1 = x\ln'(x)$ d'où $\ln'(x) = \dfrac{1}{x}$.

7 Limite en 0 de $x \mapsto x\ln x$

a. $X = \ln x$ donc $x = e^X$ et $x\ln x = e^X X$.

b. On a $\lim\limits_{x \to 0^+} \ln x = -\infty$, donc par composition, $\lim\limits_{x \to 0^+} x\ln x = \lim\limits_{X \to -\infty} \left(e^X X\right)$.

Par croissances comparées, on a $\lim\limits_{X \to -\infty} e^X X = 0$. Donc $\lim\limits_{x \to 0} x\ln x = 0$.

S'ENTRAÎNER

8 Simplifier une expression

- $\ln 8 = \ln\left(2^3\right) = 3\ln 2$;
- $\ln(2e) = \ln 2 + \ln e = (\ln 2) + 1$;
- $\dfrac{\ln 12 - \ln 3}{(\ln 2)^2} = \dfrac{\ln \frac{12}{3}}{(\ln 2)^2} = \dfrac{\ln 4}{(\ln 2)^2} = \dfrac{\ln\left(2^2\right)}{(\ln 2)^2} = \dfrac{2\ln 2}{(\ln 2)^2} = \dfrac{2}{\ln 2}$;
- $\ln 2 = \ln\left(\left(\sqrt{2}\right)^2\right) = 2\ln\left(\sqrt{2}\right)$ donc $\ln\left(\sqrt{2}\right) = \dfrac{1}{2}\ln 2$ d'où $\ln\left(\dfrac{1}{\sqrt{2}}\right) = -\ln\left(\sqrt{2}\right) = -\dfrac{\ln 2}{2}$;
- $\ln\left(\sqrt{3}+1\right) + \ln\left(\sqrt{3}-1\right) = \ln\left(\left(\sqrt{3}+1\right)\left(\sqrt{3}-1\right)\right) = \ln(3-1) = \ln 2$.

À NOTER
On ne peut pas simplifier davantage cette écriture.

9 Résoudre des équations

À NOTER
Il faut toujours penser à restreindre le domaine d'étude des fonctions de la forme $\ln(u(x))$ aux réels x vérifiant $u(x) > 0$.

a. ■ $\begin{cases} x-2>0 \\ x-1>0 \\ 2x-5>0 \end{cases} \Leftrightarrow \begin{cases} x>2 \\ x>1 \\ x>\dfrac{5}{2} \end{cases}$. Donc (E_1) est définie sur $I_1 = \left]\dfrac{5}{2}\,;+\infty\right[$.

■ Pour tout $x \in I_1$:

$(E_1) \Leftrightarrow \ln((x-2)(x-1)) = \ln(2(2x-5)) \Leftrightarrow \ln\left(x^2-3x+2\right) = \ln(4x-10)$

$\Leftrightarrow x^2-3x+2 = 4x-10 \Leftrightarrow x^2-7x+12 = 0$.

Les deux solutions $x = 3$ et $x = 4$ appartiennent bien à I_1 donc $\mathcal{S} = \{3\,;4\}$.

b. ■ $(x+3)(x+2) > 0 \Leftrightarrow x^2+5x+6 > 0 \Leftrightarrow x < -3$ ou $x > -2$.

Donc (E_2) est définie sur $I_2 =]-\infty\,;-3[\cup]-2\,;+\infty[$.

■ Pour tout $x \in I_2$:
$(E_2) \Leftrightarrow x^2+5x+6=6 \Leftrightarrow x^2+5x=0 \Leftrightarrow x(x+5)=0$.
Les deux solutions $x=0$ et $x=-5$ appartiennent à I_2 donc $\mathcal{S}=\{0\,;-5\}$.

À NOTER
Il est inutile d'utiliser un discriminant pour résoudre la dernière équation car la factorisation donne immédiatement les solutions.

c. ■ $\begin{cases} x+3>0 \\ x+2>0 \end{cases} \Leftrightarrow \begin{cases} x>-3 \\ x>-2 \end{cases}$. Donc (E_3) est définie sur $I_3 =]-2\,;+\infty[$.
■ Pour tout $x \in I_3$:
$(E_3) \Leftrightarrow \ln((x+3)(x+2)) = \ln 6$. (On retrouve l'équation du b.)
Mais ici, seule la solution $x=0$ appartient à I_3. Donc $\mathcal{S}=\{0\}$.
d. ■ $1-x^2>0 \Leftrightarrow -1<x<1$. Donc (E_4) est définie sur $I_4 =]-1\,;1[$.
■ Pour tout $x \in I_4$, $x^2 \geqslant 0$ donc $1-x^2 \leqslant 1$, et $\ln(1-x^2) \leqslant 0$. Or $e^x > 0$.
L'équation n'a donc **pas de solution**.

10 Calculer des dérivées

a. f est de la forme $\ln u$ avec $u(x)=\cos x$. Sa dérivée est de la forme $\frac{u'}{u}$ avec $u'(x)=-\sin x$. Donc sur I, $f'(x)=\frac{-\sin x}{\cos x}$.
b. f est de la forme $\cos u$ avec $u(x)=\ln x$. Sa dérivée est de la forme $-u'\sin u$ avec $u'(x)=\frac{1}{x}$. Donc sur I, $f'(x)=\frac{-\sin(\ln x)}{x}$.
c. f est de la forme $\ln u$ avec $u(x)=\ln x$. Sa dérivée est de la forme $\frac{u'}{u}$ avec $u'(x)=\frac{1}{x}$.
Donc sur I, $f'(x)=\frac{1}{x\ln x}$.
d. f est de la forme $\ln u$ avec $u(x)=x+\sqrt{1+x^2}$. Sa dérivée est de la forme $\frac{u'}{u}$ avec
$u'(x)=1+\frac{2x}{2\sqrt{1+x^2}}=1+\frac{x}{\sqrt{1+x^2}}$.

Donc sur I, $f'(x)=\dfrac{1+\frac{x}{\sqrt{1+x^2}}}{x+\sqrt{1+x^2}}=\dfrac{\frac{\sqrt{1+x^2}+x}{\sqrt{1+x^2}}}{x+\sqrt{1+x^2}}=\dfrac{1}{\sqrt{1+x^2}}$.

11 Calculer des limites

a. Par croissances comparées, $\lim\limits_{x\to 0^+} x\ln x = 0$. Or $\lim\limits_{x\to 0} e^x = 1$, donc, par produit, $\lim\limits_{x\to 0^+} x e^x \ln x = 0$.
b. Pour tout réel x, on a $x\ln(1+e^{-x}) = xe^{-x} \times \frac{\ln(1+e^{-x})}{e^{-x}}$.
■ Par croissances comparées, on a $\lim\limits_{x\to+\infty} xe^{-x} = \lim\limits_{x\to+\infty} \frac{x}{e^x} = 0$.
■ $\lim\limits_{x\to+\infty} e^{-x} = 0$ et $\lim\limits_{X\to 0} \frac{\ln(1+X)}{X} = 1$ (taux d'accroissement), donc par composition, on a $\lim\limits_{x\to+\infty} \frac{\ln(1+e^{-x})}{e^{-x}} = 1$.
Donc, par produit, $\lim\limits_{x\to+\infty} x\ln(1+e^{-x}) = 0$.

c. Pour tout réel x non nul suffisamment proche de 0, on a
$\dfrac{\ln(1+x)}{e^x-1}=\dfrac{\ln(1+x)}{x}\times\dfrac{x}{e^x-1}$.

Or $\lim\limits_{x\to 0}\dfrac{\ln(1+x)}{x}=1$ et $\lim\limits_{x\to 0}\dfrac{e^x-1}{x}=1$ (taux d'accroissement).

Donc, par quotient, on en déduit que $\lim\limits_{x\to 0}\dfrac{\ln(1+x)}{e^x-1}=1$.

d. Pour tout réel x non nul, on a $\dfrac{\cos x-1}{\sin x}=\dfrac{\cos x-1}{x}\times\dfrac{x}{\sin x}$.

Or $\lim\limits_{x\to 0}\dfrac{\cos x-1}{x}=0$ et $\lim\limits_{x\to 0}\dfrac{\sin x}{x}=1$ (taux d'accroissement).

Donc, par quotient, on en déduit que $\lim\limits_{x\to 0}\dfrac{\cos x-1}{\sin x}=0$.

12 Résoudre équations et inéquations trigonométriques

a. Pour tout $x\in\,]-\pi\,;\pi]$, on a :

$$\frac{1+\cos x}{1+\cos^2 x}=1\Leftrightarrow 1+\cos x=1+\cos^2 x\Leftrightarrow \cos x(1-\cos x)=0$$
$$\Leftrightarrow \cos x=0 \text{ ou } \cos x=1.$$

Ainsi, dans $]-\pi\,;\pi]$, on a $\mathcal{S}=\left\{-\dfrac{\pi}{2}\,;0\,;\dfrac{\pi}{2}\right\}$.

À NOTER

Il ne faut surtout pas « simplifier » l'équation $\cos x-\cos^2 x=0$ en divisant par $\cos x$ car il peut être nul !

b. Pour tout $x\in\,]-\pi\,;\pi]$, on a :

$$\frac{1+\cos x}{1+\cos^2 x}\geqslant 1\Leftrightarrow 1+\cos x\geqslant 1+\cos^2 x \text{ car } 1+\cos^2 x>0$$
$$\Leftrightarrow \cos x-\cos^2 x\geqslant 0\Leftrightarrow \cos x(1-\cos x)\geqslant 0$$
$$\Leftrightarrow \cos x\geqslant 0 \text{ car } 1-\cos x\geqslant 0.$$

Ainsi, dans $]-\pi\,;\pi]$, on a $\mathcal{S}=\left[-\dfrac{\pi}{2}\,;\dfrac{\pi}{2}\right]$.

c. En posant $X=\cos x$, on a :

$2\cos^2 x-3\cos x+1=0\Leftrightarrow 2X^2-3X+1=0\Leftrightarrow X=\dfrac{1}{2}$ ou $X=1$.

Les solutions de l'équation sont donc les réels x de $]-\pi\,;\pi]$ tels que $\cos x=\dfrac{1}{2}$ ou $\cos x=1$. Donc $\mathcal{S}=\left\{-\dfrac{\pi}{3}\,;0\,;\dfrac{\pi}{3}\right\}$.

d. En posant $X=\cos x$, on a :

$$3\cos x-2\cos^2 x\geqslant 1\Leftrightarrow 3X-2X^2\geqslant 1$$
$$\Leftrightarrow 2X^2-3X+1\leqslant 0$$
$$\Leftrightarrow \frac{1}{2}\leqslant X\leqslant 1.$$

Les solutions de l'inéquation sont donc les réels x de $]-\pi\,;\pi]$ tels que $\dfrac{1}{2}\leqslant\cos x\leqslant 1$.

Donc $\mathcal{S}=\left[-\dfrac{\pi}{3}\,;\dfrac{\pi}{3}\right]$.

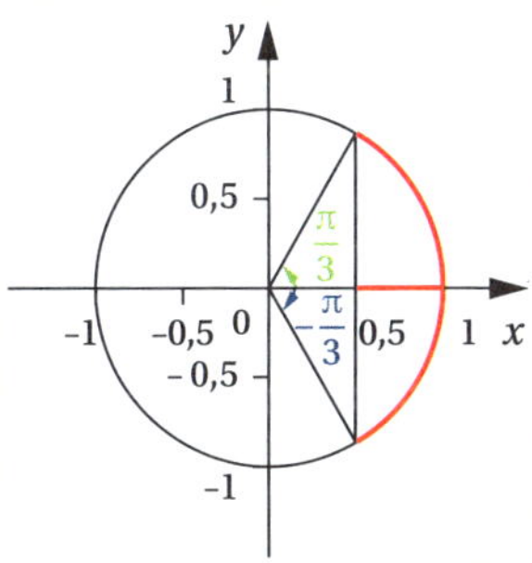

13 Étudier une fonction composée

a. Pour tout $x \in]1\,;+\infty[$, $\begin{cases} x-1>0 \\ x+1>0 \end{cases}$, donc $f(x) = \ln(x-1) - \ln(x+1)$.

On a donc $f'(x) = \dfrac{1}{x-1} - \dfrac{1}{x+1} = \dfrac{2}{x^2-1} \geqslant 0$.

Donc la fonction f est **strictement croissante sur $]1\,;+\infty[$**.

À NOTER

Si on ne simplifie pas l'expression de f au départ, on reconnaît f sous la forme $\ln u$ avec $u(x) = \dfrac{x-1}{x+1}$, sur $]1\,;+\infty[$.

On a alors $u'(x) = \dfrac{2}{(x+1)^2}$, et $f'(x) = \dfrac{\dfrac{2}{(x+1)^2}}{\dfrac{x-1}{x+1}} = \dfrac{2}{(x+1)^2} \times \dfrac{x+1}{x-1} = \dfrac{2}{x^2-1}$.

b. • $\lim\limits_{x \to 1} \dfrac{x-1}{x+1} = 0$ et $\lim\limits_{X \to 0^+} \ln X = -\infty$, donc, par composition, $\lim\limits_{x \to 1} f(x) = -\infty$.

• Pour tout $x \in]1\,;+\infty[$, on a $\dfrac{x-1}{x+1} = \dfrac{x\left(1-\dfrac{1}{x}\right)}{x\left(1+\dfrac{1}{x}\right)} = \dfrac{1-\dfrac{1}{x}}{1+\dfrac{1}{x}}$. Or $\lim\limits_{x \to +\infty} \dfrac{1}{x} = 0$, donc par quotient, $\lim\limits_{x \to +\infty} \dfrac{x-1}{x+1} = 1$. Par composition, on a donc $\lim\limits_{x \to +\infty} f(x) = 0$.

14 Étudier une fonction avec un logarithme

a. Par somme et produit, f est dérivable sur $]0\,;+\infty[$ et on a

$f'(x) = (2x)\ln x + x^2 \times \dfrac{1}{x} - \dfrac{1}{2} \times 2x = 2x\ln x$.

Sur $]0\,;+\infty[$, $f'(x) \geqslant 0 \Leftrightarrow \ln x \geqslant 0 \Leftrightarrow x \geqslant 1$.

La fonction f est donc **décroissante sur $]0\,;1]$, et croissante sur $[1\,;+\infty[$**.

b. Par croissances comparées, $\lim\limits_{x \to 0} x^2 \ln(x) = 0$. Par somme, $\lim\limits_{x \to 0^+} f(x) = 0$.

On a $f(x) = x^2\left(\ln x - \dfrac{1}{2}\right)$. Par produit, on en déduit que $\lim\limits_{x \to +\infty} f(x) = +\infty$.

c. On cherche le réel strictement positif x tel que $f(x) = 0$, ce qui équivaut, avec la factorisation précédente, à $\ln x = \dfrac{1}{2}$. Ainsi, la courbe coupe l'axe des abscisses au point de coordonnées $\left(e^{\frac{1}{2}}\,;0\right)$.

En ce point, la tangente a pour pente $f'\left(e^{\frac{1}{2}}\right) = 2e^{\frac{1}{2}} \ln\left(e^{\frac{1}{2}}\right) = 2e^{\frac{1}{2}} \times \dfrac{1}{2} = e^{\frac{1}{2}}$.

À NOTER

La tangente ayant pour équation $y = f'(a)(x-a) + f(a)$, le coefficient directeur (ou pente) de la tangente est $f'(a)$.

15 Étudier une fonction trigonométrique

1. a. f est dérivable sur $]-\pi\,;\pi]$ comme somme de fonctions dérivables, et on a $f'(x) = -\sin x + \frac{1}{2} \times 2 \times (-\sin(2x)) = -\sin x - \sin(2x)$.

b. Pour tout $x \in\,]-\pi\,;\pi]$, $f'(x) = -\sin x - 2\sin x \cos x = -\sin x(1+2\cos x)$.

2. a. Un produit est nul si et seulement si un facteur est nul, donc

$$\sin x(1+2\cos x) = 0 \Leftrightarrow \begin{cases} \sin x = 0 \\ \text{ou} \\ 1+2\cos x = 0 \end{cases} \Leftrightarrow \begin{cases} \sin x = 0 \\ \text{ou} \\ \cos x - -\frac{1}{2} \end{cases}.$$

Donc sur $]-\pi\,;\pi]$, on a $\mathcal{S} = \left\{\frac{-2\pi}{3}\,;0\,;\frac{2\pi}{3}\,;\pi\right\}$.

b. Le signe de la fonction sin est connu sur l'intervalle $]-\pi\,;\pi]$.

Pour tout $x \in\,]-\pi\,;\pi]$, on a $1+2\cos x \geqslant 0 \Leftrightarrow \cos x \geqslant -\frac{1}{2} \Leftrightarrow -\frac{2\pi}{3} \leqslant x \leqslant \frac{2\pi}{3}$.

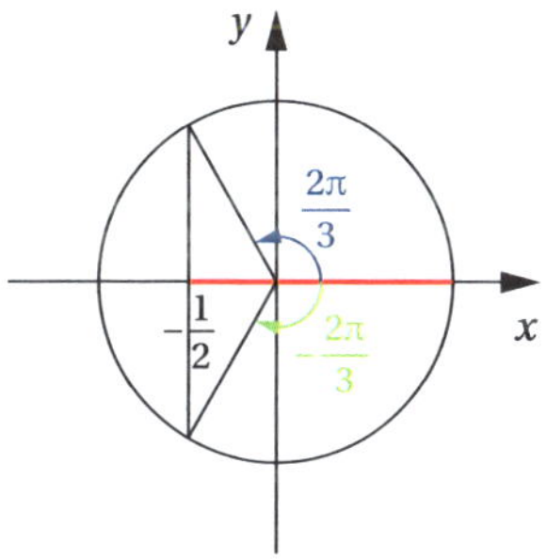

On en déduit le tableau de signes suivant :

x	$-\pi$		$\frac{-2\pi}{3}$		0		$\frac{2\pi}{3}$		π
$\sin x$		$-$		$-$	0	$+$		$+$	
$1+2\cos x$		$-$	0	$+$		$+$	0	$-$	
$\sin x(1+2\cos x)$		$+$	0	$-$	0	$+$	0	$-$	
$f'(x)$		$-$	0	$+$	0	$-$	0	$+$	

donc f' est positive sur $\left[\frac{-2\pi}{3}\,;0\right] \cup \left[\frac{2\pi}{3}\,;\pi\right]$, négative ailleurs.

c. On déduit de la question précédente les variations de f :

x	$-\pi$		$\frac{-2\pi}{3}$		0		$\frac{2\pi}{3}$		π
f	$\frac{1}{2}$	↘	$\frac{1}{4}$	↗	$\frac{5}{2}$	↘	$\frac{1}{4}$	↗	$\frac{1}{2}$

On voit que pour tout $x \in]-\pi\,;\pi]$, $f(x) \geqslant \dfrac{1}{4} \geqslant 0$.

Donc f est **positive sur** $]-\pi\,;\pi]$.

À NOTER

En remarquant que la fonction f est paire (car la fonction cosinus est paire), on pouvait se contenter d'étudier la fonction sur $[0\,;\pi]$, le comportement sur $]-\pi\,;0]$ se déduisant par symétrie par rapport à l'axe des ordonnées.

3.

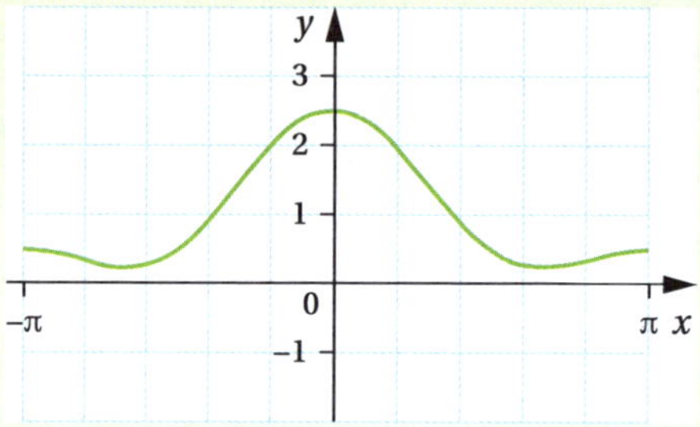

16 Étudier une fonction pour prouver une inégalité

a. On a $\lim\limits_{x \to -1^+} (1+x) = 0^+$ et $\lim\limits_{X \to 0^+} \ln X = -\infty$.

Donc par composition, $\lim\limits_{x \to -1} -\ln(1+x) = +\infty$. Par somme, $\lim\limits_{x \to -1} f(x) = +\infty$.

Pour $x > 0$, on a $f(x) = x\left(1 - \dfrac{\ln(1+x)}{x}\right) = x\left(1 - \dfrac{\ln(1+x)}{1+x} \times \dfrac{1+x}{x}\right)$.

On a $\lim\limits_{x \to +\infty} (1+x) = +\infty$ et, par croissances comparées, $\lim\limits_{X \to +\infty} \dfrac{\ln(X)}{X} = 0$ donc, par composition, $\lim\limits_{x \to +\infty} \dfrac{\ln(1+x)}{1+x} = 0$.

Or $\lim\limits_{x \to +\infty} \dfrac{1+x}{x} = \lim\limits_{x \to +\infty} \left(\dfrac{1}{x} + 1\right) = 1$, donc par somme et produit, $\lim\limits_{x \to +\infty} f(x) = +\infty$.

b. f est dérivable sur $]-1\,;+\infty[$ comme somme de fonctions dérivables.

Pour tout $x \in]-1\,;+\infty[$, $f'(x) = 1 - \dfrac{1}{1+x} = \dfrac{x}{1+x}$.

On a donc :

x	-1		0		$+\infty$
$f'(x)$	‖	$-$		$+$	
f	‖ $+\infty$	↘	0	↗	$+\infty$

c. f admet un minimum en 0 égal à 0, donc f est **positive sur** $]-1\,;+\infty[$.

d. Pour tout entier naturel n non nul, $\dfrac{1}{n} > 0 > -1$, donc, d'après la question précédente, on a $\dfrac{1}{n} - \ln\left(1 + \dfrac{1}{n}\right) > 0$, c'est-à-dire $\ln\left(1 + \dfrac{1}{n}\right) < \dfrac{1}{n}$.

e. Pour tout entier naturel n non nul, on a
$\ln\left(1+\frac{1}{n}\right)<\frac{1}{n} \Leftrightarrow n\ln\left(1+\frac{1}{n}\right)<1 \Leftrightarrow \ln\left(\left(1+\frac{1}{n}\right)^n\right)<1 \Leftrightarrow \left(1+\frac{1}{n}\right)^n<\mathrm{e}^1$, car la fonction exponentielle est strictement croissante. Donc $\left(1+\frac{1}{n}\right)^n<\mathrm{e}$.

17 Problème d'optimisation

Soit I le milieu de [AB].
On note x la mesure en radian de l'angle $\widehat{AMD}$, et a la longueur AI.
Le triangle ABC est équilatéral, donc
$\begin{cases}\text{si M est en C, } x=\frac{\pi}{6}\\ \text{si M est en I, } x=\frac{\pi}{2}\end{cases}$. Donc $x \in \left[\frac{\pi}{6};\frac{\pi}{2}\right]$.

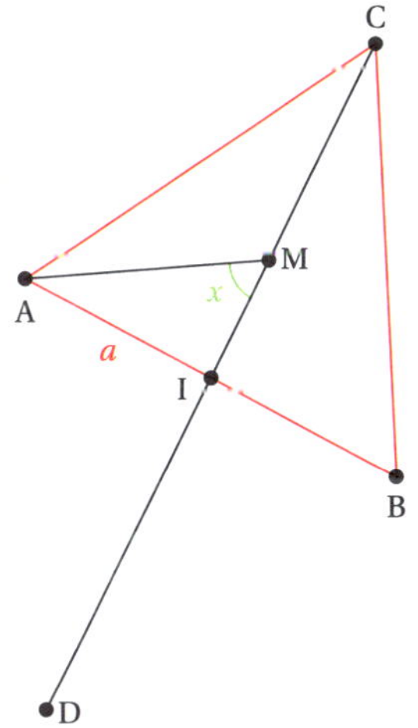

Pour d'évidentes propriétés de symétrie, on a MA = MB.
Et $MA = MB = \frac{a}{\sin x}$, défini pour tout $x \in \left[\frac{\pi}{6};\frac{\pi}{2}\right]$ car la fonction sinus **ne s'annule pas** sur l'intervalle $\left[\frac{\pi}{6};\frac{\pi}{2}\right]$.

À NOTER
Attention à toujours vérifier, lorsque l'on est en présence d'un quotient, que le dénominateur est non nul et surtout toujours l'écrire clairement sur la copie de Bac.

De plus, $MC = CI - MI = a\sqrt{3} - AM \times \cos x = a\sqrt{3} - \frac{a\cos x}{\sin x}$.

On a donc $MA + MB + MC = a\sqrt{3} + \frac{a(2-\cos x)}{\sin x}$.

On cherche donc à minimiser la fonction f définie par $f(x) = a\sqrt{3} + \frac{a(2-\cos x)}{\sin x}$ pour $x \in \left[\frac{\pi}{6};\frac{\pi}{2}\right]$.

f est dérivable sur son domaine de définition, comme quotient de fonctions dérivables (le dénominateur ne s'annulant pas) et on a :

$$f'(x) = a\frac{(\sin x \sin x - (2-\cos x)\cos x)}{(\sin x)^2}$$
$$= a\frac{(\sin^2 x + \cos^2 x - 2\cos x)}{\sin^2 x} = \frac{a(1-2\cos x)}{\sin^2 x}$$

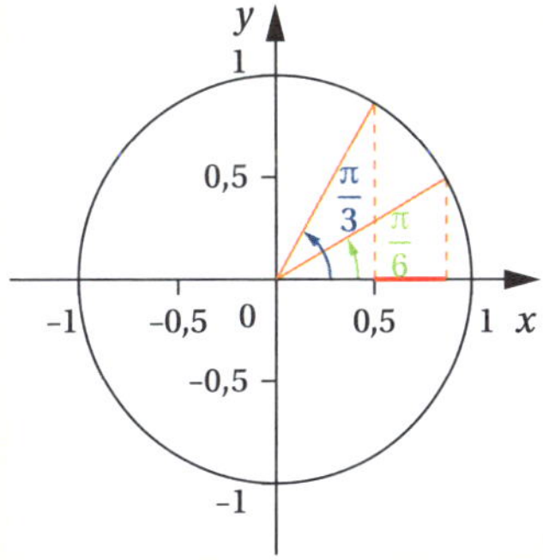

Donc $f'(x) < 0 \Leftrightarrow 1 - 2\cos x < 0 \Leftrightarrow \cos x > \frac{1}{2}$.

Donc sur $\left[\frac{\pi}{6};\frac{\pi}{2}\right]$, $f'(x) < 0 \Leftrightarrow \frac{\pi}{6} < x < \frac{\pi}{3}$.

On en déduit les variations de f :

x	$\frac{\pi}{6}$		$\frac{\pi}{3}$		$\frac{\pi}{2}$
$f'(x)$		$-$		$+$	
f		↘		↗	

$f(x)$ est donc minimal pour $x = \frac{\pi}{3}$. Le triangle étant équilatéral, lorsque $x = \frac{\pi}{3}$, le point M est le **centre du cercle circonscrit.**

OBJECTIF BAC

18 Résoudre une équation après conjecture

Partie A Conjecture graphique

Les courbes semblent avoir deux points d'intersection, donc (E) semble avoir **deux solutions,** l'une comprise **entre -1 et 0,** et l'autre **entre 0 et 1.**

Partie B Étude de la validité de la conjecture graphique

1. a. Pour tout réel x, $x^2 + x^3 \geqslant 0 \Leftrightarrow x^2(1+x) \geqslant 0 \Leftrightarrow 1 + x \geqslant 0 \Leftrightarrow x \geqslant -1$. Donc $x^2 + x^3$ **est négatif sur $]-\infty\,;-1]$, positif sur $[-1\,;+\infty[$.**

b. Pour $x \leqslant -1$, on a $3(x^2 + x^3) \leqslant 0$. Or $e^x > 0$, donc (E) n'a **pas de solution sur l'intervalle $]-\infty\,;-1]$.**

c. On a $e^0 = 1$ et $3(0^2 + 0^3) = 0$ donc **0 n'est pas solution de (E).**

2. a. Pour tout $x \in]-1\,;0[\, \cup\,]0\,;+\infty[$,
(E) $\Leftrightarrow \ln(e^x) = \ln(3(x^2 + x^3)) = \ln 3 + \ln(x^2(1+x)) = \ln 3 + \ln(x^2) + \ln(1+x)$ car $x^2 > 0$ et $x + 1 > 0$ sur $]-1\,;0[\, \cup\,]0\,;+\infty[$.
Donc (E) $\Leftrightarrow x = \ln 3 + \ln(x^2) + \ln(1+x) \Leftrightarrow \ln 3 + \ln(x^2) + \ln(1+x) - x = 0$.
On a donc, pour tout $x \in]-1\,;0[\, \cup\,]0\,;+\infty[$, **(E) $\Leftrightarrow h(x) = 0$.**

> **À NOTER**
> Attention : pour $x > 0$, $\ln(x^2) = 2\ln(x)$, mais cette dernière égalité n'est pas valide pour $x < 0$ (car la fonction ln n'est définie que sur $]0\,;+\infty[$).

b. Pour tout réel $x \in]-1\,;0[\, \cup\,]0\,;+\infty[$, on a

$$h'(x) = 0 + \frac{2x}{x^2} + \frac{1}{1+x} - 1 = \frac{2}{x} + \frac{1-1-x}{1+x} = \frac{2(1+x) - x^2}{x(1+x)},$$

donc $h'(x) = \dfrac{-x^2 + 2x + 2}{x(x+1)}$.

c. Pour tout réel $x \in]-1\,;0[\, \cup\,]0\,;+\infty[$, $x(x+1)$ est du signe de x et $-x^2 + 2x + 2$ est négatif à l'extérieur des racines qui sont $1 - \sqrt{3}$ et $1 + \sqrt{3}$.

x	-1		$1-\sqrt{3}$		0		$1+\sqrt{3}$		$+\infty$
$-x^2+2x+2$		$-$	0		$+$		0	$-$	
$x(x+1)$	0		$-$		0		$+$		
$h'(x)$	$\|\|$	$+$	0	$-$	$\|\|$	$+$	0	$-$	

La fonction h est donc strictement croissante sur $\left]-1\,;1-\sqrt{3}\right]$ et sur $\left]0\,;1+\sqrt{3}\right]$; elle est strictement décroissante sur $\left[1-\sqrt{3}\,;0\right[$ et $\left[1+\sqrt{3}\,;+\infty\right[$.

d. • $\lim\limits_{x\to-1^+}(x+1)=0^+$ et $\lim\limits_{X\to0^+}\ln X=-\infty$ donc, par composition, $\lim\limits_{x\to-1}\ln(x+1)=-\infty$. Par somme, on en déduit $\lim\limits_{x\to-1}h(x)=-\infty$.

• De même, $\lim\limits_{x\to0^+}\ln\left(x^2\right)=\lim\limits_{x\to0^-}\ln\left(x^2\right)=-\infty$ donc, par somme, $\lim\limits_{x\to0^+}h(x)=\lim\limits_{x\to0^-}h(x)=-\infty$.

• Pour tout réel $x>0$, $h(x)=\ln3+2\ln x+\ln(1+x)-x=\ln3+x\left(2\dfrac{\ln x}{x}+\dfrac{\ln(1+x)}{x}-1\right)$

$h(x)=\ln3+x\left(2\dfrac{\ln x}{x}+\dfrac{\ln(x+1)}{x+1}\times\dfrac{x+1}{x}-1\right)$.

On sait que $\lim\limits_{x\to+\infty}\dfrac{\ln x}{x}=0$, $\lim\limits_{x\to+\infty}\dfrac{\ln(x+1)}{x+1}=0$ (par croissances comparées et composition). De plus, $\lim\limits_{x\to+\infty}\left(\dfrac{x+1}{x}\right)=\lim\limits_{x\to+\infty}\left(1+\dfrac{1}{x}\right)=1$, donc par produit et somme, on obtient $\lim\limits_{x\to+\infty}h(x)=-\infty$.

e. On a le tableau de variations suivant :

x	-1		$1-\sqrt{3}$		0		$1+\sqrt{3}$		$+\infty$
$h'(x)$	$\|\|$	$+$	0	$-$	$\|\|$	$+$	0	$-$	
h	$\|\|$ $-\infty$	↗		↘	$-\infty$ $\|\|$ $-\infty$	↗		↘	$-\infty$

■ Sur $]-1;0[$, h admet un maximum en $1-\sqrt{3}$. Or $h\left(1-\sqrt{3}\right)\approx-0{,}11<0$ donc l'équation $h(x)=0$ n'admet pas de solution sur $]-1;0[$.

■ La fonction h est continue (car dérivable) strictement monotone sur $\left]0\,;1+\sqrt{3}\right]$. De plus, $\lim\limits_{x\to0^+}h(x)=-\infty$ et $h\left(1+\sqrt{3}\right)\approx1{,}69>0$, donc d'après le corollaire du théorème des valeurs intermédiaires, l'équation $h(x)=0$ admet sur $\left]0\,;1+\sqrt{3}\right]$ une solution unique $\alpha\approx0{,}62$.

■ De la même façon, on montre que l'équation $h(x)=0$ admet, sur $\left]1+\sqrt{3}\,;+\infty\right[$ une solution unique $\beta\approx7{,}12$.

Donc l'équation $h(x)=0$ admet deux solutions $\alpha\approx0{,}62$ et $\beta\approx7{,}12$ sur $]-1;0[\,\cup\,]0;+\infty[$.

f. L'équation (E) admet deux solutions dont l'une est entre 0 et 1 et l'autre entre 7 et 8 qui n'était pas visible sur le graphique.

ANALYSE

9 Primitives, équations différentielles

Déduites des lois de Newton, les équations du mouvement d'un corps en chute libre sont des équations différentielles dont les solutions donnent la position du corps en fonction de son altitude à tout instant.

27 Notions d'équation différentielle et de primitive

En bref *Les équations différentielles permettent de relier une fonction et ses dérivées, alors que la recherche de primitives est l'opération inverse de la dérivation.*

I Solution d'une équation différentielle

■ **Définition :** On appelle **équation différentielle** une équation liant une fonction (qui est donc l'inconnue de l'équation) et ses dérivées.

Exemples : $y' = y$; $y' = y^2$; $y'' + \omega^2 y = 0$.

■ On appelle **solution de l'équation différentielle** (E) sur un intervalle I une fonction définie sur I qui vérifie (E) pour tous les réels de I.

Exemples : La fonction $x \mapsto -\dfrac{1}{x}$ est solution sur $]0\,;+\infty[$ de l'équation différentielle $y' = y^2$. Les fonctions $t \mapsto \cos(\omega t)$ et $t \mapsto \sin(\omega t)$ sont solutions sur $\mathbb{R}$ de l'équation différentielle $y'' + \omega^2 y = 0$.

■ **Résoudre** une équation différentielle (E) sur un intervalle I revient à trouver l'ensemble des solutions de (E) sur I.

Exemple : Les solutions sur $\mathbb{R}$ de l'équation différentielle $y' = y$ sont les fonctions de la forme $x \mapsto C\mathrm{e}^x$ où C est un réel quelconque.

À NOTER
La fonction exponentielle est l'unique solution f de l'équation différentielle $y' = y$, qui vérifie $f(0) = 1$.

II Notion de primitive et propriétés

Soit f une fonction continue sur un intervalle I.

■ **Définition :** On appelle **primitive** de f sur I toute solution sur I de l'équation différentielle $y' = f$.

■ *Conséquence* : F est une primitive de f sur I si et seulement si F est dérivable sur I et :

pour tout réel x de I, $F'(x) = f(x)$

■ **Propriétés :**

• Toute fonction continue sur un intervalle I admet des primitives sur I.

• Si F et G sont deux primitives d'une même fonction f sur I, alors il existe un réel k tel que pour tout $x \in$ I, $F(x) = G(x) + k$.

À NOTER
Deux primitives d'une même fonction diffèrent d'une constante.

Méthode

Approcher une solution par la méthode d'Euler

On considère l'équation différentielle (E) : $y' = -y + 2$.

On note f la solution de (E) telle que $f(x_0) = y_0$ (on admet qu'il en existe une et une seule).

Pour $a > x_0$, écrire un algorithme qui permet de déterminer, par la méthode d'Euler, une approximation de $f(a)$, avec un pas h.

Rappel : La courbe représentative de f admet une tangente en chacun de ses points $M(\alpha ; f(\alpha))$, et pour h très petit, on a $f(\alpha + h) \approx f(\alpha) + h \times f'(\alpha)$. On peut ainsi obtenir des valeurs approchées de $f(x)$ pour x proche de α.

CONSEILS

Étape 1 On définit les suites (x_n) et (y_n) pour $n \geqslant 1$ par $x_n = x_{n-1} + h$ et $y_n = f(x_n)$. Donnez une approximation du terme général y_n.

Étape 2 Écrivez l'algorithme demandé.

SOLUTION

Étape 1 On pose $M_0(x_0 ; y_0)$. On construit une suite de points $M_n(x_n ; y_n)$ tels que, pour $n \geqslant 1$, $x_n = x_{n-1} + h$ et $y_n = f(x_n) = f(x_{n-1} + h)$.

On a donc $y_n \approx f(x_{n-1}) + h \times f'(x_{n-1})$. Or $f(x_{n-1}) = y_{n-1}$ et f est solution de (E) donc $f'(x_{n-1}) = -f(x_{n-1}) + 2 = -y_{n-1} + 2$. D'où $y_n \approx y_{n-1}(1 - h) + 2h$.

Étape 2

```
Entrer a, h
Entrer x0, y0
x, y = x0, y0
Tant que x < a :
      x = x + h
      y = y × (1 − h) + 2h
Fin Tant que
Afficher y
```

28 Équation différentielle $y' = ay + f$

En bref *On connaît la forme des solutions des équations différentielles $y' = ay + f$, selon la nature de f, ce qui n'est pas le cas pour la plupart des autres équations.*

I Équation différentielle $y' = ay$, a réel

Les solutions sur $\mathbb{R}$ de l'équation différentielle $y' = ay$ sont les fonctions de la forme :

$$x \mapsto Ce^{ax}, \text{ où } C \text{ est une constante réelle}$$

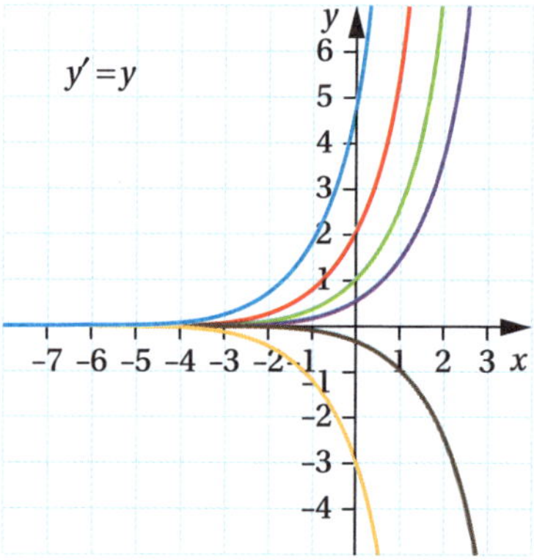

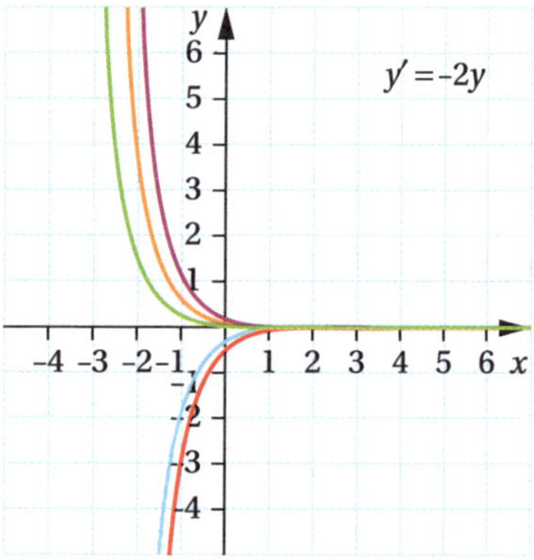

II Équation différentielle $y' = ay + b$, a réel non nul, b réel

Les solutions sur $\mathbb{R}$ de l'équation différentielle $y' = ay + b$ sont les fonctions de la forme :

$$x \mapsto Ce^{ax} - \frac{b}{a}, \text{ où } C \text{ est une constante réelle}$$

À NOTER
Lorsque $b = 0$, on retrouve le cas précédent.

III Équation différentielle $y' = ay + f$, a réel non nul, f fonction continue

Si l'on connaît une solution particulière y_0 sur un intervalle I de l'équation différentielle $y' = ay + f$, alors toutes les autres solutions sont de la forme :

$$x \mapsto Ce^{ax} + y_0 \text{ où } C \text{ est une constante réelle}$$

À NOTER
Lorsque f est une fonction constante, on retrouve le cas précédent.

Méthode

Résoudre une équation différentielle de la forme $y' = ay + b$

On considère l'équation différentielle (E) : $2y' + y = 0$.

1. Déterminer les solutions de (E) sur $\mathbb{R}$.

2. Déterminer la (ou les) solution(s) éventuelle(s) de (E) vérifiant la condition précisée dans chacun des cas suivants :

a. $f(1) = 1$

b. $f(2) = (f(1))^2$

c. $\lim\limits_{x \to +\infty} f(x) = +\infty$

CONSEILS

1. On se ramène à la forme $y' = ay + b$; c'est alors une question de cours.
2. Exprimez la contrainte par une condition sur la constante C de la solution générale.

SOLUTION

1. y solution de (E) $\Leftrightarrow y' = -\frac{1}{2}y$. Donc $\mathcal{S} = \left\{x \mapsto C\mathrm{e}^{-\frac{x}{2}}, C \in \mathbb{R}\right\}$.

2. f est solution de (E) donc f est de la forme $f(x) = C\mathrm{e}^{-\frac{x}{2}}$ avec $C \in \mathbb{R}$.

a. $f(1) = 1 \Leftrightarrow C\mathrm{e}^{-\frac{1}{2}} = 1 \Leftrightarrow C = \mathrm{e}^{\frac{1}{2}}$. Donc l'unique fonction f solution de (E) vérifiant $f(1) = 1$ est définie par $f_0(x) = \mathrm{e}^{\frac{1}{2}} \times \mathrm{e}^{-\frac{x}{2}}$ et $\mathcal{S} = \left\{f_0 : x \mapsto \mathrm{e}^{\frac{1-x}{2}}\right\}$.

b. $f(2) = (f(1))^2 \Leftrightarrow C\mathrm{e}^{-1} = \left(C\mathrm{e}^{-\frac{1}{2}}\right)^2 \Leftrightarrow C\mathrm{e}^{-1} = C^2\mathrm{e}^{-1} \Leftrightarrow C = C^2$

$$\Leftrightarrow C - C^2 = 0 \Leftrightarrow C(C-1) = 0 \Leftrightarrow C = 0 \text{ ou } C = 1$$

On a donc deux solutions et $\mathcal{S} = \left\{f_0 : x \mapsto 0 ; f_1 : x \mapsto \mathrm{e}^{-\frac{x}{2}}\right\}$.

À NOTER

$\mathrm{e}^{-1} \neq 0$, on peut donc bien simplifier par e^{-1}. En revanche, on ne sait rien de C. Il ne faut donc surtout pas « simplifier » par C dans d'égalité $C = C^2$ (on remarque d'ailleurs que $C = 0$ donne une solution).

c. On sait que $\lim\limits_{x \to +\infty} \mathrm{e}^{-\frac{x}{2}} = 0$. Donc quel que soit C, $\lim\limits_{x \to +\infty} f(x) = 0$. Il n'y a donc pas de solution vérifiant la condition $\lim\limits_{x \to +\infty} f(x) = +\infty$.

29 Calculs de primitives

En bref *La recherche d'une primitive d'une fonction est l'opération inverse de la dérivation.*

I Primitives usuelles

On déduit du tableau des dérivées, le tableau des primitives usuelles.

Fonction f	Une primitive F	
$x \mapsto a$ (a réel)	$x \mapsto ax$	sur $\mathbb{R}$
$x \mapsto x^n$ ($n \in \mathbb{Z}\backslash\{-1\}$)	$x \mapsto \dfrac{x^{n+1}}{n+1}$	sur $\mathbb{R}$ si $n \geqslant 0$ sur $]0\,;+\infty[$ si $n < -1$
$x \mapsto \dfrac{1}{x}$	$x \mapsto \ln x$	sur $]0\,;+\infty[$
$x \mapsto \dfrac{1}{\sqrt{x}}$	$x \mapsto 2\sqrt{x}$	sur $]0\,;+\infty[$
$x \mapsto \mathrm{e}^x$	$x \mapsto \mathrm{e}^x$	sur $\mathbb{R}$
$x \mapsto \cos x$	$x \mapsto \sin x$	sur $\mathbb{R}$
$x \mapsto \sin x$	$x \mapsto -\cos x$	sur $\mathbb{R}$

II Opérations et composition

Soient u et v deux fonctions dérivables sur un intervalle I.

Fonction f	Une primitive F (sur I)
ku'(k réel)	ku
$u' + v'$	$u + v$
$u'u^n$ ($n \in \mathbb{Z}\backslash\{-1\}$)	$\dfrac{u^{n+1}}{n+1}$
$\dfrac{u'}{u}$	$\ln\lvert u\rvert$ c'est-à-dire : $\ln u$ si u strictement positive sur I $\ln(-u)$ si u strictement négative sur I
$\dfrac{u'}{\sqrt{u}}$	$2\sqrt{u}$
$u'\mathrm{e}^u$	e^u
$u'\cos u$	$\sin u$
$u'\sin u$	$-\cos u$

Méthode

Déterminer des primitives

Déterminer les primitives des fonctions suivantes :

a. $f(x) = 2x^3 + \frac{3}{x}$, pour tout $x \in]0\,;+\infty[$;

b. $g(x) = \frac{x}{(1+x^2)^3}$, pour tout $x \in \mathbb{R}$.

CONSEILS

Étape 1 Justifiez l'existence des primitives.

Étape 2 Déterminez s'il s'agit d'une primitive de référence ou reconnaissez une opération ou une fonction composée (dans ce cas, définir u et exprimer u'. Concluez.

SOLUTION

a. Étape 1 La fonction f est continue sur $]0\,;+\infty[$ comme somme de fonctions continues ; elle y admet donc des primitives.

Étape 2 $x \mapsto \frac{x^4}{4}$ est une primitive de $x \mapsto x^3$ et $x \mapsto \ln x$ est une primitive de $x \mapsto \frac{1}{x}$ sur $]0\,;+\infty[$, donc les primitives de f sur $]0\,;+\infty[$ sont de la forme $F(x) = 2 \times \frac{x^4}{4} + 3\ln x + C = \frac{x^4}{2} + 3\ln x + C$, où C est une constante réelle.

b. Étape 1 La fonction g est continue sur $\mathbb{R}$ comme quotient de fonctions continues dont le dénominateur ne s'annule pas ; elle admet donc des primitives sur $\mathbb{R}$.

Étape 2 Posons $u(x) = 1 + x^2$. La fonction u est dérivable sur $\mathbb{R}$ et $u'(x) = 2x$.

Pour tout $x \in \mathbb{R}$, $g(x) = \frac{1}{2} \times \frac{2x}{(1+x^2)^3} = \frac{1}{2}u'(x)(u(x))^{-3}$.

Donc les primitives de g sur $\mathbb{R}$ sont de la forme

$G(x) = \frac{1}{2}\frac{(1+x^2)^{-3+1}}{-3+1} + C = \frac{1}{2}\frac{(1+x^2)^{-2}}{-2} + C = -\frac{1}{4(1+x^2)^2} + C$ où C est une constante réelle.

MÉMO VISUEL

ÉQUATIONS DIFFÉRENTIELLES

Qu'est-ce qu'une équation différentielle ?

Équation différentielle

Définition

- On appelle **équation différentielle** une équation liant une fonction (qui est l'inconnue de l'équation) et ses dérivées.
- On appelle **solution** de l'équation différentielle (E) sur un intervalle I une fonction définie sur I qui vérifie (E) pour tous les réels de I.
- **Résoudre** une équation différentielle (E) sur un intervalle I revient à trouver l'ensemble des solutions de (E) sur I.

Comment résoudre certaines équations différentielles ?

Solutions de certaines équations différentielles

(E) : $y' = ay$, a réel

Les solutions sur $\mathbb{R}$ sont de la forme $x \mapsto C\,\mathrm{e}^{ax}$ où C est une constante réelle.

(E) : $y' = ay + b$, a réel non nul, b réel

Les solutions sur $\mathbb{R}$ sont de la forme $x \mapsto C\,\mathrm{e}^{ax} - \dfrac{b}{a}$ où C est une constante réelle.

Remarque : Lorsque $b = 0$, on retrouve le cas précédent.

(E) : $y' = ay + f$, a réel non nul, f fonction continue

Si y_0 en est une solution particulière sur un intervalle I, les solutions sur I sont toutes de la forme $x \mapsto C\,\mathrm{e}^{ax} + y_0$ où C est une constante réelle.

Remarque : Lorsque f est une fonction constante, on retrouve le cas précédent.

ET PRIMITIVES

Primitives

Qu'est-ce qu'une primitive ?

Définition

Soit f une fonction continue sur un intervalle I.

- On appelle **primitive** de f sur I toute solution sur I de l'équation différentielle $y' = f$.
- F est une primitive de f sur I si et seulement si F est dérivable sur I, et pour tout réel x de I, $F'(x) = f(x)$.

Propriété des primitives

- Toute fonction continue sur un intervalle I admet des primitives sur I.
- Deux primitives d'une même fonction sur un intervalle I diffèrent d'une constante.

Tableau récapitulatif des primitives

Comment déterminer une primitive ?

Soient u et v deux fonctions dérivables sur un intervalle I.

Fonction f	Une primitive F (sur I)
ku' (k réel)	ku
$u' + v'$	$u + v$
$u'u^n$ $(n \in \mathbb{Z} \setminus \{-1\})$	$\dfrac{u^{n+1}}{n+1}$
$\dfrac{u'}{u}$	$\ln\lvert u\rvert$
$\dfrac{u'}{\sqrt{u}}$	$2\sqrt{u}$
$u'e^u$	e^u
$u'\cos u$	$\sin u$
$u'\sin u$	$-\cos u$

SE TESTER QUIZ

Vérifiez que vous avez bien compris les points clés des **fiches 27 à 29**.

C désigne une constante réelle.

1 Résolution d'une équation différentielle

→ FICHES 27 et 28

1. Les solutions sur $\mathbb{R}$ de l'équation différentielle $2y' - 3y = 0$ sont :

☐ **a.** $x \mapsto Ce^{\frac{2}{3}x}$ ☐ **b.** $x \mapsto Ce^{-\frac{3}{2}x}$ ☐ **c.** $x \mapsto Ce^{\frac{3}{2}x}$

2. Les solutions sur $\mathbb{R}$ de l'équation différentielle $3y' - 2y = 6$ sont :

☐ **a.** $x \mapsto Ce^{\frac{2}{3}x} - 3$ ☐ **b.** $x \mapsto Ce^{\frac{2}{3}x} - \frac{1}{3}$ ☐ **c.** $x \mapsto Ce^{-\frac{2}{3}x} - 1$

2 Solutions d'une équation différentielle

→ FICHES 27 et 28

1. Si f et g sont des solutions non nulles de l'équation différentielle (E) : $y' - 3y = 0$, alors est aussi solution de (E) :

☐ **a.** $f + g$

☐ **b.** $f \times g$

☐ **c.** $f + C$ avec $C \neq 0$

2. On considère l'équation différentielle (E) : $y' = ay$, où a est un réel non nul. Parmi les affirmations suivantes, lesquelles sont vraies ?

☐ **a.** Aucune des solutions de (E) ne s'annule.

☐ **b.** Il existe une unique solution f de (E) vérifiant $f(0) = f(1)$.

☐ **c.** Deux solutions de (E) diffèrent d'une constante.

3 Reconnaissance d'une primitive

→ FICHES 27 et 29

1. La fonction définie sur $]0\,;+\infty[$ par $F(x) = x\ln x - x$ est une primitive de :

☐ **a.** $x \mapsto \frac{1}{x} - 1$

☐ **b.** $x \mapsto \ln x$

☐ **c.** la fonction nulle

2. La fonction définie sur $\mathbb{R}$ par $F(x) = \frac{1}{1+e^{-x}}$ admet pour primitive :

☐ **a.** $x \mapsto \ln(1+e^{x})$

☐ **b.** $x \mapsto -\ln(1+e^{-x})$

☐ **c.** $x \mapsto -\frac{\ln(1+e^{-x})}{e^{-x}}$

DÉMONSTRATIONS CLÉS

4 Deux primitives diffèrent d'une constante

→ FICHE 27

On considère deux fonctions F et G primitives sur un intervalle I d'une même fonction f.

On admet que les primitives de la fonction nulle sont les fonctions constantes.

a. Donner une équation différentielle vérifiée par F et G.

b. En déduire une équation différentielle vérifiée par $F - G$, puis conclure.

5 Solutions de l'équation différentielle $y' = ay$

→ FICHE 28

Soit a un réel. On note (E) l'équation différentielle $y' = ay$.

a. Justifier que la fonction $x \mapsto e^{ax}$ est solution de (E).

b. Soit f une solution de (E). Montrer que la fonction $x \mapsto f(x)e^{-ax}$ est constante.

c. En déduire l'ensemble des solutions de (E).

CONSEILS
Les fonctions constantes sont les primitives de la fonction nulle.

S'ENTRAÎNER

6 Appliquer la méthode d'Euler pour approcher une solution d'équation différentielle

→ FICHE 27

On considère l'équation différentielle (E) : $y' = y^2$.

On suppose que f est la solution sur $[0\,;+\infty[$ de (E) telle que $f(0) = -1$.

a. Par la méthode d'Euler, donner une valeur approchée de $f(0{,}1)$.

b. Écrire un algorithme permettant de déterminer, pour a un réel strictement positif donné, une approximation de $f(a)$, un pas h étant fixé.

c. Déterminer une approximation de $f(1)$ en choisissant successivement comme pas 0,5 ; 0,1 ; puis 0,01.

d. Représenter une solution approchée de f sur $[0\,;2]$ avec un pas de 0,2.

7 Résoudre des équations différentielles de la forme $y' = ay + b$

→ FICHE 28

Résoudre sur $\mathbb{R}$ les équations différentielles suivantes, puis préciser la solution f qui vérifie la condition donnée :

a. $y' = 3y + 2$ $f(0) = 0$

b. $\frac{1}{2}y' - 2y = 0$ $f'(0) = 1$

c. $2y' - 3y = 4$ $f(0) = -1$

d. $y - y' + 1 = 0$ $\lim\limits_{x \to +\infty} f(x) = -1$

8 Calculer des primitives

→ FICHE 29

Déterminer une primitive F des fonctions f suivantes, sur l'intervalle I donné :

a. $f : x \mapsto x^2 + \dfrac{x^3}{3} + e^{2x}$, $I = \mathbb{R}$

b. $f : x \mapsto \dfrac{1}{x} + \dfrac{2}{x^2} - \dfrac{3}{x^3}$, $I =]0\,;+\infty[$

c. $f : x \mapsto \dfrac{e^x}{1+e^x}$, $I = \mathbb{R}$

d. $f : x \mapsto \cos(2x) - 3\sin(3x)$, $I = \mathbb{R}$

e. $f : x \mapsto x e^{-x^2}$, $I = \mathbb{R}$

f. $f : x \mapsto \dfrac{x^2+1}{\left(x^3+3x-4\right)^4}$, $I =]1\,;+\infty[$

g. $f : x \mapsto \dfrac{\ln x}{x}$, $I =]0\,;+\infty[$

9 Résoudre $y' = ay + p$, où p est une fonction polynômiale

→ FICHE 28

On considère l'équation différentielle (E) : $y'(x) = y(x) - x^2 + 3x - 1$.

a. Résoudre sur $\mathbb{R}$ l'équation différentielle (E_1) : $y' = y$.

b. Montrer qu'il existe une fonction polynômiale p_0 de degré 2, solution de (E).

c. Soit f dérivable sur $\mathbb{R}$. Montrer que f est solution de (E) si et seulement si $f - p_0$ est solution de (E_1).

d. En déduire les solutions de (E) sur $\mathbb{R}$.

CONSEILS

On peut écrire $p_0(x) = ax^2 + bx + c$. Après avoir explicité p_0', puis remplacé p_0 et p_0' dans (E), déterminez a, b et c par identification.

OBJECTIF BAC

10 Résoudre une équation différentielle de la forme $y' = ay + f$

45 min

→ FICHES 27 et 28

Il s'agit d'un sujet classique de l'épreuve du baccalauréat : déterminer tout d'abord une solution particulière de l'équation différentielle, puis en déduire la solution générale.

LE SUJET

1. Question de cours

On admet que la fonction $x \mapsto e^x$ est l'unique fonction ϕ dérivable sur $\mathbb{R}$ telle que $\phi' = \phi$ et $\phi(0) = 1$. On considère un réel a.

a. Montrer que la fonction $f : x \mapsto e^{ax}$ définie sur $\mathbb{R}$ est solution de l'équation différentielle $y' = ay$.

b. On considère une fonction g solution de l'équation différentielle $y' = ay$. On note h la fonction définie sur $\mathbb{R}$ par $h(x) = g(x)e^{-ax}$.
Montrer que h est une fonction constante.

c. En déduire l'ensemble des solutions de $y' = ay$.

2. On considère l'équation différentielle (E) : $y' = 2y + \cos x$.

a. Déterminer les réels a et b pour que la fonction f_0 définie sur $\mathbb{R}$ par $f_0(x) = a\cos x + b\sin x$ soit solution de (E).

b. Résoudre l'équation différentielle $(E_0) : y' = 2y$.

c. Démontrer que f est solution de (E) si et seulement si $f - f_0$ est solution de (E_0).

d. En déduire les solutions de (E).

e. Déterminer la solution φ de (E) vérifiant $\varphi\left(\frac{\pi}{2}\right) = 0$.

LIRE LE SUJET

1. a. Dire que f est solution de $y' = ay$ revient à dire que $f'(x) = af(x)$.
b. Une fonction est constante lorsque sa dérivée est nulle.
c. On veut maintenant toutes les solutions de l'équation différentielle.

2. a. Pour que f_0 soit solution de (E), déterminez a et b de telle sorte que $f_0'(x) = 2f_0(x) + \cos x$, pour tout réel x.
b. C'est un résultat de cours (d'ailleurs redémontré à la question **1.**)
c. Montrez une équivalence.
d. Déterminez toutes les solutions de (E).
e. Déterminez une solution sachant que l'on a une condition particulière.

LA FEUILLE DE ROUTE

1. Déterminer toutes les solutions de l'équation $y' = ay$ → FICHE 27

a. Déterminez f' en remarquant que f est de la forme e^u avec $u(x) = ax$ (on rappelle que $(e^u)' = u'e^u$). Faites apparaître f dans l'expression de f'.

b. Montrez que $h'(x) = 0$, en utilisant la relation $(u \cdot v)' = u'v + uv'$.

c. Déduisez de la question précédente la forme que devront nécessairement avoir les solutions de l'équation. Puis vérifiez que ce sont bien des solutions.

2. a. Trouver une solution particulière de l'équation (E) initiale

Écrivez l'égalité $f_0'(x) = 2f_0(x) + \cos x$ pour des valeurs particulières de x afin de trouver les relations devant être vérifiées par a et b. Résolvez ce système pour déterminer les valeurs de ces coefficients.

b. Trouver toutes les solutions de l'équation annexe (E_0) → FICHE 28

Utilisez le résultat de la question **1. c.** (question de cours).

c. Ramener la résolution de (E) à celle de (E_0)

En utilisant le fait que f_0 est solution de (E_0), veillez à conserver l'équivalence d'un bout à l'autre de la question.

d. Trouver toutes les solutions de (E)

Utilisez les questions **2. b.** et **2. c.** pour déterminer toutes les solutions de (E).

e. Trouver une solution de (E) vérifiant une condition particulière

Appliquez la condition afin de déterminer la valeur de la constante.

CORRIGÉS

SE TESTER QUIZ

1 Résolution d'une équation différentielle

1. Réponse c. $2y' - 3y = 0 \Leftrightarrow y' = \frac{3}{2}y$. On applique le résultat du cours avec $a = \frac{3}{2}$.

2. Réponse a. $3y' - 2y = 6 \Leftrightarrow y' = \frac{2}{3}y + 2$. On applique le résultat du cours avec $a = \frac{2}{3}$ et $b = 2$.

2 Solutions d'une équation différentielle

1. Réponse a.

a. Vrai. Si f et g sont solutions de (E), alors $f' = 3f$ et $g' = 3g$. On a donc $(f+g)' = f' + g' = 3f + 3g = 3(f+g)$ et $f+g$ est solution de (E).

b. Faux. *Contre-exemple* : $f(x) = e^{3x}$ et $g(x) = 2e^{3x}$ sont solutions de (E). On a $(f \times g)(x) = 2e^{3x+3x} = 2e^{6x}$ et $(f \times g)'(x) = 12e^{6x} \neq 3 \times (f \times g)(x)$ pour $x \neq 0$. Donc $f \times g$ n'est pas solution de (E).

> **À NOTER**
> Pour montrer qu'une affirmation est fausse, il suffit de trouver un contre-exemple.

c. Faux. *Contre-exemple* : $f(x) = e^{3x}$ est solution de (E). On a donc $f(x) + 1 = e^{3x} + 1$ et $(f(x)+1)' = f'(x) = 3e^{3x} \neq 3 \times (f(x)+1)$. Donc $f + C$ n'est pas solution de (E).

2. Réponse b.

a. Faux. *Contre-exemple* : la fonction nulle est solution de (E).

b. Vrai. Soit f une solution de (E) telle que $f(0) = f(1)$. On a f de la forme $f(x) = Ce^{ax}$ et $f(0) = f(1) \Leftrightarrow C = Ce^{a} \Leftrightarrow C = 0$ (car $a \neq 0$). Donc la fonction nulle est la seule solution vérifiant ces conditions.

c. Faux. $f(x) = e^{ax}$ et la fonction nulle sont solutions de (E). Pourtant leur différence n'est pas constante.

3 Reconnaissance d'une primitive

1. Réponse b. $F'(x) = 1 \times \ln x + x \times \frac{1}{x} - 1 = \ln x$.

2. Réponse a. La fonction $f : x \mapsto \ln(1 + e^{x})$ est dérivable sur $\mathbb{R}$, de dérivée $f'(x) = \frac{e^{x}}{1+e^{x}} = \frac{e^{x}}{e^{x}(e^{-x}+1)} = \frac{1}{1+e^{-x}} = F(x)$. f est bien une primitive de F.

> **À NOTER**
> On montre de la même façon avec les fonctions en b. et c. que leurs dérivées ne sont pas égales à F. Elles ne peuvent donc pas en être des primitives.

DÉMONSTRATIONS CLÉS

4 Deux primitives diffèrent d'une constante

a. F et G sont deux primitives de f donc $F' = G' = f$. Donc F et G sont solutions sur I de l'équation différentielle $y' = f$.

b. On en déduit que $(F - G)' = F' - G' = f - f = 0$. Donc $F - G$ est solution sur I de l'équation différentielle $y' = 0$. $F - G$ est donc une fonction constante sur I. Donc elles diffèrent bien d'une constante.

5 Solutions de l'équation différentielle $y' = ay$

a. La fonction $u : x \mapsto e^{ax}$ est dérivable sur $\mathbb{R}$, de dérivée $u'(x) = ae^{ax} = au(x)$. C'est donc bien une solution de (E).

b. Soit g la fonction définie pour tout réel x par $g(x) = f(x)e^{-ax}$.
g est dérivable sur $\mathbb{R}$ comme produit de fonctions dérivables, et pour tout réel x, $g'(x) = f'(x)e^{-ax} - af(x)e^{-ax} = (f'(x) - af(x))e^{-ax} = 0$ (car f est solution de (E) donc $f'(x) = af(x) \Leftrightarrow f'(x) - af(x) = 0$).
g ayant une dérivée nulle, on en déduit que c'est une fonction constante.

c. D'après la question b., si f est une solution de (E) alors il existe une constante réelle C telle que pour tout réel x, $f(x)e^{-ax} = C \Leftrightarrow f(x) = Ce^{ax}$.
(On s'assure facilement qu'une telle fonction vérifie bien (E)).
Les solutions de (E) sont donc de la forme $x \mapsto Ce^{ax}$ avec $C \in \mathbb{R}$.

S'ENTRAÎNER

6 Appliquer la méthode d'Euler pour approcher une solution d'équation différentielle

a. $f(0,1) = f(0 + 0,1) \approx f(0) + 0,1 \times f'(0)$.
Or f est solution de (E) donc $f'(0) = (f(0))^2 = (-1)^2 = 1$. D'où $f(0,1) \approx -1 + 0,1$ soit $f(0,1) \approx -0,9$.

b. On pose $M_0(0\,;-1)$. On construit une suite de points $M_n(x_n\,;y_n)$ tels que pour $n \geqslant 1$, $x_n = x_{n-1} + h$ et $y_n = f(x_n) = f(x_{n-1} + h) \approx f(x_{n-1}) + hf'(x_{n-1})$.
Or $f(x_{n-1}) = y_{n-1}$ et $f'(x_{n-1}) = (f(x_{n-1}))^2 = (y_{n-1})^2$.
Donc $y_n \approx y_{n-1} + h(y_{n-1})^2$.

```
Entrer a, h
Entrer x0, y0
x, y = x0, y0
Tant que x < a :
      x = x + h
      y = y + h × y²
Fin Tant que
Afficher y
```

c. On fait tourner l'algorithme précédent avec $a = 1$, $x_0 = 0$, $y_0 = -1$.

h	0,5	0,1	0,01
f(1)	−0,375	−0,482	−0,498

d. On fait tourner l'algorithme avec $a = 2$, $x_0 = 0$, $y_0 = -1$ et $h = 0,2$.

x_n	0	0,2	0,4	0,6	0,8	1	1,2	1,4	1,6	1,8	2
y_n	−1	−0,8	−0,67	−0,58	−0,51	−0,46	−0,42	−0,38	−0,35	−0,33	−0,31

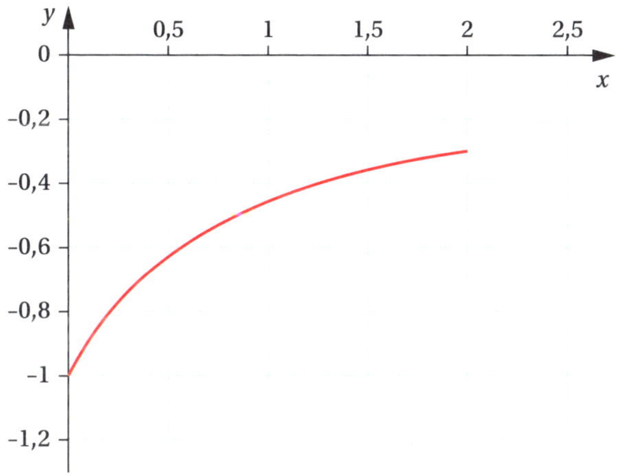

7 Résoudre des équations différentielles de la forme $y' = ay + b$

a. D'après le cours, on a $\mathcal{S} = \left\{x \mapsto C\mathrm{e}^{3x} - \frac{2}{3}, C \in \mathbb{R}\right\}$.

$f(0) = 0 \Leftrightarrow C - \frac{2}{3} = 0 \Leftrightarrow C = \frac{2}{3}$. Donc l'unique solution vérifiant la condition est la fonction f définie sur $\mathbb{R}$ par $f(x) = \frac{2}{3}(\mathrm{e}^{3x} - 1)$.

b. $\frac{1}{2}y' - 2y = 0 \Leftrightarrow y' = 4y$. Donc on a $\mathcal{S} = \{x \mapsto C\mathrm{e}^{4x}, C \in \mathbb{R}\}$.

$f'(0) = 1 \Leftrightarrow 4f(0) = 1 \Leftrightarrow 4C = 1 \Leftrightarrow C = \frac{1}{4}$. Donc l'unique solution vérifiant la condition est la fonction f définie sur $\mathbb{R}$ par $f(x) = \frac{1}{4}\mathrm{e}^{4x}$.

c. $2y' - 3y = 4 \Leftrightarrow y' = \frac{3}{2}y + 2$. Donc on a $\mathcal{S} = \left\{x \mapsto C\mathrm{e}^{\frac{3}{2}x} - \frac{4}{3}, C \in \mathbb{R}\right\}$.

$f(0) = -1 \Leftrightarrow C - \frac{4}{3} = -1 \Leftrightarrow C = \frac{1}{3}$. Donc l'unique solution vérifiant la condition est la fonction f définie sur $\mathbb{R}$ par $f(x) = \frac{1}{3}\left(\mathrm{e}^{\frac{3}{2}x} - 4\right)$.

d. $y - y' + 1 = 0 \Leftrightarrow y' = y + 1$. Donc on a $\mathcal{S} = \{x \mapsto C\mathrm{e}^{x} - 1, C \in \mathbb{R}\}$.

$\lim\limits_{x\to+\infty} f(x) = -1 \Leftrightarrow \lim\limits_{x\to+\infty} \left(Ce^x - 1\right) = -1 \Leftrightarrow \lim\limits_{x\to+\infty} \left(Ce^x\right) = 0$. Or $\lim\limits_{x\to+\infty} e^x = +\infty$, donc on a nécessairement $C = 0$. Donc l'unique solution vérifiant la condition est la fonction f définie sur $\mathbb{R}$ par $f(x) = -1$.

8 Calculer des primitives

a. $f(x) = x^2 + \frac{1}{3}x^3 + \frac{1}{2}(2e^{2x})$. Donc en déterminant une primitive de chacun des termes de cette somme grâce au tableau des primitives usuelles, on obtient, **par exemple,** $F(x) = \frac{x^3}{3} + \frac{1}{3}\frac{x^4}{4} + \frac{1}{2}e^{2x} = \frac{x^3}{3} + \frac{x^4}{12} + \frac{e^{2x}}{2}$.

À NOTER

Les primitives d'une fonction sont définies à une constante près, on peut prendre pour F n'importe quelle fonction $x \mapsto \frac{x^3}{3} + \frac{x^4}{12} + \frac{e^{2x}}{2} + k, k \in \mathbb{R}$.

b. $f(x) = \frac{1}{x} + 2x^{-2} - 3x^{-3}$. Donc en déterminant une primitive de chacun des termes de cette somme grâce au tableau des primitives usuelles, on obtient, par exemple, $F(x) = \ln|x| + 2\frac{x^{-1}}{-1} - 3\frac{x^{-2}}{-2}$.

Or sur $]0\,;+\infty[$, $\ln|x| = \ln x$. Donc on a $F(x) = \ln x - \frac{2}{x} + \frac{3}{2x^2}$.

c. Soit u la fonction définie sur $\mathbb{R}$ par $u(x) = 1 + e^x$. On a $u'(x) = e^x$.

$f(x) = \frac{u'(x)}{u(x)}$. Donc, d'après le tableau des primitives usuelles, on a, par exemple, $F(x) = \ln|u(x)| = \ln|1 + e^x|$.

Or sur $\mathbb{R}$, $1 + e^x > 0$. Donc $F(x) = \ln(1 + e^x)$.

d. $f(x) = \frac{1}{2} \times 2\cos(2x) - 3\sin(3x)$. Donc en déterminant une primitive de chacun des termes de cette somme grâce au tableau des primitives usuelles, on obtient, par exemple, $F(x) = \frac{1}{2}\sin(2x) + \cos(3x)$.

e. Soit u la fonction définie sur $\mathbb{R}$ par $u(x) = -x^2$. On a $u'(x) = -2x$.

$f(x) = -\frac{1}{2}(-2x)e^{-x^2} = -\frac{1}{2}u'(x)e^{u(x)}$. Donc, d'après le tableau des primitives usuelles, on a, par exemple, $F(x) = -\frac{1}{2}e^{u(x)} = -\frac{1}{2}e^{-x^2}$.

f. Soit u la fonction définie sur $]1\,;+\infty[$ par $u(x) = x^3 + 3x - 4$.

On a $u'(x) = 3x^2 + 3 = 3(x^2 + 1)$. $f(x) = \frac{1}{3}\frac{3(x^2+1)}{(x^3+3x-4)^4} = \frac{1}{3}u'(x)(u(x))^{-4}$.

Donc d'après le tableau des primitives usuelles, on a, par exemple,

$F(x) = \frac{1}{3}\frac{(u(x))^{-3}}{-3} = -\frac{1}{9(x^3+3x-4)^3}$.

À NOTER

La dérivée de u sur $]1\,;+\infty[$ donne u strictement croissante sur cet intervalle. Or $u(1) = 0$. Donc u ne s'annule pas sur $]1\,;+\infty[$, donc f est bien continue et admet donc une primitive sur $]1\,;+\infty[$.

g. Soit u la fonction définie sur $]0\,;+\infty[$ par $u(x) = \ln x$. On a $u'(x) = \dfrac{1}{x}$.
$f(x) = u'(x)u(x)$. Donc d'après le tableau des primitives usuelles, on a, par exemple, $F(x) = \dfrac{1}{2}(u(x))^2 = \dfrac{1}{2}(\ln x)^2$.

9 Résoudre $y' = ay + p$, où p est une fonction polynômiale

a. D'après le cours, les solutions de (E_1) sont $\mathcal{S} = \{x \mapsto C\mathrm{e}^x, C \in \mathbb{R}\}$.
b. On cherche une solution p_0 de la forme $p_0(x) = ax^2 + bx + c$. Pour tout réel x, on a $p'(x) = 2ax + b$.
On a donc p_0 solution de (E) si et seulement si, pour tout réel x, $2ax + b = ax^2 + bx + c - x^2 + 3x - 1 \Leftrightarrow (a-1)x^2 + (b+3-2a)x + c - 1 - b = 0$.
Par identification des coefficients des termes de même degré, on obtient que
$\begin{cases} a-1=0 \\ b+3-2a=0 \\ c-1-b=0 \end{cases} \Leftrightarrow \begin{cases} a=1 \\ b=-1 \\ c=0 \end{cases}$, c'est-à-dire $p_0(x) = x^2 - x$ est solution de (E).
c. f est solution de (E) $\Leftrightarrow$ pour tout réel x, $f'(x) = f(x) - x^2 + 3x - 1$.
Or p_0 est solution de (E) donc $p_0'(x) - p_0(x) = -x^2 + 3x - 1$. On a donc :
f est solution de (E) $\Leftrightarrow$ pour tout réel x, $f'(x) - f(x) = p_0'(x) - p_0(x)$
$\Leftrightarrow$ pour tout réel x, $(f - p_0)'(x) = (f - p_0)(x)$
$\Leftrightarrow f - p_0$ **est solution de** (E_1).
d. On déduit de ce qui précède que f est solution de (E) si et seulement si $f - p_0$ est de la forme $x \mapsto C\mathrm{e}^x, C \in \mathbb{R}$.
Donc les solutions de (E) sont $\mathcal{S} = \{x \mapsto C\mathrm{e}^x + x^2 - x, C \in \mathbb{R}\}$.

OBJECTIF BAC

10 Résoudre une équation différentielle de la forme $y' = ay + f$

1. a. La fonction f est de la forme e^u avec $u(x) = ax$ dérivable sur $\mathbb{R}$, donc la fonction f est dérivable sur $\mathbb{R}$ et $f'(x) = a\mathrm{e}^{ax} = af(x)$. Donc **$f$ est bien solution de l'équation différentielle $y' = ay$**.

À NOTER
On a utilisé la formule $(\mathrm{e}^u)' = u'\mathrm{e}^u$.

b. La fonction h est dérivable sur $\mathbb{R}$ (comme produit de fonctions dérivables sur $\mathbb{R}$), et $h'(x) = g'(x)\mathrm{e}^{-ax} + g(x) \times (-a)\mathrm{e}^{-ax} = (g'(x) - ag(x))\mathrm{e}^{-ax}$.
Or g est solution de $y' = ay$, donc pour tout réel x, $g'(x) = ag(x)$.
Donc pour tout réel x, $h'(x) = 0$ et **h est une fonction constante sur $\mathbb{R}$**.
c. D'après ce qui précède, on a montré que si g est solution de $y' = ay$ alors il existe un réel C, tel que pour tout réel x, $C = g(x)\mathrm{e}^{-ax}$, soit $g(x) = C\mathrm{e}^{ax}$.
On vérifie facilement que les fonctions g ainsi définies sont solutions de l'équation différentielle.
Donc $\mathcal{S} = \{x \mapsto C\mathrm{e}^{ax}, C \in \mathbb{R}\}$.

À NOTER
On rappelle que l'on a $\dfrac{1}{\mathrm{e}^{-ax}} = \mathrm{e}^{ax}$.

2. a. La fonction f_0 est dérivable sur $\mathbb{R}$ et $f_0'(x) = -a\sin x + b\cos x$.
f_0 est solution de (E) si pour tout réel x, $f_0'(x) = 2f_0(x) + \cos x$.

Il faut donc que pour tout réel x, $-a\sin x + b\cos x = 2a\cos x + 2b\sin x + \cos x$, c'est-à-dire $(-a-2b)\sin x + (b-2a-1)\cos x = 0$.
En particulier, pour $x = \frac{\pi}{2}$, on a $-a - 2b = 0$.
En particulier, pour $x = 0$, on a $b - 2a - 1 = 0$.

À NOTER
On prend des valeurs particulières de x pour trouver des relations entre les coefficients. Deux valeurs suffisent pour obtenir un système de deux équations avec a et b.

On a donc $\begin{cases} -a-2b=0 \\ b-2a-1=0 \end{cases} \Leftrightarrow \begin{cases} a=-2b \\ b+4b-1=0 \end{cases} \Leftrightarrow \begin{cases} b=\frac{1}{5} \\ a=-\frac{2}{5} \end{cases}$.

Réciproquement, on vérifie que $f_0 : x \mapsto -\frac{2}{5}\cos x + \frac{1}{5}\sin x$ est bien solution de $y' = 2y + \cos x$.

b. En utilisant la question **1. c.** avec $a = 2$, on trouve que les solutions de (E_0) sont $\mathcal{S} = \{x \mapsto Ce^{2x}, C \in \mathbb{R}\}$.

c. On sait que f_0 solution de (E) donc $f_0'(x) = 2f_0(x) + \cos x$ (1)
On a **$f - f_0$ solution de (E_0)**
$\Leftrightarrow$ pour tout réel x, $(f - f_0)'(x) = 2(f - f_0)(x)$
$\Leftrightarrow$ pour tout réel x, $f'(x) = f_0'(x) + 2f(x) - 2f_0(x)$
$\Leftrightarrow$ pour tout réel x, $f'(x) = 2f_0(x) + \cos x + 2f(x) - 2f_0(x)$ d'après (1)
$\Leftrightarrow$ pour tout réel x, $f'(x) = 2f(x) + \cos x$
$\Leftrightarrow$ **f est solution de (E)**.

À NOTER
Une équivalence peut se démontrer dans un sens ou dans l'autre. Il est souvent plus aisé de démarrer par l'expression la plus « compliquée » car il est plus facile de simplifier une expression que de faire apparaître des termes.

d. On déduit de ce qui précède les équivalences suivantes :
f est solution de (E)
$\Leftrightarrow f - f_0$ solution de (E_0)
$\Leftrightarrow$ il existe un réel C tel que $f(x) - f_0(x) = Ce^{2x}$, pour tout réel x
$\Leftrightarrow$ il existe un réel C tel que $f(x) = Ce^{2x} + f_0(x)$, pour tout réel x
$\Leftrightarrow$ il existe un réel C tel que $f(x) = Ce^{2x} - \frac{2}{5}\cos x + \frac{1}{5}\sin x$, pour tout réel x

Donc les solutions de (E) sont $\mathcal{S} = \left\{x \mapsto Ce^{2x} - \frac{2}{5}\cos x + \frac{1}{5}\sin x, C \in \mathbb{R}\right\}$.

e. La fonction φ est solution de (E) donc il existe un réel C tel que, pour tout réel x, $\varphi(x) = Ce^{2x} - \frac{2}{5}\cos x + \frac{1}{5}\sin x$.

Or $\varphi\left(\frac{\pi}{2}\right) = Ce^{\pi} - \frac{2}{5}\cos\frac{\pi}{2} + \frac{1}{5}\sin\frac{\pi}{2} = Ce^{\pi} + \frac{1}{5}$ et $\varphi\left(\frac{\pi}{2}\right) = 0$.

On a donc $Ce^{\pi} + \frac{1}{5} = 0 \Leftrightarrow C = -\frac{e^{-\pi}}{5}$.

Donc φ est la fonction définie sur $\mathbb{R}$ par $\varphi(x) = \frac{-e^{2x-\pi} - 2\cos x + \sin x}{5}$.

10 Calcul intégral

Dans le cas particulier d'un pavage, comme celui de la cour de Marbre du château de Versailles, l'aire d'une surface peut être déterminée en comptant le nombre de carreaux. Dans le cas général d'une surface quelconque, il faut avoir recours au calcul intégral.

30 Définition de l'intégrale

En bref *L'intégrale d'une fonction positive sur un intervalle I est l'aire de la surface comprise entre sa courbe et l'axe des abscisses.*

I Intégrale d'une fonction continue positive

Le plan est rapporté à un repère orthogonal $(O;\vec{i};\vec{j})$.

- Soient I et J des points du plan tels que $\overrightarrow{OI}=\vec{i}$, $\overrightarrow{OJ}=\vec{j}$. On appelle **unité d'aire** (notée u.a.) l'aire du rectangle de longueur OI et de largeur OJ.

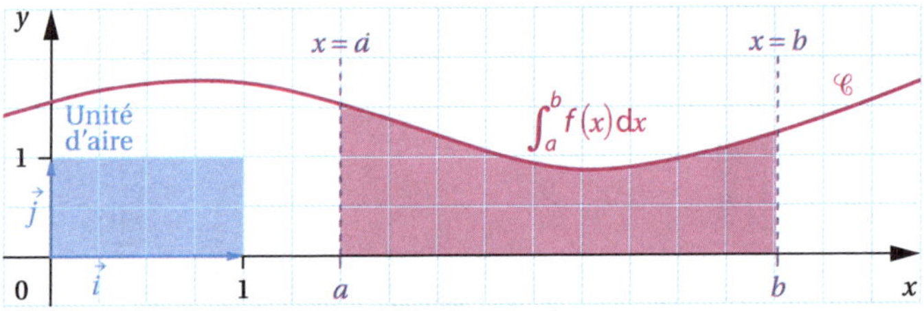

- **Définition :** Soit f une fonction continue **positive** sur un intervalle $[a;b]$, $a \leqslant b$. On note $\mathscr{C}$ la courbe représentative de f dans le repère $(O;\vec{i};\vec{j})$.
L'**intégrale de f sur $[a;b]$** est l'aire, exprimée en u.a., du domaine délimité par $\mathscr{C}$, l'axe des abscisses et les droites d'équations $x=a$ et $x=b$. On la note $\int_a^b f(t)\,dt$.
a et b s'appellent les bornes de l'intégrale.

- **Théorème fondamental :** Si f est une fonction continue positive sur un intervalle $[a;b]$, la fonction F_a définie sur $[a;b]$ par $F_a(x)=\int_a^x f(t)\,dt$ est la primitive de f qui s'annule en a. → FICHE 27

- *Conséquence* : Si F est une primitive de f sur $[a;b]$, on a $\int_a^b f(t)\,dt = F(b)-F(a)$ que l'on note $[F(t)]_a^b$. → FICHE 29

II Intégrale d'une fonction continue de signe quelconque

- **Définition :** Soit f une fonction continue sur un intervalle I, et F une primitive de f sur I. Pour tous a, b de I, on définit $\int_a^b f(t)\,dt$ par :

$$\int_a^b f(t)\,dt = [F(t)]_a^b = F(b)-F(a)$$

- *Remarque* : Si f est continue **négative** sur $[a;b]$, alors l'intégrale de f sur $[a;b]$ est l'opposé de l'aire du domaine défini par $\int_a^b -f(t)\,dt$.

- **Définition :** Soit f une fonction continue sur un intervalle $[a;b]$, $a \leqslant b$. On appelle **valeur moyenne** de f sur $[a;b]$ le réel :

$$\mu = \frac{1}{b-a}\int_a^b f(t)\,dt$$

Méthode

Calculer l'aire d'un domaine limité par deux courbes

On considère les fonctions f et g définies sur $]0\,;+\infty[$ par $f(x) = x - 2 + \dfrac{\ln x}{x}$ et $g(x) = x - 2$.

On note $\mathscr{C}$ et $\mathscr{C}'$ leurs courbes respectives dans un repère orthogonal d'unités graphiques 2 cm sur l'axe des abscisses et 1 cm sur l'axe des ordonnées.

Calculer l'aire en cm^2, du domaine $\mathscr{D}$ du plan limité par les courbes $\mathscr{C}$, $\mathscr{C}'$ et les droites d'équation $x = \dfrac{1}{\mathrm{e}}$ et $x = 2$.

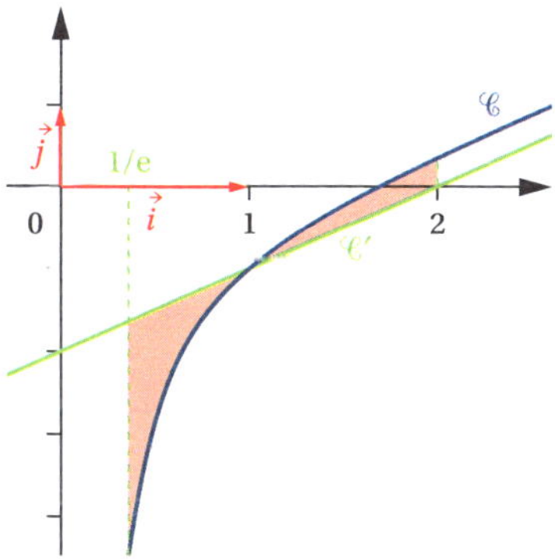

CONSEILS

Étape 1 Cherchez le signe de la fonction $f - g$ sur l'intervalle $\left[\dfrac{1}{\mathrm{e}}\,;2\right]$.

Étape 2 Découpez $\left[\dfrac{1}{\mathrm{e}}\,;2\right]$ en intervalles sur lesquels le signe de $f - g$ est constant. L'aire de chacun des domaines ainsi délimités est égale à l'intégrale de $f - g$ si $f - g$ est positive, et à l'opposé de l'intégrale de $f - g$ si $f - g$ est négative.
L'aire de $\mathscr{D}$ (en u.a.) est alors la somme de l'aire de chacun des domaines.

Étape 3 Convertissez le résultat précédent en cm^2.

SOLUTION

Étape 1 Pour tout $x > 0$, on a $f(x) - g(x) = \dfrac{\ln x}{x} \geqslant 0 \Leftrightarrow x \geqslant 1$.

Donc, $f - g$ est négative sur $\left[\dfrac{1}{\mathrm{e}}\,;1\right]$, positive sur $[1\,;2]$.

Étape 2 On a $A = A_1 + A_2 = -\displaystyle\int_{\frac{1}{\mathrm{e}}}^{1}\left(\frac{\ln t}{t}\right)\mathrm{d}t + \int_{1}^{2}\left(\frac{\ln t}{t}\right)\mathrm{d}t$. Or une primitive de $t \mapsto \dfrac{\ln t}{t}$, fonction de la forme $u'u$ avec $u(t) = \ln t$, est $t \mapsto \dfrac{1}{2}(\ln t)^2$. Donc

$$A = -\left[\frac{1}{2}(\ln t)^2\right]_{\frac{1}{\mathrm{e}}}^{1} + \left[\frac{1}{2}(\ln t)^2\right]_{1}^{2} = -\left(-\frac{1}{2}\left(\ln\frac{1}{\mathrm{e}}\right)^2\right) + \frac{1}{2}(\ln 2)^2 = \frac{1}{2} + \frac{(\ln 2)^2}{2} \text{ u.a.}$$

Étape 3 On a 1 u.a. $= 1 \times 2\ \mathrm{cm}^2 = 2\ \mathrm{cm}^2$. Donc $A = 1 + (\ln 2)^2\ \mathrm{cm}^2$.

31 Propriétés de l'intégrale

En bref *L'intégrale possède des propriétés qui facilitent son calcul ou son encadrement, ce qui permet d'en obtenir une valeur approchée.*

I Propriétés relatives aux bornes

- Soit f une fonction continue sur un intervalle I. Pour tous a, b de I, on a :

• $\int_a^a f(t)\,dt = 0$

• $\int_b^a f(t)\,dt = -\int_a^b f(t)\,dt$

À NOTER

La variable t est muette. On note indifféremment $\int_a^b f(t)\,dt$, $\int_a^b f(x)\,dx$, etc.

- **Relation de Chasles :** Soit f une fonction continue sur un intervalle I. Pour tous a, b, c de I, on a :

$$\int_a^c f(t)\,dt = \int_a^b f(t)\,dt + \int_b^c f(t)\,dt$$

II Linéarité de l'intégrale

Soient f et g des fonctions continues sur un intervalle I. Pour tous a, b de I et pour tout λ réel, on a :

- $\int_a^b (f(t) + g(t))\,dt = \int_a^b f(t)\,dt + \int_a^b g(t)\,dt$
- $\int_a^b \lambda f(t)\,dt = \lambda \int_a^b f(t)\,dt$

III Positivité et croissance de l'intégrale

Soient f et g des fonctions continues sur un intervalle $[a\,;b]$, $a \leqslant b$.

- Si $f(t) \geqslant 0$ pour tout $t \in [a\,;b]$, alors $\int_a^b f(t)\,dt \geqslant 0$
- Si $f(t) \geqslant g(t)$ pour tout $t \in [a\,;b]$, alors $\int_a^b f(t)\,dt \geqslant \int_a^b g(t)\,dt$

IV Intégration par parties

Soient u et v deux fonctions dérivables à dérivées continues sur un intervalle $[a\,;b]$, $a \leqslant b$. Alors :

$$\int_a^b u'(t)v(t)\,dt = [u(t)v(t)]_a^b - \int_a^b u(t)v'(t)\,dt$$

Méthodes

1 Majorer ou minorer une intégrale

On pose $A = \int_0^2 \frac{t^3}{1+t^2}\,\mathrm{d}t$. Montrer que $0 \leqslant A \leqslant 4$.

CONSEILS

Étape 1 Encadrez la fonction $t \mapsto \frac{t^3}{1+t^2}$ sur l'intervalle d'intégration $[0\,;2]$ par des fonctions dont on sait déterminer une primitive.
Étape 2 Utilisez la positivité et la croissance de l'intégrale.

SOLUTION

Étape 1 Pour tout $t \in [0\,;2]$, $1+t^2 \geqslant 1$ donc $0 \leqslant \frac{1}{1+t^2} \leqslant 1$. t étant positif, on en déduit que pour tout $t \in [0\,;2]$, $0 \leqslant \frac{t^3}{1+t^2} \leqslant t^3$.

Étape 2 Par positivité et croissance de l'intégrale, on en déduit que $0 \leqslant \int_0^2 \frac{t^3}{1+t^2}\,\mathrm{d}t \leqslant \int_0^2 t^3\,\mathrm{d}t$.

Or $\int_0^2 t^3\,\mathrm{d}t = \left[\frac{t^4}{4}\right]_0^2 = 4$.

Donc $0 \leqslant A \leqslant 4$.

2 Appliquer le théorème d'intégration par parties

Calculer $\int_0^1 t\mathrm{e}^t\,\mathrm{d}t$ à l'aide d'une intégration par parties.

CONSEILS

Identifiez les fonctions u' et v du théorème, de telle sorte que l'intégrale $\int_0^1 u(t)v'(t)\,\mathrm{d}t$ soit facile à calculer.

SOLUTION

Pour tout $t \in [0\,;1]$, on pose $\begin{cases} u'(t) = \mathrm{e}^t \\ v(t) = t \end{cases}$, on a alors $\begin{cases} u(t) = \mathrm{e}^t \\ v'(t) = 1 \end{cases}$.

Les fonctions u et v ainsi définies sont dérivables sur $[0\,;1]$ à dérivées continues. Le théorème d'intégration par parties donne donc :

$\int_0^1 t\mathrm{e}^t\,\mathrm{d}t = \left[t\mathrm{e}^t\right]_0^1 - \int_0^1 \mathrm{e}^t\,\mathrm{d}t = \mathrm{e} - (\mathrm{e}-1)$ et $\int_0^1 t\mathrm{e}^t\,\mathrm{d}t = 1$.

MÉMO VISUEL

Définition

Qu'est-ce que l'intégrale d'une fonction f continue positive?

Soit f une fonction continue **positive** sur un intervalle $[a\,;b]$, $a \leqslant b$. On note $\mathscr{C}$ sa courbe représentative dans un repère orthogonal.

- $\int_a^b f(t)\,\mathrm{d}t$ est l'aire, en u.a., du domaine délimité par $\mathscr{C}$, l'axe des abscisses et les droites d'équations $x=a$ et $x=b$.

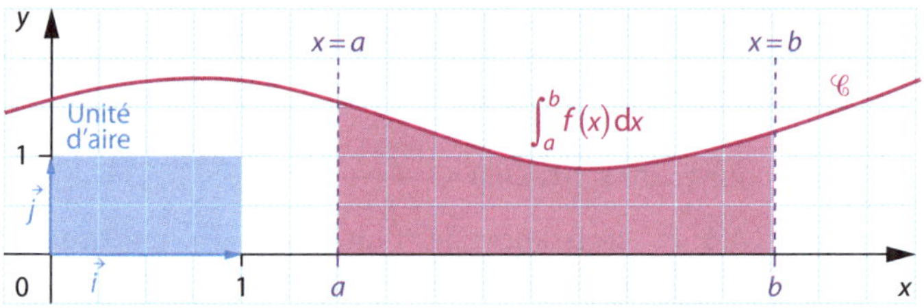

- La valeur moyenne de f est

$$\mu = \frac{1}{b-a}\int_a^b f(t)\,\mathrm{d}t.$$

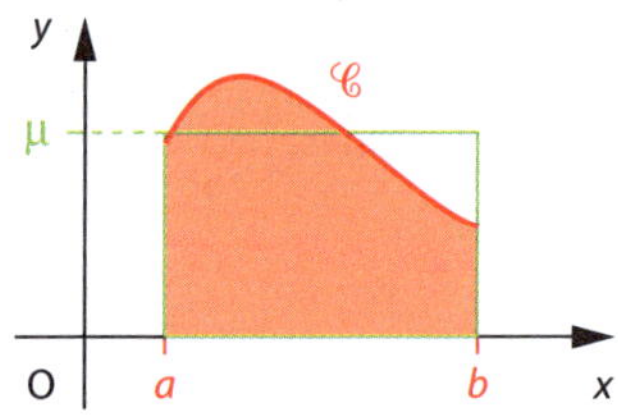

CALCUL

Comment calculer une intégrale à l'aide d'une primitive ?

Calculer une intégrale

Intégrale d'une fonction continue de signe quelconque

Soit f une fonction continue sur un intervalle $[a\,;b]$, et F une primitive de f sur $[a\,;b]$

On a $\int_a^b f(t)\,\mathrm{d}t = [F(t)]_a^b = F(b) - F(a)$.

Théorème d'intégration par parties

Soient u et v deux fonctions dérivables à dérivées continues sur un intervalle $[a\,;b]$, $a \leqslant b$

Alors $\int_a^b u'(t)v(t)\,\mathrm{d}t = [u(t)v(t)]_a^b - \int_a^b u(t)v'(t)\,\mathrm{d}t$.

Propriétés relatives aux bornes

Soit f une fonction continue sur un intervalle I. Pour tous a, b, c de I, on a:

- $\int_a^a f(t)\,\mathrm{d}t = 0$
- $\int_b^a f(t)\,\mathrm{d}t = -\int_a^b f(t)\,\mathrm{d}t$
- Relation de Chasles :

$$\int_a^c f(t)\,\mathrm{d}t = \int_a^b f(t)\,\mathrm{d}t + \int_b^c f(t)\,\mathrm{d}t$$

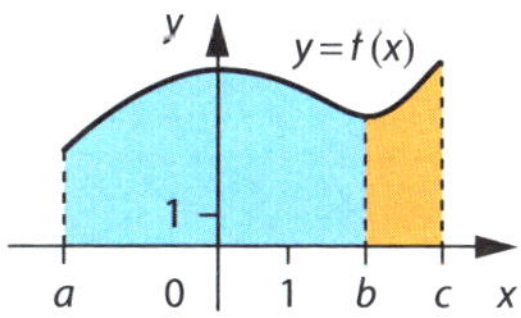

Linéarité de l'intégrale

Soient f et g des fonctions continues sur un intervalle I.
Pour tous a, b de I et pour tout λ réel, on a :

- $\int_a^b (f(t)+g(t))\,\mathrm{d}t = \int_a^b f(t)\,\mathrm{d}t + \int_a^b g(t)\,\mathrm{d}t$
- $\int_a^b \lambda f(t)\,\mathrm{d}t = \lambda\int_a^b f(t)\,\mathrm{d}t$

Positivité et croissance de l'intégrale

Soient f et g des fonctions continues sur un intervalle $[a\,;b]$, $a \leqslant b$.

- Si $f(t) \geqslant 0$ pour tout $t \in [a\,;b]$, alors $\int_a^b f(t)\,\mathrm{d}t \geqslant 0$
- Si $f(t) \geqslant g(t)$ pour tout $t \in [a\,;b]$, alors $\int_a^b f(t)\,\mathrm{d}t \geqslant \int_a^b g(t)\,\mathrm{d}t$

INTÉGRAL

Propriétés de l'intégrale

Quelles sont les propriétés de l'intégrale ?

SE TESTER QUIZ

Vérifiez que vous avez bien compris les points clés des **fiches 30 à 31**.

1 Calcul d'une intégrale

→ FICHE 30

1. Soit $I = \int_0^2 e^2 \, dt$. Alors $I = \ldots$

☐ **a.** $2e^2$

☐ **b.** $e^2 - 1$

☐ **c.** $e^4 - 1$

2. Soit $I = \int_1^x t^2 \, dt$. Alors $I = \ldots$

☐ **a.** $\frac{1}{3}x^3$

☐ **b.** $\frac{1}{3}x^3 - 1$

☐ **c.** $\frac{1}{3}(x^3 - 1)$

2 Valeur moyenne

→ FICHE 30

1. La valeur moyenne de $x \mapsto 4x + 1$ sur $[-1 ; 1]$ est :

☐ **a.** 8 ☐ **b.** 1 ☐ **c.** 0

2. La valeur moyenne de $x \mapsto \cos x$ sur $[0 ; \pi]$ est :

☐ **a.** $\frac{\pi}{2}$ ☐ **b.** $\frac{2}{\pi}$ ☐ **c.** 0

3. La valeur moyenne de $x \mapsto \sin x$ sur $[0 ; \pi]$ est :

☐ **a.** $\frac{2}{\pi}$ ☐ **b.** $\frac{\pi}{2}$ ☐ **c.** 0

3 Propriétés de l'intégrale

→ FICHE 31

Parmi les affirmations suivantes, lesquelles sont vraies ?

☐ **a.** $A = \int_0^3 f(t)\,dt - \int_0^{-3} f(t)\,dt = \int_{-3}^3 f(t)\,dt$ avec f fonction continue sur $\mathbb{R}$.

☐ **b.** $B = \int_2^4 (\ln t)\,dt + \int_4^7 (3\ln t)\,dt = \int_2^7 (4\ln t)\,dt$.

☐ **c.** Soit g une fonction continue positive sur $[2 ; 5]$, alors $\int_4^3 g(t)\,dt \geqslant 0$.

DÉMONSTRATIONS CLÉS

4 Théorème fondamental pour une fonction croissante

→ FICHE 30

On considère une fonction f positive, croissante et continue sur un intervalle $\mathrm{I} = [a\,;b]$. On note $\mathscr{C}$ sa courbe représentative dans le plan muni d'un repère orthogonal.

Pour tout réel x_0 de I, on note $F(x_0) = \int_a^{x_0} f(t)\,\mathrm{d}t$ l'aire, en unités d'aire, du domaine délimité par $\mathscr{C}$, l'axe des abscisses et les droites d'équations $x = a$ et $x = x_0$.

On veut montrer que la fonction F ainsi définie est dérivable, de dérivée f.

On admet que $\int_b^a f(t)\,\mathrm{d}t = -\int_a^b f(t)\,\mathrm{d}t$.

1. Pour $x_0 \in \mathrm{I}$ et $h \neq 0$ tel que $x_0 + h \in \mathrm{I}$, montrer que :

$$F(x_0 + h) - F(x_0) = \int_{x_0}^{x_0+h} f(t)\,\mathrm{d}t$$

2. En déduire que si $h > 0$, $f(x_0) \leqslant \dfrac{F(x_0+h) - F(x_0)}{h} \leqslant f(x_0 + h)$, et si $h < 0$, $f(x_0 + h) \leqslant \dfrac{F(x_0+h) - F(x_0)}{h} \leqslant f(x_0)$.

CONSEILS
Utilisez la croissance de f et déterminez l'aire de rectangles bien choisis.

3. Conclure.

CONSEILS
Utilisez la continuité de f.

5 Théorème d'intégration par parties

→ FICHE 31

Soient u et v deux fonctions dérivables à dérivées continues sur un intervalle $[a\,;b]$, $a \leqslant b$. Montrer que $\int_a^b u'(t)v(t)\,\mathrm{d}t = [u(t)v(t)]_a^b - \int_a^b u(t)v'(t)\,\mathrm{d}t$.

CONSEILS
Dérivez la fonction uv.

S'ENTRAÎNER

6 Calculer des intégrales

→ FICHES 30 et 31

1. Calculer les intégrales suivantes à l'aide de primitives :

a. $I_1 = \int_{-1}^{0} \sin(\pi t)\,\mathrm{d}t$

b. $I_2 = \int_{0}^{2} (t-1)(t^2-2t)\,\mathrm{d}t$

c. $I_3 = \int_{1}^{2} \frac{(t+1)(t+2)(t+3)}{t^2}\,\mathrm{d}t$

d. $I_4 = \int_{-1}^{1} \frac{2t+1}{t^2+t+1}\,\mathrm{d}t$

e. $I_5 = \int_{0}^{\ln 2} \frac{1}{1+\mathrm{e}^{-t}}\,\mathrm{d}t$

CONSEILS

Transformez la fonction à intégrer pour faire apparaître une forme $\frac{u'}{u}$.

2. Calculer les intégrales suivantes à l'aide d'une intégration par parties :

a. $I_6 = \int_{0}^{\frac{\pi}{2}} t \sin t\,\mathrm{d}t$

b. $I_7 = \int_{1}^{\mathrm{e}} t^2 \ln t\,\mathrm{d}t$

7 Calculer une aire

→ FICHE 30

On considère les fonctions f et g définies sur $\mathbb{R}$ par $f(x) = (x-1)^2$ et $g(x) = -x^2 + 6x - 5$. On note $\mathscr{C}_f$ et $\mathscr{C}_g$ leurs courbes respectives dans le plan muni d'un repère orthogonal.

a. Déterminer les points d'intersection de $\mathscr{C}_f$ et $\mathscr{C}_g$, puis tracer ces courbes. On prendra pour unités graphiques 2 cm sur l'axe des abscisses et 1 cm sur l'axe des ordonnées.

b. Calculer l'aire A_1 en cm² du domaine délimité par $\mathscr{C}_f$, $\mathscr{C}_g$ et les droites d'équations $x = 1$ et $x = 3$.

c. Calculer l'aire A_2 en cm² du domaine délimité par $\mathscr{C}_f$, $\mathscr{C}_g$, l'axe des ordonnées et la droite d'équation $x = 2$.

8 Encadrer une intégrale

→ FICHES 30 et 31

a. Montrer que pour tout $x \in [1\,;+\infty[$, $x \geqslant \sqrt{x}$.

CONSEILS

Étudiez la fonction $x \mapsto x - \sqrt{x}$ sur $[1\,;+\infty[$.

b. Montrer que pour tout $x \in [1\,;3]$, $\frac{1}{1+x} \leqslant \frac{1}{1+\sqrt{x}} \leqslant \frac{1}{2}$.

c. En déduire un encadrement de l'intégrale $\int_{1}^{3} \frac{1}{1+\sqrt{t}}\,\mathrm{d}t$.

9 Mettre en œuvre un algorithme pour encadrer une intégrale

→ FICHES 30 et 31

Soit f la fonction définie sur $[0\,;1]$ par $f(x) = \sqrt{1+x^2}$. On veut encadrer l'intégrale $I = \int_0^1 f(t)\,\mathrm{d}t$.

1. Montrer que f est monotone et positive sur $[0\,;1]$.

2. Montrer que pour tout $t \in [0\,;1]$, $1 \leqslant f(t) \leqslant \sqrt{2}$. En déduire un premier encadrement de I.

3. a. Montrer que pour tout $t \in \left[0\,;\frac{1}{2}\right]$, $1 \leqslant f(t) \leqslant \frac{\sqrt{5}}{2}$, et pour tout $t \in \left[\frac{1}{2}\,;1\right]$, $\frac{\sqrt{5}}{2} \leqslant f(t) \leqslant \sqrt{2}$.

b. En déduire un nouvel encadrement de I.

4. Proposer un algorithme qui, pour un entier naturel n non nul donné, fournit un encadrement de I dans le cas où l'on découpe l'intervalle $[0\,;1]$ en n sous-intervalles $\left[0\,;\frac{1}{n}\right], \left[\frac{1}{n}\,;\frac{2}{n}\right], \ldots, \left[\frac{n-1}{n}\,;1\right]$.

10 Étudier une suite d'intégrales

→ FICHES 30 et 31

Pour tout entier naturel n non nul, on définit $I_n = \int_1^{\mathrm{e}} (\ln t)^n\,\mathrm{d}t$.

1. a. Calculer I_1 à l'aide d'une intégration par parties.

b. À l'aide d'une intégration par parties, montrer que pour tout $n \geqslant 1$, $I_{n+1} = \mathrm{e} - (n+1)I_n$.

2. L'entier naturel non nul n étant fixé, on note F_n une primitive de la fonction $f_n : x \mapsto (\ln x)^n$ sur $]0\,;+\infty[$.

a. Justifier que la fonction $G_n : x \mapsto F_n(\mathrm{e}^x)$ est dérivable sur $\mathbb{R}$, et exprimer sa fonction dérivée.

b. En déduire que pour tout entier naturel n non nul, $I_n = F_n(\mathrm{e}) - F_n(1) = \int_0^1 t^n\,\mathrm{e}^t\,\mathrm{d}t$.

c. Déduire de l'égalité précédente que pour tout entier naturel n non nul, $\frac{1}{n+1} \leqslant I_n \leqslant \frac{\mathrm{e}}{n+1}$.

CONSEIL
Encadrez e^t puis $t^n\,\mathrm{e}^t$ pour $t \in [0\,;1]$.

d. Donner la limite de I_n lorsque n tend vers $+\infty$.

OBJECTIF BAC

11 Valeur approchée de e

40 min

→ FICHES 30 et 31

L'un des mérites de ce sujet est de lier de nombreuses notions issues de plusieurs chapitres : calcul intégral, raisonnement par récurrence, usage de $n!$, théorèmes de convergence des suites, usage du symbole Σ.

LE SUJET

On rappelle que, pour tout entier $n > 0$, on a $n! = 1 \times 2 \times \ldots \times n$ et $0! = 1$.
Soit $(u_n)_{n\in\mathbb{N}}$ la suite définie pour tout entier naturel n par :
$u_n = \frac{1}{n!}\int_0^1 (1-t)^n \mathrm{e}^t \,\mathrm{d}t$.

a. Calculer u_0.

b. Pour tout entier naturel n, calculer la dérivée de la fonction f définie sur $[0\,;1]$ par $f(t) = (1-t)^{n+1}\mathrm{e}^t$, puis calculer $u_{n+1} - u_n$.

c. En déduire que $u_n = \mathrm{e} - \sum_{p=0}^{n} \frac{1}{p!}$.

d. Démontrer que pour tout entier naturel n non nul, $0 \leqslant u_n \leqslant \frac{\mathrm{e}}{n!}$. En déduire que $\lim_{n\to+\infty} \sum_{p=0}^{n} \frac{1}{p!} = \mathrm{e}$.

e. On sait que $\mathrm{e} \leqslant 3$. On donne l'algorithme ci-dessous :

Variables : S est un nombre réel, F est un nombre entier
Initialisation : Affecter à S la valeur 1 ;
Affecter à F la valeur 1 ;
Affecter à n la valeur 0 ;
Traitement : Tant que $\frac{3}{F} \geqslant 0{,}001$
    Affecter à n la valeur $n+1$;
    Affecter à F la valeur $F \times n$;
    Affecter à S la valeur $S + \frac{1}{F}$;
  Fin tant que.
Sortie : Afficher S.

Donner un encadrement de S d'amplitude 10^{-3}. Interpréter ce résultat.

LIRE LE SUJET

a. On vous demande de calculer explicitement l'intégrale qui définit u_0, le premier terme de la suite ($n = 0$).

b. Dérivez f et déduisez-en $u_{n+1} - u_n$.

c. Exprimez u_n sous forme de somme, en utilisant le résultat précédent.

d. Encadrez u_n et déduisez-en e sous forme d'une limite.

e. Utilisez l'algorithme pour encadrer S et expliquez le résultat.

LA FEUILLE DE ROUTE

a. Calculer le premier terme d'une suite définie par une intégrale

Pour calculer $u_0 = \int_0^1 e^t \, dt$, trouvez une primitive de la fonction exp.

b. Déterminer une intégrale grâce à la dérivée d'une fonction auxiliaire

Dérivez la fonction f comme produit de deux fonctions. Reconnaître f' dans l'intégrale qui apparaît pour le calcul de $u_{n+1} - u_n$.

c. Transformer l'expression de u_n

Établissez l'égalité demandée par récurrence.

d. Encadrer u_n

Utilisez que $0 \leqslant (1-t)^n \leqslant 1$ pour $t \in [0 ; 1]$ et la positivité de l'intégrale. En déduire la limite demandée à l'aide du théorème des gendarmes. → FICHE 15

e. Utiliser un algorithme

Faites tourner l'algorithme proposé pour obtenir un encadrement de S et de e.

12 Étude d'une fonction définie par une intégrale.

45 min → FICHES 30 et 31

La difficulté – et aussi l'intérêt ! – de ce sujet réside dans le fait que la variable de la fonction se situe au niveau des bornes d'une intégrale. Il faut une vigilance toute particulière pour ne pas confondre les différentes sortes de variables : variable de la fonction et variable d'intégration.

LE SUJET

Soit f la fonction définie sur $\mathbb{R}$ par $f(x) = \int_x^{2x} \frac{1}{1+t^2} \, dt$.

a. Justifier le fait que la fonction f est dérivable sur $\mathbb{R}$ et montrer que pour tout réel x, $f'(x) = \frac{2}{1+4x^2} - \frac{1}{1+x^2}$. On pourra pour cela faire intervenir une primitive G de $x \mapsto \frac{1}{1+x^2}$ sans chercher à calculer G.

b. Pour tout réel $x > 0$, calculer $\int_x^{2x} \frac{1}{t^2} \, dt$. Montrer que, pour tout réel $x > 0$, $0 \leqslant f(x) \leqslant \frac{1}{2x}$. En déduire la limite de f en $+\infty$.

c. Après avoir justifié que pour tout $t \geqslant 0$, $(t+1)^2 \geqslant t^2 + 1$, démontrer que pour tout réel $x > 0$, $\frac{1}{x+1} - \frac{1}{2x+1} \leqslant f(x)$. En déduire, à l'aide de la majoration obtenue à la question **b.**, la limite de $x \times f(x)$ lorsque x tend vers $+\infty$.

LIRE LE SUJET

a. Déterminez la dérivée de f en utilisant une fonction auxiliaire.
b. Calculez une intégrale puis déduisez-en un encadrement de $f(x)$ qui nous permettra d'obtenir la limite de f.
c. Justifiez une minoration de $f(x)$ afin d'en déduire une nouvelle limite.

▶▶▶ LA FEUILLE DE ROUTE

a. Dériver une fonction grâce à une fonction auxiliaire

Écrivez f sous la forme $f(x) = G(2x) - G(x)$. Déterminez ensuite f' grâce au théorème fondamental de l'intégration. → FICHE 30

b. Déterminer une limite grâce au théorème des gendarmes

Majorez $f(x)$ par l'intégrale qui vient d'être calculée, puis utilisez le théorème des gendarmes pour déterminer la limite demandée. → FICHE 15

c. Déterminer une limite grâce au théorème de comparaison

Minorez $f(x)$ par $\int_x^{2x} \frac{1}{(1+t)^2} \mathrm{d}t$. Calculez cette intégrale. Déduisez-en la limite demandée en utilisant le théorème de comparaison. → FICHE 15

CORRIGÉS

SE TESTER QUIZ

1 Calcul d'une intégrale

1. Réponse a. $I = \int_0^2 e^2 dt = \left[e^2 t\right]_0^2 = 2e^2$.

> **À NOTER**
> On intègre une fonction constante.

2. Réponse c. $I = \int_1^x t^2 dt = \left[\frac{t^3}{3}\right]_1^x = \frac{1}{3}x^3 - \frac{1}{3}$.

2 Valeur moyenne

1. Réponse b. $\mu = \frac{1}{1-(-1)}\int_{-1}^1 (4x+1)\,dx = \frac{1}{2}\left[2x^2 + x\right]_{-1}^1 = \frac{3-1}{2} = 1$.

2. Réponse c. $\mu = \frac{1}{\pi - 0}\int_0^\pi \cos x\,dx = \frac{1}{\pi}[\sin x]_0^\pi = \frac{\sin\pi - \sin 0}{\pi} = 0$.

3. Réponse a. $\mu = \frac{1}{\pi - 0}\int_0^\pi \sin x\,dx = \frac{1}{\pi}[-\cos x]_0^\pi = \frac{-\cos\pi + \cos 0}{\pi} = \frac{2}{\pi}$.

3 Propriétés de l'intégrale

a. Vrai.
$A = \int_0^3 f(t)\,dt - \left(-\int_{-3}^0 f(t)\,dt\right) = \int_{-3}^0 f(t)\,dt + \int_0^3 f(t)\,dt = \int_{-3}^3 f(t)\,dt$.

> **À NOTER**
> On utilise la relation de Chasles.

b. Faux. Pour pouvoir utiliser la relation de Chasles, la fonction à intégrer doit être la même dans les deux intégrales, ce qui n'est pas le cas ici.

c. Faux. La positivité donne $\int_3^4 g(t)\,dt \geqslant 0$ donc $\int_4^3 g(t)\,dt = -\int_3^4 g(t)\,dt \leqslant 0$.

DÉMONSTRATIONS CLÉS

4 Théorème fondamental pour une fonction croissante

1. $F(x_0 + h)$ est l'aire du domaine délimité par $\mathscr{C}$, l'axe des abscisses et les droites d'équations $x = a$ et $x = x_0 + h$.

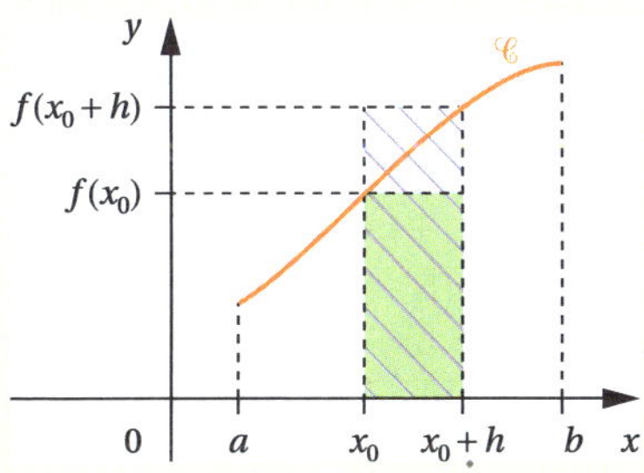

■ **Cas où $h > 0$.**

$F(x_0+h)-F(x_0)$ est l'aire du domaine délimité par $\mathscr{C}$, l'axe des abscisses et les droites d'équations $x = x_0$ et $x = x_0 + h$.

On a donc, par définition, $F(x_0+h)-F(x_0)=\int_{x_0}^{x_0+h} f(t)\,dt$.

■ **Cas où $h < 0$.**

$F(x_0)-F(x_0+h)$ est l'aire du domaine délimité par $\mathscr{C}$, l'axe des abscisses et les droites d'équations $x = x_0 + h$ et $x = x_0$.

Donc, par définition $F(x_0)-F(x_0+h)=\int_{x_0+h}^{x_0} f(t)\,dt=-\int_{x_0}^{x_0+h} f(t)\,dt$.

On a donc bien aussi $F(x_0+h)-F(x_0)=\int_{x_0}^{x_0+h} f(t)\,dt$.

2. ■ **Cas où $h > 0$.**

La fonction f est croissante sur $[x_0\,;x_0+h]$, $f(x_0+h)>f(x_0)$ donc l'aire $F(x_0+h)-F(x_0)$ est comprise entre l'aire du rectangle de base h et de hauteur $f(x_0)$ et celle du rectangle de base h et de hauteur $f(x_0+h)$.

On a donc $h\times f(x_0)\leqslant F(x_0+h)-F(x_0)\leqslant h\times f(x_0+h)$.

En divisant cette double inégalité par $h > 0$, on obtient :

$$f(x_0)\leqslant \frac{F(x_0+h)-F(x_0)}{h}\leqslant f(x_0+h).$$

■ **Cas où $h < 0$.**

La fonction f est croissante sur $[x_0+h\,;x_0]$, $f(x_0+h)<f(x_0)$ donc l'aire $F(x_0)-F(x_0+h)$ est comprise entre l'aire du rectangle de base $-h$ et de hauteur $f(x_0+h)$ et celle du rectangle de base $-h$ et de hauteur $f(x_0)$.

On a donc $(-h)\times f(x_0+h)\leqslant F(x_0)-F(x_0+h)\leqslant(-h)\times f(x_0)$.

En divisant cette double inégalité par $-h > 0$, on obtient :

$$f(x_0+h)\leqslant \frac{F(x_0+h)-F(x_0)}{h}\leqslant f(x_0).$$

3. La fonction f est continue en x_0 donc $\lim\limits_{h\to 0} f(x_0+h)=f(x_0)$.

On applique le théorème des gendarmes à chacune des doubles inégalités de la question précédente et on obtient que :

$$\lim_{h\to 0^+}\frac{F(x_0+h)-F(x_0)}{h}=\lim_{h\to 0^-}\frac{F(x_0+h)-F(x_0)}{h}=f(x_0).$$

On a donc **F dérivable en x_0** et $F'(x_0)=f(x_0)$.

5 Théorème d'intégration par parties

u et v sont dérivables sur $[a\,;b]$ donc la fonction uv est dérivable sur $[a\,;b]$ et, pour tout $t\in[a\,;b]$, $(uv)'(t)=u'(t)v(t)+u(t)v'(t)$ ce qui équivaut à :

$$u'(t)v(t)=(uv)'(t)-u(t)v'(t)$$

Or u' et v' sont continues sur $[a\,;b]$, on peut donc calculer les intégrales des fonctions $u'v$, $(uv)'$ et uv' sur $[a\,;b]$.

On a donc, par linéarité :

$$\int_a^b u'(t)v(t)\,dt=\int_a^b\Big((uv)'(t)-u(t)v'(t)\Big)dt=\int_a^b(uv)'(t)\,dt-\int_a^b u(t)v'(t)\,dt.$$

Donc $\int_a^b u'(t)v(t)\,dt=[u(t)v(t)]_a^b-\int_a^b u(t)v'(t)\,dt$.

S'ENTRAÎNER

6 Calculer des intégrales

1. a. $I_1 = \int_{-1}^{0} \sin(\pi t)\,dt = \left[-\frac{1}{\pi}\cos(\pi t)\right]_{-1}^{0} = \frac{-\cos 0 + \cos \pi}{\pi} = -\frac{2}{\pi}$.

b. $I_2 = \int_0^2 (t-1)(t^2-2t)\,dt = \int_0^2 (t^3 - 3t^2 + 2t)\,dt = \left[\frac{t^4}{4} - t^3 + t^2\right]_0^2 = 0$.

À NOTER

On pouvait remarquer que la fonction à intégrer est de la forme $\frac{1}{2}u'u$ avec $u : t \mapsto t^2 - 2t$. On a donc $I_2 = \int_0^2 (t-1)(t^2-2t)\,dt = \left[\frac{1}{4}(t^2-2t)^2\right]_0^2 = 0$.

c. $I_3 = \int_1^2 \frac{(t+1)(t+2)(t+3)}{t^2}\,dt = \int_1^2 \frac{t^3 + 6t^2 + 11t + 6}{t^2}\,dt = \int_1^2 \left(t + 6 + \frac{11}{t} + \frac{6}{t^2}\right)dt$.

donc $I_3 = \left[\frac{t^2}{2} + 6t + 11\ln t - \frac{6}{t}\right]_1^2 = \frac{21}{2} + 11\ln 2$.

d. $I_4 = \int_{-1}^{1} \frac{2t+1}{t^2+t+1}\,dt = \left[\ln(t^2+t+1)\right]_{-1}^{1} = \ln 3$.

e. $I_5 = \int_0^{\ln 2} \frac{1}{1+e^{-t}}\,dt = \int_0^{\ln 2} \frac{e^t}{e^t+1}\,dt = \left[\ln(e^t+1)\right]_0^{\ln 2} = \ln 3 - \ln 2 = \ln\left(\frac{3}{2}\right)$.

2. a. On pose pour $t \in \left[0 ; \frac{\pi}{2}\right]$, $\begin{cases} u'(t) = \sin t \\ v(t) = t \end{cases}$. On a alors $\begin{cases} u(t) = -\cos t \\ v'(t) = 1 \end{cases}$.

Les fonctions u et v ainsi définies sont dérivables sur $\left[0 ; \frac{\pi}{2}\right]$ à dérivées continues. Le théorème d'intégration par parties donne donc :

$$I_6 = \int_0^{\frac{\pi}{2}} t\sin t\,dt = [-t\cos t]_0^{\frac{\pi}{2}} - \int_0^{\frac{\pi}{2}} -\cos t\,dt = 0 + [\sin t]_0^{\frac{\pi}{2}} = 1.$$

b. On pose pour $t \in [1 ; e]$, $\begin{cases} u'(t) = t^2 \\ v(t) = \ln t \end{cases}$. On a alors $\begin{cases} u(t) = \frac{t^3}{3} \\ v'(t) = \frac{1}{t} \end{cases}$.

Les fonctions u et v ainsi définies sont dérivables sur $[1 ; e]$ à dérivées continues. Le théorème d'intégration par parties donne donc :

$$I_7 = \int_1^e t^2 \ln t\,dt = \left[\frac{t^3}{3}\ln t\right]_1^e - \int_1^e \frac{t^2}{3}\,dt = \frac{e^3}{3} - \left[\frac{t^3}{9}\right]_1^e = \frac{e^3}{3} - \frac{e^3}{9} + \frac{1}{9} = \frac{2e^3+1}{9}.$$

7 Calculer une aire

1. Les abscisses des points d'intersection de $\mathscr{C}_f$ et $\mathscr{C}_g$ sont les solutions de l'équation $f(x) = g(x) \Leftrightarrow (x-1)^2 = -x^2 + 6x - 5 \Leftrightarrow 2x^2 - 8x + 6 = 0$.
Ce trinôme du second degré a pour discriminant $\Delta = 16$, pour racines 1 et 3.
On a alors $f(1) = g(1) = 0$ et $f(3) = g(3) = 4$.
Les points d'intersection de $\mathscr{C}_f$ et $\mathscr{C}_g$ sont donc $A(1;0)$ et $B(3;4)$.

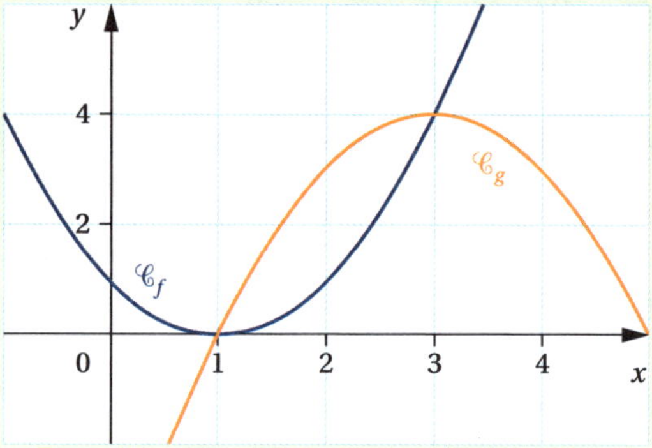

2. Pour tout réel x, $f(x) - g(x) = 2x^2 - 8x + 6 = 2(x-1)(x-3)$, d'après l'étude précédente. Donc sur $[1;3]$, $\mathscr{C}_f$ est en dessous de $\mathscr{C}_g$, $f(x) - g(x) \leqslant 0$.
On en déduit que l'aire, en u.a., du domaine délimité par $\mathscr{C}_f$, $\mathscr{C}_g$ et les droites d'équations $x = 1$ et $x = 3$ est donnée par $A_1 = \int_1^3 (g(t) - f(t))\,\mathrm{d}t$.

$$A_1 = \int_1^3 \left(-2t^2 + 8t - 6\right)\mathrm{d}t = \left[-2\frac{t^3}{3} + 4t^2 - 6t\right]_1^3 = 0 - \left(-\frac{8}{3}\right) = \frac{8}{3}\text{ u.a.}$$

Or 1 u.a. = 1×2 cm², donc $A_1 = \frac{16}{3}$ cm².

3. Sur $[0;1]$, $\mathscr{C}_f$ est au-dessus de $\mathscr{C}_g$, $f(x) - g(x) \geqslant 0$; sur $[1;2]$, $\mathscr{C}_f$ est en dessous de $\mathscr{C}_g$, $f(x) - g(x) \leqslant 0$. On en déduit que l'aire, en u.a., du domaine délimité par $\mathscr{C}_f$, $\mathscr{C}_g$, l'axe des ordonnées et la droite d'équation $x = 2$ est donnée par

$$A_2 = \int_0^1 (f(t) - g(t))\,\mathrm{d}t + \int_1^2 (g(t) - f(t))\,\mathrm{d}t.$$

Donc $A_2 = \int_0^1 \left(2t^2 - 8t + 6\right)\mathrm{d}t + \int_1^2 \left(-2t^2 + 8t - 6\right)\mathrm{d}t$

D'où $A_2 = \left[\frac{2}{3}t^3 - 4t^2 + 6t\right]_0^1 + \left[\frac{-2}{3}t^3 + 4t^2 - 6t\right]_1^2 = 4$ u.a. donc $A_2 = 8$ cm².

8 Encadrer une intégrale

1. La fonction f définie par $f(x) = x - \sqrt{x}$ est dérivable sur $[1 ; +\infty[$ comme somme de fonctions dérivables, et $f'(x) = 1 - \dfrac{1}{2\sqrt{x}} = \dfrac{2\sqrt{x}-1}{2\sqrt{x}}$.

Pour $x \in [1 ; +\infty[$, on a $2\sqrt{x} - 1 > 0 \Leftrightarrow \sqrt{x} > \dfrac{1}{2} \Leftrightarrow x > \dfrac{1}{4}$. Donc $f'(x) > 0$, la fonction f est strictement croissante sur $[1 ; +\infty[$.

Et $f(x) \geqslant f(1) \Leftrightarrow f(x) \geqslant 0 \Leftrightarrow x - \sqrt{x} \geqslant 0 \Leftrightarrow$ **$x \geqslant \sqrt{x}$ pour $x \in [1 ; +\infty[$.**

2. En particulier, pour tout $x \in [1 ; 3]$, on a :
$x \geqslant \sqrt{x} \geqslant 1 \Leftrightarrow 1 + x \geqslant 1 + \sqrt{x} \geqslant 2 \Leftrightarrow$ **$\dfrac{1}{1+x} \leqslant \dfrac{1}{1+\sqrt{x}} \leqslant \dfrac{1}{2}$** (car la fonction inverse est décroissante sur $]0 ; +\infty[$.

3. Par croissance de l'intégrale, on a donc $\displaystyle\int_1^3 \frac{1}{1+t}\,\mathrm{d}t \leqslant \int_1^3 \frac{1}{1+\sqrt{t}}\,\mathrm{d}t \leqslant \int_1^3 \frac{1}{2}\,\mathrm{d}t$.

On a $\displaystyle\int_1^3 \frac{1}{1+t}\,\mathrm{d}t = [\ln(1+t)]_1^3 = \ln 4 - \ln 2 = \ln 2^2 - \ln 2 = 2\ln 2 - \ln 2 = \ln 2$

et $\displaystyle\int_1^3 \frac{1}{2}\,\mathrm{d}t = \left[\frac{1}{2}t\right]_1^3 = 1$. On en conclut donc que **$\displaystyle \ln 2 \leqslant \int_1^3 \frac{1}{1+\sqrt{t}}\,\mathrm{d}t \leqslant 1$.**

9 Mettre en œuvre un algorithme pour encadrer une intégrale

1. La fonction $x \mapsto 1 + x^2$ est croissante et positive sur $[0 ; 1]$. La fonction racine carrée est positive et croissante sur $\mathbb{R}^+$. Par composition, on en déduit donc que **f est croissante et positive sur $[0 ; 1]$.**

2. f est croissante sur $[0 ; 1]$, donc pour tout $t \in [0 ; 1]$, $f(0) \leqslant f(t) \leqslant f(1)$. On a donc **pour tout $t \in [0 ; 1]$, $1 \leqslant f(t) \leqslant \sqrt{2}$.**

Par croissance de l'intégrale, on en déduit que $\displaystyle\int_0^1 1\,\mathrm{d}t \leqslant \int_0^1 f(t)\,\mathrm{d}t \leqslant \int_0^1 \sqrt{2}\,\mathrm{d}t$, d'où $\displaystyle[t]_0^1 \leqslant \int_0^1 f(t)\,\mathrm{d}t \leqslant \left[\sqrt{2} \times t\right]_0^1 \Leftrightarrow$ **$1 \leqslant I \leqslant \sqrt{2}$.**

3. a. ■ f est en particulier croissante sur $\left[0 ; \dfrac{1}{2}\right]$, donc pour tout $t \in \left[0 ; \dfrac{1}{2}\right]$, $f(0) \leqslant f(t) \leqslant f\left(\dfrac{1}{2}\right)$. On a donc **pour tout $t \in \left[0 ; \dfrac{1}{2}\right]$, $1 \leqslant f(t) \leqslant \dfrac{\sqrt{5}}{2}$.**

■ f est en particulier croissante sur $\left[\dfrac{1}{2} ; 1\right]$, donc pour tout $t \in \left[\dfrac{1}{2} ; 1\right]$, $f\left(\dfrac{1}{2}\right) \leqslant f(t) \leqslant f(1)$. On a donc **pour tout $t \in \left[\dfrac{1}{2} ; 1\right]$, $\dfrac{\sqrt{5}}{2} \leqslant f(t) \leqslant \sqrt{2}$.**

b. Par croissance de l'intégrale, on en déduit que :

■ $\displaystyle\int_0^{\frac{1}{2}} 1\,\mathrm{d}t \leqslant \int_0^{\frac{1}{2}} f(t)\,\mathrm{d}t \leqslant \int_0^{\frac{1}{2}} \frac{\sqrt{5}}{2}\,\mathrm{d}t$ donc $\displaystyle\frac{1}{2} \leqslant \int_0^{\frac{1}{2}} f(t)\,\mathrm{d}t \leqslant \frac{\sqrt{5}}{4}$.

■ $\displaystyle\int_{\frac{1}{2}}^1 \frac{\sqrt{5}}{2}\,\mathrm{d}t \leqslant \int_{\frac{1}{2}}^1 f(t)\,\mathrm{d}t \leqslant \int_{\frac{1}{2}}^1 \sqrt{2}\,\mathrm{d}t$ donc $\displaystyle\frac{\sqrt{5}}{4} \leqslant \int_{\frac{1}{2}}^1 f(t)\,\mathrm{d}t \leqslant \frac{\sqrt{2}}{2}$.

La relation de Chasles donne $I = \int_0^1 f(t)\,\mathrm{d}t = \int_0^{\frac{1}{2}} f(t)\,\mathrm{d}t + \int_{\frac{1}{2}}^1 f(t)\,\mathrm{d}t$.

En ajoutant membre à membre les inégalités précédentes, on obtient donc $\frac{1}{2} + \frac{\sqrt{5}}{4} \leqslant I \leqslant \frac{\sqrt{5}}{4} + \frac{\sqrt{2}}{2}$.

4.

Entrer n
Inf, Sup = 0, 0
Pour k allant de 0 à $n-1$:

$$Inf = Inf + \frac{1}{n}\sqrt{1+\left(\frac{k}{n}\right)^2}$$

$$Sup = Sup + \frac{1}{n}\sqrt{1+\left(\frac{k+1}{n}\right)^2}$$

Fin Pour
Afficher Inf, Sup

10 Étudier une suite d'intégrales

1. a. On pose pour $t \in [1\,;\mathrm{e}]$, $\begin{cases} u'(t) = 1 \\ v(t) = \ln t \end{cases}$ alors $\begin{cases} u(t) = t \\ v'(t) = \dfrac{1}{t} \end{cases}$. Les fonctions u et v ainsi définies sont dérivables sur $[1\,;\mathrm{e}]$ à dérivées continues. Le théorème d'intégration par parties donne donc $I_1 = \int_1^{\mathrm{e}} \ln t\,\mathrm{d}t = [t\ln t]_1^{\mathrm{e}} - \int_1^{\mathrm{e}} 1\,dt = \mathrm{e} - [t]_1^{\mathrm{e}} = 1$.

b. Soit n un entier naturel non nul. On a $I_{n+1} = \int_1^{\mathrm{e}} (\ln t)^{n+1}\,\mathrm{d}t$.

On pose pour $t \in [1\,;\mathrm{e}]$, $\begin{cases} u'(t) = 1 \\ v(t) = (\ln t)^{n+1} \end{cases}$ alors $\begin{cases} u(t) = t \\ v'(t) = \dfrac{n+1}{t}(\ln t)^n \end{cases}$.

Les fonctions u et v ainsi définies sont dérivables sur $[1\,;\mathrm{e}]$ à dérivées continues. Le théorème d'intégration par parties donne donc :

$I_{n+1} = \int_1^{\mathrm{e}} (\ln t)^{n+1}\,\mathrm{d}t = \left[t(\ln t)^{n+1}\right]_1^{\mathrm{e}} - \int_1^{\mathrm{e}} (n+1)(\ln t)^n\,\mathrm{d}t = \mathrm{e} - (n+1)I_n$.

2. a. La fonction F_n est une primitive de la fonction f_n sur $\mathbb{R}$; elle est donc dérivable sur $\mathbb{R}$, tout comme la fonction $x \mapsto \mathrm{e}^x$. Donc, par composition, la fonction G_n est dérivable sur $\mathbb{R}$.

Pour tout réel x, on a $G_n'(x) = F_n'(\mathrm{e}^x) \times \mathrm{e}^x = f_n(\mathrm{e}^x) \times \mathrm{e}^x = x^n\,\mathrm{e}^x$.

b. Pour n entier naturel non nul, $I_n = \int_1^{\mathrm{e}} f_n(t)\,\mathrm{d}t = [F_n(t)]_1^{\mathrm{e}} = F_n(\mathrm{e}) - F_n(1)$.

Or $G_n(0) = F_n(\mathrm{e}^0) = F_n(1)$ et $G_n(1) = F_n(\mathrm{e}^1) = F_n(\mathrm{e})$.

Donc $I_n = G_n(1) - G_n(0) = [G_n(t)]_0^1 = \int_0^1 G_n'(t)\,\mathrm{d}t = \int_0^1 t^n \mathrm{e}^t\,\mathrm{d}t$.

c. Soit n un entier naturel non nul. La fonction exponentielle est croissante sur $\mathbb{R}$, donc pour tout $t \in [0\,;1]$, on a $e^0 \leqslant e^t \leqslant e^1 \Leftrightarrow 1 \leqslant e^t \leqslant e$ et $t^n \geqslant 0$.
Donc $t^n \leqslant t^n e^t \leqslant e t^n$ pour tout $t \in [0\,;1]$. Par croissance de l'intégrale, on en déduit que $\int_0^1 t^n\,dt \leqslant \int_0^1 t^n e^t\,dt \leqslant \int_0^1 e t^n\,dt \Leftrightarrow \left[\frac{t^{n+1}}{n+1}\right]_0^1 \leqslant I_n \leqslant e \times \left[\frac{t^{n+1}}{n+1}\right]_0^1$.

On en conclut que pour tout entier naturel n non nul, $\frac{1}{n+1} \leqslant I_n \leqslant \frac{e}{n+1}$.

d. $\lim\limits_{n\to+\infty} \frac{1}{n+1} = 0$, donc le théorème des gendarmes donne $\lim\limits_{n\to+\infty} I_n = 0$.

OBJECTIF BAC

11 Valeur approchée de e

a. $u_0 = \frac{1}{0!}\int_0^1 (1-t)^0 e^t\,dt = 1 \times \int_0^1 e^t\,dt = \left[e^t\right]_0^1 = e - 1$.

b. ■ Pour $n \in \mathbb{N}$ et $t \in [0\,;1]$, $f'(t) = -(n+1)(1-t)^n e^t + (1-t)^{n+1} e^t$.

■ Pour $n \in \mathbb{N}$, $u_{n+1} - u_n = \frac{1}{(n+1)!}\int_0^1 (1-t)^{n+1} e^t\,dt - \frac{1}{n!}\int_0^1 (1-t)^n e^t\,dt$.

Or $\frac{1}{(n+1)!} = \frac{1}{n+1} \times \frac{1}{n!}$ donc $\frac{1}{n!} = \frac{n+1}{(n+1)!}$ et par linéarité de l'intégrale, on a

$$u_{n+1} - u_n = \frac{1}{(n+1)!}\int_0^1 \left((1-t)^{n+1} e^t - (n+1)(1-t)^n e^t\right) dt = \frac{1}{(n+1)!}\int_0^1 f'(t)\,dt$$

$$u_{n+1} - u_n = \frac{1}{(n+1)!}\left[f(t)\right]_0^1 = -\frac{1}{(n+1)!}.$$

c. Montrons par récurrence que pour tout $n \in \mathbb{N}$, $u_n = e - \sum\limits_{p=0}^{n} \frac{1}{p!}$.

■ **Initialisation (pour $n = 0$) :**

$e - \sum\limits_{p=0}^{0} \frac{1}{p!} = e - \frac{1}{0!} = e - 1 = u_0$. Donc la propriété est vraie au rang $n = 0$

■ **Hérédité :** Soit un entier naturel n, on suppose que la propriété est vraie au rang n, c'est-à-dire que $u_n = e - \sum\limits_{p=0}^{n} \frac{1}{p!}$.

D'après la question précédente, $u_{n+1} = u_n - \frac{1}{(n+1)!}$.

En appliquant l'hypothèse de récurrence, on obtient que

$$u_{n+1} = e - \sum_{p=0}^{n} \frac{1}{p!} - \frac{1}{(n+1)!} = e - \left(\sum_{p=0}^{n} \frac{1}{p!} + \frac{1}{(n+1)!}\right) = e - \sum_{p=0}^{n+1} \frac{1}{p!}.$$

Donc la propriété est vraie au rang $n+1$ et est donc héréditaire.

■ **Conclusion :** la propriété est vraie pour tout $n \in \mathbb{N}$.

Donc pour tout $n \in \mathbb{N}$, $u_n = e - \sum\limits_{p=0}^{n} \frac{1}{p!}$.

d. ■ D'après la question **a.**, $u_0 = \mathrm{e} - 1$, donc on a bien $0 \leqslant u_0 \leqslant \mathrm{e}$.
Pour $t \in [0\,;1]$, $0 \leqslant 1 - t \leqslant 1$ et, par croissance de la fonction $x \mapsto x^n$ sur $[0\,;+\infty[$, pour $n \in \mathbb{N}^*$, on a $0 \leqslant (1-t)^n \leqslant 1 \Leftrightarrow 0 \leqslant (1-t)^n \mathrm{e}^t \leqslant \mathrm{e}^t$, car $\mathrm{e}^t > 0$.
Par positivité et croissance de l'intégrale, on en déduit que

$$0 \leqslant \int_0^1 (1-t)^n \mathrm{e}^t \,\mathrm{d}t \leqslant \int_0^1 \mathrm{e}^t \,\mathrm{d}t \Leftrightarrow 0 \leqslant \frac{1}{n!}\int_0^1 (1-t)^n \mathrm{e}^t \,\mathrm{d}t \leqslant \frac{1}{n!}\int_0^1 \mathrm{e}^t \,\mathrm{d}t.$$

Donc $0 \leqslant u_n \leqslant \frac{1}{n!}\left[\mathrm{e}^t\right]_0^1 \Leftrightarrow 0 \leqslant u_n \leqslant \frac{\mathrm{e}}{n!} - \frac{1}{n!} \leqslant \frac{\mathrm{e}}{n!}$ pour $n \in \mathbb{N}^*$.

On en conclut donc que pour tout $n \in \mathbb{N}$, $\mathbf{0 \leqslant u_n \leqslant \frac{e}{n!}}$.

■ On sait que $u_n = \mathrm{e} - \sum_{p=0}^{n} \frac{1}{p!}$ donc en remplaçant dans l'inégalité précédente, on a

$$0 \leqslant \mathrm{e} - \sum_{p=0}^{n} \frac{1}{p!} \leqslant \frac{\mathrm{e}}{n!} \Leftrightarrow -\mathrm{e} \leqslant -\sum_{p=0}^{n} \frac{1}{p!} \leqslant \frac{\mathrm{e}}{n!} - \mathrm{e} \Leftrightarrow \mathrm{e} - \frac{\mathrm{e}}{n!} \leqslant \sum_{p=0}^{n} \frac{1}{p!} \leqslant \mathrm{e}.$$

Or $\lim\limits_{n \to +\infty} n! = +\infty$ donc $\lim\limits_{n \to +\infty} \left(\mathrm{e} - \frac{\mathrm{e}}{n!}\right) = \mathrm{e}$ et le théorème des gendarmes donne $\mathbf{\lim\limits_{n \to +\infty} \sum_{p=0}^{n} \frac{1}{p!} = e}$.

e. ■ En programmant l'algorithme proposé, on obtient $\mathbf{2{,}718 \leqslant S \leqslant 2{,}719}$.

■ F prend les valeurs successives de $n!$ et S celles de $\sum_{p=0}^{n} \frac{1}{p!}$. La valeur finale de S correspond à la valeur de $\sum_{p=0}^{n} \frac{1}{p!}$ pour n tel que $\frac{3}{n!} < 0{,}001$.

Or on a $\mathrm{e} - \frac{\mathrm{e}}{n!} \leqslant \sum_{p=0}^{n} \frac{1}{p!} \leqslant \mathrm{e} \Leftrightarrow \mathrm{e} - \frac{\mathrm{e}}{n!} \leqslant S \leqslant \mathrm{e} \Leftrightarrow 0 \leqslant \mathrm{e} - S \leqslant \frac{\mathrm{e}}{n!} \leqslant \frac{3}{n!}$ car $\mathrm{e} < 3$.

Donc $0 \leqslant \mathrm{e} - S < 0{,}001 \Leftrightarrow S \leqslant \mathrm{e} \leqslant S + 0{,}001$. Or $2{,}718 \leqslant S \leqslant 2{,}719$, donc on obtient que $2{,}718 \leqslant \mathrm{e} \leqslant 2{,}720$.
Ainsi $\mathbf{e \approx 2{,}72}$ **à** $\mathbf{10^{-2}}$ **près**.

12 Étude d'une fonction définie par une intégrale.

a. La fonction $x \mapsto \frac{1}{1+x^2}$ est continue, donc admet des primitives.
Soit G l'une de ses primitives.
On a alors pour tout réel x, $f(x) = \int_x^{2x} \frac{1}{1+t^2}\,\mathrm{d}t = [G(t)]_x^{2x} = G(2x) - G(x)$.
f est donc dérivable sur $\mathbb{R}$ et comme G' est la fonction $x \mapsto \frac{1}{1+x^2}$, on a

$$f'(x) = 2 \times G'(2x) - G'(x) = 2 \times \frac{1}{1+(2x)^2} - \frac{1}{1+x^2} = \mathbf{\frac{2}{1+4x^2} - \frac{1}{1+x^2}}.$$

À NOTER

La dérivée de $x \mapsto f(ax+b)$ est $x \mapsto a f'(ax+b)$, f étant dérivable.
La dérivée d'une primitive d'une fonction est cette fonction elle-même.

b. ■ Soit $x > 0$, on a $\int_x^{2x} \frac{1}{t^2} \mathrm{d}t = \left[-\frac{1}{t}\right]_x^{2x} = \frac{1}{x} - \frac{1}{2x} = \frac{1}{2x}$.

■ Pour tout réel t, $0 \leqslant t^2 \leqslant 1 + t^2$ donc, par décroissance de la fonction inverse sur $]0\,;+\infty[$, on a $0 \leqslant \frac{1}{1+t^2} \leqslant \frac{1}{t^2}$. Par **positivité et croissance** de l'intégrale, $0 \leqslant \int_x^{2x} \frac{1}{1+t^2} \mathrm{d}t \leqslant \int_x^{2x} \frac{1}{t^2} \mathrm{d}t \Leftrightarrow 0 \leqslant f(x) \leqslant \frac{1}{2x}$ pour tout $x > 0$.

À NOTER

On peut appliquer positivité et croissance de l'intégrale car $x \leqslant 2x$ puisque $x > 0$.

■ Or $\lim\limits_{x \to +\infty} \frac{1}{2x} = 0$ donc, d'après le théorème des gendarmes, $\lim\limits_{x \to +\infty} f(x) = 0$.

c. ■ On a $(t+1)^2 = t^2 + 2t + 1$ donc pour $t \geqslant 0$, $(t+1)^2 \geqslant t^2 + 1$.

■ Par décroissance de la fonction inverse sur $]0\,;+\infty[$, on a $\frac{1}{(t+1)^2} \leqslant \frac{1}{1+t^2}$.

Par croissance de l'intégrale, on en déduit que pour tout $x > 0$,

$$\int_x^{2x} \frac{1}{(t+1)^2} \mathrm{d}t \leqslant \int_x^{2x} \frac{1}{1+t^2} \mathrm{d}t \Leftrightarrow \left[-\frac{1}{t+1}\right]_x^{2x} \leqslant f(x) \Leftrightarrow \frac{1}{x+1} - \frac{1}{2x+1} \leqslant f(x).$$

■ D'après **b.**, pour tout $x > 0$, $f(x) \leqslant \frac{1}{2x}$ donc $\frac{1}{x+1} - \frac{1}{2x+1} \leqslant f(x) \leqslant \frac{1}{2x}$.

En multipliant la double inégalité par $x > 0$, on obtient que

$$\frac{x}{x+1} - \frac{x}{2x+1} \leqslant x \times f(x) \leqslant \frac{1}{2} \Leftrightarrow \frac{1}{1+\frac{1}{x}} - \frac{1}{2+\frac{1}{x}} \leqslant x \times f(x) \leqslant \frac{1}{2}.$$

Or $\lim\limits_{x \to +\infty} \frac{1}{x} = 0$ donc $\lim\limits_{x \to +\infty} \left(\frac{1}{1+\frac{1}{x}} - \frac{1}{2+\frac{1}{x}} \right) = 1 - \frac{1}{2} = \frac{1}{2}$, par somme et quotient.

Le théorème des gendarmes donne donc $\lim\limits_{x \to +\infty} (x \times f(x)) = \frac{1}{2}$.

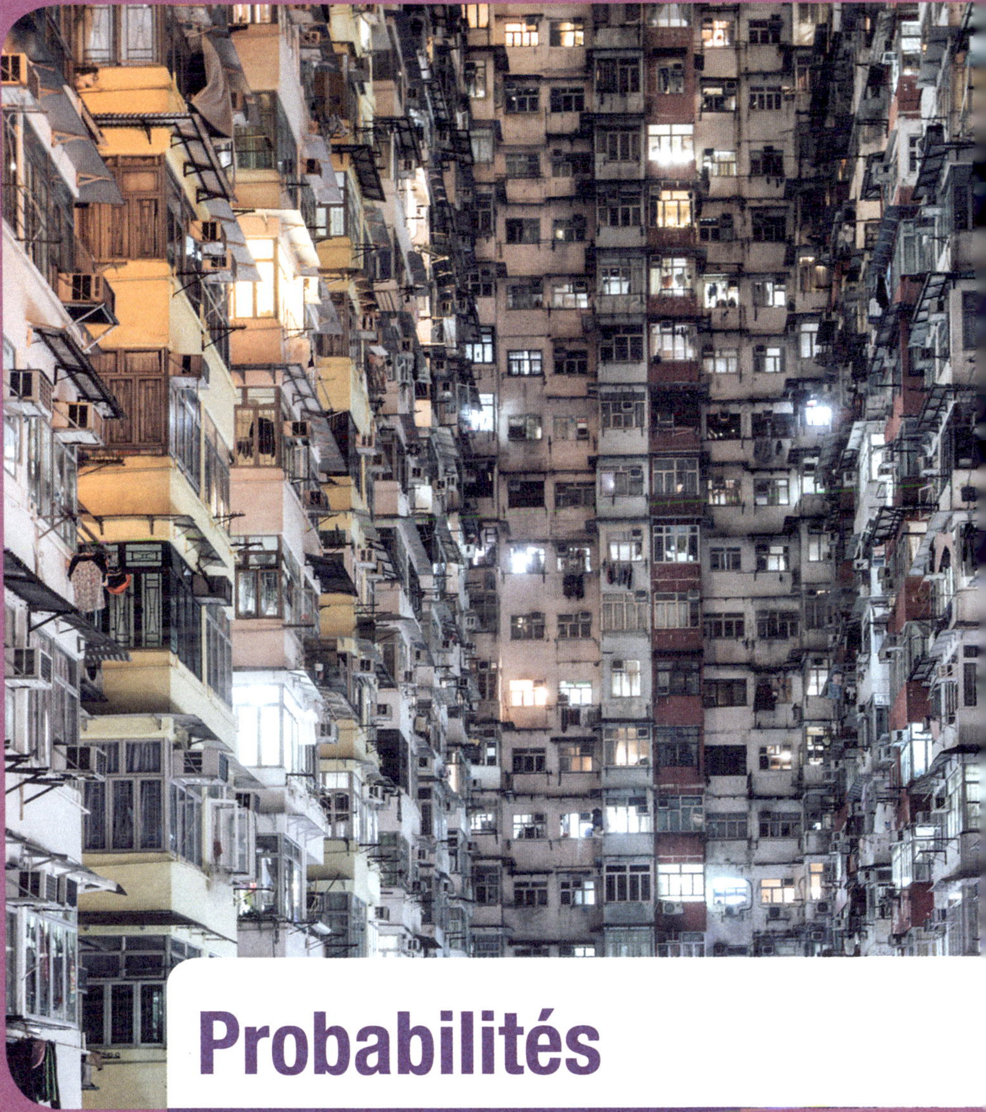

Probabilités

11 Schéma de Bernoulli, loi binomiale

Lors de ses expériences botaniques sur des générations successives de pois, le moine Gregor Mendel mit en évidence que le nombre de plantes ayant un phénotype dominant suivait une loi binomiale.

32 Schéma de Bernoulli

En bref *De nombreuses expériences aléatoires consistent en une répétition d'épreuves à deux issues, identiques et indépendantes. Dans ce cas, on peut modéliser la succession d'épreuves par un schéma de Bernoulli.*

I Épreuve et variable aléatoire de Bernoulli

■ **Définition :** Une **épreuve de Bernoulli** est une épreuve à deux issues : vrai/faux, pile/face, blanc/noir, etc.

On convient d'appeler « succès » et « échec » les deux résultats possibles de cette épreuve. La probabilité d'un succès est généralement notée p et la probabilité d'un échec est notée $q = 1 - p$.

■ Exemples d'épreuves de Bernoulli :

• On prélève une boule dans une urne contenant exclusivement des boules blanches (en proportion p) et des boules noires (en proportion q).

• On jette un dé cubique ordinaire et on appelle « succès » l'événement « on a obtenu 1 ». Alors $p = \frac{1}{6}$ et $q = \frac{5}{6}$.

■ **Définition :** Une **variable aléatoire de Bernoulli** est une variable aléatoire caractérisée par (p étant un nombre de $[0 ; 1]$) :

• $X(\Omega) = \{0 ; 1\}$ (X ne prend que deux valeurs) ;

• $P(X = 1) = p$ et donc $P(X = 0) = 1 - p = q$.

II Schéma de Bernoulli

■ **Définition :** Un **schéma de Bernoulli** est la répétition de la même épreuve de Bernoulli un certain nombre de fois (noté n), chaque fois étant indépendante des autres.

■ On peut schématiser la succession d'épreuves par un arbre de probabilités, d'où le terme de « schéma ».

Un schéma de Bernoulli est donc caractérisé par deux conditions :

• un nombre fixé de répétitions (noté n) de la même épreuve de Bernoulli ;

• les n répétitions sont indépendantes les unes des autres.

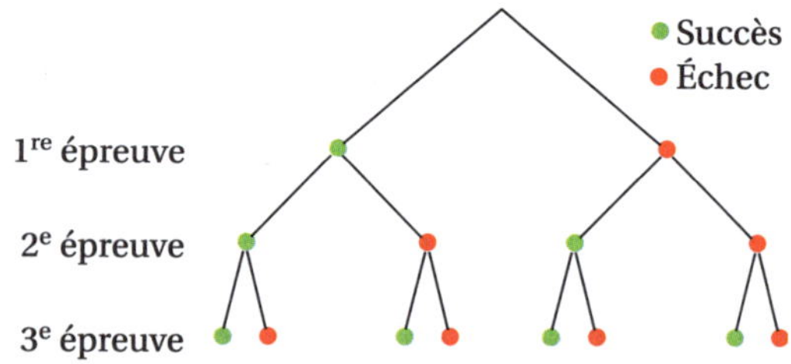

Méthodes

1 Reconnaître un schéma de Bernoulli

Dans les situations suivantes, dire s'il est possible d'utiliser un schéma de Bernoulli pour les modéliser.

a. Le nombre de jets d'un dé cubique nécessaires pour obtenir un 6 pour la première fois.

b. Le nombre de filles dans une famille de quatre enfants.

c. Le nombre de boules blanches obtenues lors du tirage de trois boules dans une urne comportant quatre boules blanches et six boules noires.

CONSEILS
a. et b. Vérifiez si chaque situation répond aux conditions caractéristiques d'un schéma de Bernoulli décrites à la fin de la fiche.
c. Discutez selon la nature des tirages : avec ou sans remise.

SOLUTION

a. Il n'est pas possible d'utiliser un schéma de Bernoulli car le nombre de répétitions de l'épreuve (lancer d'un dé) n'est pas fixé.

b. Si on suppose que dans une fratrie les sexes des enfants sont indépendants les uns des autres, on peut utiliser un schéma de Bernoulli pour connaître le nombre de filles. L'épreuve de Bernoulli de base est l'identification du sexe de l'enfant : F ou G. On la répète 4 fois.

c. Si on effectue les tirages *avec remise*, on peut modéliser la situation par un schéma de Bernoulli, l'épreuve de base étant l'identification de la couleur : B ou N.

Si on effectue les tirages *sans* remise on ne peut pas utiliser un schéma de Bernoulli car dans ce cas les tirages ne sont pas indépendants, l'issue d'un tirage dépend de la composition de l'urne, variable d'un tirage à l'autre.

2 Représenter un schéma de Bernoulli par une suite

On lance une pièce de monnaie 5 fois, les lancers étant indépendants.

En utilisant les lettres P et F décrire par une suite tous les lancers où F apparaît au plus deux fois, cette apparition ayant lieu à un lancer impair.

CONSEILS
« Au plus deux fois » signifie « 0 fois ou une fois ou deux fois ».

SOLUTION

Lancers comportant 0 fois F : PPPPP. Lancers comportant une seule fois F aux rangs impairs : FPPPP, PPFPP et PPPPF. Lancers comportant exactement deux fois F aux rangs impairs : FPFPP, FPPPF et PPFPF.

33 Succession d'épreuves

En bref *Lorsqu'on effectue une succession d'épreuves, celles-ci ne sont pas nécessairement indépendantes. Dans ce cas, on peut calculer les probabilités des événements considérés à l'aide d'un arbre.*

I Représentation d'une succession d'épreuves par un arbre

■ En général, lorsqu'on représente par un arbre une succession d'épreuves aléatoires qui dépendent l'une de l'autre, les probabilités sur les branches diffèrent à chaque nœud.

■ On calcule les probabilités des événements aux extrémités des branches en multipliant les probabilités sur les branches qui y conduisent, comme indiqué sur la figure ci-dessous $\left(A_2 = \overline{A}_1\right)$.

> **RAPPEL**
> La somme des probabilités des branches issues d'un même nœud est égale à 1.

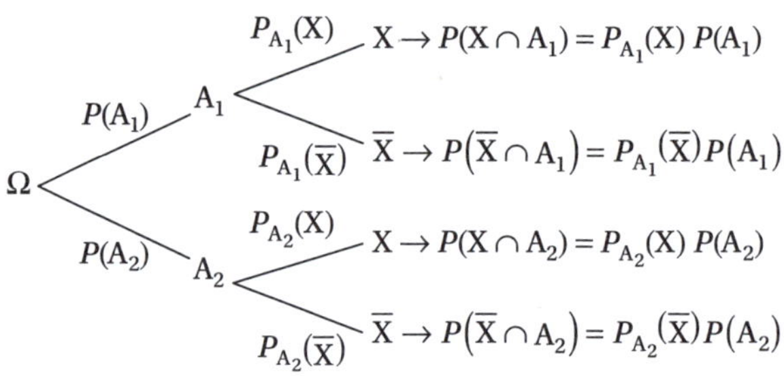

II Exemple de tirages successifs sans remise

■ On effectue deux tirages successifs sans remise d'une boule dans une urne comportant v boules vertes et r boules rouges.

■ On note A_1 (respectivement A_2) l'événement « on a tiré une boule verte (respectivement rouge) au premier tirage » et X l'événement « on a tiré une boule rouge au deuxième tirage ». On obtient l'arbre précédent.

On a alors $P(A_1) = \dfrac{v}{v+r}$, $P(A_2) = \dfrac{r}{v+r}$.

■ La probabilité de tirer une boule rouge au deuxième tirage dépend de la composition de l'urne à ce tirage. Cette composition est conditionnée par le tirage précédent. Par exemple, $P_{A_1}(X) = \dfrac{r}{v+r-1}$.

Remarque : On généralise le principe de l'arbre précédent à un nombre quelconque d'événements $A_1, A_2, \ldots, A_k$ formant une partition de Ω.

Méthode

Modéliser une suite d'épreuves à l'aide d'un arbre

On choisit l'une des trois urnes ci-dessous au hasard. On tire alors une boule. Soit X l'événement « la boule tirée est noire ».

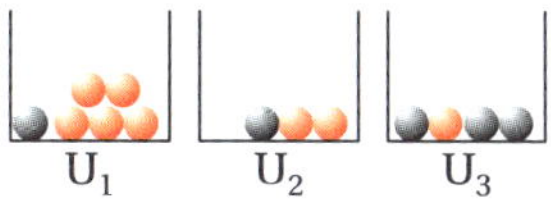

a. Modéliser l'expérience à l'aide d'un arbre.

b. Calculer $P(X)$.

CONSEILS

a. Lorsqu'on choisit l'urne au hasard, chacune a la même probabilité d'être choisie. On utilise alors le principe de l'arbre développé dans la fiche.
b. Utilisez la formule des probabilités totales.

SOLUTION

a. Si l'urne choisie est U_1 alors la probabilité de tirer une boule noire est égale à $\frac{1}{6}$ car il y a une boule noire pour un total de six boules dans l'urne.

- $\Omega \xrightarrow{\frac{1}{3}} U_1$
  - $\xrightarrow{\frac{1}{6}} X \rightarrow P(X \cap U_1) = \frac{1}{6} \times \frac{1}{3} = \frac{1}{18}$
  - $\xrightarrow{\frac{5}{6}} \overline{X} \rightarrow P(\overline{X} \cap U_1) = \frac{5}{6} \times \frac{1}{3} = \frac{5}{18}$
- $\Omega \xrightarrow{\frac{1}{3}} U_2$
  - $\xrightarrow{\frac{1}{3}} X \rightarrow P(X \cap U_2) = \frac{1}{3} \times \frac{1}{3} = \frac{1}{9}$
  - $\xrightarrow{\frac{2}{3}} \overline{X} \rightarrow P(\overline{X} \cap U_2) = \frac{2}{3} \times \frac{1}{3} = \frac{2}{9}$
- $\Omega \xrightarrow{\frac{1}{3}} U_3$
  - $\xrightarrow{\frac{3}{4}} X \rightarrow P(X \cap U_3) = \frac{3}{4} \times \frac{1}{3} = \frac{1}{4}$
  - $\xrightarrow{\frac{1}{4}} \overline{X} \rightarrow P(\overline{X} \cap U_3) = \frac{1}{4} \times \frac{1}{3} = \frac{1}{12}$

b. En sommant les probabilités écrites aux extrémités des branches ayant un X terminal on trouve $P(X) = \frac{1}{18} + \frac{1}{9} + \frac{1}{4} = \frac{2}{36} + \frac{4}{36} + \frac{9}{36} = \frac{15}{36}$.

34 Loi binomiale

En bref *La loi binomiale est la loi d'une variable aléatoire qui formalise un schéma de Bernoulli à n répétitions.*

I Expérience aléatoire et loi binomiale

■ Considérons une expérience aléatoire qui consiste à répéter n fois une même action, les répétitions étant indépendantes. Une action produit un succès avec une probabilité p.

■ Soit X la variable aléatoire comptant le nombre de succès au cours des n répétitions. La loi de X est la **loi binomiale** de paramètres n et p et on a :

- $X(\Omega) = \{0, 1, 2, \ldots, n\} = [\![0\,;n]\!]$;
- pour tout $k \in X(\Omega)$:

$$P(X = k) = \binom{n}{k} p^k (1-p)^{n-k} = \binom{n}{k} p^k q^{n-k}$$

où $\binom{n}{k}$ est un **coefficient binomial** → FICHE 2.

À NOTER
Les crochets doubles indiquent qu'on considère les entiers entre 0 et n.

■ On écrit que X suit la loi $\mathcal{B}(n\,;p)$, en abrégé : $X \sim \mathcal{B}(n\,;p)$.

■ La loi binomiale formalise un schéma de Bernoulli à n répétitions.

■ Une loi de Bernoulli est une loi binomiale de paramètres 1 et p.

À NOTER
On pose habituellement $q = 1 - p$.

II Exemples de lois binomiales et calculatrice

■ Une même loi binomiale décrit de nombreuses expériences aléatoires différentes. Par exemple, la loi binomiale $\mathcal{B}(5\,;0{,}6)$ est la loi de la variable aléatoire :

- comptant le nombre de « pile » obtenus en 5 lancers d'une pièce de monnaie truquée telle que la probabilité de « pile » soit égale à 0,6 ;
- comptant le nombre de boules blanches obtenues lors d'un tirage avec remise de cinq boules dans une urne contenant 60 % de boules blanches et 40 % de boules noires.

MOT CLÉ
La loi binomiale s'appelle aussi la loi du nombre de succès au cours d'une répétition de n épreuves identiques et indépendantes.

■ Les calculatrices et les tableurs disposent de fonctions dédiées à la loi binomiale. Elles figurent dans les menus relatifs aux probabilités et permettent, en fournissant les valeurs de n, p et k, de calculer $P(X = k)$ et $P(X \leqslant k)$.

Méthode

Identifier les paramètres n et p d'une loi binomiale

Des coques pour téléphone sont produites à 70 % par une machine A et à 30 % par une machine B. 5 % des coques A et 10 % des coques B ont un défaut.

a. On prélève une coque au hasard dans un stock. Quelle est la probabilité qu'elle ait un défaut ?

b. On choisit dix coques dans un stock. Celui-ci est suffisamment important pour que l'on puisse assimiler ce choix à dix tirages avec remise indépendants d'une coque. Quelle est la probabilité d'avoir au moins deux coques ayant un défaut ? Donner une valeur approchée à 10^{-4} en utilisant la calculatrice.

CONSEILS

a. Appliquez la formule des probabilités totales, éventuellement en utilisant un arbre.
b. Utilisez une loi binomiale en identifiant n, le nombre de répétitions, et p, la probabilité de succès. Pensez à l'événement contraire de l'événement « au moins deux coques ».

SOLUTION

a. L'arbre ci-contre résume la situation, sachant que D est l'événement « la coque présente un défaut ». Par la formule des probabilités totales on a donc :

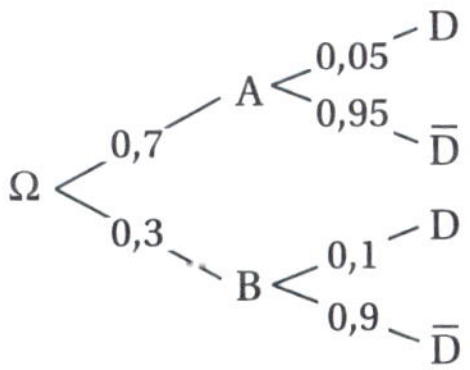

$$P(D) = 0,05 \times 0,7 + 0,1 \times 0,3 = 0,065.$$

À NOTER

L'événement A (respectivement B) est « la coque est produite par la machine A (la machine B) » et $B = \overline{A}$.

b. Soit X la variable aléatoire comptant le nombre de coques ayant un défaut quand on en prélève dix avec remise au hasard dans le stock.

On peut donc considérer que la probabilité pour qu'une coque prélevée soit défectueuse est égale à 0,065. On en déduit que la loi de X est la loi binomiale de paramètres 10 et 0,065.

On cherche donc $P(X \geqslant 2)$ et on trouve :

$$P(X \geqslant 2) = 1 - P(X < 2) = 1 - \big(P(X = 0) + P(X = 1)\big).$$

La calculatrice donne :

$$P(X = 0) + P(X = 1) = \binom{10}{0} 0,065^0 0,935^{10} + \binom{10}{1} 0,065^1 0,935^9 \approx 0,8656.$$

Par conséquent $P(X \geqslant 2) \approx 1 - 0,8656$, soit $P(X \geqslant 2) \approx 0,1344$.

MÉMO VISUEL

SCHÉMA DE BERNOULLI

Qu'est-ce qu'un schéma de Bernoulli ?

Schéma de Bernoulli

- Une **épreuve de Bernoulli** est une épreuve à deux issues : vrai/faux, pile/face, blanc/noir, etc.
- Une **variable aléatoire de Bernoulli** est une variable aléatoire caractérisée ainsi ($p \in [0\,;1]$) :

  $X(\Omega) = \{0\,;1\}$ (X ne prend que deux valeurs) ;

  $P(X=1) = p$ et donc $P(X=0) = 1 - p = q$.
- Un **schéma de Bernoulli** est la répétition de la même épreuve de Bernoulli un certain nombre de fois (noté n), chaque fois étant indépendante des autres.

Comment représenter une succession d'épreuves quelconques ?

Successions d'épreuves

A_1 et A_2 sont des événements complémentaires. Les épreuves sont identiques ou non, indépendantes ou non.

- $\Omega \xrightarrow{P(A_1)} A_1$
  - $A_1 \xrightarrow{P_{A_1}(X)} X \rightarrow P(X \cap A_1) = P_{A_1}(X)\,P(A_1)$
  - $A_1 \xrightarrow{P_{A_1}(\overline{X})} \overline{X} \rightarrow P(\overline{X} \cap A_1) = P_{A_1}(\overline{X})\,P(A_1)$
- $\Omega \xrightarrow{P(A_2)} A_2$
  - $A_2 \xrightarrow{P_{A_2}(X)} X \rightarrow P(X \cap A_2) = P_{A_2}(X)\,P(A_2)$
  - $A_2 \xrightarrow{P_{A_2}(\overline{X})} \overline{X} \rightarrow P(\overline{X} \cap A_2) = P_{A_2}(\overline{X})\,P(A_2)$

Comment définir une loi binomiale ?

Loi binomiale

Définition

Soit X la variable aléatoire comptant le nombre de succès dans un schéma de Bernoulli à n répétitions. La loi de X est la loi binomiale de paramètres n et p et on a:

- $X(\Omega)=\{0,1,2,\ldots,n\}=[\![0\,;n]\!]$ (noter les crochets doubles).
- Pour tout $k\in X(\Omega)$:

$$P(X=k)=\binom{n}{k}p^k(1-p)^{n-k}=\binom{n}{k}p^k q^{n-k}$$

Applications

- $P(X\leqslant k)=\sum_{i=0}^{k}\binom{n}{i}p^i\,q^{n-i}$
- $P(X>k)=1-P(X\leqslant k)$
- $P(a\leqslant X\leqslant b)=P(X\leqslant b)-P(X<a)$

LOI BINOMIALE

Exemple d'une expérience à trois répétitions

Pour $n=3$, $P(X=2)=ppq+pqp+qpp=\binom{3}{2}p^2q$.

S désigne le succès, $\overline{\text{S}}$ l'échec.

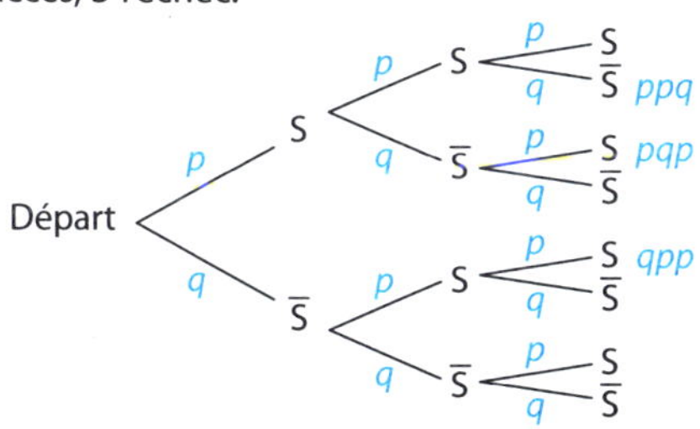

SE TESTER QUIZ

Vérifiez que vous avez bien compris les points clés des **fiches 32 à 34**.

1 Schéma de Bernoulli

→ FICHE 32

Parmi les affirmations suivantes, lesquelles sont vraies ?

☐ **a.** Dans un schéma de Bernoulli à n répétitions chaque répétition peut avoir trois issues.

☐ **b.** Un schéma de Bernoulli à n répétitions conduit à 2^n résultats élémentaires.

☐ **c.** On peut modéliser l'expérience consistant à lancer un dé 10 fois et à considérer le nombre de sorties du six par un schéma de Bernoulli.

2 Répétitions d'épreuves

→ FICHE 33

On effectue, dans une urne contenant 4 boules blanches et 6 boules noires, un tirage de trois boules une à une et sans remise (on note les événements NNB, BBN...). Parmi les affirmations suivantes, lesquelles sont vraies ?

☐ **a.** On obtient le même modèle si on effectue une prise de trois boules simultanément.

☐ **b.** La couleur de la troisième boule est indépendante de la couleur de la première.

☐ **c.** Les événements BNN et NBN sont équiprobables.

3 Connaître une loi binomiale

→ FICHE 34

Soit X une variable aléatoire qui suit une loi binomiale $\mathscr{B}(n\,;p)$. Alors, parmi les affirmations suivantes, lesquelles sont vraies ?

☐ **a.** Il est possible que $n = 0{,}3$.

☐ **b.** Il est possible que $p = 10$.

☐ **c.** $P(X \leqslant n) = P(X \geqslant 0) = 1$.

☐ **d.** Si $n = 8$, alors $P(X = 3) = P(X = 5)$.

4 Utiliser une loi binomiale

→ FICHE 34

On lance une pièce de monnaie 100 fois. Parmi les affirmations suivantes, lesquelles sont vraies ?

☐ **a.** Il y a une chance sur deux pour qu'on obtienne autant de piles que de faces.

☐ **b.** Il y a autant de chances d'obtenir 35 piles que 65 faces.

☐ **c.** La probabilité d'obtenir au moins cinq piles est égale à la probabilité d'obtenir moins de cinq faces.

DÉMONSTRATION CLÉ

5 Expression de la probabilité de *k* succès dans un schéma de Bernoulli

→ FICHES 32 et 34

Soit X une variable aléatoire dont la loi est la loi binomiale de paramètres n et p. Démontrer que pour tout $k \in X(\Omega)$, $P(X = k) = \binom{n}{k} p^k q^{n-k}$.

S'ENTRAÎNER

6 Utiliser une suite pour décrire un schéma de Bernoulli

→ FICHE 32

On lance une pièce de monnaie ordinaire cinq fois. Soit n un entier naturel. On note FFPFP, PFPPF… les événements élémentaires, A_n l'événement « on a obtenu au moins n piles », P_n l'événement « on a obtenu pile au lancer numéro n » et F_n l'événement « on a obtenu face au lancer numéro n ».

1. Exprimer les événements suivants à l'aide de tous les événements élémentaires qui les composent ou $\varnothing$ ou Ω :

a. A_5 **b.** $\overline{A_1}$ **c.** A_7

2. Écrire tous les événements élémentaires de $\overline{A_3} \cap P_4 \cap F_1 \cap F_3$.

3. Reproduire le tableau ci-dessous. Mettre une croix dans une case si l'événement élémentaire en tête de ligne fait partie de l'événement écrit en tête de colonne.

	A_3	A_4	P_2	P_4	F_5	$\overline{F_2}$
PFFPF						
PFPPF						
FPPPP						
FPPFP						

7 Modéliser un tirage de trois boules prises simultanément

→ FICHE 33

Une urne contient six boules bleues (B), trois boules rouges (R) et deux boules vertes (V). On tire simultanément trois boules. Les événements qui nous intéressent (que nous appellerons « événements types ») sont représentés par des suites à trois éléments éventuellement égaux, par exemple VRR, BBR, VRB…

À NOTER
Un tirage de trois boules simultanément équivaut à un tirage de trois boules *sans remise* : on en tire une, on ne la remet pas, on en tire une deuxième sans la remettre et on en tire une troisième.

1. a. Montrer que l'événement E : « les boules sont toutes de couleurs différentes » est composée de 6 événements types équiprobables.

b. En déduire $P(\mathrm{E})$.

2. Calculer la probabilité de l'événement F : « les trois boules sont de la même couleur ».

3. On note E_k l'événement : « le tirage comporte exactement k boules bleues ».

a. Calculer $P(\mathrm{E}_3)$.

b. Montrer que l'événement E_2 est composé de 6 événements types équiprobables et calculer alors $P(\mathrm{E}_2)$.

c. Montrer, en raisonnant de façon analogue, que $P(\mathrm{E}_0) = \dfrac{2}{33}$.

4. Soit X la variable aléatoire égale au nombre de boules bleues d'un tirage. Déduire des questions précédentes la loi de X.

CONSEIL
Pour calculer $P(\mathrm{E}_1)$, rappelez-vous que la somme des probabilités doit être égale à 1.

8 Calculer $P(X \leqslant k)$ et $P(X \geqslant k)$ avec une loi binomiale → FICHE 34

Une ligne de fabrication de pièces détachées produit 3 % de pièces défectueuses. On prend un échantillon aléatoire de 20 pièces, les prises étant indépendantes.

a. Quelle est la probabilité qu'il y en ait plus de 2 défectueuses ?

b. Quelle est la probabilité qu'il y en ait moins de 3 défectueuses ?

c. Les résultats trouvés vous semblent-ils plausibles ? Pourquoi ?

9 Interpréter des diagrammes de lois binomiales → FICHE 34

Les graphiques issus d'une calculatrice ci-dessous montrent les histogrammes de lois $\mathcal{B}(6\,;p)$ pour trois valeurs de p : 0,4 ; 0,5 et 0,7.

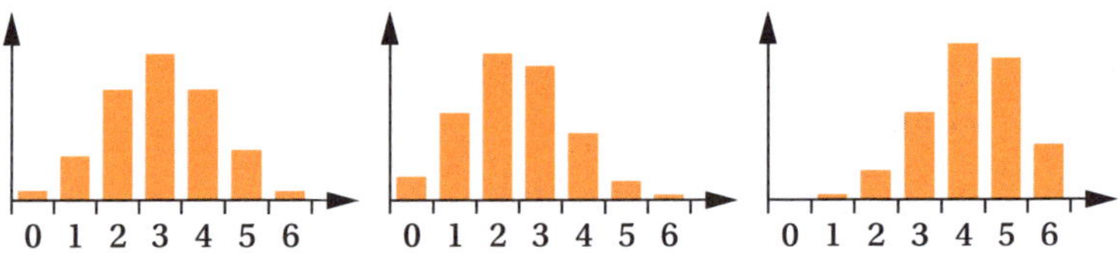

a. À quel nombre la hauteur du rectangle numéro k est-elle proportionnelle ? L'exprimer à l'aide de k, p et q.

b. Attribuer chaque graphique à la valeur de p qui convient.

10 Identifier une loi binomiale

→ FICHES 32 et 34

1. On dispose de n billes et de trois casiers. On jette au hasard, l'une après l'autre, les billes dans les casiers, sachant qu'une bille va obligatoirement dans un casier. Soit X le nombre de billes contenues dans le casier n° 1 lorsque toutes les billes ont été lancées. Déterminer la loi de X.

2. On part de D (départ) et on se dirige sur le quadrillage en faisant un pas à chaque fois au hasard, exclusivement dans l'une des deux directions fléchées, pour atteindre les points rouges numérotés de 0 à 7.

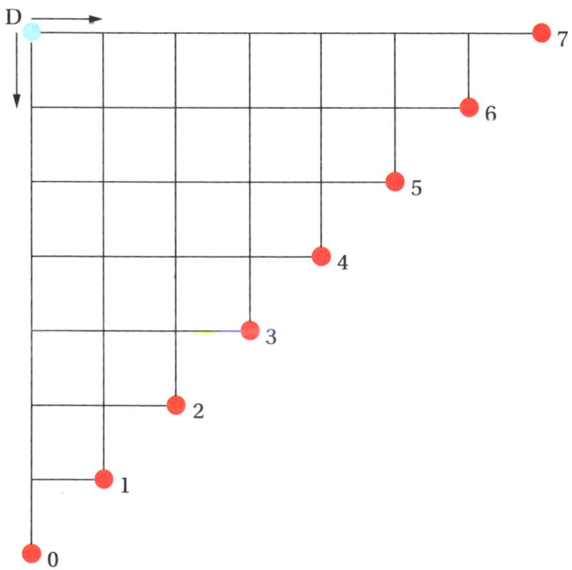

a. Pour atteindre le numéro k combien faut-il faire de pas à droite ?

b. Soit X le numéro du point rouge atteint. Déterminer la loi de X.

3. Soit p un nombre de $]0\,;1[$. Un coureur s'entraîne sur un parcours comportant n haies numérotées de 1 à n. Pour chaque entier $k \in [\![1\,;n]\!]$, la probabilité de renverser la haie numéro k est égale à p. Le coureur poursuit son parcours jusqu'à la dernière haie quel que soit le nombre de haies renversées.
Soit X le numéro de la première haie renversée ($X = 0$ si aucune haie n'est renversée).
Déterminer la loi de X.

4. Une personne ivre se rend à son domicile avec 10 clés différentes dans sa poche. Pour ouvrir la porte d'entrée, elle essaie une clé au hasard et, si la porte ne s'ouvre pas, elle remet la clé dans sa poche et recommence.
Soit X le nombre de clés essayées jusqu'à ce que la porte s'ouvre.
La loi de X est-elle une loi binomiale ?

11 Mêler pâtisserie et loi binomiale

→ FICHE 34

On partage un gâteau, dans lequel on a mis n raisins secs, en six parts égales.

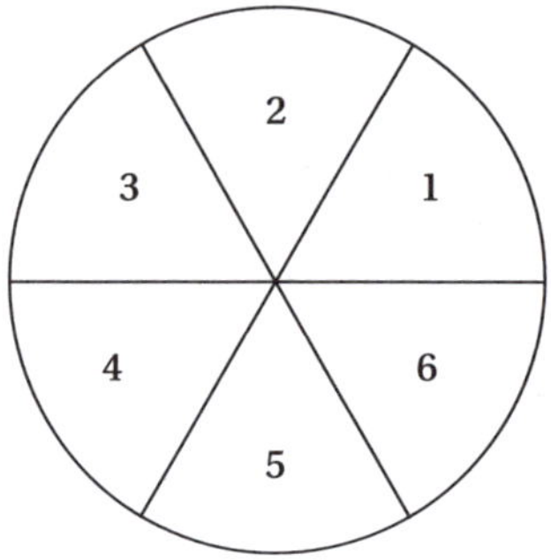

1. a. Quelle est la probabilité que la part n° 1 contienne exactement k raisins ($0 \leqslant k \leqslant n$) sachant que les raisins sont répartis au hasard ?

b. Calculer la même probabilité pour les cinq autres parts.

2. Calculer la probabilité pour qu'une part donnée contienne au moins un raisin.

> **CONSEIL**
> Utilisez l'événement contraire.

3. a. Écrire une inéquation permettant de calculer le nombre n minimum de raisins qu'il faut mettre dans la pâte pour qu'il y ait plus de 95 chances sur 100 qu'une part donnée contienne au moins un raisin.

b. En quoi le programme Python suivant permet-il de trouver le nombre n ?

```
n=0
while (5/6)**n>0.05:
    n=n+1
print(n)
```

> **RAPPEL**
> Le code `(5/6)**n` calcule $\left(\frac{5}{6}\right)^n$.

12 Mêler loi binomiale et répétition d'épreuves

→ FICHES 33 et 34

Une enquête a révélé que la probabilité qu'un bus soit en retard de moins de 6 minutes à une station S est égale à 0,85. On admet que les retards sont indépendants les uns des autres. On donnera les résultats à 10^{-3} près par excès.

a. Un lycéen prend le bus cinq fois par semaine à la station S. On désigne par X la variable aléatoire égale au nombre de jours où il a attendu moins de 6 minutes. Donner la loi de probabilité de X.

b. Soit Y le rang du jour où le lycéen attend *pour la première fois* plus de six minutes. S'il n'attend jamais plus de six minutes $Y = 0$. Déterminer la loi de probabilité de Y.

OBJECTIF BAC

13 La planche de Galton

60 min

→ FICHES 32 à 34

Une bille lâchée sur une planche plantée de clous, voilà le célèbre dispositif inventé par le Britannique Francis Galton (1822-1911). Chaque case d'arrivée correspond à un résultat possible d'une expérience aléatoire, tout comme un tirage à pile ou face !

LE SUJET

Comme son nom l'indique, une planche de Galton est une planche sur laquelle sont plantés des obstacles destinés à orienter le trajet d'une bille (rouge) que l'on recueille dans les casiers du bas. Sur la figure on a représenté 5 lignes d'obstacles.

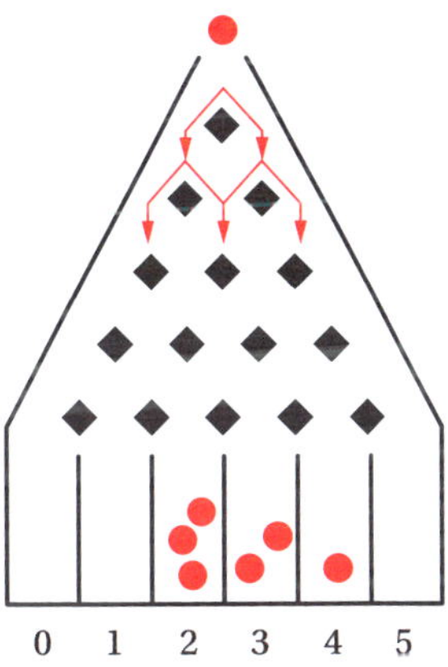

Lorsque la bille pénètre dans la planche et à chaque étape de sa descente, elle peut aller dans deux directions (droite D ou gauche G).

On attribue 1 point à la bille si elle va à droite et 0 si elle va à gauche et on totalise le nombre de points lorsqu'elle tombe dans un casier : c'est son score.

Le but de l'exercice est d'interpréter le programme Python ci-dessous simulant la composition des casiers après lancement de n billes sur une planche avec L lignes d'obstacles.

```
from random import * #importation des fonctions de hasard
n,L=10000,10 #initialisation
casiers=[0]*(L+1) #initialisation
For k in range(0,n): #simulation de n lancers
    score=0 #score de la bille au départ
    for i in range(L): #parcours de la bille
        if random()<0.5:
            score=score+1
    casiers[score]=casiers[score]+1 #n° du casier
                                      d'atterrissage
print(casiers)
```

Partie A Introduction

1. On prend l'exemple de la planche dessinée.

a. Si le parcours de la bille est DDGGD quel est son score ?

b. Même question si son parcours est GGGGG, puis DDDDD.

c. Dans chacun des cas précédents, quel est le numéro du casier d'atterrissage ?

2. Dans cette question, on dispose de L lignes d'obstacles.

a. Combien y a-t-il de casiers ?

b. Quel est le lien entre le score de la bille et le numéro du casier où elle tombe ?

Partie B Interprétation du programme

1. Combien y a-t-il de lancers ? de lignes d'obstacles ?

2. Quel est le type de la variable `casiers` (ligne 3) et que contient-elle ?

3. a. À quelle condition le score de la bille augmente-t-il de 1 (ligne 8) ?

b. À quel mouvement de la bille cela correspond-il ?

4. Que se passe-t-il lorsque s'achève la deuxième boucle `for` (ligne 9) ?

5. Le programme étant terminé, on obtient la liste suivante :
[6, 89, 419, 1235, 2030, 2434, 2026, 1199, 460, 92, 10]

a. Quelle en est la signification ?

b. Que vaut la somme des nombres la composant ?

LIRE LE SUJET

Partie A

1. Il y a cinq lignes d'obstacles.
a. On demande de faire la somme des points obtenus par la bille sachant qu'elle a été dirigée 3 fois vers la droite et deux fois vers la gauche.
b. Il faut calculer le score de la bille (c'est-à-dire le total des points qu'elle a obtenus) sachant qu'elle a été orientée 5 fois à gauche, et 5 fois à droite dans le deuxième cas.
c. Une fois leurs descentes accomplies, quels sont les casiers où vont se loger les billes ?

2. a. Il s'agit de trouver un nombre qui dépend de L.
b. Le numéro du casier où tombe la bille dépend du trajet de la bille, et donc de son score.

Partie B

1. Il s'agit de trouver les valeurs de n (nombre de billes) et de L (nombre de lignes d'obstacles)

2. Il s'agit de repérer la façon dont sont écrites les valeurs de la variable.

3. a. Initialement, le score de la bille est de 0 (ligne 5). Il augmente de 1 si une certaine condition (ligne 7) est remplie.
b. Le mouvement est-il D ou G ?

4. On demande d'interpréter l'instruction de la ligne 9.

5. a. Il s'agit d'interpréter la liste comme description des casiers et de leur contenu.
b. Il ne s'agit pas d'effectuer la somme de tous les nombres, mais de faire un raisonnement.

▶▶▶ LA FEUILLE DE ROUTE

Partie A Introduction

1. Étudier une marche aléatoire → FICHE 33

a. et b. La bille marque un point si elle est dirigée vers la droite et 0 sinon.

c. Il suffit de retracer le parcours de chaque bille savoir où elle va se loger.

2. Généraliser un schéma de marche aléatoire

a. Dans l'exemple précédent, il y a 6 casiers pour 5 lignes…

b. On peut raisonner pas à pas : si, au total, la bille fait 0 D, où ira-t-elle ? Puis si elle fait au total 1 D, etc.

Partie B Interprétation du programme

1. Lire un algorithme → FICHE 40

Interpréter la ligne 2.

2. Reconnaître un type de variable → FICHE 40

L'instruction `[blabla]*x` construit une liste comportant x fois `blabla`.

3. Analyser une instruction conditionnelle → FICHE 40

L'instruction `random()` renvoie un nombre au hasard compris entre 0 et 1. Que se passe-t-il si ce nombre est inférieur à 0,5 ?

4. Lire le fonctionnement d'une boucle → FICHE 40

La variable `casier[i]` est l'élément numéro i de la liste `casiers`.

5. Comprendre un algorithme

a. La ligne 10 ordonne d'afficher la liste `casiers`. Ses éléments ont été construits à la ligne 9.

b. La liste affichée symbolise la composition des casiers à la fin de l'expérience.

14 Étudier une loi binomiale en utilisant une fonction → FICHES 32 et 34

45 min

Pour résoudre un problème de probabilité, on peut être amené à exploiter l'étude d'une fonction. C'est le cas dans ce sujet qui vous fait découvrir l'expérience aléatoire à 2 épreuves du ball-trap et la célèbre championne Amzebest.

LE SUJET

Le ball-trap est un appareil à ressort qui lance une cible simulant un oiseau en plein vol et que l'on doit abattre au fusil. Un ball-trap est réglé pour envoyer la cible aléatoirement dans une des deux directions D_1 et D_2.

La championne Amzebest s'exerce avec un fusil à deux coups. La probabilité qu'elle vise au départ dans la bonne direction est de $\frac{13}{17}$. Dans ce cas la probabilité qu'elle fasse mouche est de 0,95. Si elle vise au départ dans la mauvaise direction elle peut évidemment se ressaisir mais la probabilité qu'elle fasse mouche n'est plus que de 0,1.

Partie A

Le ball-trap lance une cible.

1. Montrer que la probabilité qu'Amzebest fasse mouche est égale à 0,75.

2. Amzebest a fait mouche. Quelle est la probabilité, à 10^{-2} près, qu'elle ait visé dans la bonne direction ?

3. Le ball-trap lance 10 cibles, les lancers étant indépendants. Trouver les probabilités des événements suivants avec une précision de 10^{-2} :

a. Amzebest fait mouche plus de 7 fois ;

b. Amzebest fait mouche moins de 5 fois.

Partie B

Le but de cette partie est de trouver le nombre minimum de lancers pour que la probabilité de l'événement « Amzebest rate au plus une fois la cible » soit inférieure à $\frac{1}{2}$.

Le ball-trap lance n cibles. La championne tente sa chance à chaque lancer, les tentatives étant indépendantes les uns des autres.

1. Démontrer que la probabilité p_n qu'elle rate au plus une fois la cible est égale à $0{,}75^{n-1}(0{,}75+0{,}25n)$.

2. Considérons la fonction f définie sur $\mathbb{R}^+$ par $f(x)=0{,}75^{x-1}(0{,}75+0{,}25x)$. On admet qu'elle est décroissante sur l'intervalle $[1\,;+\infty[$.

a. À l'aide de sa représentation graphique ci-après, donner un encadrement par deux entiers consécutifs de la solution de l'équation $f(x)=0{,}5$.

b. Conclure.

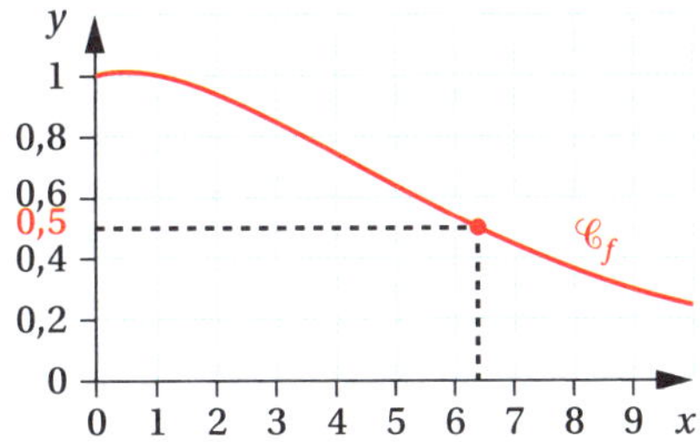

LIRE LE SUJET

Partie A

1. Il s'agit de calculer la probabilité pour que la championne abatte la cible.

2. Il est certain que Amzebest a fait mouche : mais est-ce au premier tir ou a-t-elle dû en faire un second car elle avait raté le premier ?

3. Le ball-trap envoie 10 cibles, à chaque fois la championne tente sa chance et on suppose évidemment qu'elle a le temps de recharger son fusil après chaque lancer.

Partie B

1. On cherche à calculer la probabilité qu'elle rate zéro fois ou une fois la cible en ayant toujours une seconde chance en cas d'échec au premier tir.

2. a. La solution de l'équation est comprise entre n et $n+1$, n étant un entier.
b. Relire le début de la partie B.

LA FEUILLE DE ROUTE

Partie A

1. Construire un arbre de probabilités → FICHE 33

Faites un arbre en appelant D l'événement « Amzebest vise dans la bonne direction » et M « Amzebest fait mouche ».

2. Calculer une probabilité conditionnelle

Remarquez que la probabilité cherchée ne figure pas dans l'arbre précédent.

3. Travailler avec une loi binomiale → FICHE 34

Il y a une succession de lancers identiques et indépendants.

Partie B

1. Calculer une probabilité avec une loi binomiale → FICHE 34

Dans cette question, il est commode d'introduire une variable aléatoire comptant le nombre *d'échecs* au cours de n épreuves.

2. Lire un graphique

a. Interprétez les segments en pointillés sur la représentation graphique.

b. Traduisez le but recherché à l'aide d'une inéquation faisant intervenir f.

CORRIGÉS

SE TESTER QUIZ

1 Schéma de Bernoulli

Réponses b et c.

L'affirmation **a.** est fausse, en effet, par définition on répète des épreuves de Bernoulli à deux issues.

L'affirmation **b.** est vraie, à chaque répétition il y a deux fois plus d'événements élémentaires.

L'affirmation **c.** est vraie, le succès est alors « on a obtenu six ».

2 Répétitions d'épreuves

Réponses a et c.

L'affirmation **b.** est fausse. Puisque les tirages s'effectuent sans remise, alors à chaque tirage à partir du deuxième, la composition de l'urne dépend de la couleur de la boule tirée précédemment.

L'affirmation **c.** est vraie car $P(\text{BNN}) = \frac{4}{10} \times \frac{6}{9} \times \frac{5}{8}$ et $P(\text{NBN}) = \frac{6}{10} \times \frac{4}{9} \times \frac{5}{8}$.

3 Connaître une loi binomiale

Réponse c. En effet, il est certain que le nombre de succès est supérieur ou égal à 0 et aussi inférieur ou égal à n.

L'affirmation **a.** est fausse, n est le nombre de répétitions.

L'affirmation **b.** est fausse, p est une probabilité, donc on a $0 \leqslant p \leqslant 1$.

L'affirmation **d.** est fausse. Cela n'est vrai que si et seulement si $p = \frac{1}{2}$ car alors $P(X = 3) = \binom{8}{3}\left(\frac{1}{2}\right)^3\left(\frac{1}{2}\right)^5 = \binom{8}{3}\left(\frac{1}{2}\right)^8 = \binom{8}{5}\left(\frac{1}{2}\right)^8 = P(X = 5)$.

À NOTER

Pour tous entiers n et k : $\binom{n}{n-k} = \binom{n}{k}$ pourvu que $k \leqslant n$.

4 Utiliser une loi binomiale

Réponse b. En effet, $35 + 65 = 100$.

L'affirmation **a.** est fausse, car si X est le nombre de piles obtenus au cours des 100 lancers, X suit la loi binomiale de paramètres 100 et 0,5. La probabilité pour qu'il y ait autant de piles que de faces est donc $P(X = 50)$ qui n'est pas égal à 0,5.

L'affirmation **c.** est fausse, car si on obtient au moins 5 piles ($X \geqslant 5$), on obtient moins de 96 faces ($100 - X \leqslant 95$).

DÉMONSTRATION CLÉ

5 Expression de la probabilité de *k* succès dans un schéma de Bernoulli

On sait que $X(\Omega) = \{0, 1, 2, \dots, n\}$. L'événement $\{X = k\}$ signifie que l'on a obtenu k succès lors de la répétition de n épreuves de Bernoulli indépendantes.

Supposons que les k succès soient obtenus aux k premières épreuves ($k > 0$). On obtient un événement comportant une suite de k succès consécutifs suivis de $n - k$ échecs. Les épreuves de Bernoulli étant indépendantes, la probabilité de cet événement est égale à $p^k(1-p)^{n-k} = p^k q^{n-k}$.

Les k succès ne se produisent pas uniquement aux k premières épreuves. Il y a $\binom{n}{k}$ façons de leur attribuer un numéro d'épreuve → FICHE 2. D'après le principe additif, la probabilité d'obtenir k succès est donc :

$$\underbrace{p^k q^{n-k} + p^k q^{n-k} + \dots + p^k q^{n-k}}_{\binom{n}{k} \text{ termes}} = \binom{n}{k} p^k q^{n-k}.$$

Enfin, si $k = 0$, il y a 0 succès donc n échecs et $P(X = 0) = q^n$ et, comme $\binom{n}{0} = 1$ → FICHE 2, $q^n = \binom{n}{0} p^0 q^n$ ce qui achève la démonstration.

S'ENTRAÎNER

6 Utiliser une suite pour décrire un schéma de Bernoulli

1. a. A_5 = PPPPP car s'il y a 5 lancers, « il y a au moins 5 piles » signifie qu'on a *exactement* 5 piles.

b. $\overline{A_1}$ = FFFFF car si on n'a pas obtenu au moins 1 pile, c'est qu'on n'en a obtenu aucun, c'est-à-dire que l'on a obtenu uniquement des faces.

c. $A_7 = \varnothing$ car on ne peut pas obtenir au moins 7 piles en 5 lancers.

2. $\overline{A_3} \cap P_4 \cap F_1 \cap F_3$ = {FPFPF, FFFPP, FFFPF}. En effet les positions 1, 3 et 4 sont occupées par face, face et pile. Comme $\overline{A_3}$ est l'événement « on a obtenu au plus 2 pile », les positions 2 et 5 sont occupées de telle sorte qu'il n'y ait pas plus de deux piles en tout.

3. Les numéros entre parenthèses correspondent à des cases vides.

	A_3	A_4	P_2	P_4	F_5	$\overline{F_2}$
PFFPF	(1)	(2)	(3)	X	X	(4)
PFPPF	X	(5)	(6)	X	X	(7)
FPPPP	X	X	X	X	(8)	X
FPPFP	X	(9)	X	(10)	(11)	X

Explications :
(1) et (2) : il n'y a que deux piles.
(5) et (9) : il n'y a que trois piles.
(3) et (6) : il y a face en position 2.
(4) et (7) : il y a face en position 2, or $\overline{F_2} = P_2$.
(8) et (11) : il y a pile en position 5.
(10) : il y a face en position 4.

7 Modéliser un tirage de trois boules prises simultanément

1. a. L'événement E comprend les événements types **BRV, BVR, RBV, RVB, VBR et VRB**. Sachant qu'à chaque fois qu'une boule est prélevée l'urne contient une boule de moins, on a $P(\text{BRV}) = \frac{6}{11} \times \frac{3}{10} \times \frac{2}{9} = \frac{2}{55}$.

De même $P(\text{RBV}) = \frac{3}{11} \times \frac{6}{10} \times \frac{2}{9}$, etc.

Les événements types de E sont équiprobables.

b. C'est pourquoi $P(\text{E}) = 6 \times \frac{2}{55} = \frac{12}{55}$.

2. $P(\text{F}) = P(\text{BBB} \cup \text{RRR}) = P(\text{BBB}) + P(\text{RRR})$.

Donc $P(\text{F}) = \frac{6}{11} \times \frac{5}{10} \times \frac{4}{9} + \frac{3}{11} \times \frac{2}{10} \times \frac{1}{9} = \frac{126}{990} = \frac{7}{55}$.

3. a. D'après la question précédente, $P(\text{E}_3) = P(\text{BBB}) = \frac{120}{990} = \frac{4}{33}$.

b. E_2 est composé de tirages de deux boules bleus et une boule rouge, soit des événements types équiprobables BBR, BRB et RBB, et de tirages de deux boules bleues et une boule verte, soit des événements types équiprobables BBV, BVB et VBB.

Comme $P(\text{BBR}) = \frac{6}{11} \times \frac{5}{10} \times \frac{3}{9} = \frac{90}{990} = \frac{9}{99}$ et $P(\text{BBV}) = \frac{6}{11} \times \frac{5}{10} \times \frac{2}{9} = \frac{60}{990} = \frac{6}{99}$

on trouve : $P(\text{E}_2) = 3 \times \frac{9}{99} + 3 \times \frac{6}{99} = \frac{45}{99} = \frac{5}{11}$.

c. E_0 est formé des événements types RRR d'une part, RRV, RVR et VRR d'autre part et RVV, VRV et VVR enfin.

À NOTER
Il n'y a que deux boules vertes.

Donc $P(\text{E}_0) = \frac{3 \times 2 \times 1}{990} + 3 \times \frac{3 \times 2 \times 2}{990} + 3 \times \frac{3 \times 2 \times 1}{990} = \frac{60}{990} = \frac{2}{33}$.

4. $P(X = 1) = P(\text{E}_1) = 1 - \left(\frac{4}{33} + \frac{15}{33} + \frac{2}{33}\right) = \frac{12}{33} = \frac{4}{11}$.

Le tableau suivant résume la **loi de probabilité de X** :

k	0	1	2	3
$P(X = k)$	$\frac{2}{33}$	$\frac{12}{33}$	$\frac{15}{33}$	$\frac{4}{33}$

8 Calculer $P(X \leqslant k)$ et $P(X \geqslant k)$ avec une loi binomiale

Le nombre de pièces défectueuses de l'échantillon est une variable aléatoire N dont la loi est $\mathcal{B}(20\,;0{,}03)$. En effet, puisqu'on a supposé que les choix des pièces sont indépendants, compter le nombre de pièces défectueuses dans le lot revient à compter les boules blanches lorsqu'on effectue 20 tirages dans une urne contenant 3 % de boules blanches.

CONSEIL
Lorsqu'on calcule $P(X > k)$, il est préférable de calculer $1 - P(X \leqslant k)$ car les calculatrices fournissent $P(X \leqslant k)$.

a. La probabilité qu'il y ait plus de 2 pièces défectueuses est :

$$\begin{aligned} P(N > 2) &= 1 - P(N \leqslant 1) \\ &= 1 - (P(N = 0) + P(N = 1)) \\ &= 1 - \left(\binom{20}{0} 0{,}03^0 0{,}97^{20} + \binom{20}{1} 0{,}03^1 0{,}97^{19}\right). \end{aligned}$$

On trouve environ **0,12**.

b. On cherche $P(N < 3)$, c'est-à-dire $P(N = 0) + P(N = 1) + P(N = 2)$ car s'il y a moins de trois pièces défectueuses il y a en a soit zéro, soit une, soit deux.
On trouve :

$$P(N < 3) = \binom{20}{0} 0{,}03^0 0{,}97^{20} + \binom{20}{1} 0{,}03^1 0{,}97^{19} + \binom{20}{2} 0{,}03^2 0{,}97^{18}.$$

C'est-à-dire environ **0,98**.

c. Dans un échantillon de 20 pièces, il y a peu de chance qu'on trouve plus de deux pièces défectueuses puisqu'elles sont rares. On est presque certain qu'il y aura moins de trois pièces défectueuses pour la même raison. **Les résultats trouvés sont plausibles.**

9 Interpréter des diagrammes de lois binomiales

a. La hauteur du rectangle k est **proportionnelle à la probabilité $P(X = k)$** pour chaque graphique. On a :

$$P(X = k) = \binom{6}{k} p^k (1 - p)^{6-k}.$$

b. **$p = 0{,}5$ correspond au graphique 1**. On constate que la probabilité de 0 succès est égale à la probabilité de 6 succès, la probabilité de 1 succès est égale à la probabilité de 5 succès, etc. On a en effet $P(X = k) = \binom{6}{k} p^6$, or $\binom{6}{k} = \binom{6}{6-k}$.

Par exemple $P(X = 2) = \binom{6}{2} 0{,}5^6 = \binom{6}{4} 0{,}5^6 = P(X = 4)$.

RAPPEL
On sait que si k et n sont des entiers naturels tels que $k \leqslant n$, $\binom{n}{k} = \binom{n}{n-k}$.

Les hauteurs sont plus grandes du côté gauche de l'histogramme dans le cas $p = 0{,}4$ et elles sont plus grandes du côté droit de l'histogramme lorsque $p = 0{,}7$. Cela s'explique par le fait qu'il y a plus de chance d'avoir peu de succès lorsque $p < 0{,}5$ et plus de chance d'avoir beaucoup de succès lorsque $p > 0{,}5$.
C'est pourquoi **$p = 0{,}4$ correspond au graphique 2** et **$p = 0{,}7$ correspond au graphique 3**.

10 Identifier une loi binomiale

1. Soit A la variable aléatoire de Bernoulli qui vaut 1 si la bille atterrit dans le casier 1 et 0 sinon. La probabilité de succès de A est égale à $\frac{1}{3}$ puisque la bille a une chance sur 3 d'atterrir dans le casier n° 1. Lorsqu'on jette n billes au hasard, on répète n fois l'épreuve de Bernoulli liée à A, les répétitions étant indépendantes. **X suit donc la loi binomiale $\mathcal{B}\left(n\,;\frac{1}{3}\right)$.**

2. a. Pour atteindre le numéro k on doit faire **k pas à droite**, comme on fait toujours 7 pas pour atteindre un numéro, il faut en faire $7 - k$ vers le bas.
b. D'après la question précédente, en partant de D, on arrive en k si, sur 7 pas, on en a fait k à droite. Les directions des pas sont indépendantes et la probabilité à chaque pas de faire un pas à droite vaut $\frac{1}{2}$. On est dans un schéma de Bernoulli et **X suit la loi binomiale $\mathcal{B}\left(7\,;\frac{1}{2}\right)$.**

3. On a $X(\Omega) = \{0, 1, \dots, n\}$. **$P(X = 0) = q^n$** car la probabilité de *ne pas* renverser une haie est égale à $1 - p$.
Pour tout $k \in X(\Omega) - \{0\}$: **$P(X = k) = q^{k-1}p$**. En effet si la *première* haie renversée par le coureur est la haie n° k, c'est qu'il n'a pas renversé les $(k - 1)$ précédentes.
La loi de X n'est donc pas une loi binomiale.

À NOTER
$X(\Omega)$ est l'ensemble des valeurs que peut prendre X.

4. **La loi de X n'est pas une loi binomiale** car on ne connaît pas le nombre de répétitions de l'épreuve consistant à essayer une clé.

À NOTER
La probabilité de succès est de $\frac{1}{10}$.

11 Mêler pâtisserie et loi binomiale

1. a. On peut considérer qu'on a répété n fois l'épreuve de Bernoulli consistant à mettre un raisin dans la part n° 1 avec une probabilité de succès de $\frac{1}{6}$. Le nombre de raisins contenus dans cette part suit donc la **loi binomiale $\mathcal{B}\left(n\,;\frac{1}{6}\right)$**.
Donc pour tout $k \in \{0, 1, \dots, n\}$, $P(X = k) = \binom{n}{k}\left(\frac{1}{6}\right)^k\left(\frac{5}{6}\right)^{n-k}$.
b. Le **même raisonnement** s'applique pour les cinq autres parts.

2. Considérons la part n° 1. On cherche $P(X \geqslant 1)$.
$P(X \geqslant 1) = 1 - P(X = 0) = 1 - \binom{n}{0}\left(\frac{1}{6}\right)^0\left(\frac{5}{6}\right)^n = \mathbf{1 - \left(\frac{5}{6}\right)^n}$.
Le même raisonnement s'applique pour les autres parts.

3. a. On cherche donc n pour que $1 - \left(\frac{5}{6}\right)^n \geqslant 0{,}95$, soit $0{,}05 \geqslant \left(\frac{5}{6}\right)^n$.
b. Au départ `n = 0`. Tant que $\left(\frac{5}{6}\right)^n$ est supérieur à 0,05, n augmente de 1.
La boucle `while` se termine dès que $\left(\frac{5}{6}\right)^n \leqslant 0{,}05$, ce qui est l'objectif. Le programme affiche alors n. **On trouve $n = 17$.**

À NOTER
Il faut donc mettre 17 raisins pour qu'il soit pratiquement certain qu'une part donnée en contienne au moins un.

12 Mêler loi binomiale et répétition d'épreuves

a. Considérons l'événement B : « le bus a moins de 6 minutes de retard ». Le lycéen répète cinq fois l'expérience consistant à attendre le bus et dont le succès est B. L'énoncé dit que $P(\mathrm{B}) = 0{,}85$. Les répétitions étant indépendantes les unes des autres la variable aléatoire **X suit la loi binomiale de paramètres 5 et 0,85**.

b. On sait que l'événement $\{Y = 0\}$ signifie que le bus est arrivé avec un retard de moins de six minutes 5 fois sur 5. Donc $P(Y = 0) = 0{,}85^5 \approx 0{,}444$.
On trouve également $P(Y = 1) = 0{,}15$ et, si $2 \leqslant k \leqslant 5$, $P(Y = k) = 0{,}85^{k-1} \times 0{,}15$ selon le principe multiplicatif. En effet le bus est arrivé avec un retard de moins de 6 minutes les $k - 1$ jours avant le jour k, à chaque fois avec la probabilité $1 - 0{,}85 = 0{,}15$.
La loi de Y est résumé ci-dessous :

k	0	1	2	3	4	5
$P(Y = k)$	0,444	0,15	0,128	0,108	0,092	0,078

À NOTER
On vérifie que la somme des probabilités est égale à 1 : $\sum_{k=0}^{5} P(Y = k) = 1$.

OBJECTIF BAC

13 La planche de Galton

Partie A Introduction

1. a. Le score du parcours DDGGD est **égal à 3** car il y a 3 D et la bille marque un point si elle est dirigée à droite et 0 sinon.

À NOTER
Le score minimum est donc 0 et le maximum est 5.

b. GGGGG a pour **score 0** et DDDDD a pour **score 5**.
c. La bille ayant pour score 3 (respectivement 0 et 5) **atterrit dans le casier 3** (respectivement 0 et 5).

2. a. S'il y a L lignes d'obstacles il y a **$L + 1$ casiers** : ne pas oublier le score 0.
b. On voit que le score de la bille est **égal au numéro de casier d'atterrissage**.

Partie B Interprétation du programme

1. La ligne 2 montre qu'il y a 10 000 lancers ($n = 10\,000$) et 10 lignes d'obstacles ($L = 10$).

2. La variable `casiers` est une liste de 0 car sa valeur est un zéro entre crochets. Elle contient $L + 1$ zéros en raison de l'opération `*(L+1)` qui multiplie d'autant les éléments de la liste.

3. a. Le score de la bille augmente de 1 si le nombre `random()` est inférieur à 0,5.
b. Cette action simule donc un déplacement vers la droite.

À NOTER
La commande `random()` renvoie un nombre aléatoire compris entre 0 et 1.

4. Lorsque s'achève la deuxième boucle for, un élément de la liste casiers augmente de 1. Cet élément est le casier qui a pour numéro le contenu de la variable score. Les éléments de la liste nommée `casiers` sont donc les nombres de billes contenues dans les casiers.

5. a. La liste retournée par le programme simule le nombre de billes contenues dans les casiers de 0 à 10.
b. La somme des nombres de la liste est égale à 10 000 car on a lancé 10 000 billes.

14 Étudier une loi binomiale en utilisant une fonction

Partie A

1. On rappelle que D est l'événement « Amzebest vise dans la bonne direction » et M « Amzebest fait mouche ». L'arbre ci-dessous résume la situation.

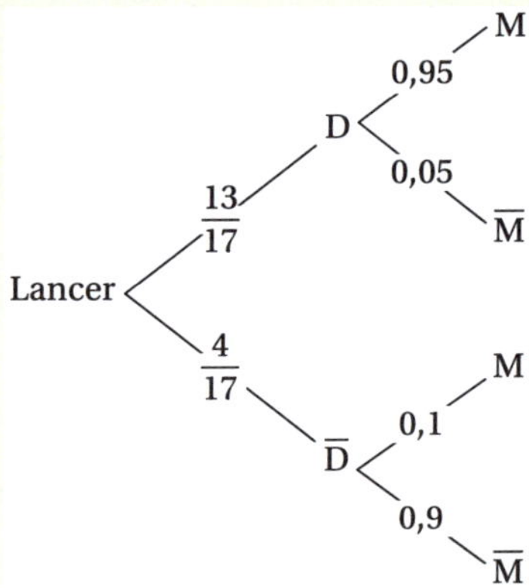

On a donc :

$$P(\mathrm{M}) = \frac{13}{17} \times 0{,}95 + \frac{4}{17} \times 0{,}1 = \frac{12{,}35}{17} + \frac{0{,}4}{17} = 0{,}75.$$

2. On cherche $P_{\mathrm{M}}(\mathrm{D})$ et on a $P_{\mathrm{M}}(\mathrm{D}) = \dfrac{P(\mathrm{M} \cap \mathrm{D})}{P(\mathrm{D})} = \dfrac{0{,}95 \times \dfrac{13}{17}}{0{,}75} \approx 0{,}97.$

3. Soit X le nombre de succès obtenus par la championne. Les lancers étant indépendants, X suit la loi binomiale de paramètres 10 (nombre de répétitions) et 0,75 (probabilité de succès à chaque lancer).

a. On cherche $P(X > 7)$, on a :
$$P(X > 7) = P(X \geqslant 8) = P(X = 8) + P(X = 9) + P(X = 10).$$
Soit $P(X > 7) \approx 0{,}53$.

b. On cherche $P(X < 5)$, soit :
$$P(X < 5) = P(X \leqslant 4) = \sum_{k=0}^{4} P(X = k) \approx 0{,}02.$$

À NOTER
On voit qu'il y a moins de 2 chances sur 100 pour qu'Amzebest fasse moins de 5 fois mouche.

Partie B

Soit Y la variable aléatoire comptant le nombre *d'échecs* au cours des n lancers. Y suit la loi binomiale de paramètres n (nombre inconnu de lancers) et 0,25 (ici un succès est « Amzebest rate la cible »).

1. On a $p_n = P(Y \leqslant 1)$, soit $p_n = \binom{n}{0} 0{,}25^0 0{,}75^n + \binom{n}{1} 0{,}25^1 0{,}75^{n-1}$

c'est-à-dire $p_n = 0{,}75^n + n \times 0{,}25 \times 0{,}75^{n-1} = 0{,}75^{n-1}(0{,}75 + 0{,}25n)$.

RAPPEL
$\binom{n}{0} = 1$ et $\binom{n}{1} = n$
→ FICHE 2.

2. a. L'antécédent de $\frac{1}{2}$ étant compris entre 6 et 7, l'encadrement cherché est $[6\,;7]$.

b. On cherche n pour que $p_n \leqslant \frac{1}{2}$, c'est-à-dire $f(n) \leqslant \frac{1}{2}$. La fonction f étant décroissante sur $[1\,;+\infty[$, le graphique montre que l'on doit avoir $n \geqslant 7$.

Il faut donc que le ball-trap fasse au moins 7 lancers pour que la probabilité qu'Amzebest rate la cible au plus une fois soit inférieure à 0,5.

Autrement dit, si le ball-trap lance 7 cibles ou plus, il y a plus d'une chance sur deux pour qu'Amzebest rate au moins deux fois la cible.

À NOTER
Le contraire de « au plus une fois » est « au moins deux fois ».

12 Sommes de variables aléatoires

Des joueurs ont essayé d'étudier longuement les résultats de la roulette, de calculer des moyennes, afin de mettre au point des stratégies leur permettant d'améliorer leur espérance de gain...

35 Somme de deux variables aléatoires

En bref *L'espérance de la somme de deux variables aléatoires s'obtient facilement à partir des espérances des deux variables. Pour la variance, le calcul n'est simple que si les deux variables sont indépendantes.*

I Définition et espérance

- Si X et Y sont deux variables aléatoires définies sur le même univers Ω, la somme des variables aléatoires X et Y est la variable aléatoire notée $X + Y$ définie par :

$$\text{pour tout } \omega \text{ dans } \Omega, (X+Y)(\omega) = X(\omega) + Y(\omega)$$

Cette définition s'étend à la somme d'un nombre quelconque n de variables aléatoires X_1, X_2, …, X_n définies sur le même univers.

- Si X et Y sont deux variables aléatoires définies sur le même univers Ω, alors l'espérance $E(X+Y)$ de leur somme est :

$$E(X+Y) = E(X) + E(Y)$$

À NOTER
La propriété s'étend à la somme d'un nombre quelconque de variables aléatoires.

- Si X est une variable aléatoire et a un nombre réel, alors :

$$E(aX) = aE(X)$$

On dit que l'espérance est linéaire.

Remarque : On a aussi $E(X - Y) = E(X) - E(Y)$.

II Variance et variables aléatoires indépendantes

- Pour toute variable aléatoire X et tout réel a : $V(aX) = a^2V(X)$.
- Deux variables aléatoires X et Y, définies sur le même univers muni d'une probabilité P, sont **indépendantes** si et seulement si la connaissance de la valeur prise par l'une de ces deux variables n'influe pas sur la probabilité que l'autre variable prenne une valeur donnée, autrement dit si, pour tous réels a et b : $P(X = a \text{ et } Y = b) = P(X = a) \times P(Y = b)$.

À NOTER
Deux variables aléatoires **indépendantes** X et Y sont souvent associées à deux épreuves successives indépendantes, identiques ou non.

- Si deux variables aléatoires X et Y définies sur le même univers sont indépendantes, alors leur variance vérifie :

$$V(X+Y) = V(X) + V(Y)$$

Méthode

Calculer l'espérance et la variance de la somme de deux variables aléatoires

On lance deux dés équilibrés, un dé rouge cubique dont les faces sont numérotées de 1 à 6 et un dé vert à 4 faces numérotées de 1 à 4. On note X_1 le résultat affiché par le dé rouge et X_2 le résultat affiché par le dé vert.

On pose $S = X_1 + X_2$.

a. Calculer de deux manières différentes l'espérance de S.

b. Calculer la variance de S.

CONSEILS

a. Utilisez directement la loi de S, ou bien les espérances de X_1 et X_2 et la linéarité de l'espérance.

b. Justifiez le fait que X_1 et X_2 sont indépendantes et utiliser leur variance.

SOLUTION

a. ■ Méthode 1 – Calcul direct

Par exemple, à l'aide d'un tableau à double entrée, on peut déterminer la loi de S, résumée par le tableau suivant :

x	2	3	4	5	6	7	8	9	10
$P(S=x)$	$\frac{1}{24}$	$\frac{2}{24}$	$\frac{3}{24}$	$\frac{4}{24}$	$\frac{4}{24}$	$\frac{4}{24}$	$\frac{3}{24}$	$\frac{2}{24}$	$\frac{1}{24}$

D'où son espérance $E(S) = \dfrac{1\times 2 + 2\times 3 + 3\times 4 + \ldots + 1\times 10}{24} = \dfrac{144}{24} = 6$.

■ Méthode 2 – Utilisation de la linéarité de l'espérance

$E(X_1) = \dfrac{1+2+3+4+5+6}{6} = \dfrac{7}{2}$ et $E(X_2) = \dfrac{1+2+3+4}{4} = \dfrac{5}{2}$.

$E(S) = E(X_1+X_2) = E(X_1) + E(X_2) = \dfrac{7}{2} + \dfrac{5}{2} = 6$.

b. Les résultats affichés par les deux dés sont indépendants l'un de l'autre, donc les variables aléatoires X_1 et X_2 sont indépendantes.

Donc $V(S) = V(X_1+X_2) = V(X_1) + V(X_2)$.

$V(X_1) = E(X_1^2) - [E(X_1)]^2$

$V(X_1) = \dfrac{1+4+9+16+25+36}{6} - \dfrac{49}{4} = \dfrac{91}{6} - \dfrac{49}{4} = \dfrac{35}{12}$.

Par la même méthode, on obtient $V(X_2) = \dfrac{5}{4}$.

D'où $V(S) = \dfrac{35}{12} + \dfrac{5}{4} = \dfrac{25}{6}$.

À NOTER

On peut donc calculer l'espérance et la variance d'une variable aléatoire sans en déterminer la loi.

36 Application à la loi binomiale

En bref *La loi binomiale formalise un schéma de Bernoulli. On peut aussi considérer une variable aléatoire suivant cette loi comme somme de variables de Bernoulli indépendantes de même paramètre.*

I Loi de Bernoulli, espérance et variance (rappel)

- Soit p un nombre réel appartenant à l'intervalle $[0\,;1]$.

La variable aléatoire X suit la **loi de Bernoulli de paramètre p** si et seulement si $P(X=1)=p$ et $P(X=0)=1-p$.

MOT CLÉ
p est la probabilité de succès.

- Si X suit la loi de Bernoulli de paramètre p, alors son espérance est $E(X)=p$ et sa variance est $V(X)=p(1-p)$.

II Loi binomiale, espérance et variance

- Soit n un entier naturel supérieur ou égal à 2, p un réel de l'intervalle $[0\,;1]$ et X une variable aléatoire suivant la loi binomiale de paramètres n et p.

X est la somme de n variables aléatoires indépendantes X_1, X_2, ..., X_n suivant la même loi de Bernoulli de paramètre p : chaque épreuve du schéma de Bernoulli modélisé par X est associée à une variable aléatoire de Bernoulli de paramètre p qui prend la valeur 1 en cas de succès à cette épreuve, la valeur 0 sinon.

- D'après les propriétés de la somme de variables aléatoires indépendantes → FICHE 35, on en déduit son espérance $E(X)$ et sa variance $V(X)$:

$$E(X)=np \text{ et } V(X)=np(1-p)$$

- *Remarque* : Soit n un entier naturel supérieur ou égal à 2 et p un réel de l'intervalle $[0\,;1]$. Deux variables aléatoires suivant respectivement la loi binomiale de paramètres n et p et la loi binomiale de paramètres n et $1-p$ ont la même variance (et donc la même « dispersion »). Les diagrammes en bâtons qui les représentent sont symétriques l'un de l'autre par rapport à la droite d'équation $x=\dfrac{n}{2}$.

Exemple : Deux lois binomiales « symétriques », $n=24$, $p=0{,}3$ et $p=0{,}7$, symétrie par rapport à la droite d'équation $x=12$.

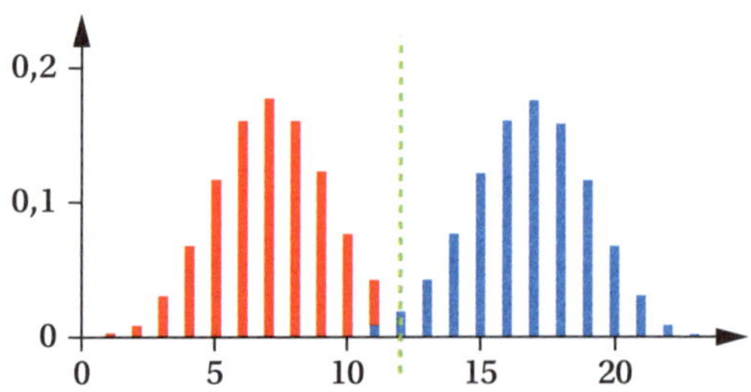

Méthode

Déterminer et interpréter l'espérance d'une variable aléatoire suivant une loi binomiale

Dans un grand magasin, chaque client reçoit, lors du paiement de ses achats, un ticket de participation à une loterie ; 16 % des tickets distribués permettent de gagner un bon d'achat de 8 €.

On suppose que les tickets distribués sont indépendants les uns des autres, et que leur nombre est suffisamment grand pour que la distribution puisse être assimilée à un tirage avec remise.

Le directeur du magasin a prévu un budget de 200 € par tranche de 150 clients et souhaite savoir si ce budget est raisonnable ; il effectue à l'aide d'un logiciel une simulation de la distribution de 150 tickets indépendants les uns des autres.

On appelle X la variable aléatoire égale au nombre de tickets gagnants sur les 150 de la simulation.

a. Reconnaître la loi de X et préciser ses paramètres.

b. Calculer l'espérance $E(X)$ de la variable aléatoire X.

c. Le budget prévisionnel paraît-il suffisant ?

CONSEILS

c. Interpréter le résultat de la question précédente, calculer la somme moyenne distribuée par le magasin par tranche de 150 clients et comparer cette somme au budget prévisionnel.

SOLUTION

a. L'expérience peut être considérée comme la répétition de 150 épreuves de Bernoulli identiques et indépendantes ; le succès est « le ticket est gagnant », la probabilité de succès est 0,16 puisque 16 % des tickets sont gagnants.
La variable aléatoire X compte le nombre de succès, donc X suit la loi binomiale de paramètres 150 et 0,16.

b. X suit une loi binomiale de paramètres n et p, donc $E(X) = np$ avec $n = 150$ et $p = 0{,}16$.
D'où $E(X) = 150 \times 0{,}16$, soit $E(X) = 24$.

c. Le résultat de la question précédente signifie qu'il y a en moyenne 24 clients gagnants par tranche de 150 clients.
Le magasin donne 8 € à chacun de ces gagnants.
$24 \times 8 = 192$, donc le magasin distribue en moyenne 192 € par tranche de 150 clients.
$192 < 200$, donc le budget prévisionnel devrait être suffisant.

37 Échantillon de taille *n* d'une loi de probabilité

En bref *Un échantillon est généralement un sous-ensemble d'une population. Ici un échantillon correspondra à des répétitions indépendantes d'une expérience modélisée par une même loi.*

I Taille d'un échantillon

- Une loi de probabilité étant donnée, on appelle échantillon de taille n (ou n-échantillon) de cette loi une liste $(X_1, X_2, ..., X_n)$ de n variables aléatoires indépendantes et identiques suivant cette loi.

- Une suite $x_1 ; x_2 ; ... ; x_n$ de valeurs prises par les variables aléatoires X_i $(1 \leqslant i \leqslant n)$ est une **réalisation** de l'échantillon.

- Dans toute cette fiche, n est un entier naturel supérieur ou égal à 2. On suppose usuellement que la taille n de l'échantillon est « beaucoup plus petite » que celle de la population.

À NOTER
Toute **réalisation** de l'échantillon peut être assimilée à une suite de tirages « avec remise » ; la « remise » entre deux tirages successifs correspond à l'indépendance des variables aléatoires $X_1, X_2, ..., X_n$.

II Somme et moyenne d'un échantillon

1 Définition de la somme et de la moyenne

- Soit $(X_1, X_2, ..., X_n)$ un échantillon de taille n d'une loi de probabilité.

On pose $S_n = X_1 + X_2 + ... + X_n$ (somme) et $M_n = \dfrac{S_n}{n}$ (moyenne).

- Puisque les variables aléatoires $X_1, X_2, ..., X_n$ ont la même loi, elles ont la même espérance, notée m, la même variance, notée σ^2, et le même écart type, noté σ.

2 Espérance

D'après les propriétés de l'espérance : $E(S_n) = nm$ et $E(M_n) = m$

3 Variance

- D'après les propriétés de la variance : $V(S_n) = n\sigma^2$ et $V(M_n) = \dfrac{1}{n}\sigma^2$

- On en déduit l'écart type des variables aléatoires S_n et M_n :

$$\sigma(S_n) = \sqrt{n}\sigma \text{ et } \sigma(M_n) = \frac{\sigma}{\sqrt{n}}.$$

- *Remarque* : On constate que, lorsque n augmente, $V(M_n)$ et $\sigma(M_n)$ diminuent. La dispersion de la moyenne M_n diminue lorsque la taille n de l'échantillon augmente → FICHES 38 et 39.

Méthode

Déterminer l'espérance et la variance de la moyenne de deux variables aléatoires identiques et indépendantes

Soit X_1 et X_2 deux variables aléatoires indépendantes suivant la loi uniforme sur $\{2, 3, 6, 8, 11\}$. On note M_2 la moyenne de X_1 et X_2 : $M_2 = \frac{X_1 + X_2}{2}$.

a. Calculer l'espérance $E(M_2)$ et la variance $V(M_2)$ de M_2 à partir de celles de X_1 et X_2.

b. Établir la loi de M_2 et retrouver la valeur de son espérance.

CONSEILS

b. Utiliser un tableau à double entrée, ou bien lister tous les couples possibles pour $(X_1 ; X_2)$.

SOLUTION

a. $E(M_2) = E(X_1) = E(X_2) = m$ et $m = \frac{2+3+6+8+11}{5} = 6$.

L'espérance de M_2 est donc égale à 6.

Si on pose $V(X_1) = V(X_2) = \sigma^2$, alors $V(M_2) = \frac{\sigma^2}{2}$.

$\sigma^2 = E(X_1^2) - [E(X_1)]^2$, donc $\sigma^2 = \frac{4+9+36+64+121}{5} - 36$; $\sigma^2 = 10{,}8$.

D'où $V(M_2) = \frac{10{,}8}{2} = 5{,}4$.

b. En listant les 25 couples (tous équiprobables) de valeurs possibles pour $(X_1 ; X_2)$ et en calculant pour chacun la moyenne des deux valeurs, on obtient la loi de M_2.

x	2	2,5	3	4	4,5	5	5,5
$P(M_2 = x)$	$\frac{1}{25}$	$\frac{2}{25}$	$\frac{1}{25}$	$\frac{2}{25}$	$\frac{2}{25}$	$\frac{2}{25}$	$\frac{2}{25}$

x	6	6,5	7	8	8,5	9,5	11
$P(M_2 = x)$	$\frac{1}{25}$	$\frac{2}{25}$	$\frac{4}{25}$	$\frac{1}{25}$	$\frac{2}{25}$	$\frac{2}{25}$	$\frac{1}{25}$

Par exemple, la valeur 7 de M_2 est obtenue pour les 4 couples (3 ; 11), (6 ; 8), (8 ; 6) et (11 ; 3).

D'où l'espérance de M_2 :

$$E(M_2) = \frac{1 \times 2 + 2 \times 2{,}5 + 1 \times 3 + \ldots + 2 \times 9{,}5 + 1 \times 11}{25} = 6.$$

Quelles sont les propriétés de la somme de variables aléatoires ?

SOMMES DE

Proprietés

Espérance

$$E(X+Y)=E(X)+E(Y)$$

Variables aléatoires indépendantes

X et Y sont indépendantes si et seulement si, pour tous réels a et b :
$P(X=a \text{ et } Y=b)=P(X=a)\times P(Y=b)$

Variance

Si X et Y sont indépendantes, alors :

$$V(X+Y)=V(X)+V(Y)$$

Quelles sont les applications de la somme de variables aléatoires ?

Application

Application à la loi binomiale

- Si X suit la loi $\mathscr{B}(n\,;p)$, alors X est la somme de n variables de Bernoulli indépendantes de paramètre p.
- Si X suit la loi $\mathscr{B}(n\,;p)$, $E(X)=np$ et $V(X)=np(1-p)$.

VARIABLES ALÉATOIRES

Qu'est-ce qu'un échantillon de taille n d'une loi de probabilité ?

Échantillon de taille n

Définition

- Un échantillon de taille n est une liste de n variables aléatoires **indépendantes** et identiques suivant cette loi.
- $(X_1, X_2, \ldots, X_n)$ un échantillon de taille n d'une loi d'espérance m, de variance σ^2, d'écart type σ.

Somme

$S_n = X_1 + X_2 + \ldots + X_n$

Espérance : $E(S_n) = nm$

Variance : $V(S_n) = n\sigma^2$

Écart type : $\sigma(S_n) = \sigma\sqrt{n}$

Moyenne

$M_n = \dfrac{S_n}{n}$

Espérance : $E(M_n) = m$

Variance : $V(M_n) = \dfrac{1}{n}\sigma^2$

Écart type : $\sigma(M_n) = \dfrac{\sigma}{\sqrt{n}}$

Conséquence : la dispersion de la moyenne diminue lorsque n augmente

SE TESTER QUIZ

Vérifiez que vous avez bien compris les points clés des **fiches 35 à 37**.

1 Somme de variables aléatoires

→ FICHE 35

1. Soit X et Y deux variables aléatoires définies sur le même univers Ω. L'espérance de $X+Y$, notée $E(X+Y)$, est égale à :

☐ **a.** $E(X)\times E(Y)$

☐ **b.** $E(X)+E(Y)$ dans tous les cas.

☐ **c.** $E(X)+E(Y)$ si et seulement si X et Y sont indépendantes.

2. Soit X et Y deux variables aléatoires définies sur le même univers Ω. La variance de $X+Y$, notée $V(X+Y)$, est égale à :

☐ **a.** $V(X)\times V(Y)$

☐ **b.** $V(X)+V(Y)$ dans tous les cas.

☐ **c.** $V(X)+V(Y)$ si X et Y sont indépendantes.

2 Application à la loi binomiale

→ FICHE 36

1. Si X est la variable aléatoire égale au nombre de succès lors de la répétition de 60 épreuves de Bernoulli identiques et indépendantes de probabilité de succès 0,2, alors l'espérance de X est égale à :

☐ **a.** 9,6 ☐ **b.** 12 ☐ **c.** 48

2. Si la variable aléatoire X suit la loi binomiale de paramètres n et p, que son espérance est égale à 36 et son écart type égal à 3, alors :

☐ **a.** $n=108$ ☐ **b.** $p=0{,}25$ ☐ **c.** $p=0{,}75$

3 Échantillon de taille *n* d'une loi de probabilité

→ FICHE 37

Soit n et k deux entiers naturels supérieurs ou égaux à 2 et $X_1, X_2, \ldots, X_n$ n variables aléatoires indépendantes suivant la loi uniforme de paramètre k, c'est-à-dire la loi uniforme sur $\{1, 2, \ldots, k\}$.

On pose $S_n = X_1 + X_2 + \ldots + X_n$ et $M_n = \dfrac{S_n}{n}$.

1. L'espérance $E(S_n)$ de S_n est égale à :

☐ **a.** $n\dfrac{k+1}{2}$ ☐ **b.** $k\dfrac{n+1}{2}$ ☐ **c.** $\dfrac{k+1}{2}$

2. La variance $V(M_n)$ de M_n est égale à :

☐ **a.** $\dfrac{k^2-1}{12}$ ☐ **b.** $\dfrac{k^2-1}{12n}$ ☐ **c.** $\dfrac{n^2-1}{12k}$

DÉMONSTRATION CLÉ

4 Déterminer l'espérance et la variance d'une variable aléatoire suivant une loi binomiale

→ FICHES 35 et 36

Soit X une variable aléatoire suivant la loi binomiale de paramètres n et p (avec $n \in \mathbb{N}^*$ et $p \in [0\,;1]$).

a. Justifier que X est la somme de n variables de Bernoulli identiques et indépendantes.

b. Montrer que l'espérance $E(X)$ et la variance $V(X)$ de la variable aléatoire X sont $E(X) = np$ et $V(X) = np(1-p)$.

S'ENTRAÎNER

5 Étudier la somme de deux lois binomiales

→ FICHES 35 et 36

Soit X_1 et X_2 deux variables aléatoires indépendantes définies sur le même univers Ω.

On suppose que X_1 suit la loi binomiale de paramètres n_1 et p, et que X_2 suit la loi binomiale de paramètres n_2 et p (n_1 et n_2 entiers naturels non nuls, $p \in [0\,;1]$).

a. Montrer que $X_1 + X_2$ suit la loi binomiale de paramètres $n_1 + n_2$ et p.

b. Montrer que le résultat précédent peut être faux si X_1 et X_2 ne sont pas indépendantes.

6 Étudier le tirage de jetons de couleur

→ FICHES 35 et 36

n est un entier naturel supérieur ou égal à 2.
Une boîte contient 6 jetons : 1 rouge, 2 bleus, 3 noirs ; on suppose ces 6 jetons indiscernables au toucher.
On tire successivement avec remise n jetons au hasard dans cette boîte.
On note R et B les variables aléatoires donnant respectivement le nombre de jetons rouges et le nombre de jetons bleus parmi les n tirés.

a. Déterminer la loi de probabilité de R et de B. Calculer leur espérance et leur variance.

b. On note S la variable aléatoire donnant le nombre de jetons, parmi les n tirés, qui ne sont pas de couleur noire. Montrer que S suit une loi binomiale. Préciser ses paramètres, calculer son espérance $E(S)$ et sa variance $V(S)$.

c. A-t-on :
$E(S) = E(R) + E(B)$?
$V(S) = V(R) + V(B)$?
Justifier les réponses.

7 Définir le contenu d'une urne pour un gain positif

→ FICHE 36

Une urne contient 10 boules blanches et m boules vertes, avec m entier naturel non nul.

Un joueur procède à 20 tirages successifs avec remise d'une boule dans cette urne.

Pour chaque boule blanche tirée, il gagne 2 € ; pour chaque boule verte tirée, il perd 3 €.

Pour quelle(s) valeur(s) de m le jeu est-il favorable au joueur ?

8 Déterminer le prix de vente d'articles à une braderie

→ FICHE 36

Monsieur H participe chaque année à la braderie vide-grenier organisée dans son quartier. Il a constaté que la probabilité qu'un objet proposé trouve effectivement un acquéreur lors de cette journée est égale à 0,4. On suppose également que tous les objets sont vendus au même prix et que la vente d'un objet ne dépend pas de la vente des autres objets proposés.

Cette année, il a 60 objets à vendre.

On définit la variable aléatoire X égale au nombre d'objets vendus par monsieur H en fin de journée.

a. Déterminer, en justifiant, la loi de probabilité de la variable X.

b. Calculer l'espérance $E(X)$ de X et en donner une interprétation.

c. La location de l'emplacement revient à 30 € pour la journée.

À quel prix au minimum monsieur H doit-il vendre chacun de ses objets pour espérer ne pas perdre d'argent ?

9 Étudier la durée d'un trajet

→ FICHE 36

Un élève va à vélo à son lycée situé à 3 km de son domicile. Son trajet comporte 6 feux tricolores non synchronisés, c'est-à-dire qui fonctionnent indépendamment les uns des autres.

On suppose que :
- entre les feux, l'élève roule à la vitesse constante de 15 km $\times$ h^{-1} ;
- chaque feu orange ou rouge lui fait perdre 1 minute et 30 secondes ;
- pour chaque feu, la probabilité qu'il soit au vert est égale à $\frac{2}{3}$.

On appelle X la variable aléatoire égale au nombre de feux verts rencontrés par l'élève et T la variable aléatoire égale au temps qu'il met, en minutes, pour aller au lycée.

a. Quelle est la loi de X ?

b. Exprimer T en fonction de X ; en déduire son espérance $E(T)$.

c. L'élève part de chez lui 17 minutes avant le début des cours. Est-il raisonnable de penser qu'il arrivera à l'heure ? Quelle est la probabilité qu'il soit en retard ?

10 Étudier dans des cas particuliers le produit de deux variables aléatoires indépendantes

→ FICHE 36

Dans les deux cas suivants, montrer que l'espérance $E(XY)$ de XY est égale à $E(X) \times E(Y)$.

a. X et Y sont des variables indépendantes suivant les lois de Bernoulli de paramètres respectifs p et q.

b. X et Y sont des variables indépendantes suivant respectivement les lois binomiales $\mathcal{B}(2\,;p)$ et $\mathcal{B}(2\,;q)$.

11 Calculer l'espérance d'une variable aléatoire définie à partir d'un échantillon

→ FICHE 37

a. Résultat préliminaire : soit X une variable aléatoire d'espérance m et de variance V.

Montrer que l'espérance de $X^2 - m^2$ est égale à V.

b. Soit $(X_1,\ X_2,\ X_3)$ un échantillon de taille 3 d'une loi de probabilité d'espérance m et de variance σ^2. On pose $M_3 = \dfrac{X_1 + X_2 + X_3}{3}$.

On définit la variable aléatoire W en posant :

$$W = \frac{1}{3}\left[(X_1 - M_3)^2 + (X_2 - M_3)^2 + (X_3 - M_3)^2\right].$$

Montrer que l'espérance de W est égale à $\dfrac{2}{3}\,\sigma^2$.

MOT CLÉ
La variable aléatoire W est appelée **variance empirique** de la loi.

OBJECTIF BAC

12 Étudier la méthode du *poolage*

50 min

La méthode du *poolage* (en anglais, *pool* signifie regrouper, concentrer, mettre en commun) est utilisée dans la détection de porteurs d'un parasite ou d'une maladie au sein d'un échantillon d'individus d'une population, afin d'économiser le nombre de tests.

LE SUJET

On s'intéresse à la détection d'individus (d'une population donnée) porteurs d'un certain parasite. On considère que la proportion de porteurs du parasite dans la population (supposée très vaste) est égale à p $(0 < p < 1)$.

On choisit au hasard N individus dans la population (compte-tenu de la taille de la population, on considère que ces choix peuvent être assimilés à des tirages avec remise).

On dispose par ailleurs d'un test sanguin totalement fiable, c'est-à-dire permettant de savoir de manière certaine si le prélèvement contient ou non le parasite. Dans ce cas le test est positif ; sinon, le test est négatif.

La méthode consiste à répartir les N prélèvements en n sous-groupes. Dans chaque sous-groupe, les prélèvements sont mélangés et on teste le mélange. Les n sous-groupes sont donc indépendants les uns des autres.

Si le test est positif dans l'un des sous-groupes, alors on teste chacun des individus qui le composent. Si le test est négatif, c'est qu'aucun des individus du sous-groupe n'est porteur du parasite.

On se demande dans quelles conditions cette méthode permet d'économiser des tests (par rapport à la méthode « exhaustive » où chacun des N individus est testé individuellement).

Partie A Étude d'un cas particulier

On prend $N = 60$, on constitue 20 sous-groupes de 3 individus et on teste les 20 mélanges de prélèvement en suivant le protocole précédent.

On note X la variable aléatoire égale au nombre de sous-groupes pour lesquels le test est négatif et T la variable aléatoire égale au nombre total de tests effectués.

a. Déterminer (en justifiant) la loi de X. Donner ses paramètres.

b. Déterminer l'expression de T en fonction de X. En déduire l'espérance $E(T)$ de T.

c. On considère que le *poolage* est rentable si $E(T) \leqslant 60$. Déterminer les valeurs de p pour lesquelles la méthode est rentable.

Partie B Un problème d'optimisation (généralisation)

Après avoir choisi (« avec remise ») N individus, on constitue $\dfrac{N}{n}$ sous-groupes de n individus. On suppose N assez grand par rapport à n pour négliger le fait qu'un groupe pourrait être incomplet.

Les notations sont les mêmes que dans la partie A.

a. Montrer que $E(T) = N\left[1 + \dfrac{1}{n} - (1-p)^n\right]$.

b. Pour chacune des valeurs suivantes de p, déterminer la valeur de n telle que $E(T)$ soit minimale :

$$p = 0{,}1 \ ; \ p = 0{,}01 \ ; \ p = 0{,}001.$$

Étudier dans chaque cas si le *poolage* est rentable

LIRE LE SUJET

Partie A

a. Dans le contexte, on appelle « succès » l'événement « le sous-groupe a un test négatif », c'est-à-dire « aucun des individus du sous-groupe n'est porteur du parasite ».
b. Il ne faut pas oublier que, si le test d'un sous-groupe est positif, alors on teste un à un tous les individus du sous-groupe concerné. Donc le sous-groupe en question aura nécessité quatre tests, au lieu de trois dans la méthode « traditionnelle ».
Si le test est négatif, aucun autre test n'est nécessaire. On a donc fait un seul test au lieu de trois.

Partie B

a. T est toujours la variable aléatoire égale au nombre de tests effectués.
b. Le *poolage* est rentable si et seulement si le nombre moyen de tests à effectuer, si on utilise cette méthode, est inférieur au nombre total d'individus, c'est-à-dire si l'utilisation de cette méthode permet en moyenne de diminuer le nombre de tests.

LA FEUILLE DE ROUTE

Partie A Étude d'un cas particulier

a. Déterminer la loi d'une variable aléatoire → FICHE 36

On reconnaît une situation relevant d'une loi usuelle : les sous-groupes sont supposés indépendants les uns des autres, on a répétition de n épreuves de Bernoulli identiques et indépendantes.

b. Exprimer une variable aléatoire en fonction d'une autre et calculer son espérance → FICHE 35

On exprime T en fonction de X, en considérant que, pour chaque sous-groupe, on fait un seul test ou 4 tests.

c. Résoudre une inéquation

Utilisez la calculatrice.

Partie B Un problème d'optimisation (généralisation)

a. Généraliser un résultat → FICHE 35

Comme dans la partie A, on exprime T en fonction de X et on utilise la loi et l'espérance de X.

b. Déterminer l'entier pour lequel une quantité est minimale

On peut utiliser la calculatrice ou raisonner par lecture graphique.

On compare alors, suivant la taille des sous-groupes, le nombre moyen de tests à effectuer si on utilise la méthode du *poolage* au nombre de tests à effectuer si tous les individus sont testés un à un.

CORRIGÉS

SE TESTER QUIZ

1 Somme de variables aléatoires

1. Réponse b.

On peut à l'aide d'un contre-exemple éliminer les réponses a. et c.

On lance un dé cubique équilibré dont les faces sont numérotées de 1 à 6. On appelle X la variable aléatoire égale au numéro de la face visible et Y la variable aléatoire qui prend la valeur 3 si on obtient un multiple de 3 et la valeur 1 sinon.

Leurs lois respectives sont données par les tableaux suivants :

Loi de X :

x	1	2	3	4	5	6
$P(X = x)$	$\frac{1}{6}$	$\frac{1}{6}$	$\frac{1}{6}$	$\frac{1}{6}$	$\frac{1}{6}$	$\frac{1}{6}$

Loi de Y :

y	1	3
$P(Y = y)$	$\frac{2}{3}$	$\frac{1}{3}$

X et Y ne sont pas indépendantes ; la valeur prise par Y dépend directement de celle prise par X. Plus précisément, on a par exemple :

$P(X = 1 \text{ et } Y = 3) = 0$ et $P(X = 1) \times P(Y = 3) = \frac{1}{6} \times \frac{1}{3} \neq 0$.

La loi de $X + Y$ peut être résumée par le tableau suivant :

t	2	3	5	6	9
$P(X + Y = t)$	$\frac{1}{6}$	$\frac{1}{6}$	$\frac{1}{6}$	$\frac{1}{3}$	$\frac{1}{6}$

On calcule :

$$E(X) = \frac{7}{2} \text{ ; } E(Y) = \frac{5}{3} \text{ ; } E(X + Y) = \frac{31}{6}$$

$$\frac{7}{2} + \frac{5}{3} = \frac{21 + 10}{6} = \frac{31}{6} \text{ ; } \frac{7}{2} \times \frac{5}{3} = \frac{35}{6}$$

Donc $E(X + Y) \neq E(X) \times E(Y)$ et la réponse a. est fausse.

$E(X + Y) = E(X) + E(Y)$ bien que X et Y ne soient pas indépendantes ; la réponse c. est fausse.

2. Réponse c.

On reprend l'exemple précédent et on calcule les variances :

$$V(X) = \frac{35}{12} \text{ ; } V(Y) = \frac{8}{9} \text{ ; } V(X + Y) = \frac{185}{36}$$

$$V(X) \times V(Y) = \frac{70}{27} \text{ ; } V(X) + V(Y) = \frac{137}{36}$$

Donc $V(X + Y)$ n'est égal ni à $V(X) \times V(Y)$, ni à $V(X) + V(Y)$.

On rappelle que les variables aléatoires X et Y ne sont pas indépendantes.

Les réponses a. et b. sont donc fausses.

2 Application à la loi binomiale

1. Réponse b.

Si X est égale au nombre de succès lors de la répétition de 60 épreuves de Bernoulli identiques et indépendantes où la probabilité de succès est 0,2, alors X suit la loi binomiale de paramètres $n = 60$ et $p = 0{,}2$.
Son espérance est $n \times p$, soit $E(X) = 12$.

2. Réponse c.

X suit la loi $\mathcal{B}(n\,;p)$, donc son espérance est $np = 36$.
Si son écart type est 3, alors sa variance est $np(1-p) = 9$.
En combinant les deux relations, on en déduit $1 - p = \frac{9}{36}$, soit $1 - p = \frac{1}{4}$ et $p = \frac{3}{4} = 0{,}75$. On a alors $n = \frac{36}{p} = 48$.

3 Échantillon de taille *n* d'une loi de probabilité

1. Réponse a.

D'après le cours : $E(S_n) = n \times E(X_1)$.
Or, puisque X_1 suit la loi uniforme sur $\{1, 2, \ldots, k\}$, son espérance est $E(X_1) = \frac{k+1}{2}$.
Alors l'espérance de S_n est $E(S_n) = n\frac{k+1}{2}$.

2. Réponse b.

D'après le cours : $V(M_n) = \frac{V(X_1)}{n}$.
Or, puisque X_1 suit la loi uniforme sur $\{1, 2, \ldots, k\}$, sa variance est $V(X_1) = \frac{k^2-1}{12}$.
Alors la variance de M_n est $V(M_n) = \frac{1}{n}\frac{k^2-1}{12} = \frac{k^2-1}{12n}$.

DÉMONSTRATION CLÉ

4 Déterminer l'espérance et la variance d'une variable aléatoire suivant une loi binomiale

a. Si X suit la loi binomiale de paramètres n et p, alors X est égale au nombre de succès lors de la répétition de n épreuves de Bernoulli identiques et indépendantes de paramètre p.
Pour tout entier k compris entre 1 et n, on associe à la k-ième épreuve de Bernoulli la variable aléatoire X_k qui prend la valeur 1 si cette épreuve est un succès, la valeur 0 si cette épreuve est un échec.
On a : $X = X_1 + X_2 + \ldots + X_n$.
Puisque p est la « probabilité de succès », les variables aléatoires X_1, X_2, ..., X_n suivent toutes la loi de Bernoulli de paramètre p. Puisque les épreuves successives sont indépendantes, il en est de même des variables aléatoires X_1, X_2, ..., X_n.
Donc X est bien la somme de n variables de Bernoulli identiques et indépendantes.
b. $X = X_1 + X_2 + \ldots + X_n$, donc d'après le cours :
$E(X) = E(X_1) + E(X_2) + \ldots + E(X_n) = n \times E(X_1)$.

Comme de plus les variables aléatoires X_1, X_2, ..., X_n sont indépendantes :

$$V(X) = V(X_1) + V(X_2) + \ldots + V(X_n) = n \times V(X_1).$$

En effet, les variables aléatoires X_1, X_2, ..., X_n ayant toutes la même loi, elles ont la même variance et la même espérance.

La loi de Bernoulli de paramètre p peut être résumée par le tableau suivant :

x	0	1
$P(X_1 = x)$	$1-p$	p

Donc l'espérance et la variance de cette loi sont :

$E(X_1) = p$; $V(X_1) = E(X_1^2) - [E(X_1)]^2$; $V(X_1) = p - p^2 = p(1-p)$.

L'espérance $E(X)$ et la variance $V(X)$ de X sont donc :

$E(X) = np$ et $V(X) = np(1-p)$.

S'ENTRAÎNER

5 Étudier la somme de deux lois binomiales

a. X_1 est la somme de n_1 variables de Bernoulli identiques et indépendantes de paramètre p, et X_2 est la somme de n_2 variables de Bernoulli identiques et indépendantes de paramètre p ; donc $X_1 + X_2$ est la somme de $n_1 + n_2$ variables de Bernoulli identiques et indépendantes de paramètre p.

Donc **$X_1 + X_2$ suit la loi binomiale de paramètres $n_1 + n_2$ et p.**

> **À NOTER**
> En particulier, si $n_1 = n_2$, alors $X_1 + X_2$ suit la loi binomiale de paramètres $2n_1$ et p.

b. On considère un exemple.

On tire au hasard successivement et avec remise 4 cartes dans un jeu de 32 cartes. On appelle X_1 la variable aléatoire égale au nombre d'as parmi les 4 cartes, et X_2 la variable aléatoire égale au nombre de rois.

X_1 et X_2 suivent toutes les deux la loi binomiale de paramètres 4 et $\frac{1}{8}$, notée $\mathscr{B}\left(4\,;\frac{1}{8}\right)$.

En effet, puisque la carte tirée est remise dans le jeu avant le tirage suivant, on a 4 épreuves successives identiques et indépendantes ; pour X_1 le succès est « la carte tirée est un as », pour X_2 le succès est « la carte tirée est un roi ».

X_1 et X_2 ne sont pas indépendantes : $P(X_1 = 4 \text{ et } X_2 = 2) = 0$ (puisqu'on tire exactement 4 cartes, il ne peut pas y avoir 4 as et 2 rois) et $P(X_1 = 4) \times P(X_2 = 2) \neq 0$ car $P(X_1 = 4) \neq 0$ et $P(X_2 = 2) \neq 0$.

$X_1 + X_2$ est la somme du nombre de rois et du nombre d'as, c'est donc le nombre de cartes, parmi les 4 successivement tirées, qui sont soit un roi, soit un as. $X_1 + X_2$ peut donc prendre pour valeur tout entier de 0 à 4, elle ne suit donc pas la loi binomiale $\mathscr{B}\left(8\,;\frac{1}{8}\right)$ (il faudrait pour cela qu'elle prenne, avec une probabilité non nulle, toute valeur entière entre 0 et 8).

Le résultat de la question précédente peut donc être faux si les variables X_1 et X_2 ne sont pas indépendantes.

6 Étudier le tirage de jetons de couleur

a. Puisqu'il y a remise entre les tirages, l'expérience est la répétition de n épreuves identiques et indépendantes.
Puisque les jetons sont indiscernables au toucher et tirés au hasard, ils ont tous la même probabilité d'être tiré.
Si on appelle succès l'événement « le jeton tiré est rouge », R est égale au nombre de succès, donc **R suit la loi binomiale $\mathscr{B}\left(n\,;\frac{1}{6}\right)$**.
De même, en appelant succès l'événement « le jeton tiré est bleu », on établit que **B suit la loi binomiale $\mathscr{B}\left(n\,;\frac{1}{3}\right)$**.
On en déduit leur espérance et leur variance :

$$E(R)=\frac{n}{6}\ ;\ V(R)=n\times\frac{1}{6}\times\frac{5}{6}=\frac{5n}{36}$$

$$E(B)=\frac{n}{3}\ ;\ V(B)=n\times\frac{1}{3}\times\frac{2}{3}=\frac{2n}{9}$$

b. Il y a 3 jetons sur les 6 de la boîte qui ne sont pas noirs, donc à chaque tirage, la probabilité que le jeton ne soit pas noir est égale à $\frac{1}{2}$.
Donc **S suit la loi binomiale $\mathscr{B}\left(n\,;\frac{1}{2}\right)$**.
Son espérance est $E(S)=\frac{n}{2}$; sa variance est $V(S)=\frac{n}{4}$.

c. $E(R)+E(B)=\frac{n}{6}+\frac{n}{3}=\frac{n}{2}=E(S)$; ce résultat était prévisible, il est conséquence de la linéarité de l'espérance car $S=R+B$.
$V(R)+V(B)=\frac{5n}{36}+\frac{2n}{9}=\frac{13n}{36}\neq\frac{n}{4}$, donc $V(R)+V(B)\neq V(S)$.
Si les variables R et B étaient indépendantes, les nombres $V(S)$ et $V(R)+V(B)$ seraient égaux, elles ne sont donc pas indépendantes.
Cette non-indépendance peut être justifiée directement :
$P(R=n \text{ et } B=n)=0$ (on ne peut pas avoir à la fois n jetons rouges et n jetons bleus), et pourtant $P(R=n)\times P(B=n)\neq 0$.

À NOTER
On constate dans cet exercice que la somme de deux variables aléatoires suivant des lois binomiales peut suivre une loi binomiale même si ces deux variables ne sont pas indépendantes.

7 Définir le contenu d'une urne pour un gain positif

L'expérience est la répétition de 20 épreuves identiques et indépendantes.
Si on appelle succès l'événement « la boule tirée est blanche », chaque épreuve est une épreuve de Bernoulli (deux issues : succès ou échec), la variable aléatoire B égale au nombre de boules blanches parmi les 20 tirées compte le nombre de succès, donc elle suit la loi binomiale de paramètres 20 et $\frac{10}{10+m}$ (il y a 10 boules blanches et $10+m$ boules au total dans l'urne).
Le nombre de boules vertes tirées est $20-B$.

Le jeu est favorable au joueur si et seulement si son espérance de gain est strictement positive.
Le « gain algébrique » (un gain négatif est en réalité une perte) du joueur est défini par la variable aléatoire $G = 2B - 3(20 - B)$, soit $G = 5B - 60$.
D'après les propriétés de l'espérance : $E(G) = 5E(B) - 60$.
Puisque B suit la loi binomiale de paramètres 20 et $\frac{10}{10+m}$, $E(B) = \frac{200}{10+m}$ et donc $E(G) = \frac{1\,000}{10+m} - 60$.
Le jeu est favorable au joueur si et seulement si $\frac{1\,000}{10+m} - 60 > 0$, soit $\frac{1\,000}{10+m} > 60$.
Comme $10 + m > 0$, en multipliant les deux membres par $10 + m$, on en déduit que cette inégalité équivaut à $1\,000 > 60(10 + m)$, c'est-à-dire $1\,000 > 600 + 60m$, ou encore $60m < 400$, soit finalement $m < \frac{400}{60}$.
Or $\frac{400}{60} = \frac{20}{3} \approx 6,7$. Mais comme m est un entier naturel non nul, le jeu est favorable au joueur si et seulement si **$1 \leqslant m \leqslant 6$**, c'est-à-dire s'il n'y a pas plus de 6 boules vertes dans l'urne.

À NOTER
Puisque ce sont « les boules vertes qui font diminuer le gain du joueur », on pouvait prévoir que, pour que l'espérance de gain soit positive, le nombre de boules vertes dans l'urne devait être faible.

On peut vérifier :
- avec 6 boules vertes dans l'urne, l'espérance de gain est 2,5 € ;
- avec 7 boules vertes, elle est égale à $-\frac{20}{17}$.

8 Déterminer le prix de vente d'articles à une braderie

a. On peut considérer l'expérience comme la répétition de 60 épreuves de Bernoulli identiques et indépendantes. Chaque épreuve est la mise en vente d'un objet, il y a succès si l'objet est vendu, la probabilité de succès est 0,4.

À NOTER
Cela revient à dire que 40 % des objets proposés à la vente trouvent effectivement un acquéreur.

X est égale au nombre de succès, donc **X suit la loi binomiale de paramètres 60 et 0,4**.
b. L'espérance $E(X)$ de X est égale à $60 \times 0,4$, c'est-à-dire 24. Cela signifie que **monsieur H peut espérer vendre 24 objets**.
c. Pour espérer ne pas perdre d'argent, monsieur H doit fixer un prix tel que les 24 ventes espérées remboursent le prix payé pour la location de l'emplacement.
Si on appelle p le prix de vente d'un objet, on doit donc avoir $24p \geqslant 30$, soit $p \geqslant \frac{30}{24}$, c'est-à-dire $p \geqslant 1,25$.
Pour espérer « amortir » la location de l'emplacement, c'est-à-dire pour espérer ne pas perdre d'argent, **monsieur H doit donc vendre chaque objet au moins 1,25 €**.

9 Étudier la durée d'un trajet

a. L'expérience est la répétition de 6 épreuves de Bernoulli identiques et indépendantes (car les feux sont non synchronisés). Chaque épreuve est le passage d'un feu, il y a succès si le feu est vert, la probabilité de succès est égale à $\frac{2}{3}$.

La variable aléatoire X est égale au nombre de succès, donc **X suit la loi binomiale de paramètres 6 et $\frac{2}{3}$.**

b. T est le temps mis par l'élève pour parcourir 3 km à la vitesse de $15 \text{ km} \times \text{h}^{-1}$, auquel s'ajoute 1,5 minute par feu rouge ou orange rencontré.

$\frac{3}{15} = 0{,}2$, donc l'élève met 0,2 h, c'est-à-dire 12 minutes, pour parcourir à vélo les 3 km qui séparent son domicile de son lycée.

Puisque X est égale au nombre de feux verts rencontrés, le nombre de feux rouges ou orange est $6 - X$.

Donc :

$T = 12 + 1{,}5(6 - X)$

$T = 12 + 9 - 1{,}5X$

$T = 21 - 1{,}5X$.

D'après les propriétés de l'espérance, l'espérance $E(T)$ de T est :

$E(T) = 21 - 1{,}5E(X)$.

Or puisque X suit la loi $\mathcal{B}\left(6\,;\frac{2}{3}\right)$, $E(X) = 6 \times \frac{2}{3} = 4$.

Donc $E(T) = 21 - 1{,}5 \times 4$, soit **$E(T) = 15$**.

L'élève peut espérer mettre 15 minutes pour aller en vélo de chez lui à son lycée, sur un grand nombre de trajets la durée moyenne est 15 minutes.

c. $17 > 15$, donc si l'élève part de chez lui 17 minutes avant le début des cours, il est raisonnable de penser qu'il arrivera à l'heure (il arrive en moyenne 2 minutes avant le début des cours).

L'élève est en retard si et seulement si il met plus de 17 minutes pour aller au lycée. La probabilité qu'il soit en retard est donc $P(T > 17)$.

$$P(T > 17) = P(21 - 1{,}5X > 17) = P\left(X < \frac{8}{3}\right).$$

Or $\frac{8}{3} \approx 2{,}7$ et X ne prend que des valeurs entières, donc :

$$P\left(X < \frac{8}{3}\right) = P(X \leqslant 2).$$

À NOTER

L'élève est en retard si et seulement si au maximum 2 feux sont verts, c'est-à-dire si et seulement si au moins 4 des 6 feux que comporte son trajet sont rouges ou orange.

D'après la calculatrice, $P(X \leqslant 2) \approx 0{,}1$. **La probabilité que l'élève soit en retard au lycée est environ 0,1.**

10 Étudier dans des cas particuliers le produit de deux variables aléatoires indépendantes

a. Si X et Y suivent respectivement la loi de Bernoulli de paramètre p et la loi de Bernoulli de paramètre q, alors elles ne prennent comme valeurs que 0 et 1 :
$P(X = 1) = p$ et $P(X = 0) = 1 - p$;
$P(Y = 1) = q$ et $P(Y = 0) = 1 - q$.
Leurs espérances sont $E(X) = p$ et $E(Y) = q$.
Alors XY ne prend comme valeurs que 0 et 1, avec :
$P(XY = 1) = P(X = 1 \text{ et } Y = 1) = P(X = 1) \times P(Y = 1)$ car X et Y sont indépendantes.
Donc $P(XY = 1) = pq$, XY suit la loi de Bernoulli de paramètre pq et son espérance est $\mathbf{E(XY) = pq = E(X) \times E(Y)}$.

b. Si X et Y suivent respectivement la loi binomiale $\mathcal{B}(2\,;p)$ et la loi binomiale $\mathcal{B}(2\,;q)$, alors elles ne prennent comme valeurs que 0, 1 et 2, avec :
$P(X = 2) = p^2$, $P(X = 1) = 2p(1-p)$ et $P(X = 0) = (1-p)^2$;
$P(Y = 2) = q^2$, $P(Y = 1) = 2q(1-q)$ et $P(X = 0) = (1-q)^2$.
Leurs espérances sont $E(X) = 2p$ et $E(Y) = 2q$.
XY prend comme valeurs 0, 1, 2 et 4.
On a :
$P(XY = 4) = P(X = 2 \text{ et } Y = 2) = P(X = 2) \times P(Y = 2)$
car X et Y sont indépendantes, donc $P(XY = 4) = p^2q^2$.
$P(XY = 2) = P(X = 1 \text{ et } Y = 2) + P(X = 2 \text{ et } Y = 1)$,
donc, puisque X et Y sont indépendantes :

$$P(XY = 2) = P(X = 1) \times P(Y = 2) + P(X = 2) \times P(Y = 1)$$
$$P(XY = 2) = 2p(1-p)q^2 + p^2 \times 2q(1-q)$$
$$P(XY = 2) = 2pq(p + q - 2pq).$$

À NOTER
XY ne suit pas une loi binomiale, car sa valeur minimale est 0, sa valeur maximale est 4, mais $P(XY = 3) = 0$ (XY ne prend jamais la valeur 3).

$P(XY = 1) = P(X = 1 \text{ et } Y = 1) = P(X = 1) \times P(Y = 1)$ toujours à cause de l'indépendance de X et Y, d'où :

$$P(XY = 1) = 4pq(1-p)(1-q).$$

La probabilité $P(XY = 0)$ est égale à $1 - S$, où S est la somme des trois probabilités précédemment calculées, mais cette probabilité n'intervient pas dans le calcul de l'espérance $E(XY)$.

$$E(XY) = 4P(XY = 4) + 2P(XY = 2) + P(XY = 1)$$
$$E(XY) = 4p^2q^2 + 4pq(p + q - 2pq) + 4pq(1-p)(1-q)$$
$$E(XY) = 4pq(pq + p + q - 2pq + 1 - p - q + pq)$$
$$\mathbf{E(XY) = 4pq = 2p \times 2q = E(X) \times E(Y)}.$$

À NOTER
Ce résultat se généralise au produit de deux variables aléatoires indépendantes suivant des lois quelconques. Par contre, il peut être faux si X et Y ne sont pas indépendantes.

11 Calculer l'espérance d'une variable aléatoire définie à partir d'un échantillon

a. Avec la linéarité de l'espérance :
$E(X^2 - m^2) = E(X^2) - m^2 = E(X^2) - [E(X)]^2 = V$.

b. $W = \frac{1}{3}\left[(X_1 - M_3)^2 + (X_2 - M_3)^2 + (X_3 - M_3)^2\right]$, donc d'après les propriétés de l'espérance :

$E(W) = \frac{1}{3} E\left[(X_1 - M_3)^2 + (X_2 - M_3)^2 + (X_3 - M_3)^2\right]$

$E(W) = \frac{1}{3} E(X_1^2 - 2X_1M_3 + M_3^2 + X_2^2 - 2X_2M_3 + M_3^2 + X_3^2 - 2X_3M_3 + M_3^2)$

$E(W) = \frac{1}{3}E\left[X_1^2 + X_2^2 + X_3^2 - 2M_3(X_1 + X_2 + X_3) + 3M_3^2\right]$.

Or $X_1 + X_2 + X_3 = 3M_3$, donc $E(W) = \frac{1}{3}E\left[X_1^2 + X_2^2 + X_3^2 - 3M_3^2\right]$ et :

$E(W) = \frac{1}{3} E\left[X_1^2 - m^2 + X_2^2 - m^2 + X_3^2 - m^2 - 3(M_3^2 - m^2)\right]$.

D'après la linéarité de l'espérance :

$E(W) = \frac{1}{3} \left[E(X_1^2 - m^2) + E(X_2^2 - m^2) + E(X_3^2 - m^2)\right] - E(M_3^2 - m^2)$.

Or X_1, X_2 et X_3 ont la même variance égale à σ^2, de plus l'espérance de M_3 est m et sa variance est $\frac{\sigma^2}{3}$ d'après le cours, donc en utilisant le résultat préliminaire quatre fois :

$$E(W) = \frac{1}{3}(\sigma^2 + \sigma^2 + \sigma^2) - \frac{\sigma^2}{3} = \frac{2}{3}\sigma^2.$$

À NOTER

Ce résultat se généralise à un échantillon de taille n quelconque.

On obtient $E(W) = \frac{n-1}{n}\sigma^2$.

OBJECTIF BAC

12 Étudier la méthode du *poolage*

Partie A Étude d'un cas particulier

a. L'expérience peut être considérée comme la répétition de 20 épreuves de Bernoulli identiques et indépendantes. Une épreuve est le test d'un sous-groupe, le succès est « le test du sous-groupe est négatif », la probabilité de succès est $(1 - p)^3$ car il y a trois individus par sous-groupe et que la probabilité qu'un individu choisi au hasard soit sain (donc ait un test négatif) est égale à $1 - p$.

La variable aléatoire X est égale au nombre de succès, donc elle suit la loi binomiale de paramètres 20 et $(1 - p)^3$.

b. ■ Pour un sous-groupe dont le test global est négatif, on effectue un seul test. Le nombre de sous-groupes dans cette situation est X.

■ Pour un sous-groupe dont le test global est positif, on teste ensuite individuellement chacun de ses 3 membres, on fait donc au total 4 tests. Puisqu'il y a au total 20 sous-groupes, le nombre de sous-groupes pour lesquels on fait 4 tests est $20 - X$.
■ Le nombre de tests effectués est donc :
$T = X + 4(20 - X)$, soit $\mathbf{T = 80 - 3X}$.
On en déduit $E(T) = 80 - 3E(X)$.
Or X suit la loi $\mathcal{B}\left(20\,;(1-p)^3\right)$, donc :
$E(X) = 20(1-p)^3$ et $\mathbf{E(T) = 80 - 60(1-p)^3}$.
c. La méthode de *poolage* est rentable si et seulement si :
$80 - 60(1-p)^3 \leqslant 60$, c'est-à-dire $(1-p)^3 \geqslant \dfrac{1}{3}$.
À l'aide de la calculatrice, on constate que $(1-p)^3 \geqslant \dfrac{1}{3}$ pour $p \leqslant p_0$, avec $p_0 \approx 0{,}3$.
Le *poolage* est donc rentable si **la proportion de personnes porteuses du parasite ne dépasse pas 0,3.**

Partie B Un problème d'optimisation (généralisation)

a. Pour chacun des sous-groupes ayant un test global positif, on effectue au total $(n+1)$ tests : le premier test, puis un test par individu. Le nombre de sous-groupes dans ce cas est $\dfrac{N}{n} - X$.
Donc $T = X + (n+1)\left(\dfrac{N}{n} - X\right)$, soit $T = \left(1 + \dfrac{1}{n}\right)N - nX$.
D'où $E(T) = \left(1 + \dfrac{1}{n}\right)N - nE(X)$.
Par le même raisonnement qu'à la partie A, on établit que X suit la loi $\mathcal{B}\left(\dfrac{N}{n}\,;(1-p)^n\right)$, car on a constitué $\dfrac{N}{n}$ sous-groupes de n individus chacun. On en déduit que $E(X) = \dfrac{N}{n}(1-p)^n$, puis que :

$$E(T) = \left(1 + \frac{1}{n}\right)N - n \times \frac{N}{n}(1-p)^n$$

$$E(T) = \left(1 + \frac{1}{n}\right)N - N(1-p)^n$$

$$\mathbf{E(T) = N\left[1 + \frac{1}{n} - (1-p)^n\right]}.$$

b. ■ Avec $p = 0{,}1$:

$$E(T) = N\left[1 + \frac{1}{n} - 0{,}9^n\right].$$

À l'aide de la calculatrice ou par lecture graphique, on observe que l'entier n tel que cette quantité soit minimale est $n = 4$.
Alors $E(T) = N\left(\dfrac{5}{4} - 0{,}9^4\right) \approx 0{,}59N < N$; donc le *poolage* est rentable si l'on constitue des **sous-groupes de 4 individus.**
■ Avec $p = 0{,}01$:

$$E(T) = N\left[1 + \frac{1}{n} - 0{,}99^n\right].$$

À l'aide de la calculatrice ou par lecture graphique, on observe que l'entier n tel que cette quantité soit minimale est $n = 11$.

Alors $E(T) = N\left(\frac{12}{11} - 0{,}99^{11}\right) \approx 0{,}196N < N$; donc le *poolage* est rentable si l'on constitue des **sous-groupes de 11 individus**.

- Avec $p = 0{,}001$:

$$E(T) = N\left[1 + \frac{1}{n} - 0{,}999^n\right].$$

À l'aide de la calculatrice ou par lecture graphique, on observe que l'entier n tel que cette quantité soit minimale est $n = 32$.

Alors $E(T) = N\left(\frac{33}{32} - 0{,}999^{32}\right) \approx 0{,}063N < N$; donc le *poolage* est rentable si l'on constitue des **sous-groupes de 32 individus**.

À NOTER

Il semble, à partir des calculs précédents, que le *poolage* est d'autant plus rentable que la proportion p d'individus porteurs du parasite est faible.

13 Concentration, loi des grands nombres

La **loi des grands nombres** fait le lien entre une valeur numérique calculée sur un échantillon et l'espérance de la variable aléatoire associée. Avec les inégalités de concentration qui permettent d'estimer la taille des échantillons à utiliser, elle est à la base des sondages.

38 Inégalité de Bienaymé-Tchebychev Inégalité de concentration

En bref *La variance d'une variable aléatoire mesure sa dispersion autour de son espérance. L'inégalité de Bienaymé-Tchebychev et toutes les inégalités de concentration apportent des précisions sur cette dispersion.*

I Inégalité de Markov

- Si X est une variable aléatoire **à valeurs positives** et si $E(X)$ désigne son espérance, alors, pour tout réel a strictement positif :

$$P(X \geqslant a) \leqslant \frac{E(X)}{a}$$

- En notant μ l'espérance de X, cette inégalité est parfois écrite sous la forme :

$$\text{pour tout réel } k > 0,\ P(X \geqslant k\mu) \leqslant \frac{1}{k}.$$

On en déduit en particulier que la probabilité que X prenne une valeur supérieure ou égale au double de son espérance est inférieure ou égale à 0,5.

II Inégalité de Bienaymé-Tchebychev

- L'inégalité de Bienaymé-Tchebychev permet de majorer la probabilité qu'une variable aléatoire X s'écarte de son espérance d'une quantité supérieure ou égale à une valeur donnée.
- Si X est une variable aléatoire d'espérance μ et de variance V, alors, pour tout réel $\delta > 0$:

$$P(|X - \mu| \geqslant \delta) \leqslant \frac{V}{\delta^2}$$

- On peut aussi l'écrire : pour tout réel $k > 0$, $P\left(|X - \mu| \geqslant k\sqrt{V}\right) \leqslant \frac{1}{k^2}$.

III Une inégalité de concentration pour la moyenne

Soit n un entier supérieur ou égal à 2 et $(X_1, X_2, \ldots, X_n)$ un échantillon de taille n d'une loi de probabilité d'espérance μ et de variance V.

On note M_n la moyenne de cet échantillon, c'est-à-dire $M_n = \frac{X_1 + X_2 + \ldots + X_n}{n}$.

Alors, pour tout réel $\delta > 0$:

$$P(|M_n - \mu| \geqslant \delta) \leqslant \frac{V}{n\delta^2}$$

À NOTER

Ce résultat est une conséquence directe de l'inégalité de Bienaymé-Tchebychev et d'un résultat vu au chapitre précédent : la variance de M_n est $V(M_n) = \frac{V}{n}$.

Méthode

Définir une taille d'échantillon en fonction de la précision et du risque choisis

Pour une certaine variété de pois de senteur, la probabilité d'obtenir une fleur blanche est égale à 0,25, la probabilité d'obtenir une fleur rose ou rouge est 0,75.

Combien faut-il observer de fleurs de cette espèce pour que la fréquence de fleurs blanches soit comprise entre 0,2 et 0,3 avec une probabilité supérieure ou égale à 0,99 ?

CONSEILS

- En appelant n la taille de l'échantillon, c'est-à-dire le nombre de fleurs à observer, introduisez la variable aléatoire égale à la fréquence de fleurs blanches dans un échantillon de taille n et déterminez, en fonction de n, l'espérance et la variance de cette variable aléatoire.
- Utilisez ensuite l'inégalité de Bienaymé-Tchebychev.

SOLUTION

■ Soit n le nombre de fleurs à observer, F_n et X_n les variables aléatoires donnant respectivement la fréquence et le nombre de fleurs blanches dans un échantillon de taille n. On a $F_n = \dfrac{X_n}{n}$ et X_n suit la loi binomiale $\mathcal{B}(n\,;0{,}25)$. L'espérance de F_n est 0,25.

■ La variance de X_n est $V(X_n) = n \times 0{,}25 \times 0{,}75 = 0{,}1875n$ et celle de F_n est $V = V(F_n) = \dfrac{V(X_n)}{n^2} = \dfrac{0{,}1875}{n}$.

■ $0{,}2 < F_n < 0{,}3$ équivaut à $|F_n - 0{,}25| < 0{,}05$.

On cherche donc n tel que $P(|F_n - 0{,}25| < 0{,}05) \geqslant 0{,}99$.

Cette condition équivaut à $1 - P(|F_n - 0{,}25| \geqslant 0{,}05) \geqslant 0{,}99$, soit :

$$P(|F_n - 0{,}25| \geqslant 0{,}05) \leqslant 0{,}01 \;(*).$$

Or l'inégalité de Bienaymé-Tchebychev dit que, pour tout $\delta > 0$:

$P(|F_n - \mu| \geqslant \delta) \leqslant \dfrac{V}{\delta^2}$, avec $\mu = 0{,}25$, $V = \dfrac{0{,}1875}{n}$, et $\delta = 0{,}05$, on a :

$P(|F_n - 0{,}25| \geqslant 0{,}05) \leqslant \dfrac{0{,}1875}{n0{,}05^2}$.

■ On cherche n tel que (*) soit vérifiée, il suffit donc que n vérifie $\dfrac{0{,}1875}{n0{,}05^2} \leqslant 0{,}01$, soit $n \geqslant \dfrac{0{,}1875}{0{,}01 \times 0{,}05^2}$ c'est-à-dire $n \geqslant 7\,500$.

Si on observe au moins 7 500 fleurs, la fréquence de fleurs blanches est comprise entre 0,2 et 0,3 avec une probabilité supérieure ou égale à 0,99.

Remarque : 0,05 est la précision choisie (écart maximal par rapport à l'espérance) et 0,01 est le risque choisi.

39 Loi des grands nombres

En bref *La loi des grands nombres formalise un résultat qui semble naturel. Elle permet de dire que plus un échantillon est grand, plus ses caractéristiques sont proches de celles de la population.*

I Loi des grands nombres

■ Soit $(X_n)_{n\in\mathbb{N}^*}$ une suite de variables aléatoires deux à deux indépendantes et de même loi. Pour tout entier $n \geqslant 2$, on note $M_n = \dfrac{X_1 + X_2 + \ldots + X_n}{n}$.

Alors, pour tout réel $\varepsilon > 0$:

$$\lim_{n\to+\infty} P\left(|M_n - \mu| \geqslant \varepsilon\right) = 0$$

Remarque : On dit que la suite (M_n) converge en probabilité vers μ.

■ Pour tout entier n supérieur ou égal à 2, $(X_1, X_2, \ldots, X_n)$ est un échantillon de taille n de la loi de probabilité, M_n est la moyenne de cet échantillon.

Remarque : Si on pose $S_n = X_1 + X_2 + \ldots + X_n = nM_n$, alors :

$$P\left(|M_n - \mu| \geqslant \varepsilon\right) = P\left(|S_n - n\mu| \geqslant n\varepsilon\right).$$

À NOTER

La loi énoncée ici est appelée « loi faible des grands nombre ». Il existe une « loi forte des grands nombres », correspondant à une convergence « plus forte » que la convergence en probabilité, c'est-à-dire entraînant cette dernière.

II Interprétations et conséquences

■ Si l'on répète une série d'épreuves identiques, indépendantes et nombreuses, modélisées par les variables aléatoires $X_1, X_2, \ldots, X_n, \ldots$, il est probable que la moyenne observée des X_i (on l'appelle aussi **moyenne empirique**) soit voisine de l'espérance μ des X_i. La probabilité que la moyenne observée s'écarte beaucoup de l'espérance est faible.

De cette loi, on déduit l'interprétation usuelle de l'espérance comme **moyenne des valeurs des X_i** sur un grand nombre d'expériences.

■ La loi des grands nombres fournit aussi une justification *a posteriori* de l'**approche fréquentiste** des probabilités : la probabilité d'un événement peut être approchée par la fréquence de réalisation de cet événement lors de la réalisation d'un grand nombre d'expériences (d'où le vocabulaire « loi **des grands nombres** »).

Méthode

Utiliser la loi des grands nombres

On lance un grand nombre de fois une pièce équilibrée.

Pour tout entier naturel $n \geqslant 2$, on note S_n la variable aléatoire égale au nombre de « pile » que l'on obtient au cours des n premiers lancers.

a. Pourquoi peut-on affirmer qu'il existe un entier naturel N tel que, si $n \geqslant N$, alors $P\left(\left|S_n - \frac{n}{2}\right| \geqslant 0{,}1n\right) < 0{,}05$?

b. Montrer que $P(0{,}4n < S_n < 0{,}6n) \geqslant 0{,}95$ équivaut à $P\left(\left|S_n - \frac{n}{2}\right| \geqslant 0{,}1n\right) < 0{,}05$.

c. Déterminer un entier naturel N tel que, si $n \geqslant N$, alors $P(0{,}4n < S_n < 0{,}6n) \geqslant 0{,}95$.

CONSEILS

a. Utilisez la loi des grands nombres et la définition d'une suite convergente.

b. Considérez des événements contraires.

c. Utilisez l'inégalité de concentration.

SOLUTION

a. ■ $S_n = X_1 + X_2 + \ldots + X_n$, où X_i est la variable de Bernoulli de paramètre $\frac{1}{2}$ qui prend la valeur 1 si le i-ième lancer donne « pile », la valeur 0 sinon. Les variables $X_1, X_2, \ldots, X_n$ sont indépendantes et suivent la même loi de Bernoulli de paramètre $\frac{1}{2}$.

■ On pose $M_n = \frac{S_n}{n}$. $\left|S_n - \frac{n}{2}\right| \geqslant 0{,}1n$ équivaut à $\left|M_n - \frac{1}{2}\right| \geqslant 0{,}1$. D'après la loi des grands nombres, $P\left(\left|M_n - \frac{1}{2}\right| \geqslant 0{,}1\right)$ tend vers 0 quand n tend vers $+\infty$, donc il existe N tel que, si $n \geqslant N$, alors $P\left(\left|M_n - \frac{1}{2}\right| \geqslant 0{,}1\right) < 0{,}05$ et donc $P\left(\left|S_n - \frac{n}{2}\right| \geqslant 0{,}1n\right) < 0{,}05$.

b. $0{,}4n < S_n < 0{,}6n$ équivaut à $-0{,}1n < S_n - 0{,}5n < 0{,}1n$, soit $\left|S_n - \frac{n}{2}\right| < 0{,}1n$.
Donc $P(0{,}4n < S_n < 0{,}6n) \geqslant 0{,}95$ équivaut à :

$$P\left(\left|S_n - \frac{n}{2}\right| < 0{,}1n\right) \geqslant 0{,}95, \text{ soit } P\left(\left|S_n - \frac{n}{2}\right| \geqslant 0{,}1n\right) < 0{,}05.$$

c. D'après ce qui précède, on cherche N tel que, si $n \geqslant N$, alors $P\left(\left|M_n - \frac{1}{2}\right| \geqslant 0{,}1\right) < 0{,}05$. Or d'après l'inégalité de concentration → FICHE 38, $P\left(\left|M_n - \frac{1}{2}\right| \geqslant 0{,}1\right) \leqslant \frac{25}{n}$ (car $V = \frac{1}{4}$).

Il suffit donc que $\frac{25}{n} < 0{,}05$, soit $n > 500$. On peut prendre $N = 501$.

MÉMO VISUEL

CONCENTRATION

Quelles sont les inégalités de concentration ?

Inégalités de concentration

Inégalité de Markov

X est une variable aléatoire à valeurs positives ; a est un réel strictement positif. Alors :

$$P(X \geqslant a) \leqslant \frac{E(X)}{a}$$

Exemple : Si X_n suit la loi $\mathscr{B}(n\,;p)$, alors $P\left(X \geqslant \frac{n}{2}\right) \leqslant 2p$.

Inégalité de Bienaymé-Tchebychev

X est une variable aléatoire d'espérance μ et de variance V.
Alors, pour tout réel $\delta > 0$:

$$P(|X-\mu| \geqslant \delta) \leqslant \frac{V}{\delta^2}$$

Exemple : Si X_n suit la loi $\mathscr{B}(50\,;0{,}6)$, alors $E(X) = 30$, $V(X) = 12$ et $P(|X-30| \geqslant 6) \leqslant \frac{12}{36}$. C'est équivalent à $P(X \geqslant 36 \text{ ou } X \leqslant 24) \leqslant \frac{1}{3}$ et on en déduit $P(25 \leqslant X \leqslant 35) > \frac{2}{3}$.

Inégalité de concentration pour une moyenne

$(X_1, X_2, \ldots, X_n)$ est un échantillon de taille n d'une loi de probabilité d'espérance μ et de variance V ; $M_n = \frac{X_1 + X_2 + \ldots + X_n}{n}$.
Alors, pour tout réel $\delta > 0$:

$$P(|M_n - \mu| \geqslant \delta) \leqslant \frac{V}{n\,\delta^2}$$

Exemple : X_n suit la loi $\mathscr{B}(n\,;0{,}2)$. Pour n entier naturel non nul, on pose $M_n = \frac{X_n}{n}$, alors $P(|M_n - 0{,}2| \geqslant 0{,}04) \leqslant \frac{100}{n}$. Par passage au complémentaire, $P(|M_n - 0{,}2| < 0{,}04) > \frac{100}{n}$, soit $P(0{,}16 < M_n < 0{,}24) > \frac{100}{n}$.

Qu'est-ce que la loi des grands nombres ?

Loi des grands nombres

$(X_1, X_2, \ldots, X_n)$ est un échantillon de taille n d'une loi de probabilité d'espérance μ ; $M_n = \dfrac{X_1 + X_2 + \ldots + X_n}{n}$. Alors, pour tout réel $\varepsilon > 0$:

$$\lim_{n \to +\infty} P(|M_n - \mu| \geqslant \varepsilon) = 0$$

Exemple : Simulation de la moyenne d'un échantillon de taille n croissante d'une loi de probabilité d'espérance $\mu = \dfrac{1}{3}$. On observe que, lorsque n augmente, les valeurs de M_n obtenues se stabilisent autour de $\dfrac{1}{3}$.

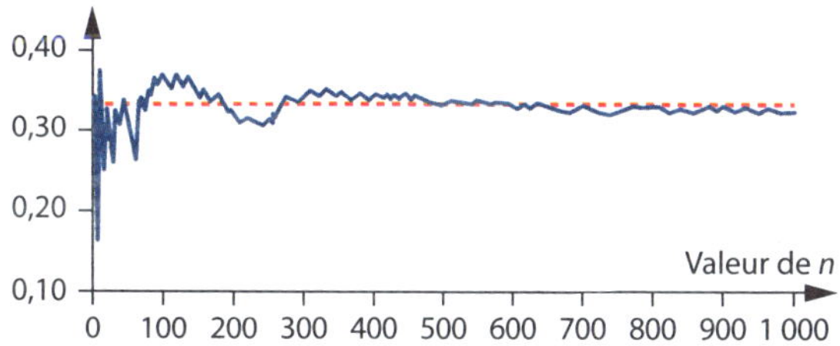

LOI DES GRANDS NOMBRES

Quelles sont les conséquences et les applications de la loi des grands nombres ?

Applications

- L'espérance d'une variable aléatoire peut être approchée par la moyenne des résultats obtenus sur un grand nombre de réalisations.
- La probabilité d'un événement peut être interprétée comme la fréquence de réalisation de cet événement sur le long terme si l'expérience est répétée un grand nombre de fois. Ce résultat justifie l'approche fréquentiste des probabilités et est utilisé par exemple dans le cadre de sondages et par les assurances.

SE TESTER QUIZ

Vérifiez que vous avez bien compris les points clés des **fiches 38 et 39**.

1 Inégalité de Markov

→ FICHE 38

1. Soit X une variable aléatoires ne prenant que des valeurs positives ou nulles, $E(X)$ son espérance et σ son écart type. a est un réel strictement positif. On pose $p = P(X \geqslant a)$. On a :

☐ **a.** $p \leqslant \dfrac{E(X)}{a}$ ☐ **b.** $p \leqslant \dfrac{E(X)}{a^2}$ ☐ **c.** $p \leqslant \dfrac{\sigma}{a}$

2. Soit X une variable aléatoire qui suit la loi uniforme sur $\{1, 2, \ldots, s\}$.

Alors, d'après l'inégalité de Markov :

☐ **a.** $P\left(X \geqslant \dfrac{s}{2}\right) \leqslant \dfrac{2}{3}$

☐ **b.** $P\left(X \geqslant \dfrac{s+1}{2}\right) \leqslant \dfrac{2}{3}$

☐ **c.** $P\left(X \geqslant \dfrac{3}{4}(s+1)\right) \leqslant \dfrac{2}{3}$

2 Inégalités de concentration

→ FICHE 38

1. Soit X une variable aléatoire d'espérance μ et d'écart type σ. On pose $p = P(|X - \mu| \geqslant 2\sigma)$. On a :

☐ **a.** $p = 0$ ☐ **b.** $p \leqslant \dfrac{1}{4}$ ☐ **c.** $p \geqslant 0{,}5$

2. On effectue des tirages successifs avec remise d'une boule dans une urne contenant 2 boules rouges et 3 boules bleues. D'après l'inégalité de concentration, à partir de quel nombre n de tirages peut-on garantir à plus de 95 % que la proportion de boules rouges parmi les boules tirées restera strictement comprise entre 0,35 et 0,45 ?

☐ **a.** $n \geqslant 500$ ☐ **b.** $n \geqslant 950$ ☐ **c.** $n \geqslant 1\,920$

3 Loi des grands nombres

→ FICHE 39

Soit $(X_n)_{n \in \mathbb{N}^*}$ une suite de variables aléatoires deux à deux indépendantes et de même loi d'espérance μ, et ε un réel strictement positif.
Pour tout entier $n \geqslant 2$, on pose :

$M_n = \dfrac{X_1 + X_2 + \ldots + X_n}{n}$ et $p_n = P(|M_n - \mu| \geqslant \varepsilon)$.

La suite de terme général p_n :

☐ **a.** est divergente. ☐ **b.** est convergente. ☐ **c.** a pour limite $+\infty$.

S'ENTRAÎNER

4 Démontrer l'inégalité de Markov

→ FICHE 38

Soit X une variable aléatoire ne prenant que des valeurs positives ou nulles, μ son espérance et a un réel strictement positif.

a. En répartissant les valeurs prises par X en deux sous-ensembles, celles qui sont strictement inférieures à a et celles qui sont supérieures ou égales à a, et en utilisant la définition de l'espérance, montrer que $\mu \geqslant aP(X \geqslant a)$.

b. En déduire l'inégalité de Markov : $P(X \geqslant a) \leqslant \dfrac{\mu}{a}$.

5 Étudier une production

→ FICHE 38

Le nombre de pièces produites par une usine en une journée est modélisé par une variable aléatoire X d'espérance 50.

On cherche à estimer la probabilité que la production de demain dépasse 75 pièces.

a. En utilisant l'inégalité de Markov, quelle estimation de cette probabilité obtient-on ?

b. Que peut-on dire de plus si l'on sait que l'écart type de X est égal à 5 ?

6 Étudier des tirages de boules dans une urne

→ FICHE 38

n est un entier naturel supérieur ou égal à 2.
Une urne contient 8 boules indiscernables au toucher : 2 vertes et 6 blanches. On tire successivement au hasard n boules de cette urne avec remise, c'est-à-dire en remettant, après chaque tirage, la boule dans l'urne avant de procéder au tirage suivant.

On définit la variable aléatoire X_n égale au nombre de boules vertes parmi les n boules tirées. On pose $F_n = \dfrac{X_n}{n}$.

a. Donner la loi de X_n. En déduire l'espérance et la variance de X_n, puis celles de F_n.

b. Déterminer, à l'aide de l'inégalité de Bienaymé-Tchebychev, une estimation du nombre n de tirages nécessaires pour que la probabilité que la valeur de F_n appartienne à l'intervalle $]0{,}23\,;0{,}27[$ soit au moins égale à 0,99.

7 Démontrer une variante de la loi des grands nombres

→ FICHE 39

Soit $(X_n)_{n\in\mathbb{N}^*}$ une suite de variables aléatoires deux à deux indépendantes.

Pour tout entier naturel non nul n, on suppose que X_n suit la loi de Bernoulli de paramètre p_n et on pose $S_n = X_1 + X_2 + \ldots + X_n$.

On veut montrer que, pour tout réel $\varepsilon > 0$:

$$\lim_{n\to+\infty} P\left(\left|\frac{S_n}{n} - \frac{1}{n}\sum_{k=1}^{n} p_k\right| \geqslant \varepsilon\right) = 0.$$

> **À NOTER**
> $\sum_{k=1}^{n} p_k$ est une notation pour la somme des nombres $p_1, p_2, \ldots, p_n$.

a. Pourquoi ne peut-on pas appliquer directement la loi des grands nombres ?

b. Montrer que la variance $V(S_n)$ de S_n vérifie $V(S_n) \leqslant \frac{n}{4}$.

c. En déduire le résultat à l'aide de l'inégalité de Bienaymé-Tchebychev.

8 Étudier une forme de convergence d'une suite de variables aléatoires

→ FICHE 38

Soit $(X_n)_{n \in \mathbb{N}^*}$ une suite de variables aléatoires définies sur le même univers et X une variable aléatoire également définie sur le même univers.

Montrer que, si on a $\lim\limits_{n \to +\infty} E(X_n - X) = 0$ et $\lim\limits_{n \to +\infty} V(X_n - X) = 0$, alors, pour tout réel $\varepsilon > 0$:

$$\lim_{n \to +\infty} P(|X_n - X| \geqslant \varepsilon) = 0.$$

9 Réaliser une simulation à l'aide d'un algorithme

→ FICHE 38

Soit n et N deux entiers naturels non nuls et p un nombre de l'intervalle $[0\,;1]$.
S est une variable aléatoire suivant la loi $\mathcal{B}(n\,;p)$.

a. Écrire un algorithme simulant N réalisations de la variable aléatoire S et déterminant, sur ces N simulations, la fréquence du nombre de réalisations de l'événement $\{|S - E(S)| \geqslant \sqrt{n}\}$.

b. Pour cette question, on pose $n = 9$ et $p = 0{,}5$. Donner à l'aide de l'inégalité de Bienaymé-Tchebychev, une majoration de la probabilité $P(|S - E(S)| \geqslant \sqrt{n})$.
Comparer ce résultat à celui de la simulation.

> **À NOTER**
> On rappelle qu'une variable aléatoire qui suit la loi binomiale $\mathcal{B}(n\,;p)$ est la somme de n variables de Bernoulli de paramètre p.

c. Calculer une valeur approchée à 10^{-2} près de $P(|S - E(S)| \geqslant \sqrt{n})$ lorsque $n = 9$ et $p = 0{,}5$. Comparer ce résultat à ceux des questions précédentes.

10 Simuler une marche aléatoire sur un carré et conjecturer

Un mobile se déplace de manière aléatoire sur les côtés d'un carré ABCD.

À chaque étape, il passe, de manière aléatoire, du sommet où il se trouve à un sommet qui lui est relié.

Initialement il se trouve en A.

On cherche à étudier les positions possibles du mobile après 4 étapes, et la probabilité qu'il soit en chacune d'elles.

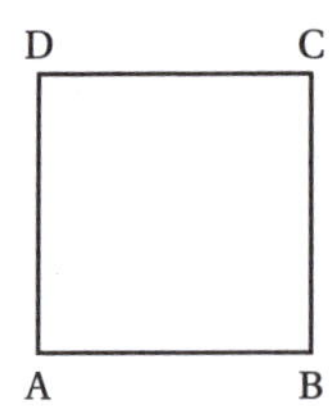

1. On veut simuler à l'aide d'un tableur 1 000 marches aléatoires de 4 étapes. On attribue au sommet A le numéro 0, au sommet B le numéro 1, au sommet C le numéro 2 et au sommet D le numéro 3. À chaque étape on ajoute, au numéro du sommet atteint, aléatoirement 1 ou –1.

	A	B	C	D	E
1	Départ A	Étape 1	Étape 2	Étape 3	Étape 4
2	0	3	2	3	2
3					
4					

a. Expliquer la formule :

=MOD(A2+2*ALEA.ENTRE.BORNES(0;1)-1;4)

saisie dans la cellule B2.

Recopier cette formule vers la droite, puis vers le bas pour simuler 1 000 marches aléatoires de 4 étapes.

b. On veut déterminer, parmi les 1 000 marches simulées, la proportion de marches se terminant en A, la proportion de celles se terminant en B, en C, en D. On complète la feuille de calcul précédente.

	G	H	I	J	K
1		Fréquence après 4 étapes			
2		En A (0)	En B (1)	En C (2)	En D (3)
3		0,488	0	0,512	0
4					

Justifier la formule :

=NB.SI(E2:E1001;0)/1000

saisie dans la cellule H3.

Adapter la formule pour les cellules I3, J3 et K3 et conjecturer une réponse au problème.

2. a. Traduire la situation à l'aide d'un arbre pondéré.

b. Calculer la probabilité de l'événement :

« au bout de 4 étapes, le mobile est en C ».

OBJECTIF BAC

11 Étudier deux jeux

50 min

Dans la première partie, on cherche à savoir combien de fois lancer un dé pour estimer avec une certaine erreur la probabilité de sortie du 6. Dans la deuxième, on tient compte de tous les résultats obtenus et on en calcule la moyenne.

LE SUJET

Les parties A et B sont indépendantes.

Partie A Le nombre de « 6 »

n est un entier naturel non nul. On lance n fois un dé cubique équilibré.
On note S_n la variable aléatoire égale au nombre de 6 obtenus au cours de ces n lancers et M_n la variable aléatoire définie par $M_n = \dfrac{S_n}{n}$.

1. On note p_n la probabilité que l'**écart** entre M_n et la probabilité de faire 6 en un lancer soit supérieur à 0,01. Déterminer un **minorant** n_0 de n pour que p_n soit inférieure à 10^{-3}.

2. On suppose que $n = 2n_0$. Entre quelles valeurs variera vraisemblablement S_n ?

MOTS CLÉS
- L'**écart** entre deux nombres est la valeur absolue de leur différence.
- Un **minorant** de n est un nombre (ici entier) auquel n doit être supérieur ou égal.

Partie B La moyenne de tous les résultats

On considère toujours un dé cubique équilibré que l'on lance plusieurs fois de suite.

1. n est un entier naturel non nul. On fait n lancers successifs. Pour tout entier i tel que $1 \leqslant i \leqslant n$, on note Y_i le résultat du i-ième lancer, et on pose $Q_n = \dfrac{Y_1 + Y_2 + \ldots + Y_n}{n}$.

À NOTER
Q_n est la moyenne des résultats obtenus au cours des n lancers.

a. Déterminer l'espérance μ_n de Q_n.

b. Donner, en fonction de n, une inégalité concernant $q_n = P\left(|Q_n - \mu_n| \geqslant \dfrac{1}{2}\right)$.

c. Déterminer n_0 tel que, pour $n \geqslant n_0$, on ait certainement $q_n \leqslant 0{,}01$.

2. On lance le dé exactement deux fois. On note Y et Z les deux résultats obtenus. On définit les variables aléatoires T, U et V par :
- $T = Y + Z$;
- U est le plus petit des deux nombres sortis ;
- V est le plus grand des deux nombres sortis.

a. Déterminer la loi de T.

b. Les variables U et V sont-elles indépendantes ?

c. Déterminer la loi de V.

LIRE LE SUJET

Partie A

1. On cherche n_0 tel que, pour tout entier naturel n vérifiant $n \geqslant n_0$, on ait $P(|M_n - p| \geqslant 0{,}01) \leqslant 10^{-3}$, où p est la probabilité d'obtenir 6 à un lancer.

2. « Vraisemblablement » signifie « avec une probabilité voisine de 1 ».

Partie B

1. a. On demande de calculer l'espérance d'une moyenne de variables aléatoires indépendantes et de même loi.

1. b. Attention aux notations : Q_n est une variable aléatoire, q_n est une probabilité, c'est-à-dire un nombre de l'intervalle $[0 ; 1]$.

LA FEUILLE DE ROUTE

Partie A Le nombre de « 6 »

1. Déterminer le nombre de minimum de lancers d'un dé pour qu'une condition soit remplie → FICHE 38

Déterminez la probabilité de faire 6 en un lancer, puis déterminez la loi de S_n. Pour cela, considérez S_n comme une somme de variables aléatoires indépendantes de même loi et utilisez l'inégalité de concentration pour la moyenne.

2. Déterminer un intervalle de valeurs d'une variable aléatoire

Utilisez la question précédente.

Partie B La moyenne de tous les résultats

1. a. Déterminer l'espérance d'une variable aléatoire

Donnez la loi suivie par $Y_1, Y_2, \ldots, Y_n$, l'espérance et la variance de ces variables aléatoires.

b. Écrire une inégalité → FICHE 38

Utilisez l'inégalité de concentration pour la moyenne.

c. Déterminer un entier vérifiant une condition donnée

Utilisez la question précédente.

2. a. Déterminer la loi d'une variable aléatoire

Faites par exemple un tableau à double entrée.

b. Étudier l'indépendance éventuelle de deux variables aléatoires → FICHE 35

Comparez par exemple $P(U = 3 \text{ et } V = 2)$ avec $P(U = 3) \times P(V = 2)$.

c. Déterminer la loi d'une variable aléatoire

Déterminez les valeurs que peut prendre V. Pour chacune de ces valeurs, listez les résultats des deux lancers qui correspondent à cette valeur.

CORRIGÉS

SE TESTER QUIZ

1 Inégalité de Markov

1. Réponse a. $P(X \geqslant a) \leqslant \frac{E(X)}{a}$. C'est l'inégalité de Markov.

2. Réponse c. Si X suit la loi uniforme sur $\{1, 2, \dots, s\}$, alors son espérance $E(X)$ est $E(X) = \frac{s+1}{2}$. On cherche le réel positif a tel que $\frac{E(X)}{a} = \frac{2}{3}$. On trouve $a = 3\frac{E(X)}{2}$, soit $a = \frac{3}{4}(s+1)$.
Avec cette valeur de a, on a $P(X \geqslant a) \leqslant \frac{E(X)}{a}$.

2 Inégalités de concentration

1. Réponse b. D'après l'inégalité de Bienaymé-Tchebychev, pour tout réel $k > 0$, $P\left(|X - \mu| \geqslant k\sqrt{V}\right) \leqslant \frac{1}{k^2}$, où V est la variance de X.
Comme $\sigma = \sqrt{V}$, avec $k = 2$, on a $P\left(|X - \mu| \geqslant 2\sigma\right) \leqslant \frac{1}{4}$.

2. Réponse c. Pour tout entier i compris entre 1 et n, on note Y_i la variable aléatoire qui prend la valeur 1 si la i-ième boule tirée est rouge, la valeur 0 sinon. Les variables aléatoires $Y_1, Y_2, \dots, Y_n$ sont deux à deux indépendantes et suivent la loi de Bernoulli de paramètre 0,4. Leur espérance est donc $\mu = 0{,}4$ et leur variance $V = 0{,}4 \times 0{,}6$, soit $V = 0{,}24$.
La proportion de boules rouges parmi les n boules tirées peut être modélisée par la variable aléatoire $M_n = \frac{Y_1 + Y_2 + \dots + Y_n}{n}$.
On cherche n tel que $P\left(|M_n - 0{,}4| \geqslant 0{,}05\right) \leqslant 0{,}05$.
Or, d'après l'inégalité de concentration, $P\left(|M_n - 0{,}4| \geqslant 0{,}05\right) \leqslant \frac{V}{n(0{,}05)^2}$. Il suffit donc d'avoir $\frac{V}{n(0{,}05)^2} \leqslant 0{,}05$, soit $n \geqslant \frac{0{,}24}{(0{,}05)^3}$ avec $\frac{0{,}24}{(0{,}05)^3} = 1\,920$.

3 Loi des grands nombres

Réponse b. D'après la loi des grands nombres, pour tout réel $\varepsilon > 0$:

$$\lim_{n \to +\infty} P\left(|M_n - \mu| \geqslant \varepsilon\right) = 0, \text{ soit } \lim_{n \to +\infty} p_n = 0.$$

La suite de terme général p_n converge vers 0.

S'ENTRAÎNER

4 Démontrer l'inégalité de Markov

a. On note $x_1, x_2, \dots, x_n$ les valeurs prises par X, rangées dans l'ordre croissant.
Le réel $a > 0$ étant fixé, on suppose que les valeurs $x_1, x_2, \dots, x_k$ sont strictement inférieures à a et que les valeurs $x_{k+1}, x_{k+2}, \dots, x_n$ sont supérieures ou égales à a.
$\mu = x_1 P(X = x_1) + x_2 P(X = x_2) + \dots + x_k P(X = x_k) + x_{k+1} P(X = x_{k+1}) + \dots + x_n P(X = x_n)$.
Donc $\mu \geqslant x_{k+1} P(X = x_{k+1}) + \dots + x_n P(X = x_n)$, ce qu'on peut aussi écrire :

$$\mu \geqslant \sum_{i=k+1}^{n} x_l P(X - x_i).$$

Or, pour tout i tel que $k + 1 \leqslant i \leqslant n$, on a $x_i \geqslant a$ donc :

$$\mu \geqslant a \sum_{i=k+1}^{n} P(X = x_i).$$

De plus :

$$\sum_{i=k+1}^{n} P(X = x_i) = P(X \geqslant a).$$

D'où $\mu \geqslant aP(X \geqslant a)$.

b. On divise les deux membres de l'inégalité précédente par a. Comme $a > 0$, l'inégalité ne change pas de sens et on obtient l'inégalité de Markov : $P(X \geqslant a) \leqslant \frac{\mu}{a}$.

5 Étudier une production

a. Avec l'inégalité de Markov, on obtient :

$$P(X \geqslant 75) \leqslant \frac{E(X)}{75}$$

soit :

$$P(X \geqslant 75) \leqslant \frac{2}{3}.$$

La probabilité que la production journalière dépasse 75 pièces est inférieure ou égale à $\frac{2}{3}$.

b. Si l'écart type de X est égal à 5, sa variance est $V(X) = 25$.
On peut appliquer l'inégalité de Bienaymé-Tchebychev :

$$P(|X - 50| \geqslant 25) \leqslant \frac{V(X)}{25^2}$$

donc :

$$P(|X - 50| \geqslant 25) \leqslant \frac{1}{25}$$

soit :

$$P(|X - 50| \geqslant 25) \leqslant 0{,}04.$$

Or $|X - 50| \geqslant 25$ équivaut à $X \geqslant 75$ ou $X \leqslant 25$,
donc $P(X \geqslant 75) \leqslant P(|X - 50| \geqslant 25)$,
donc $P(X \geqslant 75) \leqslant 0{,}04$.

La probabilité que la production journalière dépasse 75 pièces est inférieure ou égale à 0,04.

À NOTER
On obtient une bien meilleure précision si, en plus de connaître la moyenne, on a des informations sur la dispersion de la variable aléatoire autour de cette moyenne.

6 Étudier des tirages de boules dans une urne

a. L'expérience est la répétition de n épreuves de Bernoulli identiques et indépendantes de succès « la boule tirée est verte », de probabilité $p = \frac{1}{4}$. X_n est égale au nombre de succès, donc **X_n suit la loi binomiale de paramètres n et $\frac{1}{4}$**.

Son espérance est donc $E(X_n) = \frac{1}{4}n$, sa variance est $V(X_n) = n \times \frac{1}{4} \times \frac{3}{4}$, soit $V(X_n) = \frac{3}{16}n$.

$F_n = \frac{X_n}{n}$, donc :

$E(F_n) = \frac{1}{n}E(X_n)$, soit $E(F_n) = \frac{1}{4}$;

$V(F_n) = \frac{1}{n^2}V(X_n)$, soit $V(F_n) = \frac{3}{16n}$.

b. On a : $F_n \in]0{,}23 ; 0{,}27[\Leftrightarrow 0{,}23 < F_n < 0{,}27$

$$\Leftrightarrow -0{,}02 < F_n - 0{,}25 < 0{,}02$$

$$\Leftrightarrow |F_n - 0{,}25| < 0{,}02.$$

D'après l'inégalité de Bienaymé-Tchebychev :

$P(|F_n - 0{,}25| \geqslant 0{,}02) \leqslant \frac{V(F_n)}{0{,}0004}$, soit, d'après la question **a.** :

$$P(|F_n - 0{,}25| \geqslant 0{,}02) \leqslant \frac{3}{0{,}0064n}.$$

En considérant l'événement contraire, on en déduit :

$P(|F_n - 0{,}25| < 0{,}02) \geqslant 1 - \frac{3}{0{,}0064n}$, soit :

$$P(0{,}23 < F_n < 0{,}27) \geqslant 1 - \frac{3}{0{,}0064n}.$$

Pour que la probabilité $P(0{,}23 < F_n < 0{,}27)$ soit au moins égale à 0,99, il suffit donc que $1 - \frac{3}{0{,}0064n} \geqslant 0{,}99$, soit $n \geqslant \frac{300}{0{,}0064}$.

Or $\frac{300}{0{,}0064} = 46\,875$, donc **si on réalise 46 875 tirages**, on est certain que la valeur de F_n appartient à l'intervalle $]0{,}23 ; 0{,}27[$ avec une probabilité au moins égale à 0,99.

7 Démontrer une variante de la loi des grands nombres

a. On ne peut pas appliquer directement la loi des grands nombres car les variables aléatoires $X_1, X_2, \ldots, X_n, \ldots$ **ne suivent pas toutes la même loi** ; elles suivent toute une loi de Bernoulli mais n'ont pas toutes le même paramètre.

b. Puisque les variables aléatoires $X_1, X_2, \ldots, X_n, \ldots$ sont deux à deux indépendantes, on a :

$$V(S_n) = V(X_1) + V(X_2) + \ldots + V(X_n)$$

soit :

$$V(S_n) = p_1(1 - p_1) + p_2(1 - p_2) + \ldots + p_n(1 - p_n).$$

Or, quel que soit l'entier k compris entre 1 et n, p_k appartient à l'intervalle $[0 ; 1]$, donc $p_k(1 - p_k) \leqslant \frac{1}{4}$.

À NOTER
Il suffit d'étudier les variations sur $[0\,;1]$ de la fonction $x \mapsto x(1-x)$. On montre facilement que le maximum de cette fonction sur $[0\,;1]$ est $\frac{1}{4}$.

On en déduit que $V(S_n)$ est la somme de n nombres tous inférieurs ou égaux à $\frac{1}{4}$, donc $V(S_n) \leqslant \frac{n}{4}$.

c. L'espérance de S_n est $E(S_n) = E(X_1) + E(X_2) + \ldots + E(X_n)$ d'après la linéarité de l'espérance, donc :

$$E(S_n) = \sum_{k=1}^{n} p_k.$$

D'après l'inégalité de Bienaymé-Tchebychev, pour tout réel $\varepsilon > 0$:

$$P\left(\left|S_n - \sum_{k=1}^{n} p_k\right| \geqslant n\varepsilon\right) \leqslant \frac{V(S_n)}{n^2\varepsilon^2}.$$

Or :

$$P\left(\left|S_n - \sum_{k=1}^{n} p_k\right| \geqslant n\varepsilon\right) = P\left(\left|\frac{S_n}{n} - \frac{1}{n}\sum_{k=1}^{n} p_k\right| \geqslant \varepsilon\right)$$

donc, d'après ce qui précède :

$$P\left(\left|\frac{S_n}{n} - \frac{1}{n}\sum_{k=1}^{n} p_k\right| \geqslant \varepsilon\right) \leqslant \frac{n}{4n^2\varepsilon^2}$$

soit :

$$0 \leqslant P\left(\left|\frac{S_n}{n} - \frac{1}{n}\sum_{k=1}^{n} p_k\right| \geqslant \varepsilon\right) \leqslant \frac{1}{4n\varepsilon^2}.$$

Or $\lim\limits_{n \to +\infty} \frac{1}{4n\varepsilon^2} = 0$, donc d'après le théorème des gendarmes :

$$\lim_{n \to +\infty} P\left(\left|\frac{S_n}{n} - \frac{1}{n}\sum_{k=1}^{n} p_k\right| \geqslant \varepsilon\right) = 0.$$

8 Étudier une forme de convergence d'une suite de variables aléatoires

Soit $\varepsilon > 0$ fixé, $P(|X_n - X| \geqslant \varepsilon) = P\left[(X_n - X)^2 \geqslant \varepsilon^2\right]$.

On applique l'inégalité de Markov à $(X_n - X)^2$:

$$0 \leqslant P\left[(X_n - X)^2 \geqslant \varepsilon^2\right] \leqslant \frac{E\left[(X_n - X)^2\right]}{\varepsilon^2}.$$

D'après la formule de König-Huygens :

$$E\left[(X_n - X)^2\right] = V(X_n - X) + \left[E(X_n - X)\right]^2$$

Or $\lim\limits_{n \to +\infty} E(X_n - X) = 0$ et $\lim\limits_{n \to +\infty} V(X_n - X) = 0$, donc par opérations :

$$\lim_{n \to +\infty} E\left[(X_n - X)^2\right] = 0.$$

D'après le théorème des gendarmes :

$$\lim_{n \to +\infty} P(|X_n - X| \geqslant \varepsilon) = 0.$$

9 Réaliser une simulation à l'aide d'un algorithme

a. L'algorithme suivant simule N réalisations de la variable aléatoire S et détermine, sur ces N simulations, la fréquence du nombre de réalisations de l'événement $\{|S - E(S)| \geqslant \sqrt{n}\}$.

```
1  Pour i de 1 à N
2     S ← 0
3     Pour j de 1 à n
4        x ← nombre aléatoire de [0 ; 1]
5        Si x < p
6           alors S ← S + 1
7     Fin Pour
8     Si |S – np| ⩾ √n
9        alors C ← C + 1
10 Fin Pour
11 F ← C/N
```

Les valeurs de n, p et N doivent être entrées par l'utilisateur. La simulation d'une réalisation de S correspond aux lignes 2 à 7 de l'algorithme. Les lignes 8 et 9 permettent de compter le nombre de fois que l'événement $\{|S - E(S)| \geqslant \sqrt{n}\}$ est réalisé. À la fin de l'exécution de l'algorithme, **la fréquence de réalisation de cet événement est contenue dans la variable F.**

b. D'après l'inégalité de Bienaymé-Tchebychev :

$$P\left(|S - E(S)| \geqslant \sqrt{n}\right) \leqslant \frac{V(S)}{n}$$

soit :

$$P\left(|S - E(S)| \geqslant \sqrt{n}\right) \leqslant p(1 - p).$$

Avec $n = 9$ et $p = 0,5$, cette inégalité s'écrit :

$$P(|S - 4,5| \geqslant 3) \leqslant 0,25.$$

En programmant l'algorithme et en l'exécutant 10 fois pour différentes valeurs de N, on obtient 10 valeurs simulées de la fréquence de réalisation de l'événement $\{|S - E(S)| \geqslant \sqrt{n}\}$, que l'on résume dans un tableau, ainsi que leur moyenne :

N	ex1	ex2	ex3	ex4	ex5	ex6	ex7	ex8	ex9	ex10	moy
100	0,04	0,01	0,03	0,02	0,03	0,04	0,05	0,04	0,04	0,05	0,035
500	0,046	0,042	0,042	0,022	0,036	0,034	0,044	0,038	0,038	0,044	0,0386
1000	0,027	0,04	0,053	0,039	0,038	0,035	0,033	0,049	0,029	0,046	0,0389

On obtient des valeurs simulées de la fréquence qui sont **très largement inférieures** à 0,25.

c. On suppose que S suit la loi $\mathcal{B}(9\,;0,5)$.

$P\left(|S - E(S)| \geqslant \sqrt{n}\right) = P(|S - 4,5| \geqslant 3)$.

$P(|S - 4,5| \geqslant 3) = P(S \leqslant 1,5 \text{ ou } S \geqslant 7,5)$.

Comme S ne prend que des valeurs entières entre 0 et 9 :

$$P(|S - 4,5| \geqslant 3) = P(S = 0) + P(S = 1) + P(S = 8) + P(S = 9).$$

En calculant une valeur approchée de ces probabilités à l'aide de la calculatrice, on obtient $P(|S-4{,}5| \geqslant 3) = 0{,}039$ à 10^{-3} près. Cette probabilité est proche des valeurs simulées, mais très éloignée de la majoration résultant de l'application de l'inégalité de Bienaymé-Tchebychev.

10 Simuler une marche aléatoire sur un carré et conjecturer

1. a. La formule =MOD(A2+2*ALEA.ENTRE.BORNES(0;1)-1;4) permet de simuler le déplacement du mobile à partir du point A. ALEA.ENTRE.BORNES(0;1) donne aléatoirement 0 ou 1, donc 2*ALEA.ENTRE.BORNES(0;1)-1 donne aléatoirement −1 ou 1.

La fonction MOD(...;4) permet de remplacer le nombre saisi en premier argument par son reste modulo 4, pour le ramener à un entier entre 0 et 3 correspondant à un sommet du carré.

Si on simule 1 000 marches aléatoires de 4 étapes, le début du tableau peut être celui-ci.

	A	B	C	D	E
1	Départ A	Étape 1	Étape 2	Étape 3	Étape 4
2	0	1	0	1	2
3	0	3	2	1	0
4	0	3	0	1	2
5	0	1	0	1	0
6	0	1	2	3	2
7	0	1	0	3	2
8	0	3	0	3	2
9	0	1	0	1	0
10	0	3	2	1	2
11	0	3	2	1	2
12	0	1	0	3	2
13	0	1	0	1	2

Lors de la première simulation, le mobile suit le trajet ABABC, à la deuxième ADCBA, à la troisième ADABC...

b. ■ La formule =NB.SI(E2:E1001;0) saisie dans la cellule H3 permet de déterminer le nombre de cellules qui contiennent un 0 dans la plage E2:E1001, c'est-à-dire, parmi les 1 000 marches simulées, combien se terminent en A (associé au numéro 0).

En divisant par 1 000, on obtient la proportion de marches qui se terminent en A.

■ En renouvelant plusieurs fois la simulation, on obtient à chaque fois :

- 0 dans les cellules I3 et K3 ;
- des nombres voisins de 0,5 dont la somme est égale à 1 dans les cellules H3 et J3.

■ La loi des grands nombres permet d'affirmer que l'on peut approcher la probabilité (théorique) d'un événement par sa fréquence de réalisation. On peut donc conjecturer ici que :

- la probabilité qu'une marche de 4 étapes se termine en B ou en D est égale à 0 ;
- la probabilité qu'une marche de 4 étapes se termine en A est égale à 0,5 ;
- la probabilité qu'une marche de 4 étapes se termine en C est égale à 0,5.

2. a. La situation peut être traduite par l'arbre pondéré ci-dessous :

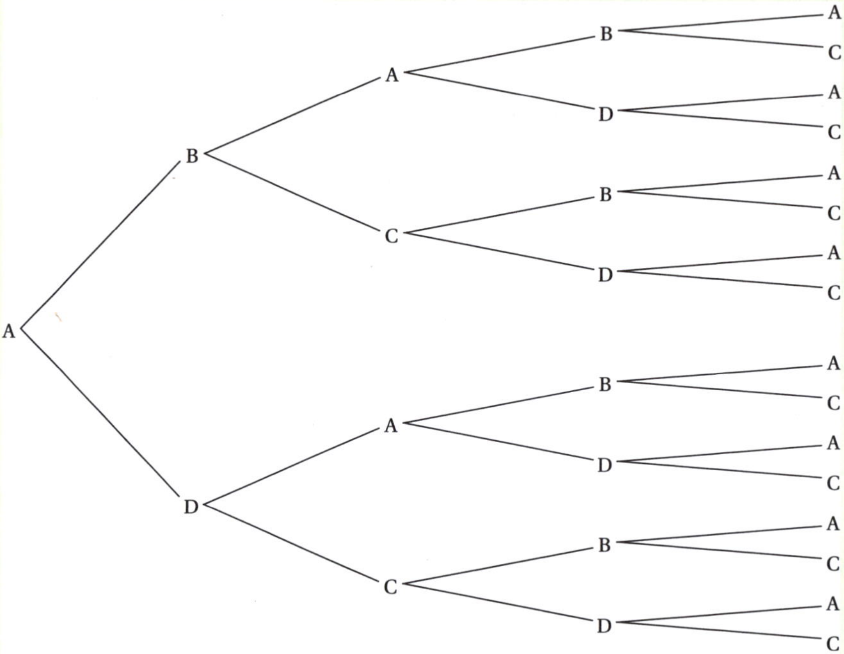

Chaque branche porte une probabilité égale à $\frac{1}{2}$ car à chaque étape le mobile passe, de manière aléatoire, à un sommet relié au sommet où il se trouve. Par exemple s'il est en A, il peut aller de manière aléatoire soit en B, soit en D.

b. D'après l'arbre précédent, la probabilité de l'événement : « au bout de 4 étapes, le mobile est en C » est égale à 0,5 : **la moitié des marches de 4 étapes se termine en A, la moitié se termine en C.**

À NOTER

Au bout de 4 étapes, le mobile ne peut être ni en B, ni en D ; une marche à 4 étapes se termine nécessairement en A ou en C.

OBJECTIF BAC

11 Étudier deux jeux

Partie A Le nombre de « 6 »

1. Puisque le dé est supposé équilibré, la probabilité, à n'importe quel lancer, de faire 6 est égale à $\frac{1}{6}$.

On veut déterminer des valeurs de l'entier naturel n pour lesquelles on a $p_n < 10^{-3}$, c'est-à-dire $P\left(\left|M_n - \frac{1}{6}\right| \geqslant 0{,}01\right) < 10^{-3}$.

D'après l'inégalité de concentration pour la moyenne, on a :

$$P\left(\left|M_n - \frac{1}{6}\right| \geqslant 0{,}01\right) \leqslant \frac{\frac{5}{36}}{n \times 0{,}01^2}.$$

En effet, $M_n = \frac{S_n}{n}$ et $S_n = X_1 + X_2 + \ldots + X_n$ où, pour tout entier i tel que $1 \leqslant i \leqslant n$, X_i est la variable aléatoire qui prend la valeur 1 si on obtient 6 au i-ième lancer, la valeur 0 sinon. X_i suit donc une loi de Bernoulli de paramètre $\frac{1}{6}$ et $E(X_i) = \frac{1}{6}$, $V(X_i) = \frac{1}{6} \times \frac{5}{6} = \frac{5}{36}$.

On a donc :

$$P\left(\left|M_n - \frac{1}{6}\right| \geqslant 0{,}01\right) \leqslant \frac{50\,000}{36n}$$

soit :

$$P\left(\left|M_n - \frac{1}{6}\right| \geqslant 0{,}01\right) \leqslant \frac{12\,500}{9\,n}.$$

Pour que $P\left(\left|M_n - \frac{1}{6}\right| \geqslant 0{,}01\right) < 10^{-3}$, il suffit donc que $\frac{12\,500}{9n} < 10^{-3}$, ce qui équivaut à $n > \frac{12\,500\,000}{9}$. Or $\frac{12\,500\,000}{9} \approx 1\,388\,888{,}9$, donc si $n \geqslant 1\,388\,889$, alors $P\left(\left|M_n - \frac{1}{6}\right| \geqslant 0{,}01\right) < 10^{-3}$.

On peut donc prendre $n_0 = 1\,388\,889$.

2. Si $n = 2n_0$, alors $n > n_0$, donc d'après ce qui précède :
$P\left(\left|M_n - \frac{1}{6}\right| \geqslant 0{,}01\right) < 10^{-3}$, donc $P\left(\left|M_n - \frac{1}{6}\right| < 0{,}01\right) \geqslant 1 - 10^{-3}$,

c'est-à-dire $P\left(\left|M_n - \frac{1}{6}\right| < 0{,}01\right) \geqslant 0{,}999$.

Alors $P\left(n\left(\frac{1}{6} - 0{,}01\right) < S_n < n\left(\frac{1}{6} + 0{,}01\right)\right) \geqslant 0{,}999$, avec $n = 2n_0 = 2\,777\,778$.

Après calcul, en arrondissant, on en déduit que :

$$P(435\,185 < S_n < 490\,741) \geqslant 0{,}999.$$

Puisque S_n ne prend que des valeurs entières, on a aussi :

$$P(435\,186 \leqslant S_n \leqslant 490\,740) \geqslant 0{,}999.$$

On peut donc dire que **S_n variera vraisemblablement, c'est-à-dire avec une probabilité supérieure ou égale à 0,999, entre 435 486 et 490 740.**

Partie B La moyenne de tous les résultats

1. a. Puisque le dé est supposé équilibré, pour tout entier i tel que $1 \leqslant i \leqslant n$, Y_i suit la loi uniforme sur $\{1, 2, 3, 4, 5, 6\}$ et l'espérance de Y_i est $\frac{1+6}{2} = 3{,}5$.
L'espérance μ_n de Q_n est donc également 3,5.

b. D'après l'inégalité de concentration pour la moyenne :

$$P\left(|Q_n - 3{,}5| \geqslant \frac{1}{2}\right) \leqslant \frac{V}{0{,}25n}$$

où V est la variance de $Y_1, Y_2, \ldots, Y_n$, c'est-à-dire $V = \frac{6^2 - 1}{12} = \frac{35}{12}$.

Donc $P\left(|Q_n - 3{,}5| \geqslant \frac{1}{2}\right) \leqslant \frac{35}{12 \times 0{,}25n}$, soit $P\left(|Q_n - 3{,}5| \geqslant \frac{1}{2}\right) \leqslant \frac{35}{3n}$,

c'est-à-dire $q_n \leqslant \frac{35}{3n}$.

c. Pour que $q_n \leqslant 0{,}01$, il suffit donc que $\frac{35}{3n} \leqslant 0{,}01$, qui équivaut à $n \geqslant \frac{3\,500}{3}$.
Or $\frac{3\,500}{3} \approx 1\,166{,}7$ et n est entier, donc si $n \geqslant 1\,167$, alors $q_n \leqslant 0{,}01$.
On peut prendre $n_0 = 1\,167$.

2. a. Pour déterminer la loi de T, on peut faire un tableau à double entrée :

Z \ Y	1	2	3	4	5	6
1	2	3	4	5	6	7
2	3	4	5	6	7	8
3	4	5	6	7	8	9
4	5	6	7	8	9	10
5	6	7	8	9	10	11
6	7	8	9	10	11	12

Les 36 cases de ce tableau sont équiprobables. D'où la loi de T résumée dans un tableau :

t	2	3	4	5	6	7	8	9	10	11	12
$P(T = t)$	$\frac{1}{36}$	$\frac{2}{36}$	$\frac{3}{36}$	$\frac{4}{36}$	$\frac{5}{36}$	$\frac{6}{36}$	$\frac{5}{36}$	$\frac{4}{36}$	$\frac{3}{36}$	$\frac{2}{36}$	$\frac{1}{36}$

b. $P(U = 3 \text{ et } V = 2) = 0$ car il est impossible que le plus petit des deux résultats soit 3 et qu'en même temps le plus grand soit 2.
Mais $P(U = 3) \times P(V = 2) \neq 0$; il existe des résultats pour lesquels $U = 3$ et des résultats pour lesquels $V = 2$.
Donc $P(U = 3 \text{ et } V = 2) \neq P(U = 3) \times P(V = 2)$, **les variables U et V ne sont donc pas indépendantes**.

À NOTER
La conclusion était prévisible. La valeur prise par U est nécessairement inférieure ou égale à celle prise par V, d'où une influence de la valeur prise par l'une des variables sur la valeur prise par l'autre.

c. Pour déterminer la loi de V, on peut s'appuyer sur le tableau de la question a. On a 36 résultats équiprobables.
On a $V = 1$ si et seulement si on obtient 1 à chacun des deux lancers ; la probabilité associée est donc $\frac{1}{36}$.
On a $V = 2$ pour les résultats $(2\,;2)$, $(1\,;2)$, $(2\,;1)$ d'où une probabilité égale à $\frac{3}{36}$.
On peut faire un raisonnement analogue pour les valeurs 3, 4, 5 et 6 prises par V.
Sa loi peut être résumée par le tableau suivant.

v	1	2	3	4	5	6
$P(V = v)$	$\frac{1}{36}$	$\frac{3}{36}$	$\frac{5}{36}$	$\frac{7}{36}$	$\frac{9}{36}$	$\frac{11}{36}$

Annexes

40 Les listes

En bref *On peut effectuer différentes manipulations sur les éléments d'une liste, soit à partir de leur index, soit avec leur valeur.*

I Créer une liste

■ Pour créer une liste **en extension**, il suffit de saisir ses éléments entre crochets, séparés par des virgules.

■ Pour créer une liste par **ajouts successifs** (éventuellement à partir d'une liste vide), la méthode « append » ajoute un élément en dernière position ; la méthode « extend » ajoute tous les éléments de la liste prise en argument.

> **À NOTER**
> On obtient des résultats analogues par **concaténation**.

■ On crée une liste **en compréhension** à partir des éléments d'une liste initiale, éventuellement uniquement ceux vérifiant une certaine condition (filtrage).

Exemple : [n**2 for n in range(2,9)] crée une liste dont les éléments sont les carrés des entiers de 2 à 8.

II Manipuler des éléments d'une liste

■ L'instruction liste[2] permet d'**accéder** à l'élément d'index 2, c'est-à-dire celui situé en troisième position.

■ L'instruction del liste[2] **supprime** l'élément d'index 2.
L'instruction liste.remove(1) **supprime** la première occurrence du 1.

■ L'instruction liste[2]=a **donne** à l'élément d'index 2 la **valeur** *a* ; l'instruction liste.insert(2,b) **insère** *b* à l'index 2, décale les autres éléments.

■ Pour **itérer** sur les éléments d'une liste, on utilise par exemple :

• **sans index**

```
for x in liste6:
    print(x)
```

• **avec index**

```
for n,x in enumerate(liste):
    print(x)
```

III Trouver la longueur d'une liste et la trier

■ L'instruction len(liste) permet d'obtenir la longueur (c'est-à-dire le nombre d'éléments) de la liste.

■ Pour **trier** les éléments d'une liste suivant leur valeur (**ordre croissant** pour des nombres, **ordre alphabétique** pour des chaînes de caractères) :
• la méthode « sort() » remplace la liste initiale par la liste ordonnée ;
• la fonction « sorted() » crée une nouvelle liste qu'il faut nommer et enregistrer.

Méthode

Supprimer une à une les différentes occurrences d'une valeur dans une liste

On considère la liste (nommée simplement *liste*) :

[1, 1, 2, 1, 2, 3, 4, 1, 2, 1, 8, 7, 1].

Écrire un programme supprimant un par un dans cette liste les éléments de valeur 1, en affichant à chaque étape la liste obtenue :

a. avec une boucle *for* ;

b. avec une boucle *while*.

CONSEILS

On saisit la liste en extension.

a. On peut utiliser une boucle *for* exécutée *n* fois, où *n* est le nombre d'occurrences de la valeur 1 dans la liste initiale, *n* étant défini au préalable.
À chaque étape, on demande au programme de supprimer la première occurrence de la valeur 1 ; cette manipulation est effectuée *n* fois, les occurrences de la valeur 1 sont supprimées une à une (dans l'ordre croissant de leurs index).

b. Si on utilise une boucle *while*, elle est exécutée tant que la valeur 1 figure dans la liste. Dans ce cas, il n'est pas nécessaire de compter au préalable le nombre d'occurrences du 1.

a. n est le nombre d'occurrences de la valeur 1, et k est un « compteur » qui prend successivement comme valeurs tous les entiers de 0 à $n - 1$.

```
n=liste.count(1)
for k in range(n):
        liste.remove(1)
        print(liste)
```

L'instruction « liste.remove(1) » peut être remplacée par la séquence d'instructions :

```
i = liste.index(1)
del liste[i]
```

b. « liste.count(1)!=0 » signifie « le nombre d'occurrences du 1 dans la liste est différent de 0 ». On peut remplacer « différent de 0 » par « strictement positif ».

```
while liste.count(1) != 0:
        liste.remove(1)
        print(liste)
```

À NOTER

L'indentation indique que l'instruction d'affichage est dans la boucle.
On demande à chaque étape l'affichage de la liste : on obtient 6 listes successives de plus en plus courtes.

41 Logique mathématique

En bref *Un texte mathématique est composé d'énoncés dont la rédaction doit être exempte d'ambiguïté. S'il existe plusieurs types de démonstrations, toutes utilisent un raisonnement logique.*

I Quantificateurs et connecteurs logiques

1 Écrire avec des quantificateurs

Lorsque dans une proposition $\mathcal{P}$ apparaît une variable x, on précise à quel ensemble E appartient cette variable en faisant apparaître une quantification de façon explicite :

- Si la proposition est vraie pour **toute valeur** de la variable x dans l'ensemble E, on écrit : « Pour tout x appartenant à E, on a $\mathcal{P}$ ».
- Si la proposition est vraie pour **au moins une valeur** de la variable x dans l'ensemble E, on écrit : « Il existe x appartenant à E tel que $\mathcal{P}$ ».

À NOTER
Les symboles qui représentent « pour tout » et « il existe » sont des **quantificateurs**. On peut écrire : « $\forall x \in$ E, on a $\mathcal{P}$ » ou « $\exists x \in$ E tel que $\mathcal{P}$ ».

2 Propositions liées par des connecteurs logiques

- **« $\mathcal{P}$ et $\mathcal{Q}$ »** signifie que les deux propositions sont vraies.
- **« $\mathcal{P}$ ou $\mathcal{Q}$ »** signifie qu'au moins une des deux propositions est vraie.
- **« $\mathcal{P}$ implique $\mathcal{Q}$ »** signifie que si on a $\mathcal{P}$ alors on a $\mathcal{Q}$. On ne peut avoir « $\mathcal{P}$ et non Q » : $\mathcal{P}$ est une condition suffisante et $\mathcal{Q}$ est une condition nécessaire, on écrit $\mathcal{P} \Rightarrow \mathcal{Q}$.
- **« $\mathcal{P}$ équivaut à $\mathcal{Q}$ »** signifie « $\mathcal{P}$ implique $\mathcal{Q}$ » et « $\mathcal{Q}$ implique $\mathcal{P}$ », on écrit $\mathcal{P} \Leftrightarrow \mathcal{Q}$.

$$\mathcal{P} \Leftrightarrow \mathcal{Q} \text{ si et seulement si } \begin{cases} \mathcal{P} \Rightarrow \mathcal{Q} \\ \mathcal{Q} \Rightarrow \mathcal{P} \end{cases}$$

3 Négation d'une proposition

- La négation de « $\mathcal{P}$ **ou** $\mathcal{Q}$ » est « non $\mathcal{P}$ **et** non $\mathcal{Q}$ » (ni $\mathcal{P}$ ni $\mathcal{Q}$).
- La négation de « $\mathcal{P}$ **et** $\mathcal{Q}$ » est « non $\mathcal{P}$ **ou** non $\mathcal{Q}$ » (au moins $\mathcal{P}$ ou $\mathcal{Q}$ n'est pas réalisée).
- La négation de « Pour tout x appartenant à E, on a $\mathcal{P}$ » est « Il existe x appartenant à E tel que non $\mathcal{P}$ ».
- La négation de « Il existe x appartenant à E tel que non $\mathcal{P}$ » est « Pour tout x appartenant à E, on a $\mathcal{P}$ ».

Exemple : Soit f une fonction dérivable sur $\mathbb{R}$. On considère les propositions $\mathcal{P}$: « Pour tout réel x, $f'(x) < 0$ » et $\mathcal{Q}$: « La fonction f s'annule en un réel a ».
La négation de $\mathcal{P}$ est « Il existe un réel x tel que $f'(x) \geqslant 0$ ».
La négation de $\mathcal{Q}$ est « Pour tout réel a, $f(a) \neq 0$ ».

II Types de raisonnement

- Pour démontrer que la proposition « Pour tout x appartenant à E, on a $\mathscr{P}$ » est fausse, il suffit de trouver un contre-exemple, c'est-à-dire un élément de E qui ne vérifie pas $\mathscr{P}$.

MOT CLÉ
Démontrer une proposition, c'est prouver que la proposition est vraie, en utilisant un raisonnement logique.

- Pour démontrer « $\mathscr{P}$ implique $\mathscr{Q}$ », on peut démontrer sa *contraposée* : « non $\mathscr{Q}$ implique non $\mathscr{P}$ ».
- Pour démontrer « $\mathscr{P}$ équivaut à $\mathscr{Q}$ », il faut démontrer « $\mathscr{P}$ implique $\mathscr{Q}$ » et sa *réciproque* « $\mathscr{Q}$ implique $\mathscr{P}$ ».
- Pour démontrer une proposition $\mathscr{P}$ par l'absurde, on suppose que la négation de la proposition $\mathscr{P}$ est vraie et on en déduit une proposition contradictoire.
- Pour démontrer une proposition $\mathscr{P}_m$ dépendant d'un paramètre m par disjonction des cas, on démontre, pour chacune des valeurs prises par m, que la proposition est vraie.

Méthode

Utiliser différents raisonnements

a. Résoudre dans $\mathbb{R}$, l'équation $\sqrt{x^2+1} \geqslant x+1$.

b. Soit f une fonction croissante sur $\mathbb{R}$ tel que $f(1) \leqslant 0$. Soit a et b des réels tels que $f(a) > 0$ et $f(b) = 1$. Montrer par contraposée que $a > 1$, puis par l'absurde que $b > 1$.

c. Déterminer si l'équivalence suivante est valide :

$$x^2 = y^2 \Leftrightarrow x = y.$$

CONSEILS
1. On pourra distinguer suivant le signe du second membre (disjonction des cas).
2. La négation de $f(1) \leqslant 0$ est $f(1) > 0$.

SOLUTION

a. On distingue deux cas : $x \leqslant -1$ et $x > -1$.
Si $x \leqslant -1$, $x+1 \leqslant 0$ et $\sqrt{x^2+1} > 0$ donc $\sqrt{x^2+1} \geqslant x+1$;
La fonction carré étant croissante sur $]0\,;+\infty[$, si $x > -1$:

$$\sqrt{x^2+1} \geqslant x+1 \Leftrightarrow x^2+1 \geqslant x^2+2x+1 \Leftrightarrow x \leqslant 0$$

Finalement, $\sqrt{x^2+1} \geqslant x+1 \Leftrightarrow x \leqslant -1$ ou $x \in [0\,;1[$.

b. ■ Si $a \leqslant 1$ alors, puisque f est croissante sur $\mathbb{R}$, $f(a) \leqslant f(1)$ d'où $f(1) > 0$. Ainsi, par contraposée : si $f(1) \leqslant 0$ alors $a > 1$.

■ Supposons que $b \leqslant 1$ alors $f(b) \leqslant f(1) \leqslant 0$ d'où $1 \leqslant 0$ ce qui est absurde donc $b > 1$.

c. On a $(-2)^2 = 2^2$ et $-2 \neq 2$ donc dans ce cas, $x^2 = y^2$ n'implique pas $x = y$. En revanche, si $x = y$ alors $x^2 = y^2$.

42 Algorithmique : variables, boucles, fonctions

En bref *Les notions de variables, de boucles, de fonctions ont été étudiées en classe de seconde. Les algorithmes dans lesquels elles interviennent seront écrits en langage naturel (ou en « pseudocode ») ou traduits en langage Python.*

I Affectation de variables

- Une **variable** est un emplacement (une « boîte ») dans lequel on peut stocker une « valeur » (nombre, texte...), repéré par une « étiquette » (son nom) qui permet d'avoir accès à son contenu. Ce contenu peut varier au cours de l'exécution d'un programme.

- L'affectation est notée « ← » dans un algorithme (pseudocode) et « = » en Python. *Exemples* :

Algorithme	Code Python	Sens
$A \leftarrow 12$	$A = 12$	Affecte à A la valeur 12, la valeur précédemment contenue dans A est « écrasée ».
$B \leftarrow A$	$B = A$	Affecte à B la valeur contenue dans A, ne modifie pas A.
$A \leftarrow A + 3$	$A = A + 3$	Ajoute 3 à la valeur numérique contenue dans A. Si A valait 12, A vaut maintenant 15.

II Boucles et fonctions

Boucle bornée (avec nombre d'itérations connus)

L'instruction *Pour...* (*for...* en langage Python) permet de répéter l'exécution d'un bloc d'instructions **un nombre connu de fois**.

Boucle non bornée (avec arrêt conditionnel)

L'instruction *Tant Que...* (*while...* en langage Python) permet de répéter l'exécution d'un bloc d'instructions **tant qu'une certaine condition est réalisée** : l'exécution s'arrête dès que la condition n'est plus remplie.

Fonctions

- Si, dans un programme, on doit exécuter plusieurs fois la même série d'instructions, on peut enregistrer ces instructions dans une **fonction**, qu'on appelle quand on en a besoin.
- La fonction peut prendre des **arguments** (ou paramètres) et renvoyer une **valeur** (en Python, l'instruction correspondante est *return* « valeur »).
- Certaines fonctions prédéfinies en Python peuvent être utilisées en chargeant des « bibliothèques » en début de programme (fonctions aléatoires...).

Méthodes

1 Utiliser une boucle

Une société propose, sur abonnement, la livraison hebdomadaire d'un panier de fruits et légumes. Initialement, le nombre d'abonnés est 65. Les responsables font l'hypothèse que d'un mois à l'autre 20 % des abonnements sont résiliés et 18 abonnements supplémentaires sont souscrits.

Écrire un programme déterminant et affichant le nombre de mois au bout duquel le nombre d'abonnés sera pour la première fois supérieur ou égal à 85.

CONSEILS
Explicitez la relation entre les nombres d'abonnés de deux mois successifs.
Le programme comportera une boucle qui calcule le nombre d'abonnés tant qu'il est inférieur à 85, et un « compteur » du nombre d'exécutions.

SOLUTION

Si on note u_n le nombre d'abonnés au bout de n mois et u_{n+1} le nombre d'abonnés au bout de $n + 1$ mois, alors $u_{n+1} = 0{,}8u_n + 18$. En Python :

```
U=65
N=0
while U<85 :
    N=N+1
    U=0,8×U+18
print(N)
```

On trouve $N = 8$. On vérifie que $u_7 < 85$ et $u_8 > 85$.

2 Définir et utiliser une fonction

Écrire un programme Python qui définit une fonction « *somcar* » renvoyant, pour tout entier naturel n non nul, la somme $1^2 + 2^2 + ... + n^2$.

CONSEILS
La somme cherchée est « stockée » dans une variable *s* qui doit être initialisée.
À chaque étape, on ajoute un terme à la valeur précédente de *s*.

SOLUTION

```
def somcar(n) :
    s=0
    for k in range(1, n+1) :
        s=s+k**2
    return s
```

CONSEILS
En Python, la fin d'une boucle est marquée par la fin de l'indentation (du décalage).

L'instruction « for *k* in range(1, n+1) » signifie « pour *k* variant de 1 (compris) à $n + 1$ (exclu) », c'est-à-dire de 1 à n.

43 Le raisonnement par récurrence

En bref *Une démonstration par récurrence consiste à démontrer qu'une infinité de propositions dépendant d'un entier naturel n sont vraies. On utilise ce raisonnement lorsqu'on ne peut pas raisonner directement à n fixé.*

I Le principe de récurrence

Soit n_0 un entier naturel et soit $\mathcal{P}_{n_0}$, $\mathcal{P}_{n_0+1}$, $\mathcal{P}_{n_0+2}$, ..., $\mathcal{P}_n$, ... une suite de propositions.

Si $\mathcal{P}_{n_0}$ est vraie et si, pour n'importe quel entier naturel n tel que $n \geqslant n_0$, la vérité de $\mathcal{P}_n$ entraîne celle de $\mathcal{P}_{n+1}$, alors on peut conclure que pour tout entier naturel n tel que $n \geqslant n_0$, $\mathcal{P}_n$ est vraie.

II La démonstration par récurrence

- **Initialisation :** on démontre la proposition au premier rang, en général 0 ou 1.

$\mathcal{P}_0$ est vraie

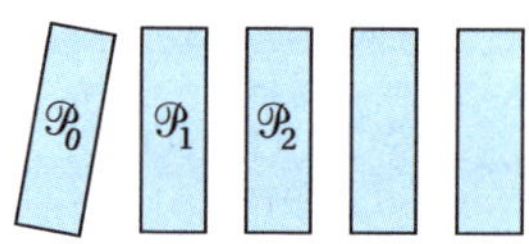

Le premier domino $\mathcal{P}_0$ tombe.

- **Hérédité :** on démontre que si la proposition est vraie au rang n alors elle est vraie au rang $n+1$.

$\mathcal{P}_n$ est vraie entraîne $\mathcal{P}_{n+1}$ est vraie

Le domino $\mathcal{P}_n$ entraîne le domino $\mathcal{P}_{n+1}$

- **Conclusion :** on conclut que la proposition est vraie à partir du premier rang en utilisant le principe de récurrence.

Pour tout n, $n \geqslant 0$ ou $n \geqslant 1$, $\mathcal{P}_n$ est vraie

Tous les dominos tombent en cascade.

Méthode

Démontrer une inégalité puis une égalité

On considère la suite u définie pour tout entier naturel n par

$$u_0 = 1 \text{ et } u_{n+1} = u_n + 2n + 3.$$

a. Démontrer par récurrence que pour tout $n \in \mathbb{N}$, $u_n > n^2$.

b. Conjecturer une expression de u_n en fonction de n, puis démontrer par récurrence la propriété ainsi conjecturée.

CONSEILS
- Lorsque l'on exprime la propriété au rang $n+1$, penser à remplacer tous les « n » par des « $n+1$ ».
- Pour la notation Σ, → FICHE 3 et → MÉMO VISUEL, p. 19.

SOLUTION

a. ■ **Initialisation :** Pour $n = 0$, on a $u_0 = 1$, donc $u_0 > 0^2$: la proposition est donc vraie au rang 0.

■ **Hérédité :** Supposons que pour un entier naturel n : $u_n > n^2$ (hypothèse de récurrence) :

On veut en déduire que $u_{n+1} > (n+1)^2$.

On a $u_{n+1} = u_n + 2n + 3$ et par hypothèse de récurrence, $u_n > n^2$ donc $u_n + 2n + 3 > n^2 + 2n + 3 > n^2 + 2n + 1$ et $n^2 + 2n + 1 = (n+1)^2$ d'où : $u_{n+1} > (n+1)^2$.

La propriété est donc héréditaire.

À NOTER
On doit lors de cette étape utiliser la relation entre u_{n+1} et u_n, puis utiliser l'hypothèse de récurrence.

■ **Conclusion :** Le principe de récurrence permet de conclure que :

$$\forall n \in \mathbb{N},\ u_n > n^2.$$

b. On a le tableau suivant :

n	0	1	2	3	4	5	6
u_n	1	4	9	16	25	36	49

On conjecture que pour tout $n \in \mathbb{N}$: $u_n = (n+1)^2$.

■ **Initialisation :** Pour $n = 0$, on a bien $u_0 = (0+1)^2$.

■ **Hérédité :** Supposons que pour un entier naturel n : $u_n = (n+1)^2$:

On veut en déduire que $u_{n+1} = (n+2)^2$.

On a $u_{n+1} = u_n + 2n + 3$

On a $u_{n+1} = (n+1)^2 + 2n + 3$ d'après l'hypothèse de récurrence

On a $u_{n+1} = n^2 + 2n + 1 + 2n + 3$

On a $u_{n+1} = n^2 + 4n + 4$

On a $u_{n+1} = (n+2)^2$

La propriété est donc héréditaire.

■ **Conclusion :** Le principe de récurrence permet de conclure que :

$$\forall n \in \mathbb{N},\ u_n = (n+1)^2.$$

INDEX

E

F

H

P

Q

R

S

CRÉDITS PHOTOGRAPHIQUES

4-h ph © sdecoret/stock-adobe.com
4-m ph © Vladislav Gajic/stock-adobe.com
4-b ph © Leo Malsam/iStock/Getty Images Plus
5-h ph © herraez/iStock Editorial/Getty Images Plus
5-m ph © SSImagesCollection/iStock/Getty Images Plus
5-b ph © David Higginbotham/MSFC/NASA
6-h ph © stuartrenn/iStock Editorial/Getty Images Plus
6-m ph © Stephane Masclaux/stock-adobe.com
6-b ph © Mauricio Graiki/iStock/Getty Images Plus
7-h ph © Richie Chan/stock-adobe.com
7-b ph © pikumin/stock-adobe.com
8-h ph © nazarovsergey/iStock/Getty Images Plus
8-m ph © Vladimir Wrangel/stock-adobe.com
8-b ph © blackred/iStock/Getty Images Plus
9 ph © Arcaid/Universal Images Group/Getty Images
11 ph © sdecoret/stock-adobe.com
33 ph © Vladislav Gajic/stock-adobe.com
57 ph © Leo Malsam/iStock/Getty Images Plus
83 ph © herraez/iStock Editorial/Getty Images Plus
107 ph © structuresxx/stock-adobe.com
109 ph © SSImagesCollection/iStock/Getty Images Plus
135 ph © David Higginbotham/MSFC/NASA
159 ph © stuartrenn/iStock Editorial/Getty Images Plus
183 ph © Stephane Masclaux/stock-adobe.com
211 ph © Mauricio Graiki/iStock/Getty Images Plus
231 ph © Richie Chan/stock-adobe.com
255 ph © visualspace/E+/iStock/Getty Images Plus
257 ph © pikumin/stock-adobe.com
285 ph © nazarovsergey/iStock/Getty Images Plus
311 ph © Vladimir Wrangel/stock-adobe.com
335 ph © blackred/iStock/Getty Images Plus

Iconographie : Hatier Illustration

IMPRIM'VERT
Votre imprimeur agit pour l'environnement

PAPIER À BASE DE FIBRES CERTIFIÉES

Hatier s'engage pour l'environnement en réduisant l'empreinte carbone de ses livres.
Celle de cet exemplaire est de :
1.2 kg éq. CO_2
Rendez-vous sur www.hatier-durable.fr

Achevé d'imprimer en Italie par L.E.G.O. S.p.A. - Lavis (TN)
Dépôt légal n° 06468-3/01 - Juillet 2020